Ernst Peter Fischer

Die Bildung des Menschen

Was die Naturwissenschaften über uns wissen

Ullstein

Ullstein ist ein Verlag der Ullstein Buchverlage GmbH
ISBN 3-550-07606-1
Lektorat: Annalisa Viviani

Gesetzt aus der Minion und der Frutiger bei LVD GmbH, Berlin
Druck und Bindung: Bercker, Kevelaer
Printed in Germany

Erneut für Klaus Wiegandt, der immer besser weiß, was er wissen will

Inhalt

Erich Kästner

Wenn der Mensch aufrichtig bedächte:
dass sich die Erde atemlos dreht;
dass er die Tage, dass er die Nächte
auf einer tanzenden Kugel steht;
dass er die Hälfte des Lebens gar
mit dem Kopf nach unten hängt,
indes der Globus, berechenbar,
in den ewigen Reigen der Sterne mengt –
wenn das der Mensch von Herzen bedächte,
dann würd er so, wie Kästner werden möchte.

Kopernikanische Charaktere gesucht

Eugen Roth

Ein Mensch nimmt, guten Glaubens, an,
Er hat das Äußerste getan.
Doch leider Gottes versäumt er nun,
Auch noch das Innerste zu tun.

Ovid

Nichts auf der ganzen Welt ist beständig! Alles fließt, und jede Erscheinung wandelt sich im Laufe der Zeit. (…)
Was früher war, ist vorbei; es entsteht, was es nicht gab, und jeden Augenblick geschieht etwas Neues.

Metamorphosen XV, 177

Die Wissenschaft auf dem Weg zum Menschen

Es ist schön, ein Mensch zu sein, und es lohnt sich, mehr über sein Leben und dessen äußere und innere Bildungen zu erfahren, wie sie im Rahmen naturwissenschaftlicher Erkundungen verstanden werden können. Davon handelt dieses Buch, das neben *Die andere Bildung* treten und nachliefern möchte, was der dort dargestellten Wissenschaft von Gegenständen der unmittelbar ansichtigen und primär einsichtigen Welt fehlt. Gemeint ist die Erforschung von uns Menschen, die wir all das Wissen erwerben und in uns tragen können. Wir verwirklichen unsere dazugehörenden Möglichkeiten, indem wir uns erst aus einer Eizelle herauswickeln und bei dieser Bildung menschliche Formen annehmen. Danach öffnen wir die Augen, um mit dem Licht der Welt den Himmel zu sehen, bei dessen Anblick wir uns schließlich fragen, was die Sterne zeigen oder bedeuten.

Die westliche Wissenschaft beginnt mit diesem Blick nach oben, und sie schaut nach wie vor voller Begeisterung in diese Richtung – nicht nur mit besseren Instrumenten, höherer Genauigkeit, bunteren Farben und größerem Aufwand, sondern auch mit wachsender Freude und zunehmender Fantasie. Sie tut dies unter anderem, um erwartungsvoll zu prüfen, ob es neben unserem noch ein anderes Leben – vielleicht sogar ein intelligentes – im Weltall gibt, das zu treffen ein grandioses Ereignis unserer Geschichte wäre und dessen Vorhandensein und Wissen uns etwas über uns selbst sagen könnte.

Die neuzeitliche Wissenschaft vermag längst ebenso gut in die umgekehrte Richtung zu schauen und im Mikrokosmos der Zellen einige der Webungen und Wechselwirkungen zu erkennen, die unser Leben ermöglichen. Sie hat dabei den Nachteil, nicht auf die gleichen umfassenden Gesetzmäßigkeiten zu treffen, wie sie die kosmische und irdische Physik kennen. Das Biologische bietet weniger Raum für strikte Festlegungen und lässt mehr Platz für individuelle Ausnahmen, die den Vorteil in sich bergen, dass es eher möglich ist, von ihnen zu erzählen, wobei die nötigen Erklärungen in die Geschichte eingestreut werden können.

Die moderne Bioforschung mit ihrem Zugang zum genetischen Material kommt dem Menschen immer näher. Wenn wir fragen, ob wir auf diese Weise nicht nur Kinder des Weltalls sind, sondern auch Kinder unserer Gene werden, dann darf im angebotenen Gleichklang der Formulierung ein maßgeblicher Unterschied nicht überhört werden. Denn anders als zum Kosmos haben wir zu den Genen, die uns hervorbringen, selbst etwas beigetragen. Das ist nicht im Sinne eines gentechnischen Eingriffs, sondern als Hinweis darauf gemeint, dass wir Menschen – wie alle Organismen auch – nicht einfach so da sind, sondern kontinuierlich neu gebildet werden.

Ohne Werden sind das Leben und die Menschen nicht denkbar. Wir sind nicht und werden immer nur, jeder für sich und alle zusammen. Ohne ein dauerhaftes lebendiges Bilden gäbe es nicht, was in philosophischen oder anderen Texten oft feierlich »der Mensch« genannt wird, sodass man sich immer wieder verpflichtet oder zumindest geneigt fühlt, auch den Artikel vor dem Hauptwort groß zu schreiben. Dabei gibt es den Menschen gar nicht als festes Ding, dem man sprachlich ein »ist« an die Seite stellen könnte: »Der Mensch ist ein Mängelwesen«, »Der Mensch ist die Krone der Schöpfung« oder so ähnlich.

Der Mensch ist das alles allein deshalb nicht, weil da nichts ist, was nur sein könnte. Wenn es um Menschen geht, finden wir nur etwas, das werden kann und wird. Den Menschen gibt es nur als gebildetes Geschöpf, das sich weiter bildet (getrennt geschrieben). Den Menschen gibt es nur als bewegten Beweger, und wenn er überhaupt etwas ist, dann seine Bildung. Vielleicht klingt eine solche Behauptung zu schön, um wahr zu sein. Aber sie kann ja noch wahr werden.

Die Gesetze im Menschen

Was weiß die Naturwissenschaft vom sich bildenden und werdenden Menschen, der mit ihrer Hilfe so viel von anderen Dingen weiß? Darum geht es in diesem Buch, dessen Inhalt – kurz ausgedrückt – durch den Begriff der »inneren Wissenschaft« charakterisiert werden könnte, die nach der äußeren kommt, wie sie in *Die andere Bildung* zu finden ist. Nach der Vorstellung physikalischer Kenntnisse über Gegenstände außerhalb unseres Körpers soll nun das Funktionieren der biologischen Lebenseinheiten in uns zur Sprache kommen. Zum einen geht es in der inneren Welt sehr viel dynamischer zu als in ihrem äußeren Gegenstück. Während sich in der physikalisch erfassten Welt vor meinen Augen immer etwas finden lässt, das lange genug Bestand hat, um als fest vorhandenes und klar umrissenes Objekt betrachtet zu werden – etwa das Licht der Sonne oder die chemischen Bestandteile der Nahrung –, kommt der Forscherblick im Körper nur dann zur Ruhe, wenn er biologische Prozesse und Entwicklungen betrachtet. Das können beispielsweise die Wandlungen sein, die das Licht auf dem Weg zum Sehen erfährt, oder der Stoffwechsel, in den die von mir aufgenommenen Nahrungsmittel, die Nährstoffe, eingeschleust werden. Diese Bewegungen hängen so eng miteinander zusammen, dass sie kaum getrennt betrachtet werden können, um sich ein lebendiges Bild von ihnen machen zu können. Man braucht nur an die Gene zu denken, die zu Organismen führen, aus denen wieder Gene hervorgehen, die erneut helfen, Organismen zu bilden, wobei der angedeutete Kreislauf natürlich nicht vollständig in sich zurückkehren darf. Er muss vielmehr so offen bleiben, dass die große Bewegung der Evolution möglich wird, durch die nicht zuletzt auch wir Menschen auf der Erde erschienen sind.

Die physikalischen Gesetze und chemischen Relationen, die der äußeren Wissenschaft entstammen, bleiben natürlich an allen Orten anwendbar – und somit gültig –, zu denen die Forschung Zugang bekommt. Aber daraus folgt nicht, dass das Leben voller Gesetze steckt und von ihnen bestimmt wird, wie später näher ausgeführt wird. Wenn überhaupt, dann kommen bei der Betrachtung der Lebensvorgänge weniger deterministische Gesetze in Betracht, wie sie Johannes Kepler und Isaac Newton aufgestellt haben. Die überwiegende Mehrzahl der natürlichen Abläufe orientiert sich an Wahrscheinlichkeiten. Sowohl der grundlegende evolutionäre Gedanke à la Charles Darwin als auch die praktischen Vererbungsregeln à la Gregor Mendel sind statistischer Natur voller Zufälligkeiten und somit alles andere als festlegend und bestimmend. Die vielen Antworten auf die immer wieder diskutierte Frage, wo unter der Vorgabe einer umfassenden Naturgesetzlichkeit, die den menschlichen Organismus einschließt, Platz für unseren freien Willen bleibt, leiden vor allem unter der Tatsache, dass kaum beachtet wird, von welcher Art denn die Gesetze sind, die in der Biologie etwas bedeuten. Im Leben laufen keine Moleküle auf präzise geordneten und genau berechenbaren Bahnen umher, wie es die Planeten am Himmel tun. Im Leben geht es kunterbunt durcheinander, und die philosophische Frage ergibt erst einen Sinn, wenn man sie umkehrt: Wie kann jemand jemals in der Lage sein, eine klare Entscheidung zu treffen – seinen freien Willen wortwörtlich festzustellen –, wo doch das Geschehen, das der Festlegung zugrunde liegt, alles andere als geordnet verläuft und sich eher als ein völliges Durcheinander präsentiert?

»Das Problem des Menschen«

Während *Die andere Bildung* von dem handelte, was Menschen von den äußerlich vorhandenen Dingen sinnlich erfassen und dann begrifflich mit allen Konsequenzen erforschen – etwa die Bewegungen von Himmelskörpern oder die Form der Atome –, beschreibt vorliegendes Buch unter anderem, wie das, was unseren Sinnen zugänglich ist, seinen inneren Ort findet und unser Bild der Welt ermöglicht. Es versucht zudem darzustellen, wie das menschliche Leben, das dazu in der Lage ist, sich immer wieder neu hervorbringt und bildet – bezogen auf Vorstellungen, die aus den Ergebnissen der Forschung hervorgehen und mit ihrer Evidenz verträglich sind.

Wie kommt der Mensch in die Welt? Und wie kommt die Welt in den Menschen? So lauten die Fragen, wobei vornehmlich solche Antworten erörtert werden, die aus den Naturwissenschaften kommen und durch ihre Methoden abgesichert sind. Diese nicht immer rigoros durchgehaltene Beschränkung bringt zwar Schwierigkeiten mit sich, ist aber notwendig, wie die Geschichte verdeutlicht, mit der Martin Buber (1878–1965) seine Vorlesungen über »Das Problem des Menschen« beginnt:

»Von Rabbi Bunan von Przysucha ... wird erzählt, dass er einmal zu seinen Schülern sprach: ›Ich habe ein Buch verfassen wollen, das sollte *Adam* heißen, und es sollte darin stehen der ganze Mensch. Dann aber habe ich mich besonnen, dieses Buch nicht zu schreiben.‹«

In dieser Entscheidung eines Weisen spricht sich – so Buber – »die ganze Geschichte des menschlichen Nachdenkens über den Menschen aus«. Denn wer umfassend vom Menschen erzählen möchte, der muss »Sein und Sinn« zugleich erfassen, wie der Philosoph sagt. Dabei muss an dieser Stelle ergänzt werden, dass der verführerische Gleichklang mit der Alliteration nicht dazu führen darf, das Werden zu unterschlagen, das die Biologen als genetisch orientierte Wissenschaftler eher im Auge haben. Man braucht kein Prophet zu sein, um zu der Vorhersage zu kommen, dass jeder, der des Rabbis Aufgabe heute unternimmt, von ihr nur überwältigt werden kann, mit der Konsequenz, dass er – wie Buber – beginnen wird, »den Menschen in Bezirke aufzuteilen«.

Genau dies passiert auch hier, wobei die Bezirke durch die Naturwissenschaft mit ihren Fächern festgelegt werden, die sich auf vielfache Weise ihrem »würdigsten Gegenstand« zuwenden – als Anatomie sowie als Physiologie, als Psychologie sowie als Neurobiologie, und damit sind nur einige wenige Disziplinen angesprochen, die mit ihren Beiträgen mithelfen, Antworten auf die übergreifende Frage zu finden, die seit den Tagen von Immanuel Kant »Was ist der Mensch?« heißt.

Die Einteilung des Menschen

Naturwissenschaftler werden notorisch skeptisch, wenn sie übermächtige und hehre Formulierungen dieser Art hören – Was ist Wahrheit? Was ist Gerechtigkeit? –, und man kann sich leicht vorstellen, dass einer ihrer Vertreter die tönenden Worte des Philosophen mit klimpernder Münze wechselt, indem er zurückfragt, welcher Mensch denn gemeint sei – der europäische, der asiatische, der afrikanische, der abendländische oder der morgenländische? Geht es bei der Frage um Kaukasier, Polynesier, Amerikaner, Aborigines, Anazasis oder eine andere Gruppe, der Menschen sich zugehörig fühlen oder zugeordnet werden?

Eine Tugend der Wissenschaft besteht darin, große Fragen so lange zu verkleinern, bis sie sich einer Methode fügen, zum Beispiel der Einteilung (Klassifizierung) von Lebewesen, wie sie seit Hunderten von Jahren praktiziert wird. Der Mensch wird in diesem Rahmen als eine biologische Art (Spezies) erfasst, die zum Reich der Tiere gehört. Seine Einzelbestimmung nutzt unter anderem die Tatsachen, dass er eine Wirbelsäule hat und Mütter ihre Jungen säugen, und sie endet mit den Hinweisen, dass Menschen über einen Kopf mit zwei vorne liegenden Augen und einem großen Gehirn verfügen. Die zuletzt gegebene Beschreibung fasst man unter dem Begriff Primaten zusammen, der früher Herrentiere hieß – ein Ausdruck, der in Zeiten, die sensibel auf politisch inkorrektes Sprechen achten, besser vermieden wird.

Der Mensch – klassifiziert

Reich: Tiere

Stamm: Chordata[1]

Unterstamm: Wirbeltiere

Klasse: Säugetiere

Familie: Primaten

Gattung: Homo

Art: Homo sapiens (sapiens)

So hübsch solche Ordnungen sind, sie interessieren die meisten aktuell tätigen Biologen nur noch am Rande. Diese versuchen stattdessen, eher von der Ebene der Zellen und von ihren Bestandteilen her zu sagen, wie man den Menschen erkennen und von anderen Herrentieren unterscheiden kann. Es gelingt am besten mit dem genetischen Material, das im Mikroskop im Form von dreiundzwanzig Paaren aus angefärbten Körperchen – den im 19. Jahrhundert entdeckten und im 21. Jahrhundert berühmt werdenden »Chromosomen« – ansichtig wird, in denen die mehr als sechs Milliarden chemischen Bausteine organisiert sind, die Forschungsprojekte aus jüngster Zeit offen gelegt haben und mit deren informativer Hilfe sich menschliches Leben entwickeln kann.

Das gesamte genetische Material einer Zelle, das in den Chromosomen versammelt ist, nennt man manchmal auch ihr Genom, wobei man in der Alltagssprache leider fälschlich das Genom einer Zelle als Genom des Organismus bezeichnet, der aus den Zellen besteht. Das Unglückliche dieser Ausdrucksweise besteht darin, dass sie die Unterschiede verschleiert, die im genetischen Material, etwa zwischen den Zellen eines Embryos und denen des Immunsystems eines Erwachsenen, bestehen. Der Ausdruck »das Genom des Menschen« suggeriert, dass jede menschliche Zelle über dieselbe genetische Ausstattung verfügt, was aber nur eingeschränkt der Fall ist, nämlich nur in Hinblick auf die Menge an Erbmaterial. Zwar bleibt die Quantität gleich, doch ändert sich im Lauf der Entwicklung deren Zusammensetzung und damit die Qualität. Es macht zwar statistisch Sinn, von einem menschlichen Genom zu sprechen, aber nur, wenn man damit kein festes Gebilde oder eine geschlossene Datenbank meint, sondern an ein Reservoir denkt, aus dem das Leben seine Möglichkeiten schöpfen kann, ohne es zu verbrauchen.

Unabhängig von dieser Beweglichkeit des genetischen Materials zeigt der Blick auf die Chromosomen eine sehr enge genetische Verwandtschaft zwischen Schimpansen und Menschen, die rasch dazu verleitet, Theorien über unsere evolutionäre Bildung vorzulegen. Wir verschieben dieses Thema aber lieber nach hinten in die Kulissen, wo es weiter rumoren kann, bis es eventuell in nicht allzu

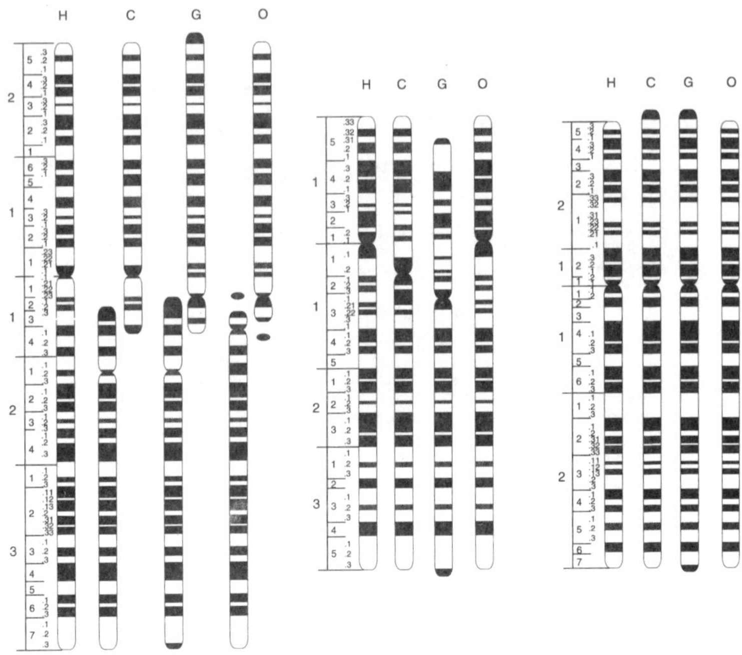

Abb. 1 Das Erbmaterial ist in Chromosomen verpackt. Sie zeigen sich im Lichtmikroskop als längliche Gebilde mit schwarzen Banden. Wie ähnlich die Chromosomen von Menschen (H), Schimpansen (C), Gorillas (G) und Orang-Utans (O) sind, zeigt die Abbildung, in der einige zueinander passende Exemplare aus jeder Art verglichen werden. Der Vergleich der Banden zeigt zum einen, wie ähnlich Affen und Menschen auf dieser Ebene sind, und er lässt zum zweiten erkennen, dass es neben anderen Umlagerungen im Erbgut vor allem eine Fusion (Verschmelzung) von zwei Primatenchromosomen ist (links), die den evolutionäre Schritt zum Menschen möglich gemacht hat. Die Chromosomen des Menschen werden in zwei Gruppen eingeteilt. Das sind zum einen zwei Geschlechtschromosomen, die als X und Y bezeichnet werden, wobei eine Frau zwei X-Chromosomen trägt und ein Mann mit je einem (großen) X und einem (kleinen) Y ausgestattet ist. Die verbleibenden 22 Chromosomen heißen Autosomen, und sie werden der Größe nach von 1 bis 22 durchnummeriert. Übrigens bietet das als Karyotyp bezeichnete Chromosomenbild eine einfache Definition von Mann und Frau auf der Ebene der Moleküle – ein Mann ist durch XY und eine Frau durch XX festgelegt.

ferner Zukunft mit neuen Einsichten versorgt wird, nämlich dann, wenn das Genom eines Schimpansen mit dem eines Menschen verglichen werden kann. Die Wissenschaft arbeitet zurzeit emsig daran, die entsprechenden Daten vorzulegen, und sie werden möglicherweise etwas über unsere Entstehung sagen und uns Hinweise geben, ob man eine Stelle finden kann, an der das Menschliche in unserem Genom zu finden ist. Aber noch ist es nicht so weit, und wir weisen dieser Frage keine Priorität zu. Es gibt genügend andere lohnende Themen.[2]

Die Einzigartigkeit des Menschen

Als die Wissenschaft am Ende des 20. Jahrhunderts daran ging, die Reihenfolge sämtlicher chemischer Buchstaben zu ermitteln, die den genetischen Text einer menschlichen Zelle ausmachen, fiel im Rahmen der Begründungen für dieses teure Projekt folgender Satz: »Früher haben wir geglaubt, unser Schicksal steht in den Sternen, heute wissen wir, unser Schicksal liegt in den Genen.«

Der amerikanische Nobelpreisträger James D. Watson, von dem diese Aussage stammt, versteht es hervorragend, Werbung für seine Wissenschaft zu machen, und er weiß auch mindestens einen Grund, weswegen Menschen seit jeher nach Wissen gesucht haben, nämlich um sich auf die Zukunft vorbereiten zu können. Es ist eine der spannendsten Fragen an die Geschichte der Naturwissenschaft, warum die Menschen sich erst so weit nach außen – durch den Blick an den Himmel – orientiert und dann so unendlich lange gebraucht haben, um den Blick auf sich selbst zu richten.

Eine Antwort darauf hat natürlich damit zu tun, dass menschliches Leben durch Attribute wie »einzigartig« und »unnachahmlich« charakterisiert werden kann, und gerade davon handeln die Naturwissenschaften in ihrer traditionellen Form nicht. Sie kümmern sich vor allem um Regelmäßigkeiten und wiederholbare Beobachtungen, und damit können wir den Grund angeben, weshalb sie in der Antike mit dem Blick auf den Himmel begonnen haben. Mit ihm konnten nämlich dort bald Ordnungen ausgemacht werden, aus denen sich die Berechtigung ableiten ließ, von einem Kosmos zu sprechen.

Der Erfolg von Wissenschaft hat also viel mit dem Vorliegen und Auffinden von wiederholten Strukturen zu tun, doch gerade sie lassen uns oft kalt, wenn es um Menschen geht. Bei einer Person wollen wir eher wissen, wie sich ihr Schicksal im Einzelfall entwickelt hat, wie jemand in einer bestimmten Ausgangslage beginnt und durch eine Reihe anschließender Erfahrungen zuletzt an einem Punkt ankommt, den wir bewundern oder bedauern können. Es ist nicht zu leugnen, dass die Literatur auf diese Fragestellung besser vorbereitet ist als die Wissenschaft, die lange gebraucht hat, um zu verstehen, dass kausale Erklärungen zwar bei Sternen ausreichen, um ihre Position zu erklären, nicht aber bei Menschen. Der Unterschied steckt in dem, was die Literatur liefert, nämlich die Geschichte, die nicht nur jeder Mensch, sondern alles Lebendige hat.

Wir können – mit einem vielleicht etwas großspurigem Wort – von der historischen Dimension des Menschen sprechen und festhalten, dass mit ihr die Aufgabe, die Bildung des Menschen zu beschreiben, leichter und schwerer zugleich wird. Sie wird leichter, weil die Darstellung kaum Gelegenheit haben wird, all die vielen abstrakten und theoretischen Begriffe zu berücksichtigen, die von den Naturwissenschaften entwickelt worden sind, die sich intensiv den sich wiederholenden und Allgemeinheit beanspruchenden Strukturen zugewendet haben (wie es *Die andere Bildung* zeigt). Und sie wird schwerer, weil es sehr viele Details und Möglichkeiten zu beachten gilt, und zwar so viele, dass man sich problemlos verheddern und im vertrackten Labyrinth der Einzelteile verlieren kann – jedenfalls solange sie niemand für uns auf den Begriff bringt.

Anders ausgedrückt: Die Wissenschaft, die den Weg der Welt in den Menschen und den Weg des Menschen in die Welt erfasst, verlangt viel weniger Theorie als die Wissenschaft, die nur die Welt beschreibt. Konkret: Wer Physik darstellt, verwendet kaum Begriffe, die sich auf unmittelbar erfahrbare Tatsachen beziehen.

Licht wird in Wellenlängen, Wärme in Kalorien und die Planetenbewegung durch elliptische Umlaufbahnen beschrieben. Die Physik redet längst nicht mehr von konkreten Gegenständen, sondern von abstrakten Konzepten. Das macht sie schön und schwer zugleich. Die Lebenswissenschaften reden fast nur von konkreten Gegenständen – von denen es sehr viele gibt – und höchst selten von abstrakten Konzepten. Insofern dreht sich die ursprüngliche Unterscheidung gerade um. Denn offenbar sind die Gegenstände der Biologie, wenn sie aus dem Inneren der Körper und Zellen befreit sind, für die Wissenschaft äußere Objekte und direkt zugänglich, während die Physik eine innere Welt der Gedanken darstellt, die außen nicht mehr anzutreffen sind und zu denen man den Weg erst finden muss.

Was für ein Tier ist der Mensch?

Kehren wir zu der Einteilung des Menschen und seiner Zugehörigkeit zum Reich der Tiere zurück. Wer sagt, der Mensch ist ein Tier, hat zumeist nicht im Sinn, die Mitglieder seiner Art abzuwerten. Er will – eher im Gegenteil – unsere nächsten evolutionären Verwandten aufwerten, um eine möglichst verlässliche Antwort auf die Frage zu finden, ob sich eine scharfe Trennung zwischen Mensch und Tier ausmachen lässt. Welche der Fähigkeiten, die Vertreter unserer Art auszeichnen, können wir bei Tieren nicht finden?

Es hat viele Vorschläge in dieser Richtung gegeben, die zum Beispiel von der Sprache des Menschen handelten oder unsere Fähigkeit meinten, sich in andere hineinversetzen und mitleiden zu können. Doch bislang sind noch alle Bemühungen um eine Präzisierung der menschlichen Sonderstellung vergeblich geblieben, was aber niemanden daran hindern muss, nach einer Definition des Menschen zu suchen, die von der Tatsache seiner evolutionären Herkunft ausgeht und die Dinge weder unnötig einengt noch über alle Maße kompliziert.

Schämen und Lächeln

Der britische Biologe Steve Jones hat den Menschen einmal mit einem ironischen Unterton als das Tier bezeichnet, das sich schämen kann und das auch sollte. Vielleicht kann man diese Definition etwas menschenfreundlicher gestalten. Im Frühjahr 2004 hat die Stadt Ulm eine Ausstellung zum Leben von Albert Einstein (1879–1955) gezeigt. Auf einem Bild ist die Schulklasse zu sehen, die der Knabe Albert in den 1890er Jahren besucht hat. Alle Schüler stehen stramm und tragen eine ähnliche Kleidung, und zuerst sehen die mehr als vierzig Knaben ununterscheidbar aus. Doch wer seine Augen über das Bild schweifen lässt, bleibt plötzlich an einem Gesicht hängen. Man erkennt Einstein sofort. Er ist der einzige Junge, der lächelt. Vielleicht ist der Mensch das Wesen, das lächeln kann und das auch sollte. Steckt darin eventuell der Grund, warum wir Einstein mehr als andere Wissenschaftler so sehr verehren? Für uns ist er ein Gott, der lächelt.

Eine Möglichkeit ist die, den Menschen als das Tier zu bestimmen, das seine Grenzen kennt und sich nicht daran halten will. Der Vorteil dieser Definition besteht darin, dass sie es erlaubt, das naturwissenschaftliche Bemühen um den Menschen an die bereits zitierte philosophische Frage anzuschließen. Denn als Kant ihr die Form »Was ist der Mensch?« gab, wollte er die drei konkreteren Fragen zusammenfassen, mit denen sich die Vertreter seiner Wissenschaft abgaben und immer noch abgeben: Was kann ich wissen? Was soll ich tun? Was darf ich hoffen? Oder im Plural: Was können wir wissen? Was sollen wir tun? Was dürfen wir hoffen?

Mit der obigen Grenzbestimmung des Menschen können hierauf Antworten gegeben werden. Denn was wir wissen können, stellen wir als Naturgesetze dar. Mit ihnen wird etwas gesetzt, wie es das Wort ausdrückt, nämlich die Grenze, innerhalb deren wir uns bewegen und umtun können.

Damit liegt auf der Hand, was wir tun sollen, nämlich uns vorzunehmen, diese Grenzen kennen zu lernen, um das Beste aus ihnen zu machen und sie für das Leben oder Überleben zu nutzen. So sieht es ja auch die ursprüngliche Idee der Wissenschaft vor, die im frühen 17. Jahrhundert mit dem Ziel konzipiert worden ist, die damals sicher nicht rühmens- oder nachahmenswerten Bedingungen der menschlichen Existenz zu verbessern. Im Anschluss an die Renaissance war der Gedanke aufgetaucht, dass Fortschritte in diese Richtung dann möglich werden, wenn sich Naturgesetze aufstellen und technisch nutzen lassen. Man muss nicht eigens erwähnen, dass es in der Geschichte der Menschen kaum ein erfolgreicheres Programm gegeben hat und wir nach wie vor von ihm profitieren.

Allerdings hat inzwischen die naturwissenschaftlich-technische Entwicklung längst auch Gegner ihres Vorgehens auf den Plan gerufen. Sie sprechen davon, dass die Menschen bei ihrem Streben nach Wissen einige Grenzen überschritten haben, die sie besser unberührt gelassen hätten, etwa in den Fällen, in denen Atomkerne gespalten oder genetische Informationen verändert und in fremde Zellen eingeführt wurden. Solche Kritiken klingen im Einzelfall sicher vernünftig und sind bedenkenswert, doch sie werden keinen Einfluss auf den allgemeinen Gang der Wissenschaft nehmen, da sie die Natur des Menschen unberücksichtigt lassen. Sie bringt es bekanntlich mit sich, dass er unvermindert und unverzagt nach Wissen strebt. »Man kann nicht nicht wissen wollen«, wie es bei Robert Musil in seinem Roman *Mann ohne Eigenschaften* heißt, und wenn der wissenschaftliche Mensch auf eine Grenze trifft, will er sofort wissen, wie er hinter sie gelangen kann. Damit können wir Kants dritte Frage in der Variation unserer Kultur stellen: Dürfen wir überhaupt hoffen, die uns gesetzten Grenzen zu überwinden? Und, wenn ja, in welcher Weise kann dieser Schritt gelingen?

»Die Revolution der Romantik«

Die Antwort haben Philosophen gegeben, die auf Kant folgten und gewöhnlich als Romantiker bezeichnet werden. Dieser Ausdruck wird häufig negativ verwendet, wenn man ausdrücken will, dass jemand die Dinge nicht realistisch sieht und die Wirklichkeit verkennt. Natürlich ist es ratsam, etwa als Geschäftsmann oder als Ärztin, mit beiden Beinen auf dem berühmten Boden der Tatsachen zu bleiben und seine Bilanzen und Diagnosen mit Verstand anzufertigen und in Ordnung zu halten. Aber man kann auch höchst vernünftig nach den Grenzen der Vernunft fragen, um zu ermitteln, ob es nicht doch einige Dinge gibt, von denen die Schulweisheit nichts ahnt und zu denen sie nichts sagen kann.

Genau diesen Versuch haben die Vertreter der Romantik – unter anderem – unternommen und dabei festgestellt, dass es eine uralte Tätigkeit des Menschen gibt, die darüber hinausgeht und weder durch kausale Gesetze beschränkt noch durch Mechanismen der äußeren Welt beherrscht wird. Diese Aktivität kennen wir als Kreativität oder künstlerische Schöpfung, und sie gehört zum Menschen wie sein wissenschaftlicher Sachverstand. Die kreative Produktivität eines Menschen ist dabei ganz und gar selbstbestimmt, und sie ermöglicht es uns, die Natur in einer doppelten Weise zu sehen, wie der Ideenhistoriker Isaiah Berlin in einem Essay über »Die Revolution der Romantik« dargestellt hat: Die Natur ist nämlich jetzt nicht mehr nur eine Mutter und Gebieterin, die den Menschen erst hervorbringt und ihm dann Regeln (Naturgesetze) vorgibt. Die Natur ist von jetzt an auch das Gegenstück, das Menschen dank ihrer Kreativität neu schaffen und formen können – etwa in einem Roman oder in einer wissenschaftlichen Theorie. Uns ist – in einem abgemessenen Rahmen – die Freiheit zur Selbstbestimmung gegeben, und mit ihrer Hilfe und in diesen Grenzen verwandeln wir die Natur. Sie wird dabei »etwas, dem ich meinen Willen aufzwinge, eine Sache, der ich eine Form gebe«, um eine Formulierung von Berlin zu verwenden, der mit seinem Text daran erinnern möchte, dass wir die Kinder zweier Traditionen sind. Wir haben sowohl die Ideen der Aufklärung als auch die der Romantik geerbt, und wir dürfen nicht vergessen – bei allen Widersprüchen, die dabei auftreten können –, dass »keine Bewegung in der menschlichen Geistesgeschichte … eine [der Romantik] vergleichbare Wirkung und Dynamik gehabt« hat. Wer diese Revolution nicht begriffen hat, wird das moderne Denken nicht verstehen, wie Berlin zwar vor allem in Hinblick auf politische Bewegungen meinte, hier aber vornehmlich auf das Vorgehen der Naturwissenschaften bezogen werden soll.

Das Bekenntnis zu einer romantischen Möglichkeit des Antwortens schließt den Gedanken ein, dass das rationale Muster der Welterklärung nicht ausreicht, um die wichtigen Dinge des Lebens zu verstehen. Das rationalistische Ideal, so wie es Berlin in seinem Buch über *Die Wurzeln der Romantik* darstellt, besteht aus drei Überzeugungen: Erstens gibt es auf alle sinnvollen Fragen eine Antwort. Zweitens lassen sich all diese Antworten finden. Und drittens ergeben sich zwischen den Antworten keine Widersprüche. Leider hat sich diese Festlegung als unbrauchbar, weil falsch, erwiesen. Das wissenschaftliche Erkunden muss offener werden, wenn es die Bildung des Menschen verstehen will, die ausschließlich kausal und unbedingt deterministisch nicht zu haben ist.

Die Einheit der Zweiheit

Wir hatten das romantische Bild des Menschen eingangs schon durch den Hinweis anklingen lassen, dass sowohl der Mensch aus der Natur als auch die Natur aus ihm hervorgeht. Wir sind schöpferische Geschöpfe, die den Gesetzen der Natur unterliegen und sich von ihnen durch einen kreativen Akt befreien, der seinen bekanntesten und populärsten Ausdruck in der Kunst findet. Wir sind geschaffene und schaffende Organismen zugleich, was in dem Ausdruck »Bildung des Menschen« zusammengefasst wird, da Bildung beides meint, den Vorgang des Bildens und sein Ergebnis, das Gebildete. Davon handelt dieses Buch.

Die Grenzbestimmung des Menschen, die oben gegeben wurde, ist weniger wichtig als der Hinweis auf die Romantik, deren Spezialität des doppelten Sehens dadurch erklärbar wird, dass sie als eine Gegenbewegung entstanden ist. Isolierte Romantik ohne den Gegenpol des wissenschaftlichen Sachverstands bleibt bloß himmelblauer Klingklang mit Tendenz zum schwärmerischen Kitsch.

Romantik als Revolution kann nur in einer aufgeklärten Gesellschaft entstehen, die sich in einem geordneten Universum wähnt, in das durch die physikalischen Gesetze Licht gekommen ist. Ein naturwissenschaftliches Gesetz beweist sich bekanntlich wie ein Licht, das in einem Zimmer angeht, durch die Ordnung, die es sichtbar macht. Und warum sollte dieses Licht der Vernunft nach dem Kosmos nicht auch den Menschen erhellen?

Genau an dieser Stelle entzündeten die romantischen Dichter und Philosophen ihr Gegenlicht, das den Literaturwissenschaftler Peter von Matt in Anlehnung ein einen Ausdruck von Novalis von »der schwarzen Sonne der Nacht« reden lässt. Der Forscher deutet die fantastische Literatur der Romantik als Antwort auf »den Totalitätsanspruch des Newtonschen Lichts«, und der Schatten tritt in Form der »Erfahrung einzelner Menschen« in Erscheinung, was man auch so ausdrücken könnte, dass »die Einzigartigkeit des Individuums«, die der Philosoph Friedrich Schleiermacher zum ersten Mal um 1800 auf den Begriff bringt, nicht unter ein allgemeines Gesetz zu zwingen ist.

So offenkundig es ist, dass die Romantik nur als eine Gegenbewegung – mit Gegenlicht und Gegenhimmel im Inneren des Menschen – zu verstehen und sinnvoll zu nutzen ist, so wichtig ist auch, dass sich ihr Grundgedanke als Glaube an eine Einheit zeigt, allerdings eine Einheit, die aus zwei Teilen zusammengesetzt ist. Gemeint sind etwa die Einheit von Mensch und Natur, wie sie bereits erwähnt worden ist, und die Einheit von Tag und Nacht. Man kann auch sagen, dass die Einheit in der Bildung besteht, die ja in sich eine doppelte Bedeutung hat. Damit wird auch verständlich, dass die Biologie der romantischen Epoche von einem »Bildungstrieb« ausgegangen ist, der zum Leben gehört, und Goethes Beitrag dazu in dem Vorschlag bestand, die Gestaltbildungen der Pflanzen zu untersuchen, die er als ihre Metamorphose bezeichnete.

Moderne Genetiker lächeln oft leichtfertig über Goethes wissenschaftliche Versuche, aber sie tun dies vielleicht nicht ungestraft, denn immerhin ist der Klassiker wie sie von der »Notwendigkeit der genetischen Methode für alle Naturwissenschaft« überzeugt. Hiermit meint er allerdings nicht die Aufforderung, möglichst viele Gene zu fixieren. Vielmehr spricht er die Aufgabe an, die Bildung aller Gestalten und Formen der Natur aus einem dynamischen Grundplan heraus zu verstehen, in dem das »eins und doppelt« sein ansichtig wird, das zu jeder Bildung und zu jedem Werden gehört.

Wer eine Einheit anstrebt und zugleich in einem Rahmen denkt, der als Gegenbewegung entstanden ist – und sich nicht durch anfängliche Widersprüchlichkeiten abschrecken lässt, die man aushalten muss –, wird eine seiner Aufgaben darin sehen, das Gegenstück zu der jeweils existierenden Ansicht zu suchen, und unter dieser Vorgabe lassen sich wunderbare Funde machen. Die Existenz der Gegenpole beweist man sicher am besten, indem man sie findet: Das Gegenstück zum allgemeinen Naturgesetz – in Newtons Universum – ist der individuelle Mensch mit seinem inneren Universum. Das Gegenstück zu der Rationalität des systematischen Verstands ist die Irrationalität der kreativen Fantasie. Und so kann die Wissenschaft weitermachen: Wenn es sichtbares Licht gibt, muss es auch unsichtbares geben, und wenn es bewusstes Denken gibt, muss es auch unbewusste Vorgänge im Gehirn geben – wobei es vielleicht an dieser Stelle weniger auf das Bewusstsein und mehr auf das Bewusstwerden ankommt, auch wenn dieses Hauptwort weniger in Gebrauch ist als sein stiller Partner.

So selbstverständlich die letzten beiden Gedanken modernen Zeitgenossen vorkommen, die mit dem Unbewussten fast schon zu leichtfertig umgehen, so abwegig und sensationell mussten sie damals wirken. Wir werden auf das Bewusstwerden und seine Quellen noch zurückkommen, wollen an dieser Stelle aber an den vielen Zeitgenossen unbekannten Physiker Johann Wilhelm Ritter (1776–1810) erinnern, der aus den genannten Gründen davon überzeugt war, dass es unsichtbares Licht geben muss. Er machte sich auf die Suche nach einer handfesten zweiten Wirklichkeit und entdeckte sowohl die infraroten Strahlen, die wir als Wärme spüren, als auch Hinweise auf die ultravioletten Strahlen, die intensiv unsere Haut bräunen oder verbrennen können. Ritter erkundete zudem die »tierische Elektrizität« in der Hoffnung, sie auch in der anorganischen Natur zu finden, was dann auch gelungen ist.

Durch den Physiker Ritter sind die Plus- und Minuspole, zwischen denen Elektrizität fließt, erst in die Sprache der Wissenschaft und dann des Alltags eingeführt worden. Dieser sachlich begründete Name hat zu dem Prinzip der Polarität geführt, das dann nicht auf die experimentellen Forschungen beschränkt blieb, sondern auch Eingang in die Philosophie der Natur fand. Sie suchte nach Polaritäten in der festen Überzeugung, dass es zu jedem Tatbestand einen zweiten gibt, der ihm gegenübersteht und mit dem ersten zusammen die Spannung ermöglicht, mit der die Bildungen möglich werden, die wir als Einheit erfahren.

Die Entdeckung einer unsichtbaren Welt hat sich am Ende des 19. Jahrhunderts wiederholt, als die Physiker auf Röntgenstrahlen und Radioaktivität stießen. Damit haben sie ihre Wissenschaft in Bewegung gebracht, nachdem ihre Vertreter bereits von einem klassischen Abschluss ihrer Bemühungen träumten. Als Folge der neu entdeckten Realität musste die Physik ihr Bild von den Grundbausteinen der Materie ändern, und den Forschern ist eine widerspruchsfreie Beschreibung der Atome nur durch die Öffnung einer zweiten Dimension der Zahlen gelungen. Man spricht von der imaginären Komponente der Mathematik, und das Wort dürfen wir an dieser Stelle ruhig auskosten als Hinweis auf einen fantastischen Beitrag zu den Dingen, die wir als Wirklichkeit kennen. Tatsächlich lässt sich die Realität nur mit imaginären Zahlen erfassen, was man auch weniger geheimnisvoll durch den Hinweis ausdrücken kann, dass es auch hier etwas gibt, das wir nur mit den zweiten Augen sehen können.

Die Bildungen des Menschen

Das Wechselspiel aus Einheit und Dualität findet seinen vielleicht angemessensten und ansprechendsten Ausdruck in dem berühmten Satz, den Immanuel Kant am Ende seiner *Kritik der praktischen Vernunft* geschrieben hat und der auch auf seinem Grabstein zu lesen ist:

»Zwei Dinge erfüllen das Gemüt mit immer neuer und zunehmender Bewunderung und Ehrfurcht, je öfter und anhaltender sich das Nachdenken damit beschäftigt: der bestirnte Himmel über mir und das moralische Gesetz in mir.«

In diesen Worten, die von einem einzelnen Menschen gesprochen werden, treten uns die beiden Seelen entgegen, die sich wissenschaftlich als die zwei Kulturen niedergeschlagen haben, die wir im Bereich der deutschen Sprache als Geistes- und Naturwissenschaft unterscheiden. Das rational orientierte Nachdenken vertreibt ja keine Wunder, sondern bringt sie hervor.

Kant redet zwar von zwei Welten – in der einen geht es um die kausalen Gesetze am Himmel und in der anderen um die freiheitlichen Gesetze im Menschen –, aber wir leben nur in einer, und das ist die Welt des Bildens und der Bildung. Sie ist kulturell der Prozess, der im Dialog von einem Standpunkt aus beginnt und im Dialog zu einem neuen führt. Und sie ist materiell der Vorgang, bei dem wir Menschen entstehen. Diese Bildung für die Bildung soll im Folgenden dargestellt werden, und zwar in ihren verschiedenen Dimensionen. Da wäre zum einen die Entstehung des Bildes von der Welt im erwachsenen Kopf, zum zweiten die Entwicklung einer Eizelle zu einem neugeborenen Kind, zum dritten die Reifung des jungen Menschen mit der Ausbildung von Denkkategorien in Verbindung mit dem Erwerb der Sprache und zum vierten die Hervorbringungen des Menschen als Kunst oder Wissenschaft oder in Form seiner eigenen Biografie.

»Das eigentliche Studium des Menschen ist der Mensch«, wie jeder Wissenschaftler weiß und wie Goethe den Lesern seiner *Wahlverwandtschaften* anvertraut, indem er eine junge Dame namens Ottilie diesen Satz in ihr Tagebuch eintragen lässt. »Was die Menschheit studieren muss, ist der Mensch«, wie es der britische Poet Alexander Pope (1688–1744) bereits ein Jahrhundert früher ausgedrückt hat (und damit sicher auch nicht der erste war). Immerhin können wir ihn jetzt mit zwei Augenpaaren ansehen, dem einen außen und dem anderen innen. Die inneren Augen gehören dem Einzelnen an, die äußeren Augen gehören zu uns allen. Davon wollen wir zuerst erzählen.

Zwei Zerlegungen eines Ganzen

So schwer es uns fällt, mit Worten zu definieren, was ein Mensch ist, so leicht fällt es uns, mithilfe unserer Augen festzustellen, ob jemand ein Mensch ist. Wahrscheinlich wissen wir dank unserer Sinne mehr über die Welt, als wir durch unsere Sprache ausdrücken können. Trotzdem benötigen wir die Kombinationen von Buchstaben und Lauten, die zu Worten führen, denn wir wollen miteinander kommunizieren bzw. uns gegenseitig verständigen. Schließlich ist es dieses gemeinschaftliche Miteinander, mit dem wir uns gemeinsam das ermöglichen, worauf es letztlich ankommt, nämlich uns zu bilden. Diese Bildung gelingt allein als Dialog mit einem oder mehreren Anderen.

Zum Dialog gehört Sprache, und mit dem Sprechen beginnen die meisten von uns schon früh, mit der Folge, dass wir am Ende alle das Reden beherrschen. Diese Form des Kommunizierens unterscheidet sich also von anderen Ausdrucksmitteln wie Zeichnen und Malen, mit denen viele dauerhaft ihre Schwierigkeiten haben. In diesen Anmerkungen verbergen sich mehrere Fragen, zum Beispiel die, wie und wann wir den Umgang mit den Worten eher mühelos gelernt haben, während es so schwierig ist, das, was wir vor Augen sehen, als Zeichnung oder Skizze auf ein Blatt Papier zu übertragen. Man kann aber auch fragen, was eigentlich die Wörter in unserem Kopf auslösen, wenn wir sie hören, und wie es guten Zeichnern gelingt, mit nur wenigen Strichen auf einem Blatt Papier ein Gesicht erscheinen zu lassen, das von uns sogleich erkannt wird.

Um diese und verwandte Themen im naturwissenschaftlichen Rahmen erörtern zu können, muss man im Detail verstehen, wie sich unser Gehirn zuerst mit der Wahrnehmung von Wirklichkeit beschäftigt und im Anschluss daran für die angemessene Umsetzung in Handlungen sorgt, zu denen auch das Sprechen und seine

Sprechakte gehören. Zahlreiche Forscher können dazu umfangreich Auskunft geben, und wer ihre faktenreichen Darstellungen durchliest oder anhört, wird sich vielleicht zunächst darüber wundern, warum es so viele verschiedene Disziplinen gibt, die sich mit Fragen des Lebens beschäftigen und an dieser Stelle zu Wort melden. Sie sind tatsächlich in den letzten Jahrhunderten und Jahrzehnten immer zahlreicher und verstreuter geworden, ohne erkennbare Neigung zur Umkehrung dieser Tendenz. Wo früher eine Disziplin, Biologie, ausreichte, die bestenfalls in Pflanzen- und Tierkunde (also in Botanik und Zoologie) eingeteilt wurde, der sich eine Anatomie des Menschen zugesellte, tummeln sich heute Biochemiker, Molekulargenetiker, Zellbiologen, Endokrinologen und Neurophysiologen, um nur einige Disziplinen zu nennen, die sich der Erforschung der Lebensvorgänge widmen. Und die Aufteilung lässt sich anscheinend in jedem einzelnen Organ beliebig verfeinern, denn wer sich etwa kundig macht, in welchen Bereichen die Max-Planck-Gesellschaft zur Hirnforschung beiträgt, wird neben einem Institut für diesen Hauptgegenstand auch eigenständige Forschungseinrichtungen für Neurobiologie, neurologische und neuropsychologische Forschung finden – die sich hoffentlich genau abstimmen –, zu denen zusätzlich noch Institute für Psycholinguistik und für evolutionäre Anthropologie gehören und denen bis vor kurzem auch noch ein Institut für Verhaltensphysiologie zur Seite stand. Worin besteht die Notwendigkeit, so viele spezielle Fächer einzurichten, in ihnen Erfahrungen zu sammeln und sich mit ihnen anzufreunden?

Eine Antwort auf diese Frage ist schon deshalb wichtig, weil sonst kaum sinnvoll auf den inzwischen immer lauter ertönenden Ruf nach einem interdisziplinären Vorgehen reagiert werden kann. Um dieses notwendige Ziel zu erreichen und unter seiner Vorgabe die biologische Bildung des Menschen im wissenschaftlichen Zusammenhang darstellen zu können, wird an dieser Stelle empfohlen, den Weg kennen zu lernen, der zu dieser systematisch betriebenen und sachlich begründeten Spezialisierung geführt hat und auf dem lang anhaltender Erfolg erzielt werden konnte. Die Richtung wurde vor vielen hundert Jahren eingeschlagen. Sie besteht darin, den zu untersuchenden Gegenstand in seine Einzelteile zu zerlegen, wobei die analytische Erkundung von außen nach innen fortschreitet (und dabei das Innere nach außen bringt). Der Zugriff der Wissenschaft beginnt beim gesamten Organismus, entdeckt erst in ihm Zellen und dann in den Zellen die Moleküle, und – dies als historische Tatsache – mit jedem fassbaren Gegenstand entsteht ein neue Disziplin – die Molekularbiologie, die Zellbiologie, die Biologie der Organe und der Menschen (die Humanbiologie), wenn man einmal umgekehrt von innen nach außen blickt.

Es ist nicht auszuschließen, dass sich die Disziplinen mehr oder weniger von allein weiterentwickelt hätten, wäre es nicht im 20. Jahrhundert gelungen, ihnen von innen her entgegenzukommen. Die Wissenschaftler konnten einen Weg finden, der in die Gegenrichtung – nach außen – führt, und jeder kennt ihn als Genetik. Bei der modernen Erforschung der Vererbung dringt das Seziermesser nicht unter die Haut, sondern in das genetische Material ein, das nun nicht mehr ungestört die Zellen instruieren und aus dieser Tiefe den Körper aufbauen kann, zu denen es gehört. Die Auswirkungen sind anschließend auf all den Ebenen zu spüren, die vor dem Aufkommen der Genetik freigelegt worden waren, und auf diese Weise öffnet sich nach und nach für uns die Möglichkeit, die zahlreichen Detailkenntnisse der vielen Disziplinen zu der einen Einsicht zu bündeln, um die es den meisten Menschen geht – vor allem beim Menschen selbst. Noch ist allerdings niemand durch die jetzt offen stehenden Türen gegangen. Aber das Gefühlt wächst, dass sich die Gemeinde der Wissenschaftler in die richtige Richtung bewegt.

Interdisziplinarität

»Die Welt besteht aus Problemen und die Wissenschaft aus Disziplinen.« So klingt eine heute häufige Kritik am Betrieb der Forschung, und wer sie äußert, hat wenigstens zum Teil Recht, denn Physik, Chemie, Biologie und weiter ins immer kleinere Detail gehende Richtungen der Wissenschaft sollten sich weniger mit sich selbst und mehr mit den Aufgaben beschäftigen, die von außen gestellt werden – nicht nur bei Fragen des Klimas oder der Vielfalt des Lebens, sondern auch dann, wenn die Gesundheit einzelner Personen betroffen ist. Es ist natürlich bequemer, die Probleme den Schubladen der Fächer anzupassen, statt umgekehrt die Disziplinen auf die Probleme einzustellen. Aber anders kann Wissenschaft nur noch wenig bewirken. Interdisziplinarität ist also gefragt, wenn sie ihrem eigentlichen Ziel, für die Verbesserung unserer Lebensbedingungen zu sorgen, treu bleiben will, und das meint das Zusammenfügen von partikularem Wissen und fachlichen Einzelwegen, die gemeinsam im anfangs sicher mühsamen Wechselspiel neue Erkenntnisstrukturen zustande bringen.

Dass Interdisziplinarität innerhalb der Naturwissenschaft erfolgreich gelingen kann, zeigt die Entdeckung der Struktur des Erbmaterials, die wir als Doppelhelix aus DNA kennen und die zu einer Ikone unserer Zeit geworden ist. Zum ersten Mal vorgestellt haben dieses wunderbare Modell im Jahre 1953 James D. Watson und Francis Crick (1916–2004), wobei allein die schlichte Tatsache, dass die Entdeckung auf ein Team zurückgeht, schon auf interdisziplinäres Arbeiten hinweist. Unter historischen Aspekten ist nämlich festzuhalten, dass viele Konkurrenten des *Biologen* Watson und des *Physikers* Crick gescheitert sind, weil sie *einer* Fachwissenschaft allein die Lösung zutrauten und nicht auf unterschiedliche Disziplinen zurückgreifen wollten. Erwin Chargaff zum Beispiel näherte sich der DNA und ihrer Struktur *ausschließlich* als analytischer Chemiker, und so genau und sorgfältig seine immer präziseren und umfassenderen Bestimmungen der Erbsubstanz auch wurden, sie halfen ihm nicht, die Struktur des Moleküls zu sehen, auf die es letzten Endes ankam. Diesen Schritt, diesen Fortschritt, der unsere biomedizinisch orientierte Gegenwart entscheidend beeinflusst, konnte das Paar Watson und Crick wahrscheinlich nur gehen, weil die beiden Wissenschaftler nicht nur Informationen aus allen Disziplinen verwendeten, die in Cambridge zur Verfügung standen, sondern weil sie gezielt danach fragten und auch in Kauf nahmen, sich einmal lächerlich zu machen.

Interdisziplinarität benötigt Mut (auch den Mut zur Lücke), aber die Doppelhelix konnte nur entdecken, wer sich zutraute, zugleich über die Kristallographie, die Physik der Röntgenstrahlen, die Chemie der Basen und Wasserstoffbrücken, die Genetik der bakteriellen Viren (Bakteriophagen) und viele andere Beiträge informiert zu werden (und dabei riskierte, viele Details nicht sofort oder adäquat zu verstehen). Interdisziplinarität benötigt auch einen Ort, an dem es all die notwendigen Fächer gibt – was zum Glück in den frühen 1950er Jahren an einer britischen Universität der Fall war. Gemeint ist Cambridge, und an diesem Ort funktionierte die Idee der Universität, die auf eine Einheit des Wissens aus ist und den Dialog von Schülern und Lehrern ermutigt. Deshalb konnte das Duo Watson und Crick hier zum Erfolg kommen.

Doch obwohl die Bedeutung der Interdisziplinarität längst weitgehend akzeptiert worden ist, wird die mit diesem Wort bezeichnete Art des Forschens bis heute mehr *gefordert* und weniger *gefördert*. Es gibt mehr Worte als Mittel. Dabei bieten gerade die Wissenschaften vom Leben die Chance, auf diese Weise gewinnbringend tätig zu werden und zum Beispiel philosophisches Fragen und wissenschaftliches Suchen zusammenzubringen. Dies war bereits im 19. Jahrhundert der Fall, als Friedrich Nietzsche sich daran machte, Themen der Vererbung anzusprechen. Er hat zum Beispiel über konkrete Züchtung – etwa die eines Übermenschen – geschrieben und seinen Lesern allgemeine Gedanken angeboten. In den nachgelassenen Fragmenten heißt es etwa: »Kein Nachdenken ist so wichtig wie das über die Erblichkeit der Eigenschaften.« Dem kann man gerade heute nur zustimmen. Allerdings bleibt es dann bei dieser Aufforderung, denn anschließend zieht sich der Philosoph zurück und schweigt. Von einer Erfüllung der gestellten Aufgabe kann weder bei Nietzsche noch bei seinen Nachfolgern die Rede sein. Sie überlassen das Feld den Genetikern, die sich aber nicht ausreichend darum kümmern können, da die Experimente ihre Kräfte voll beanspruchen.

Es hat nun keinen Zweck, wenn sich Nietzsches Nachfolger damit profilieren, die Naturwissenschaftler ethisch an die Kandare zu nehmen, die entweder probieren oder exerzieren, was Nietzsche wollte, nämlich »die Erblichkeit der Eigenschaften« mit dem Zweck erkunden, »*freiere* Menschen, als wir es sind, in die Welt zu setzen«. Es hat ebenso wenig Zweck, Nietzsche entweder zu verherrlichen oder zu verteufeln. Wichtiger wäre, seine positive Popularität zu nutzen und zu fragen, wie wir seine häufig provozierenden Sätze als Ausgangspunkt für einen interdisziplinären Diskurs nutzen können. Nietzsche fordert uns mit seinen Einsichten und insbesondere mit seinen Irrtümern unentwegt auf, ihn nicht allein dem Rachen einer einzigen Disziplin auszuliefern – erst recht nicht dem seiner eigenen. Es gilt vielmehr, ihn von allen fachlichen Seiten her zu durchleuchten, sich im gemeinsamen Diskurs aus Wissenschaft, Philosophie und Künsten mit ihm zu beschäftigen.

Es lohnt sich, einige Texte Nietzsches als einen Hilfeschrei nach Interdisziplinarität zu lesen. Schließlich hat er einmal geschrieben: »Ich weiß so wenig von den Ergebnissen der Wissenschaft. Und doch scheint mir bereits dieses Wenige *unerschöpfbar reich* zu sein zur Erhellung des Dunklen und zur Beseitigung der früheren Arten zu denken und zu handeln« Hier könnte das wissenschaftliche Gespräch ansetzen.

Ein Körper im Kosmos

Angefangen hat die moderne – wissenschaftlich ausgeführte – Erforschung des Menschen im 16. Jahrhundert, genauer gesagt im Jahr 1543, als ein wunderbar illustriertes Buch erschien, das ein erstaunliches Menschenbild vorführte. Im selben Jahr wurde auch ein zweites Buch der Öffentlichkeit überreicht und wesentlich berühmter. Darin geht es um den Blick nach außen in den göttlichen Kosmos, und dafür interessierte man sich mehr als für den Blick in die entgegen gesetzte Richtung, nämlich nach innen in den menschlichen Körper. Der kosmische Text trägt den Titel *Über die Umdrehungen der Himmelskörper* und hat seinen Verfasser, Nikolaus Kopernikus (1473–1543), berühmt gemacht. Der aus Polen stammende Domherr unternimmt in seinem Werk den Versuch, das seit Jahrtausenden beobachtbare Geschehen am Himmel durch die Einnahme neuer Standpunkte genauer und zugleich gefälliger zu beschreiben.

Kopernikus verändert zwei Positionen: Er stellt zum einen die Sonne ins Zentrum der Welt und lässt das ruhende Zentralgestirn von der Erde umrunden. Zum zweiten fixiert er die Sterne und macht ihre sichtbaren Bewegung verständlich, indem er seinem Heimatplaneten zu der ersten (größeren) eine zweite (kleinere) Umdrehung zumutet, nämlich die um die eigene Achse. Mit diesem

Vorschlag, der seine Zeitgenossen wenig aufregt, sorgt Kopernikus langfristig für die Unsterblichkeit seines Namens. Schließlich weist er den Menschen einen neuen Ort im Kosmos zu, und darüber hinaus macht er ihnen klar, dass sie neben dem Wissen durch die Sinne, die nach wie vor die Sonne in Bewegung – nämlich auf- und untergehen – sehen, auch Kenntnisse durch Konzepte und Begriffe haben können, die sich über den so unmittelbar gegebenen Augenschein hinwegsetzen und auf diese Weise in der Lage sind, oberflächlich verborgene Zusammenhänge herzustellen.

Die Betonung liegt auf »können«, denn etwas zu erfassen, was tagtäglich den Sinnen widerspricht, muss schwer fallen, und es könnte sein, dass für die meisten Menschen zutrifft, was Goethe einmal über das »Kopernikanische System« geschrieben hat: »Wir sagen nur nach, was wir nicht erkennen noch begreifen.« Goethe fügte dann hinzu: »Die Metamorphose der Pflanzen widerspricht gleichfalls unsren Sinnen.« Dieser Satz klingt sehr überraschend und gefährlich zugleich, weil er unser Thema direkt betrifft. Kann die Gestaltbildung einer Pflanze, kann die Umwandlung ihrer unauffälligen Grundformen in funktionsfähige Organe, die sich doch direkt vor unseren Augen abspielt, so dem Sinneseindruck zuwiderlaufen, wie es die Bewegung der Sonne tut, die wir von einer sich ebenfalls drehenden Erde aus anschauen? Und was interessiert einen Augenmenschen wie Goethe in dem Fall noch an der Bildung der Pflanzen, die er Metamorphose nennt?

Wir werden darauf eingehen, wenn wir mehr über die Vorgänge wissen, die zu der Gestaltwerdung des Lebens beitragen. An dieser Stelle möchten wir nur auf eine historische Tendenz der Wissenschaft hinweisen, die nicht deutlich genug werden kann, nämlich die Überleitung von einem statischen zu einem dynamischen Bild. Was Goethe interessiert, ist nicht die Gestalt der Pflanze selbst, sondern das Entstehen (die Bildung) der sichtbaren Form und damit die Gestaltwerdung, wie es so schön heißt. Er war dabei überzeugt, dass die Bildung sämtlicher Gestalten und Formen der Natur aus einem Grundplan heraus zu verstehen sein muss. Diese gründliche Vorgabe begründete für ihn »*die Notwendigkeit der genetischen Methode* für alle Naturwissenschaft«.

»Genetisch« leitet sich also nicht von den Genen ab, sondern kommt vielmehr von Goethe. Die genetische Methode der Wissenschaft meint nicht die spezielle Wissenschaft der Genetik, sondern die allgemeine Aufgabe der Biologie, sich weniger um geformte Strukturen und mehr um Vorgänge und Prozesse zu kümmern, die zu den strukturierten Formen führen. Das ist natürlich leichter gesagt als getan, und jede Vorgehensweise der Forschung muss erst einmal lernen, diesen Schritt zu vollziehen. Es ist zunächst immer leichter, das zu verstehende Objekt ruhig zu stellen, und es ist darüber hinaus anzunehmen, dass es die Wörter – und mit ihnen die Sprache – nur gibt, weil unsere Wahrnehmung genügend Dinge in der Welt vor unseren Augen finden konnte, die lange genug Bestand haben, um bezeichnet zu werden. Alles Wissen beginnt mit unveränderlich wirkenden Gegebenheiten, auch wenn sie tatsächlich – eigentlich – anders sind und sich wandeln. Das gilt nicht nur für die Wissenschaft von den Körpern, sondern auch für die vom Kosmos. Schließlich hat Kopernikus die zunächst als ruhend erfahrene Erde in Bewegung versetzt. Sein Schritt zeigt allerdings, was mit der dynamischen Verschiebung gelingen kann. Denn wenn wir ein Objekt bewegen, kommen wir ihm näher, und das Schöne ist, dass wir das auch selbst sein können.

Ein Kosmos im Körper

Wir versetzen uns jetzt in das 16. Jahrhundert zurück, in dem Kopernikus tätig war. Während sein Name im Laufe der folgenden Jahrhunderte zu einem öffentlichen Begriff wird, weil historische und populäre Gestalten wie Immanuel Kant und Sigmund Freud von einer Kopernikanischen Wendung im menschlichen Denken sprechen, bleibt der jugendliche Verfasser des zweiten Textes *Über den Bau des menschlichen Körpers*, das im lateinischen Original *De humani corporis fabrica* heißt, eher ein Geheimtipp unter Fachleuten. Sein Name ist Andreas Vesalius (1514–1564), und mit ihm und seinem Buch beginnt die Expedition der Wissenschaft in das

Innere unseres Lebens – wobei an dieser Stelle angemerkt werden kann, dass unsere Gegenwart gerade das Ende dieses forschenden Feldzugs erlebt, und zwar in Form des humanen Genomprojekts, mit dessen Hilfe die Reihenfolge der chemischen Bausteine offen gelegt wird, die das Erbgut einer menschlichen Zelle ausmachen. Den Bau des menschlichen Körpers noch genauer zu erkunden, macht allein deshalb kaum Sinn, weil die dazu gehörenden Moleküle längst aus dem Blickwinkel der Chemie ins Auge gefasst worden und somit bekannt sind. Die dazugehörige Wissenschaft der Anatomie, deren Name sich vom griechischen Wort für Zerschneiden *(anatome)* ableitet, hat ihren Rahmen damit weitgehend abgesteckt und kann mit dem weiteren Zerschneiden aufhören.

Mit diesen Bemerkungen ist nicht gemeint, dass die Wissenschaft der Anatomie eine abgeschlossene Disziplin ist. Jede menschliche Tätigkeit, die den Namen »Wissenschaft« verdient, wird ein offenes Abenteuer bleiben und ständig neue Wege finden, auf denen noch Erkundungen möglich sind. Der Anatomie gelingt dies in jüngster Zeit vor allem im Gehirn des Menschen mit neuen bildgebenden Verfahren, die weniger erfassen, was in einem Nervensystem zu finden ist, und die mehr zeigen, was in ihm passiert,

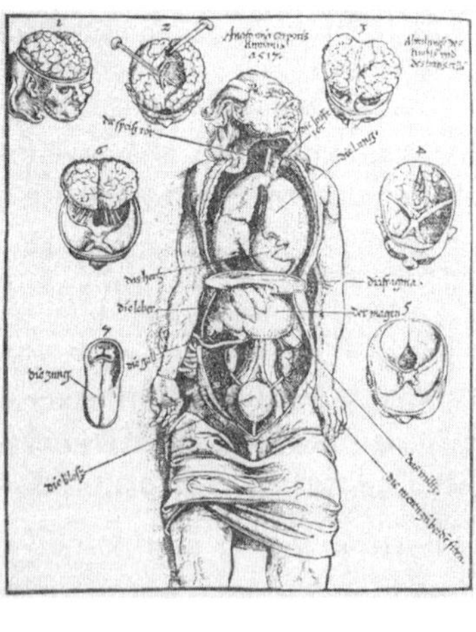

Abb. 2 Anatomie im 16. Jahrhundert – Zerlegung von Körpern.

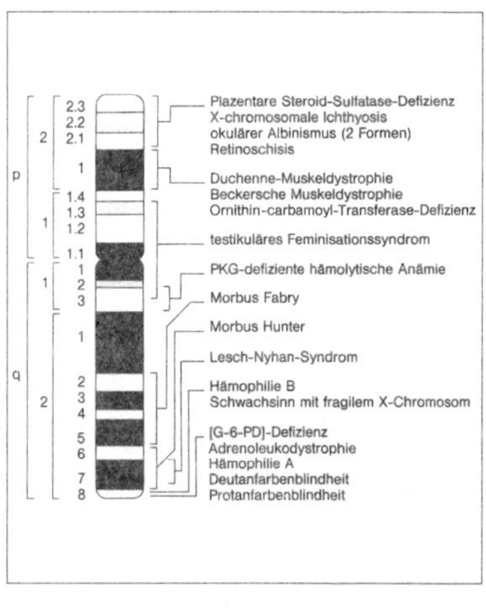

Abb. 3 Anatomie im 20. Jahrhundert – Zerlegung von Chromosomen.

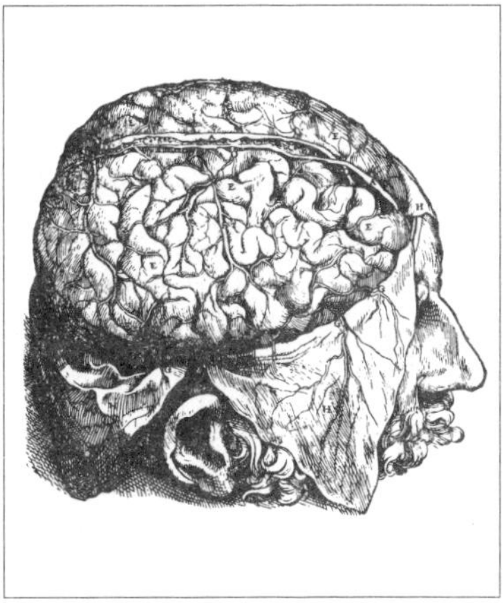

Abb. 4 Gehirndarstellung im 16. Jahrhundert (aus dem Werk des Vesalius.

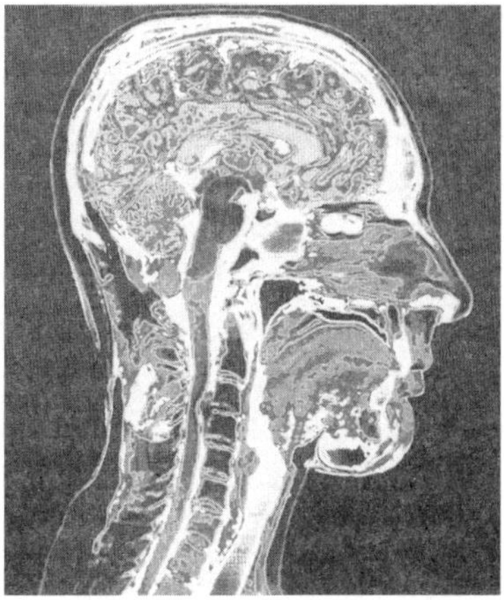

Abb. 5 Gehirndarstellung im 20. Jahrhundert: Kernspintomographie.

Das zerlegende Verfahren der Wissenschaft ist bis heute im Prinzip unverändert geblieben. Während zunächst Körper zerlegt und die Einzelteile benannt wurden – Abb. 2 zeigt die Verweise auf die Körperteile in einer Zeichnung von Hans Wächtlin aus dem Jahr 1517 –, kamen später Organe, Zellen und zuletzt Zellbestandteile wie das gezeigte Chromosom an die Reihe (Abb. 3). Als Einzelteile werden dunkle und helle Banden erkennbar, die man in einem ersten Schritt abzählen kann und denen man mithilfe der Genetik eine funktionelle Bedeutung zuweisen kann. Der maßgebliche Teil eines Chromosoms besteht aus der chemischen Substanz namens DNA, die kettenförmig gebaut ist. Die Reihenfolge ihrer Glieder nennt man die Sequenz der DNA. Im Rahmen des so genannten Humanen Genomprojekts ist es zu Beginn des 21. Jahrhunderts gelungen, die Sequenz der menschlichen DNA offen zu legen. Damit ist ein Ende der anatomischen Expedition erreicht.
Während Vesalius im 16. Jahrhundert den Kopf noch mechanisch öffnen muss (Abb. 4), um das Hirn zu zeigen – man erkennt die Rinde des Großhirns mit ihren Windungen und die Blutgefäße –, können Aufnahmen mit modernen Techniken wie der Kernspintomographie, deren Entwicklung 2003 mit dem Nobelpreis für Medizin ausgezeichnet worden ist, in das Innere des Kopfes schauen, ohne ihn zu öffnen (Abb. 5). Solche Aufnahmen wir die von Dan McCoy erlauben es, die Orte zu finden, an denen das Gehirn aktiv wird, wenn es einzelne seiner Fähigkeiten entfaltet und etwa zu lesen anfängt.

wenn es benutzt wird. »Funktionelle Anatomie« nennen die Wissenschaftler, was ihnen da gelingt, und es ist anzunehmen, dass der Forschung in dieser Richtung noch einiges gelingen wird.

Trotzdem kann von der Erreichung eines Rahmens und damit von einer Begrenzung in eine Richtung gesprochen werden, denn tiefere Schichten des Lebens als die Bausteine der genetischen Moleküle sind in einer Zelle nicht vorhanden. Dies kann analog zu der Sprache gesehen werden, die in schriftlicher Form von Büchern und Kapiteln über Sätze und Wörter bis in ihre einzelnen Buchstaben zerlegt werden kann – aber nicht weiter. Man erfährt nichts mehr von Bedeutung über das Geschriebene, wenn man die chemische Zusammensetzung der Farben analysiert, mit denen die Buchstaben gedruckt sind – außer in Sonderfällen wie bei einem Kriminalfall, bei dem die Echtheit eines Dokuments zu prüfen ist, was aber hier unberücksichtigt bleiben kann. Und wir lernen nichts mehr über das in einer Zelle ablaufende Leben, wenn wir die physikalischen Atome betrachten, aus denen die chemischen Buchstaben ihres genetischen Textes bestehen.

Die Expedition der Anatomie in das Innere des Menschen, die 1543 mit Vesalius begonnen hat, ist also 460 Jahre später auf ihrem inneren Grund angekommen, und zwar mithilfe der Genetik, die dort ihren Ausgangspunkt nimmt. Auf ihrem Weg hat die Wissenschaft viele Ebenen freigelegt, und auf jeder von ihnen – so zeigen es die historischen Verläufe – hat sich eine wissenschaftliche Disziplin angesiedelt. Wer sich interdisziplinär verständigen will, muss nicht nur diese Ebenen kennen, sondern mit ihnen einsehen, dass sie philosophische Folgen zeitigen und einige Verbote mit sich bringen. Wie sich nämlich herausstellt, kann es leicht passieren, dass Sätze (Behauptungen), die in einer Ebene Sinn ergeben, in einer anderen zum Gegenteil führen. So kann zum Beispiel ein Mensch einen Grund oder ein Motiv haben, wenn er etwas tut. Aber für eine Nervenzelle, die aktiv wird, lässt sich bestenfalls eine Ursache oder ein Kausalfaktor angeben. Was ein Mensch unternimmt, hat natürlich auch Ursachen – etwa die Bewegung seiner Sehnen und Muskeln, wenn er geht –, aber in seinem Fall interessieren wir uns eher für seine Beweggründe. Mit den Ebenen wird die Kenntnis von Lebensstrukturen genauer, und die Sprache bekommt die Chance, hier nachzuziehen. Wer sie nutzt, praktiziert Interdisziplinarität.

Um die geeignete Redeweise wird es in diesem Text gehen, der vor dem Beginn der anatomischen (zerlegenden) Erkundungsreise schon einmal auf eine merkwürdige und wunderbare Übereinstimmung zwischen Körper und Kosmos hinweisen will. Nicht nur beginnt die Erforschung beider im selben Jahr. Am Ende zeigt sich auch die gleiche Grundstruktur des Verstehens. Sowohl der Kosmos als auch der Körper lassen eine hierarchische Schichtung erkennen, die man zum Zweck der ersten Übersicht mit gleich viel Ebenen ausstatten kann, wobei es sogar ein Wort gibt, das beide verbinden könnte. Schließlich sprechen wir von Körpern, die sich am Himmel zeigen, und dies gilt nicht nur für die deutsche Sprache, sondern umfassend, wie sich etwa im Englischen erkennen lässt, wo von »celestial bodies« die Rede ist.

Die Hierarchie des Kosmos und des Körpers

Außenwelt – Innenwelt
Supercluster – Organismus
Cluster – Organ
Galaxie – Gewebe
Planetensystem – Zelle
Stern – Molekül

An dieser Stelle wird übrigens oft der Einwand erhoben, dass die vorgestellte Schichtenstruktur sich weniger der Wirklichkeit und mehr dem Kopf verdankt, der sie darstellt. Möglichweise zeigt sich hier nur eine Organisation des Denkens und keine Form der Welt. Das ist eine Möglichkeit. Man kann aber auch – wie es hier geschieht – annehmen, dass wir die Welt mit einem Gehirn erfassen, das in ihr entstanden ist. Das Gehirn bildet die Welt ab, die es gebildet hat, und diese Bildung geschieht so, dass sich der Träger des Gehirns in der Welt zurechtfinden kann. Das Gehirn ist ebenso in der Welt wie die Welt im Gehirn, und beide bilden sich.

Der Beginn der Expedition

Wenden wir uns nun der ersten modernen Erkundung des menschlichen Körpers zu, also der Arbeit des Vesalius, der in der Neujahrsnacht 1514/15 in Brüssel geboren worden ist und also noch keine dreißig Jahre als war, als das üppig illustrierte Werk erschien, für das er bis heute berühmt ist. Seine Begabung für die von ihm begründete Wissenschaft, die wir heute Anatomie nennen, war früh aufgefallen, denn bereits von 1537 an hielt Vesalius – nach einem Studium der Medizin in Paris – Vorlesungen für Chirurgen in Padua. In dieser oberitalienischen Stadt überließen ihm die Vorsitzenden der Strafgerichte großzügig die Leichen von hingerichteten Delinquenten zu Studienzwecken. Anders als seine Vorgänger konnte Vesalius also zeichnen und zeigen, was er mit eigenen Augen gesehen und erkundet hatte. Um die in der anbre-

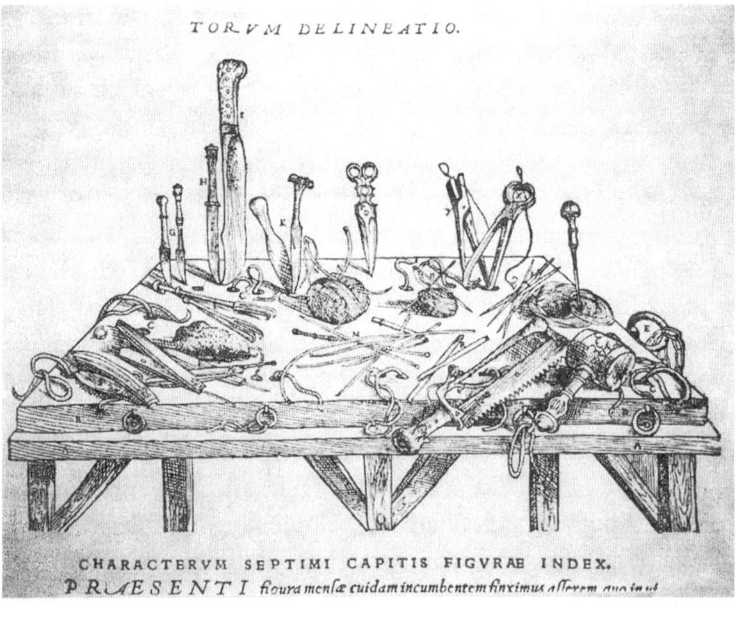

Abb. 6 Die Instrumente des Vesalius, gefällig präsentiert, fast den Eindruck von Harmlosigkeit erweckend.

chenden Neuzeit noch als revolutionär empfundene Mahnung zum »Do it yourself« so deutlich wie möglich auszudrücken, stellt Vesalius an den Anfang seines Buches eine Präsentation der Werkzeuge, mit denen er seine Sektionen vorgenommen hat.

Es kann hier nicht untersucht werden, warum es so lange gedauert hat, bis die medizinische Wissenschaft und ihre Vertreter sich daran wagten, nicht nur animalische, sondern auch menschliche Leichen zu öffnen, um den Bau des Körpers genauer zu erkunden. Ein Grund dafür ist die Tatsache, dass lange Zeit hindurch andere Vorstellungen von der menschlichen Existenz nach dem Tod bestanden haben, und es gab sicher Kulturkreise, in denen Ärzte die körperliche Unversehrtheit für notwendig hielten, um einem Menschen zu ermöglichen, würdig vor seinen Gott zu treten. Als Vesalius lebte, gab die Wissenschaft diese Zurückhaltung nach und nach auf, was den Anblick enthäuteter und sezierter Körper natürlich nicht weniger gruselig und abstoßend machte. Vielleicht gaben sich Vesalius und sein Illustrator Stephan von Calcar, der als Schüler das Malen bei Tizian gelernt hatte, deshalb so große Mühe, die in ihren Einzelteilen vorgeführten Körper in lieblich wirkenden Landschaften und in eleganten Haltungen zu präsentieren.

Bei Vesalius finden wir schon, was moderne Lehrbücher der Molekularbiologie seit einigen Jahrzehnten erneut entdecken, dass nämlich das Wechselspiel von Wort und Bild in der studentischen Unterweisung gefragt ist und benötigt wird. Der Text, der viele hundert Seiten in Anspruch nimmt, ist – wie es sich damals gehörte – in sieben Kapitel eingeteilt, in denen nacheinander 1. Knochen, Gelenke und Schädel, 2. die Muskeln, 3. das Herz und die Blutgefäße, 4. das Nervensystem, 5. die Verdauungsorgane, 6. der Brustkorb und 7. das Gehirn abgehandelt werden. Vesalius zeigt dabei nur, was er selbst überprüft und erkannt hat, und er stellt seine (in einigen Details überholten) Einsichten in Bildern vor, die sehr wirklichkeitsgetreu wirken. Die Realitätsnähe der Bilder soll den Betrachter sicher überzeugen, dass die Körper so sind, wie wir sie hier sehen.

Vesalius lässt uns in die Körper hineinblicken, und der wesent-

Abb. 7 Eine der Abbildungen aus dem Buch des Vesalius *De humani corporis fabrica*; die Buchstaben und Ziffern dienen der Zuordnung der Namen, die sich im dazugehörigen Text finden.

liche Aspekt der Anatomie, der damit erreicht wird, besteht darin, dass er eine zweite Ebene ent- und aufdeckt, die zur wissenschaftlichen Beschreibung des Menschen gehört. Die ganze unzerlegte Erscheinung, die uns sichtbar vor Augen tritt, nennen wir einen lebendigen Organismus, und wer sich als Anatom – als Zerschneider – daran macht, ihn in natürlich gegebene Teile zu zerlegen, findet dabei die Organe, von denen oben diejenigen aufgezählt wurden, die Vesalius aufgefallen sind und ihm zur Einteilung ausreichend schienen.

Die Methode der Wissenschaft

So harmlos dies für uns heute klingen mag, so grundlegend und richtungweisend ist der Vorgang, der damit begonnen hat und das Vorgehen der Wissenschaft bis in unsere Tage hinein festlegt. Zwar wird es noch ein knappes Jahrhundert dauern, bevor dies schriftlich niedergelegt und philosophisch abgesegnet wird, aber dann wird der französische Mathematiker und Lebemann René Descartes (1596–1650) seine *Ausführungen über die Methode, den Verstand recht zu gebrauchen und die Wahrheit in den Wissenschaften zu finden* vorstellen und erklären, wie der Forscher zu Einsichten kommt, nämlich durch Zerlegen und Zergliedern. Als den Königsweg zur Erkenntnis empfiehlt Descartes die Analyse, also das Auseinandernehmen des Ganzen, das man verstehen möchte. In den »Hauptregeln der Methode« schlägt er wörtlich vor, »jedes Problem, das ich untersuchen würde, in so viele Teile zu teilen, wie es angeht und wie es nötig ist, um es leichter zu lösen«. Vor allem dieser Vorschlag wird rasch überall angenommen, weil er im Kopf leicht nachvollziehbar und zugleich in der Praxis erfolgreich umsetzbar ist.

Als unmittelbare Konsequenz dieser methodischen Grundregel kommt im Gefolge und im Geiste von Descartes der Gedanke auf, dass natürlich die ersten Teile, die man erhält, selbst wiederum aus Teilen bestehen, die man wiederum fragmentieren kann, wobei der Prozess an dieser Stelle nicht zum Erliegen kommt, sondern weitergeht. Wie bei einer russischen Puppe tauchen mit jeder Öffnung des Blickfelds neue Puppen auf, die sich wieder öffnen lassen. Natürlich stellt sich jetzt die Frage, ob und wo das zerlegende Prinzip der Anatomie an ihr Ende kommt. Wann erscheint die Puppe, die keinen Deckel mehr hat, der sich entfernen lässt, und welche Besonderheit zeichnet diese letzte Form aus?

Auf diese Frage gibt es mindestens zwei Antworten. Eine finden wir bei Descartes, der die Ansicht vertritt, dass ein Körper sich nicht von einer – zugegeben komplizierten – mechanischen Puppe unterscheidet, was zur Folge haben muss, dass die Methode des Zerlegens den Wissenschaftlern irgendwann die Teile in die Hand gibt, die vollständig nach den Gesetzen der Physik funktionieren -dann sind die Forscher am Ziel. Sie haben die kleinste Puppe gefunden und können mit ihrer Hilfe anfangen, den Weg zurück zur größten zu gehen, die dann übrigens nicht sehr viel anders verstanden wird als durch die Zusammenstellung ihres Inhalts.

Zwar ist das Leben kein Puppenspiel. Es kann aber trotzdem – in diesem Modell – von der Physik her aufsteigend verstanden werden. Einigen Lesern wird auffallen, dass dieser Gedanke ihnen sehr vertraut klingt, wenn man das Leben von Zellen durch ihre chemischen Bestandteile erklärt. Dieser Sachverhalt lässt sich auch negativ durch den Hinweis formulieren, dass die Wissenschaft bei allen methodischen Fortschritten philosophisch betrachtet noch nicht sehr weit aus den Startlöchern herausgekommen ist.

Wir werden zwar auf dieses Thema mehrfach zurückkommen, wollen jetzt aber erst eine zweite Antwort auf die Frage nach dem Abschluss des Zerteilens geben: Man sollte sich erst darum kümmern, wenn es so weit ist. Denn bevor wir uns allzu viele Gedanken über die Begrenzung der von Descartes vorgeschlagenen Vorgehensweise machen, sollten wir das Verfahren so weit wie möglich voranbringen – allein schon deshalb, weil es zu ihm für einen im Laboratorium experimentell tätigen Forscher keine praktische Alternative gibt. Zu seiner Werkzeugpalette gehört vor allem ein Riesenhaufen von Analysegeräten. Wir werden noch im Detail sehen, wie weit dieses Vorgehen praktisch trägt, und zwar konkret bei menschlichen oder anderen Körpern, wobei kein Schaden entsteht, wenn wir dabei an ein Ende stoßen und mit dieser Methode nicht weiterkommen. Solch ein Ereignis kann für den Forschergeist doch nur ein Grund zur Freude sein, denn nun hat er viele Gründe – mehr als vorher –, sich etwas anderes einfallen zu lassen.

Der Schritt in das Unsichtbare

Also zerlegen wir: Organismen bestehen aus Organen, und woraus bestehen Organe? So kurz die Antwort heute ausfällt – sie bestehen aus Zellen –, so lange hat es gedauert, bis sie gegeben werden konnte. Das Problem mit diesem Schritt besteht darin, dass er aus dem Bereich der Welt, der den Augen zugänglich ist, hinausführt und bei Gebilden und Strukturen ankommt, die ohne technische Hilfsmittel unsichtbar sind und bleiben. Zwar gab es die ersten Mikroskope schon im 17. Jahrhundert – in diesem Zusammenhang fällt verdientermaßen immer der Name des niederländischen Naturforschers Antoni van Leeuwenhoeck (1632–1723), der als Vierzigjähriger anfing, Linsen zu schleifen, und dem es mit seinen selbstgefertigten Mikroskopen gelang, kleinstes Leben zu erblicken –, doch es sollte noch bis in das 19. Jahrhundert hinein dauern, bis die heute geläufige Erkenntnis formuliert und akzeptiert wurde, dass ein Organismus bzw. eines seiner Organe letztlich als ein »Aggregat von völlig individualisierten, in sich abgeschlossenen Einzelwesen, den Zellen« zu verstehen ist.

Dieser auf Pflanzen bezogene Satz des Botanikers Matthias Schleiden (1804–1881) aus dem Jahr 1838 bekam seine umfassende Gültigkeit ein Jahr später, als der Zoologe Theodor Schwann (1810–1882) seine *Mikroskopischen Untersuchungen über die Übereinstimmung in der Struktur und dem Wachstum der Thiere und Pflanzen* veröffentlichte. Seitdem gilt es in den biologischen Wissenschaften als Allgemeinwissen, dass Leben aus Zellen besteht, die in dem hier anvisierten Schema eine dritte Ebene bilden. Aus

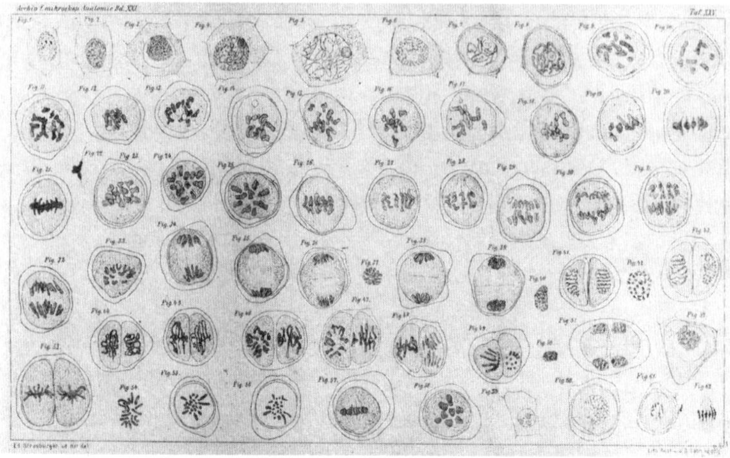

Abb. 8 In den 1880er Jahren gelang es Eduard Strasburger (1844–1912) mithilfe von Farbstoffen auf Anilinbasis Bestandteile von Pflanzenzellen so anzufärben, dass einige der Abläufe, die zur Zellteilung gehören, im Lichtmikroskop sichtbar wurden.

ihnen ist auch der menschliche Körper fabriziert, um ein Wort zu benutzen, das an das feine *fabrica* des Vesalius erinnert.

Mit der Entdeckung der Zellen als universeller Basis des Lebens stand Descartes glänzend da, denn sein methodischer Vorschlag hatte sich als richtig erwiesen. Man konnte tatsächlich einen Körper sinnvoll immer weiter zerlegen, um seinen Aufbau zu verstehen, und es wäre unverzeihlich gewesen, wenn die Wissenschaft mit diesem Vorgehen aufgehört hätte.

Sie tat vernünftigerweise das Gegenteil und fing an, die Zellen und deren Innenleben im Detail zu erkunden, wobei es vor allem darauf ankam, die technische Ausrüstung und das Handwerkszeug zu verbessern. Damit waren nicht nur Mikroskope mit höherer Auflösung gemeint, die mehr Einzelheiten im Zellsaft erkennen ließen, sondern auch Farbstoffe, die den untersuchten Lebensteilen zugesetzt wurden und sich nicht überall festsetzten, sondern dies selektiv taten.

Das Zellinnere konnte angefärbt werden, und am Ende des 19. Jahrhunderts wurde klar, dass dabei viele interne Strukturen sichtbar gemacht werden konnten. Am deutlichsten traten einige farbige Fäden hervor, die man aufgrund dieser Eigenschaft auf den Namen »farbige Körperchen« taufte, wobei die gebildeten Zellforscher des 19. Jahrhunderts diesen Ausdruck ins Griechische übersetzen. Dabei entsteht das Wort »Chromosom«, das wir bis heute nutzen, wenn es etwa heißt, das menschliche Erbmaterial besteht aus 23 Chromosomen, die im übrigen paarweise in Zellen vorliegen.

Mit diesen Chromosomen haben wir eine vierte Ebene gefunden, für die sich bald die Bezeichnung Organellen einbürgerte. So wie Organismen aus Organen bestehen, bestehen Zellen aus Organellen, was die Idee der Organe so besonders macht, dass man sie selbst als Verkleinerungsform beibehält. Was ist genau bzw. ursprünglich mit dem Wort Organ gemeint, dessen griechische Herkunft nicht zu überhören ist? Steckt in ihm eine tiefere Bedeutung, die uns gefällt und Einsichten vermittelt?

Die Antwort heißt Ja. Der Begriff hat die Bedeutung von Werkzeug, wie die Wörterbücher verraten, und auch wenn man zu der raffinierteren Variante der Sinneswerkzeuge wie Augen und Ohren übergeht, bleibt das mechanische Denken erkennbar, das sich – wie jetzt und immer wieder erkennbar – durch die europäischen Jahrhunderte zieht und so etwas wie ein Grundelement unseres Verstehens überhaupt ausmacht. Es zeigt sich vom griechischen Organ über das *fabrica* von Vesalius bis zur mechanischen Konstruktion des Descartes.

Wir sollten uns immer fragen, ob wir schon gelernt haben, anders zu denken und das Zusammenspiel der erkannten Ebenen anders als in Vorstellungen zu erfassen, bei denen Werkzeuge und Maschinenteile eine Rolle spielen. Die Verführung durch die Maschinen steckt großenteils in der Tatsache, dass sie von uns selbst entworfen und hergestellt werden, und man darf sich fragen, ob Menschen nicht ohnehin nur verstehen, was sie selbst machen können bzw. gemacht haben.

Ein Blick auf die Medizin

Der gedankliche Weg vom Ganzen des Organismus über die Organe und Zellen zu immer tiefer liegenden Schichten führt auch weg von den Vorstellungen, die im Leben mehr ein Wechselspiel von Säften sehen und durch deren Ausgewogenheit verstehen wollte. Natürlich gehören nach wie vor flüssige Teile zum Körper – jeder kennt die immer wieder in unterschiedlicher Absicht zitierte Banalität, dass Menschen vor allem aus Wasser bestehen –, und zu den dramatischen Begriffen, die aus dem schulischen Biologieunterricht in Erinnerung bleiben, gehört das Protoplasma, das im Zellinneren zu finden ist und voller Leben steckt. Der Klang von »Plasma« erinnert an die Bezeichnung einer Plastik, womit etwas Geformtes gemeint ist. Was eine Form hat – wie nicht zuletzt auch der menschliche Körper –, muss aus formbaren Materialien bestehen, und da sie nicht fest sein konnten, mussten sie flüssig sein.

In der griechischen Tradition nahmen die sich der Heilkunst widmenden philosophischen Gemüter an, dass Gesundheit als Resultat eines ausgewogenen (harmonischen) Miteinanders von vier Körpersäften zustande kommt, die im Einzelnen als Blut, Schleim und zwei Formen von Galle identifiziert wurden. Hier fällt auf, dass das antike Denken es bevorzugte, vier Teile anzugeben – man denke an die vier Elemente (Feuer, Erde, Wasser, Luft) oder die vier Elementartugenden (Weisheit, Besonnenheit, Tapferkeit, Gerechtigkeit). Diese Vorliebe wandelte sich im Laufe der Zeit, und eine andere Zahl – die Drei –, die ihre besondere christliche Bedeutung trägt, bekam mehr Gewicht.

Die Erklärung von Krankheiten durch ein mangelhaft balanciertes Zusammenspiel von vier Körpersäften hielt sich über zweitausend Jahre lang, und sie wurde erst im 18. Jahrhundert abgelöst, als die von Vesalius offengelegte Ebene der Organe allgemein von den Wissenschaftlern er- und anerkannt wurde. Den ersten ahnungsvollen Schritt verdanken wir dem italienischen Arzt Giorgio Baglivi (1668–1707), der 1702 bemerkte, dass es mehr die

Veränderungen von Organen *(solida)* – und weniger die von Flüssigkeiten *(fluida)* – sind, die zu Störungen der Körperfunktionen führen. Ihm folgte sein Landsmann Giovanni Battista Morgagni (1682–1771), der eine erste Lehre der Leiden (eine Pathologie also) vorlegte, die sich streng am Vorbild der anatomischen Wissenschaft orientierte und die Ursachen der Krankheiten in die beim Blick in das Körperinnere sichtbar werdenden Organe legte.

Wenn das Fortschreiten der medizinischen Diagnostik so vor sich geht wie die Entwicklung der anderen Wissenschaften, die mit dem Leben zu tun haben, dann wird man erwarten, dass irgendwann die Ebene der Zellen in den Blick kommt. Und genau dies ist der Fall, und zwar durch den in Berlin wirkenden Arzt und Politiker Rudolf Virchow (1821–1902), der 1858 nach zehn harten Jahren am Mikroskop den Begriff der Zellularpathologie einführte und mit dieser neuen Wissenschaft den Krankheiten des Körpers einen fest verankerten Ort zuwies, nämlich in der Zelle. Virchow sah in ihr »die wahrhaft organische Einheit« und meinte dies auch und vor allem dynamisch, also beim Wachsen. Er stellte sich die Zelle als Ausgangspunkt aller Erscheinungen des Lebens vor, wobei er – als gebildeter Mensch des 19. Jahrhunderts – diesen Grundgedanken auf lateinisch ausdrückte, indem er sagte: »Omnis cellula a cellula«. (Jede Zelle entstammt einer Zelle.) Dies bedeutet, dass derjenige, der verstehen will, wie sich das Leben formt und heranwächst, diesen Vorgang verstehen muss. Er muss angeben können, wie Zellen aus Zellen hervorgehen und ihren Traum erfüllen, zwei Zellen zu werden.

Damit ist unsere Aufgabe, die organische Bildung des Menschen zu verstehen, höchst präzise konkretisiert worden, wobei es nicht überrascht, wenn man erfährt, dass dieser Gedanke im 19. Jahrhundert sozusagen in der wissenschaftlichen Luft lag und bereits 1839 von Theodor Schwann geäußert worden war. In seinen *Mikroskopischen Untersuchungen* ist zu lesen, »dass es ein allgemeines Bildungsprinzip für alle organischen Produktionen gibt, und dass die Zellenbildung dieses Bildungsprinzip ist«.

Es hat jedoch noch sehr lange, eigentlich bis heute gedauert, bevor die gestellte Forderung in die Tat umgesetzt wurde, und im

Grunde genommen arbeiten wir immer noch daran. Wir werden sehen, wie man die Zellenbildung vom ersten bis zum letzten Schritt verfolgen kann, und dass dies besonders gut gelingt, wenn wir uns auf den einzelnen Schichten, die wir in diesem Kapitel einführen, gut auskennen. In ihnen operieren schließlich die Wissenschaften, denen wir unser Wissen verdanken.

Die Rückführung der Vielfalt

Als Virchow seine Lehrmeinung verkündete, dass die Ursachen von Krankheiten in Zellen zu finden sind, konnte er auf Einsichten des französischen Mediziners Marie François-Xavier Bichat (1771–1802) aufbauen, der entschieden zum Abschied von Krankheitserklärungen durch miserable Mischungen von Körpersäften beitrug, indem er eine weitere Ebene zwischen den Organen und den Zellen aufspürte und einführte, die uns längst vertraut geworden ist. Diese Schicht der Körper ist uns unter der Bezeichnung Gewebe bekannt – etwa in Verbindung mit Muskel-, Knochen- oder Bindegewebe –, wobei es nicht völlig unwichtig ist, dass damit auch etwas bezeichnet wird, das Menschen kunstvoll herstellen können, nämlich eine Webarbeit mit verschränkten Mustern.

Das Wichtige an den Bemühungen Bichats lag nicht allein in der Verlegung der Gesundheitsstörungen in das organische Gewebe, sondern in seinem Bemühen, die vielfältigen Gewebearten, die sich im intakten Körper finden, auf einige wenige zurückzuführen. Bichat unternahm diesen Schritt am Ende seines Lebens, und er orientierte sich bei seinem Vorgehen am Vorbild einer anderen Wissenschaft, die in seinem Land erfolgreich geworden war: der Chemie. Ihre Vertreter hatten damit angefangen, die zahllosen Gebräue, Tinkturen, Gemische und Lösungen, mit denen sie hantierten, in einige wenige Grundbausteine zu zerlegen, die sie Elemente nannten. Mit diesem Vorgehen setzten sie die analytische Tradition Frankreichs fort, die von ihrem berühmtesten Forscher vorgegeben war, von Descartes.

Und da sein methodischer Vorschlag – zerlegen, zerlegen, zerlegen – so erfolgreich war, erhoben sowohl die Chemie als auch die Pathologie dessen philosophische Vorschrift endgültig zu ihrem Arbeitsprinzip, und bald folgten alle experimentellen Wissenschaften ihnen nach. Es war dann nur noch eine Frage der Zeit, bis sie alle genügend Belege dafür gesammelt hatten, dass Descartes gleich doppelt den rechten Weg gewiesen hatte. Man konnte nicht nur nach seiner Methode vorgehen und die Untersuchungsobjekte von oben nach unten zerlegen. Man konnte auch anschließend mit der Erklärung des Ganzen in die entgegengesetzte Richtung beginnen, also von unten nach oben. Was Organe vermögen, lässt sich mit den Eigenschaften der Gewebe verstehen, aus denen sie bestehen, und was Organismen tun, versteht man aus ihren Organen.

Das Schema des Zerlegens mit den Händen und des Zusammensetzens mit dem Kopf würde dann am weitesten führen und das Verstehen voranbringen, wenn es nicht beliebig viele Ausgangspunkte benötigte, sondern mit einer begrenzten Zahl von Elementen auskäme – etwa mit ein paar grundlegenden Gewebetypen oder mit nicht sehr zahlreichen chemischen Elementen.

Für dieses Vorgehen haben die Philosophen den Begriff »Reduktionismus« eingeführt, weil auf diese Weise die Eigenschaften einer höheren Ebene auf die Bauteile der darunter liegenden zurückgeführt – eben reduziert – werden.

Wir wissen heute natürlich in erstaunlichen Details, was sich in den Zellen befindet, nämlich Moleküle, und auch, welche Wissenschaft an dieser Stelle zuständig wird, nämlich die Chemie in ihrer besonderen Form der Biochemie. Doch weder die zellulären Bestandteile noch ihre fachliche Disziplin sind vom Himmel gefallen. Sie mussten vielmehr ersonnen und erfunden werden. Gerade weil die grundlegenden Wissenschaften ursprünglich nur ihren eigenen Themenbereich im Sinn hatten, fällt im historischen Rückblick auf, dass es Denkbewegungen gibt, die sie gemeinsam vollziehen, und zwar unter anderem zu Beginn des 19. Jahrhunderts, als sich für das Leben nach und nach die Idee der Grundeinheit Zelle durchsetzte.

Tatsächlich zeigte sich sowohl in der Physik als auch in der Chemie nach 1800 die Möglichkeit, dass die Vielfalt der beobachtbaren Erscheinungen auf wenige Basisgrößen zurückgeführt (reduziert) werden kann. Der Engländer Thomas Young etwa machte durch seine Versuche mit Licht klar, dass die ganze Farbenpracht der Natur mithilfe von drei Grundfarben nachgestellt werden kann, zum Beispiel durch Blau, Grün und Rot. Und seinem Landsmann Luke Howard gelang es zur gleichen Zeit, die zahllos scheinenden Wolkenformationen, die am Himmel zu beobachten waren, aus drei Grundmustern entstehen zu lassen, die er Zirrus, Kumulus und Stratus nannte (und die wir heute noch so bezeichnen).

Natürlich begegneten die biologisch und chemisch tätigen Wissenschaftler diesen Triumphen zunächst nur mit Neid, da sie mehr als drei Elemente, Zelltypen und Gewebeformen benötigten, um ihre Untersuchungsgegenstände zu beschreiben. Aber vielleicht sahen sie in der eigenen Vielfalt auch nur die Möglichkeit, eine weitere – noch tiefer liegende – Ebene zu finden, auf der dann die Rückführung auf wirklich wenige Grundelemente gelingen könnte, wobei wir heute wissen, dass dies tatsächlich möglich geworden und gelungen ist. Schließlich finden sich im modernen wissenschaftlichen Verstehen der Realität am Grund aller Dinge Atome, die sich in überschaubar wenige Elementarteilchen zerlegen lassen.

Über die Frage, wie viele hier genau eine Rolle spielen und das Attribut »elementar« verdienen, kann trefflich gestritten werden, wobei anzumerken ist, dass die Physiker im 20. Jahrhundert sich überraschend lang damit zufrieden gaben, dass drei Formen reichen würden, der Welt ihre physikalische Gestalt zu geben, und damit waren das Proton, das Neutron und das Elektron gemeint. Als sich herausstellte, dass der Teilchenzoo doch mehr Bewohner hat, sprachen einige Physiker zunächst von unerwarteten Besuchern, die niemand brauchte und die nur die Party störten, auf der sie die Erklärung der Welt feiern wollten.

Ein kleines Zwischenspiel mit Zahlen

Normalerweise wird der Tatsache keine Aufmerksamkeit gewidmet, dass es wiederholt die Zahl Drei ist, die am Anfang von wissenschaftlichen Modellen auftaucht. Dies betrifft nicht nur die Farben von Young und die Wolken von Howard. Schon Descartes hatte drei Dimensionen des Raums eingeführt und damit jeden Ort verstanden, den ein Objekt einnehmen konnte.

Und es waren genau drei Prinzipien, die Newton (1642–1726) einführte, um die physikalischen Kräfte und die von ihnen ausgelösten Bewegungen in den forschenden Griff zu bekommen: 1. das schwierig zu verstehende Trägheitsprinzip, dem zufolge ein Körper in seinem Zustand (der Ruhe oder der Bewegung) bleibt, solange keine Kraft auf ihn einwirkt; 2. die dogmatisch wirkende Festlegung, dass die Kraft, die auf einen Körper einwirken soll, um ihm eine gewünschte Beschleunigung zu geben, proportional zu seiner Masse zunimmt; und 3. das einen täglich selbst betreffende Prinzip der Übereinstimmung von Aktion und Reaktion, demzufolge jede Wirkung eine gleich große Gegenwirkung hervorruft.

Vielleicht wird an dieser Stelle der Einwand erhoben, dass es mit der Drei nicht so weit her sein kann, da Newton sie übersehen hat, als er seine Physik der Farben entwarf, die Goethe noch mehr als ein Jahrhundert später in Zorn versetzte. Denn als der englische Wissenschaftler das weiße Sonnenlicht durch ein Prisma leitete und in seine Bestandteile zerlegte, nannte er sieben verschiedene Farbtöne. Es stimmt natürlich, dass hier keine Drei erscheint, aber sieben Farben hat Newton sicher auch nicht gesehen, wie sich an seinem erhalten gebliebenen Prisma nachprüfen lässt. Das heißt, als er sich auf die Grundfarben festlegte, ging es Newton weniger um das, was er sehen konnte, und mehr um das, was er finden wollte, und das waren sieben Farben. Dabei steht diese Zahl, die man sowohl in der Musik – mit den sieben Töne einer Tonleiter – als auch am Himmel mit den damals bekannten sieben Planeten finden konnte, für die Harmonie.

Damit soll gezeigt werden, dass Zahlen nicht nur Quantitäten darstellen. Sie enthalten auch immer Qualitäten und damit Bedeutungen, die im Verlauf der historischen Zeiten wechseln können. Die Drei war für die europäische Wissenschaft mehr als wichtig geworden, weil die ersten Naturforscher der modernen Zeit – als frühes Vorbild diente dabei Johannes Kepler (1571–1630) – den Kosmos unter der Vorgabe erkundeten, dass er ein Ausdruck für die Rationalität Gottes ist. Kepler nahm an, das Universum sei das körperliche Abbild Gottes, und die Ordnung der Welt sei erkennbar, weil sie durch die Dreiheit »Gott, Welt, Mensch« verklammert oder verwoben ist. Das oben erwähnte Modell des Kopernikus fügte sich diesem Gedanken einer christlichen Trinität, weil die Sonne im Zentrum für Gott-Vater steht, die Bahn der Erde als Symbol für Gott-Sohn verstanden wird und der Zwischenraum Platz für den Heiligen Geist lässt.

Natürlich fällt es uns heute, fünfhundert Jahre später, nicht leicht, solche Bilder und Vorstellungen als Teil einer wissenschaftlichen Vorgehensweise zu akzeptieren, vor allem, seitdem viele Zeitgenossen große Mühe haben, sich überhaupt auf einen Gott einzulassen, wenn es um die Deutung der Welt geht. Doch die Drei als Erklärungsgrundlage ist uns bis in unsere Tage vertraut geblieben, und zwar nicht nur in der Physik, in der es um Koordinaten der Raumzeit, um Energieangaben und um die Kausalität geht, sondern auch in der Hirnforschung, die eine Erlebniswelt erkundet und in ihr drei unterschiedliche Bereiche ausfindig macht: die Welt, den Körper und das Ich. Sie werden in drei verschiedenen Formen der Wissenschaft behandelt und erkannt, die man als Naturwissenschaft, Medizin und Geisteswissenschaft unterscheiden könnte.

So übersichtlich diese Dreieinigkeit wirkt, sie hat es in sich, wie Robert Gernhardt poetisch deutlich gemacht hat, den man als modernen Lichtenberg bezeichnen könnte, weil er da einen Spaß macht, wo ein Problem verborgen liegt. (Goethe hat so über den echten Georg Christoph Lichtenberg gesprochen.) In sieben Vierzeilern – *Siebenmal mein Körper* – geht es bei Gernhardt nur oberflächlich lustig zu, denn

Mein Körper ist so unsozial.
Ich rede, er bleibt stumm.
Ich leb ein Leben lang für ihn,
Er bringt mich langsam um.

Als der Dichter beschließt, etwas zu tun, ohne es seinem Körper zu verraten – nämlich dieses Gedicht über ihn zu schreiben –, scheitert er, weil der Körper es doch merkt. Der Dichter wundert sich nun darüber, wie dies passieren und sein Körper von seiner Absicht erfahren kann:

Die Frage scheint recht
schlicht zu sein,
doch ihre Schlichtheit
ist nur Schein,

Sie lässt mir seither
keine Ruh:
Wie weiß mein *Körper,*
was ich *tu?*

Die kleineren Teile

Die Frage wird uns noch beschäftigen, wenn wir den Körper genauer kennen, der die Mitte der Dreiheit bildet, das heißt, wenn wir zu den Schichten vorgedrungen sind, die in den Zellen auf uns warten. Beginnen konnte ihre Entdeckung am Ende des 19. Jahrhunderts, als ein analytisch ausgebildeter Chemiker, Eduard Buchner (1860–1917), in einer Konservenfabrik arbeitete und Interesse an dem Vorgang bekam, den man im Alltag als Gärung und in der Wissenschaft als Fermentation kennt. In dem Fachwort steckt das Lateinische *fermentum* für Gärstoff, wobei dieser sprachliche Hinweis erkennen lässt, dass der damit bezeichnete Vorgang uralt ist. Wahrscheinlich gehört es zu den frühen angenehmen Erfahrungen von Menschen (und Tieren), dass Früchte vergären können und danach zwar nicht mehr unbedingt so süß schmecken wie zuvor, dafür aber etwas anderes liefern, das vielleicht noch angenehmer wirkt, nämlich Alkohol. Mit Gärung ist die Umsetzung biologischer Materialien gemeint, an deren Ende etwas von Vorteil herauskommt – für die Ernährung oder den Genuss. Die moderne Lust auf alkoholische Getränke hat sicher damit zu tun, dass unseren Vorfahren fermentierte Früchte zur Verfügung standen, die ganz und gar nicht zufällig die Konzentration des Rauschmittels enthielten, die wir heute in Bier oder Wein angeboten bekommen.

Die Fermentation von Alkohol funktionierte am besten durch die Zugabe von Hefe, wie man seit dem 19. Jahrhundert wusste. Den Menschen dieser Epoche war dabei die Annahme selbstverständlich, dass die Pilze ihre Aufgabe nur erfüllen konnten, wenn sie in Form intakter Zellen vorlagen. Damals hatte man auch angefangen, systematisch die Umwandlungen zu erkunden, die Zellen von Hefen und anderen Pilzen mit den natürlichen Rohstoffen durchführen konnten, und dafür hatte sich der Ausdruck des Stoffwechsels eingebürgert. Jeder Stoff, der in den Körper gelangt, wechselt erst seine Form und Zusammensetzung und dann seine Wirkung, und zwar so lange, bis er nicht mehr gebraucht und ausgeschieden wird.

Wie diese Wechselparade gelingt und exerziert wird, konnte die aufkommende Wissenschaft der Biochemie im frühen 20. Jahrhundert zum ersten Mal im Detail erfassen. Ihre Vertreter feierten von da an einen Triumph nach dem anderen und legten so die Basis für die Entwicklung zahlreicher Medikamente, die heute die Patienten einnehmen, ohne auch nur einen Gedanken in die Qualität der grundlegenden Forschung zu investieren.

Als der Stoffwechsel entdeckt wurde, verliehen die Forscher der zellulären Dynamik auch einen lateinischen Namen – Metabolismus. Diesen Vorgang hielten sie im Anschluss an die Arbeiten von Louis Pasteur (1822–1895) für eine Eigenschaft von intakten Zellen – aber nur, bis Bucher kam und bei der Suche nach einem Weg fündig wurde, auf dem sich die Ausbeute bei der Gärung – und vielleicht auch der Geschmacksqualität des entstehenden Alkohols – verbessern ließ.

Damals war einigen Chemikern bereits aufgefallen, dass die Hefezellen mehr hergaben, wenn man sie als teigigen Brei verrührte und durch eine hydraulische Presse schickte. Als Bucher sich den Presssaft einmal genauer anschaute, stellte er fest, dass er auch dann zur Gärung führte, wenn er überhaupt keine Hefezellen mehr enthielt. Die chemischen Umwandlungen der Ausgangstoffe – Früchte, Trauben – kamen also nicht durch das Leben selbst und eine geheimnisvolle Kraft zustande, die in ihnen steckte und als *vis vitalis* in der philosophischen Debatte herumgereicht wurde. Die Fähigkeiten des Lebens kamen viel prosaischer und schlichter zustande, nämlich durch die chemischen Stoffe in den Zellen, aus denen es gebildet war.

Das Ferment steckte »in der Hefe« selbst, wie Bucher nachwies, und wenn man die drei in Anführungszeichen verpackten Worte ins Griechische wendet und das Ergebnis zusammenschreibt, entsteht der Ausdruck »Enzym«. In einer Hefezelle musste es solche »Enzyme« geben, die für die Gärung bzw. Fermentation sorgten, und damit hatte Bucher eine neue Ebene des Lebens entdeckt, auf der sich nach und nach eine eigene Wissenschaft etablierte – die Enzymologie, die vor allem als Teilbereich der Medizin in Erscheinung trat und erkundete, wie solche »Umwandler« in Zellen funktionieren.

»Aus Liebe zu den Enzymen«

Der Hinweis auf die Medizin macht unmittelbar klar, dass die Bedeutung von »Enzym« nicht auf Hefezellen beschränkt geblieben ist. Tatsächlich bemerkte die aufkommende biochemische Wissenschaft bald, dass zum einen alle Zellen – auch die des menschlichen Körpers – in der Lage sind, einen umfangreichen Stoffwechsel durchzuführen, bei dem Alkohol weniger auf- und mehr abgebaut wird. Diese Qualität war zahlreichen Bestandteilen zu verdanken, die in den Zellen steckten. Das Wort »Enzym« löste sich bald von seinem historischen Ursprung ab und bezeichnete allgemein die für die chemischen Reaktionen einer Zelle zuständigen Teile, die ihren Stoffwechsel ausmachten. Von diesen tätigen Teilen war zunächst nur bekannt, dass sie eine neue Schicht unterhalb der Zellebene darstellten. Niemand wusste, wie sie im Detail aussahen. Bis nach dem Zweiten Weltkrieg konnte nur darüber spekuliert werden, wie groß und umfangreich Enzyme waren und welche Formen sie annehmen konnten.

Wer verstehen will, was im Leben einer Zelle vorgeht bzw. vorgehen muss – nicht nur, um Stoffwechsel zu betreiben, sondern neben vielem anderen auch, um Kinder zur Welt zu bringen und Licht zu empfangen –, der muss zum einen berücksichtigen, dass dabei überall Enzyme im Spiel sind, und zum andern ganz allgemein verstehen, welche Aufgabe sie erledigen. Daran führt kein Weg vorbei, was aber nicht schlimm ist. Eher ist das Gegenteil der Fall! Es gibt nämlich vermutlich keine Bestandteile der Zelle, die besser und überzeugender das Gerücht widerlegen können, dass dann, wenn die Wissenschaft etwas aufdeckt, eine Entzauberung der Welt stattfindet. Enzymen gelingt genau das Gegenteil. Sie verzaubern jeden, der sich nur ein wenig auf sie einlässt, und als Kronzeuge für diese Behauptung dient der amerikanische Biochemiker Arthur Kornberg, der seine 1989 erschienene Autobiografie *For the Love of Enzymes* (»Aus Liebe zu den Enzymen«) genannt hat.

Der bereits 1959 mit dem Nobelpreis ausgezeichnete Kornberg überzeugt in dem Buch seine Leser davon, dass es keine blöden Enzyme gibt (»I never met a dull enzyme«). Es gibt nur fantastische Enzyme, und man kann sie nicht nur lieben, man muss es tatsächlich auch tun, weil man sonst nicht mit ihnen zurechtkommt. Enzyme haben etwas von Primadonnen an sich. Wenn sie auftreten, sind sie grandios, aber wer sie vernachlässigt und beim Umgang mit ihnen den kleinsten Fehler begeht, verliert sofort ihre Zuneigung. Sie verstummen, was heißt, sie zeigen keine biochemische Aktivität mehr und bleiben verschwunden.

Nun haben wir genug von Enzymen geschwärmt, ohne das Objekt der Begierde überhaupt in den Blick bekommen zu haben. Doch damit befinden wir uns in einer ähnlichen Lage wie die Biochemiker in den ersten Jahrzehnten nach Buchers Entdeckung. Sie wussten nur, dass Enzyme für chemische Reaktionen in lebenden

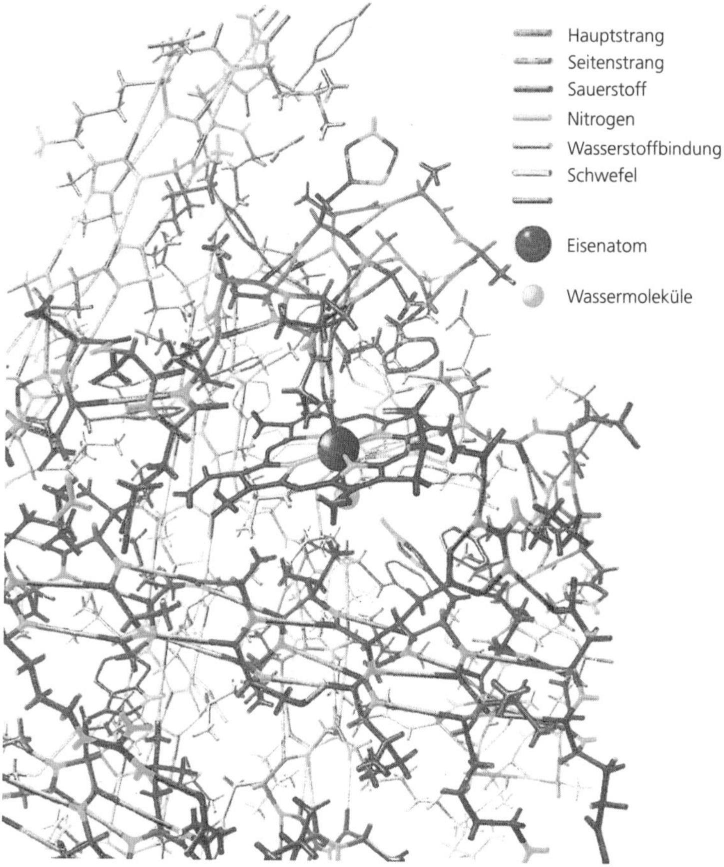

Abb. 9 Es ist fast ausgeschlossen, in aller Kürze klarzumachen, welche Wunderwerke Proteine bzw. Enzyme darstellen. Zwar scheint alles sehr schlicht zu sein – die genannten Makromoleküle bestehen aus Bausteinen, die kettenförmig aneinander gebunden sind, aber die entstehenden Perlenfäden können sich derart raffiniert auffalten, dass es manchem Biochemiker bis heute die Sprache verschlägt. In den frühen 1960er Jahren wurde zum ersten Mal klar, wie herrlich diese Meisterstücke der Natur gebaut sind, als es Wissenschaftlern gelang, einen Künstler auf sie aufmerksam zu machen. Im Bild ist als Ausschnitt die Darstellung zu sehen, die Irving Geis 1961 einem Protein namens Myoglobin gegeben hat (das im Blut eine Rolle spielt). Auf die Details und die vielen Namen für sie kommt es hier nicht an. Wichtig für das Funktionieren dieses zerbrechlichen Gebildes ist ein Eisenatom, das in einer geeigneten Umgebung gehalten werden muss. Sie ist in dem Ausschnitt gezeigt.

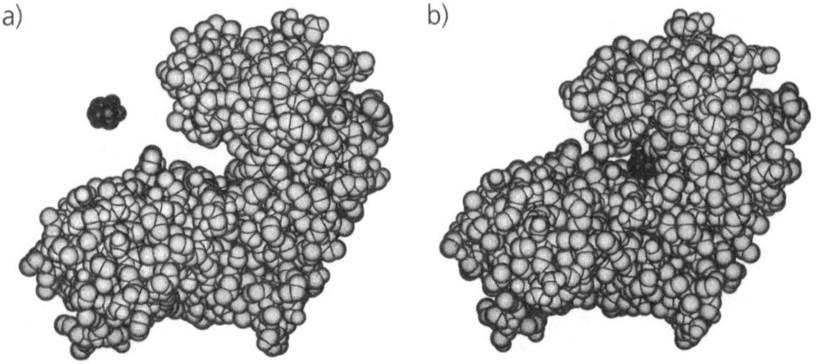

Abb. 10 Das Merkwürdige an den Proteinen, die als Enzyme wirken, besteht darin, dass sie sehr viel größer als die Stoffe sind, zu deren Umwandlung sie beitragen. Man sieht ein kleines Zuckermolekül (Glukose), das sich einem Enzym namens Hexokinase erst nähert und dann in seinen Schoß hüpft. Hierbei ändert sich ganz leicht die Struktur des Enzyms, das nun aktiv werden und den Zucker auf seine Stoffwechselbahn schicken kann. Für Enzyme und andere Proteine gilt das Gegenteil von dem Fazit, das der Teufel Mephistopheles in Goethes *Faust* zieht. Der große Aufwand ist gerade nicht schmählich vertan, sondern die Chance des Lebens geworden.

Zellen sorgen, die ohne ihre Mitwirkung unterbleiben würden. Sie wussten nicht, woraus Enzyme bestanden, wie sie zusammengesetzt waren, woher sie kamen und wie sie ihre Arbeit ausführten. Ihnen war nur klar, dass sie dies vielfach tun konnten und immer wieder für dieselbe Umwandlung sorgten, ohne selbst umgewandelt zu werden.

Das achtzehnte Kamel

Wenn etwas chemische Reaktionen beschleunigen kann und selbst unverändert bleibt, sprechen die Wissenschaftler von einem Katalysator, wobei das Wort einen griechischen Ursprung hat und so viel wie Auflösung meint, was nicht unsinnig ist, aber leider auch nicht besonders weiterhilft. Uns ist heute das Wort von den Auto-Katalysatoren her geläufig, die für die Schadstoffverminderung sorgen.

Tatsächlich haben sie die gleiche Aufgabe – sie müssen nämlich für den Ablauf einer chemischen Reaktion sorgen und selbst stabil bleiben –, aber die Katalysatoren, die im Auto ihren Dienst tun, sind völlig anders zusammengesetzt als ihre Kollegen in der Zelle.

Um zu erläutern, wie Katalysatoren funktionieren können, greifen die Chemiker gern auf das Märchen vom achtzehnten Kamel zurück, das mit einem Vater beginnt, der siebzehn solcher Tiere und drei Söhne hat. Als er stirbt, bringt das Testament eine Überraschung bzw. ein Rätsel. Es weist dem ältesten Sohn die Hälfte, dem mittleren Sohn ein Drittel und dem jüngsten Sohn ein Neuntel der kleinen Herde zu. Zuerst ist guter Rat teuer, doch dann wird das Teilungsproblem durch einen Nachbarn gelöst, der sein Kamel in die Erbmasse einbringt. Nun bekommen die drei Söhne in absteigender Reihenfolge neun, sechs und zwei Tiere, was zusammen siebzehn macht und dem achtzehnten Kamel die Chance gibt, unverändert seines Wegs zu ziehen und erneut katalytisch tätig zu werden.

Wie Katalysatoren funktionieren, kann man mit dieser Geschichte nachvollziehen, wobei es Chemiker gibt, die stattdessen lieber das Bild des Heiratsvermittlers anbieten, der ja eine Verbindung zustande bringt, die ohne seine Mitwirkung nicht hätte verwirklicht werden können. Und bei dem Ganzen bleibt der Katalysator (sprich: Heiratsvermittler) unverändert, wenn man von seinem Kontostand absieht. Wie aber Enzyme im Detail funktionieren – »How Enzymes Work« –, bleibt trotz aller Erzählungen und Erforschungen bis heute unverstanden und ein höchst spannendes Thema der Forschung,[1] auch wenn bereits sehr gute Ideen vorliegen und entsprechend raffinierte Theorien dazu entworfen werden konnten.

Um sich wenigstens eine vage Vorstellung zu verschaffen und eine der Qualitäten von Enzymen zu verstehen, ist schon vor rund hundert Jahren vorgeschlagen worden, an das Zusammenwirken von Schloss und Schlüssel zu denken. So wie ein gut gemachter Schlüssel nur in ein Schloss passt und die dazugehörige Tür öffnet, so sorgt ein Enzym dafür, dass mit seiner Hilfe nur eine Reaktion erfolgt. Sie ist die Spezialität des Enzyms, weshalb man an dieser Stelle auch von der Spezifität des Enzyms spricht, die noch weiter mit dem Schlüssel-Schloss-Modell verstanden werden kann, da in beiden Fällen die Oberflächen genau aufeinander abgestimmt sein und perfekt passen müssen.

Natürlich haben wir damit nicht das Geheimnis der biochemischen Katalyse erfasst, aber die Chance bekommen, noch mehr zu verstehen. Wir müssen uns nur klar machen, dass zwar das Bild vom Schlüssel, der in sein Schloss passt, nach wie vor benutzt wird, die technische Verwirklichung des damit Bezeichneten sich aber in den hundert Jahren seit der Einführung des Modells fast bis zur Unkenntlichkeit gewandelt hat. Mit anderen Worten, wenn wir das Leben im Detail zu erfassen versuchen, kann sich unser Verständnis gleich doppelt mit dem Stand der Technik ändern: zum einen natürlich durch die besseren Apparate und zum andern aber auch dadurch, dass die technischen Vorbilder, die wir zur Anschauung benutzen, raffinierter werden. Wir hängen tatsächlich von den Dingen ab, die wir produzieren.

»Ich nehme die erste Stelle ein«

Der Natur der Enzyme kam die Wissenschaft zum ersten Mal auf die chemische Spur, als sie sich nach Buchers Entdeckung daran machte, das Innere einer Zelle systematisch zu erkunden. Man dachte sich Methoden aus, mit denen sich die Hüllen von Zellen möglichst schonend aufbrechen ließen, um anschließend den Inhalt – das Zellplasma – abtrennen zu können. Die Biochemiker sprechen dann davon, dass sie die Zellen aufschließen, wobei es natürlich zunächst unvermeidlich ist, dass sie alle internen Strukturen zu Brei verrühren, was in der Sprache der Wissenschaft »homogenisieren« heißt. Nach dem Aufschluss der Zelle versuchte man festzustellen, welche Stoffe sich in dem als »Homogenat« bezeichneten dicken Zellsaft befinden, wobei man vor allem nach Zuckern, Fetten und anderen organischen Verbindungen suchte. Bei ihren zahlreichen Erkundigungen fielen den Chemikern Verbindungen auf, die man schon in einem anderen Zusammenhang kennen gelernt hatte, und zwar bei Analysen, die an dem Eiweiß vorgenommen worden waren, das uns als Teil des Frühstückseis vielfach zur Stärkung für den Tag dient. Einige Stoffe, die von dort als Nahrung in den Körper wanderten, tauchten in ähnlich zusammengesetzter Form in den Zellen wieder auf, und zwar in so großen Mengen, dass die Biochemiker sie nicht übersehen konnten. Sie bezeichneten die organischen Substanzen, die ihnen als Erstes aufgefallen waren, nach diesem Eindruck, nämlich als Proteine, was dem griechischen Ausdruck *proteo* nachgebildet ist, »Ich nehme die erste Stelle ein«.

Wer eine Neigung zur klassischen Bildung hat, kann sich sogar vorstellen, der Name Protein sei nach dem weissagenden Meergreis Proteus aus der griechischen Sagenwelt gebildet. Diese Verbindung lässt sich ausgesprochen elegant begründen. Wie die mythischen Erzählungen zu berichten wissen und wie in der *Odyssee* nachzulesen ist, kann sich Proteus in verschiedene Gestalten verwandeln, und nur wer ihn festhält, kann ihm eine Prophezeiung abtrotzen. Dies passt gut auf die Proteine, denn ihre besondere Qualität besteht darin, in mannigfaltigen Formen aktiv zu werden und sich in immer neuen Konfigurationen zu präsentieren. Nur der Wissenschaftler, der sie geeignet präpariert und isoliert, hat eine Chance, von ihnen etwas zu erfahren, was dem im Mythos verlangten Festhalten entspricht.

Tatsächlich haben die Proteine viel zu erzählen über das Leben einer Zelle, und so nahmen sie bald massiv die erste Stelle in der Forschung ein. Sie hatten bei denjenigen Wissenschaftlern Priorität, die sich mit der chemischen Zusammensetzung des Lebens beschäftigten, und zwar vor allem, nachdem sich herausgestellt hatte, dass Enzyme als Proteine gebaut sind. Zur Erinnerung – »Enzym« ist der Name, den man unbekannten Stoffen dank ihrer biologischen Funktion gegeben hatte, während »Protein« die Bezeichnung für unbekannte Stoffe aufgrund ihrer analytischen Nachweisbarkeit (und folglich ihrer chemischen Zusammensetzung) ist. Als die beiden Begriffe in die Wissenschaft eingeführt wurden, ahnten nur wenige Biochemiker, wie eng sie miteinander zu tun haben, und viele waren höchst überrascht, als nachgewiesen werden konnte, dass Enzyme und Proteine fast dasselbe sind.

Wohlgemerkt – sie sind nur *fast* dasselbe. Zwar sind alle Enzyme Proteine, aber es gibt auch Proteine, die nicht als Enzyme funktionieren und daher nicht katalytisch aktiv sind und keinerlei chemische Reaktion in einer Zelle in Gang bringen. Proteine ist somit der umfassendere Name, was für unsere Zwecke bedeutet, dass sie die Ebene ausmachen, die sich unterhalb der Zelle ausbreitet. Immerhin gibt es eine solche Schicht wirklich, und das methodische Programm von Descartes, das Prinzip des Zerlegens und Reduzierens, feiert nicht nur einen neuen Triumph. Es sagt uns auch sofort, was wir als Nächstes tun müssen, nämlich fragen und herausfinden, woraus Proteine bestehen. Welche Teile lassen sich bei diesen Gebilden feststellen? Treffen wir dabei auf eine weitere Ebene des Organischen bzw. der Wirklichkeit, von der ein großer Teil ohne Leben auskommt?

Einige Aufgaben, die Proteine in Zellen übernehmen

Als *Enzyme* katalysieren sie chemische Reaktionen in Zellen,
als *Hormone* steuern sie physiologische Wirkungen in Körpern,
als *Rezeptoren* binden sie Signalmoleküle und vermitteln
ihre Wirkung,
als *Antikörper* tragen sie zur Immunreaktion bei,
als *Kanäle* sorgen sie für die Durchlässigkeit von Membranen,
als *Strukturproteine* sorgen sie für die Festigkeit von Gewebe,
als *morphogenetische Proteine* induzieren sie das Wachstum
etwa von Knochen und vieles, vieles mehr.

Ein viel zu weiches Ei

Um es vorwegzunehmen: Die Antwort auf die zuletzt gestellte Frage lautet Ja, wobei man sich klar machen sollte, dass sie zu einer Zeit gegeben wurde, die von unserer Gegenwart nicht weit entfernt ist, und wir darum vorsichtiger werden müssen, vor allem dann, wenn die Lösung so leicht aussieht wie in diesem Fall. Wir könnten es uns zu leicht machen und die Raffinesse der alten Fragen übersehen. Wenn Journalisten oder auch die Forschenden selbst von Enzymen oder Proteinen berichten wollen, meinen sie, sich für das breite Publikum verständlicher auszudrücken, wenn sie keinen der beiden Begriffe verwenden und stattdessen von »Eiweißen« oder noch schlimmer von »Einweißstoffen« reden bzw. schreiben. So kann man selbst in der Zeitung, »hinter der immer ein kluger Kopf steckt«, unter der Überschrift »Eiweißchirurgie« den Satz lesen, »Im Körper des Menschen werden möglicherweise noch weitaus mehr verschiedene Eiweißstoffe hergestellt, als man ohnehin schon annimmt.«[2]

Es ist unverständlich, was mit diesem Insistieren auf »Eiweiß« erreicht werden soll. Mit diesem Wort bleibt die Vermittlung von Wissenschaft intellektuell auf dem Stand der Biochemie, als sie zum ersten Mal merkte, dass im Hühnerei ähnliche Substanzen zu messen sind wie in einem Zellbrei. Das gedankenlos daher geplapperte »Eiweiß« sagt nicht nur nichts über den allgemeinen Aufbau der Proteine und noch weniger über ihre spezielle Aufgabe. Es sorgt auch dafür, dass die Leser nicht einmal die Chance bekommen, sich über die chemischen Abläufe in lebenden Zellen Gedanken zu machen. Ein Wort hilft dem Verständnis nicht dadurch, dass es zufällig in aller Munde ist, weil wir das damit bezeichnete Ding – das Eiweiß unter der Schale – ebenfalls gern dort hinbekommen, zum Beispiel beim Frühstück.

Atome und Moleküle

Wer in nächster Zukunft wieder einmal mit »Eiweißstoffen« in menschlichen Zellen abgefüttert wird, sollte es riskieren, den Vortragenden einmal zu fragen, was eigentlich die Funktion von echtem Eiweiß ist und warum ein Hühnerei so viel davon um das Gelbe packt. Dann könnte er sich erkundigen, ob Eiweiße so aufgebaut sind wie die Proteine, die er wohl meint.

Im zweiten Fall sollte die Antwort ein Ja sein und dem Referenten im Anschluss daran die Chance geben, weiter zu erläutern, dass Hühnereiweiße und Humanproteine nicht nur kettenförmig zusammengesetzt sind, sondern dass sämtliche Glieder einer solchen Proteinkette ungefähr gleich groß sind und zu ein und derselben chemischen Stoffklasse gehören. Die Chemiker sprechen dabei von Aminosäuren, wobei dieser spezielle Name nicht so wichtig wie die Tatsache ist, dass die so bezeichneten Aufbaueinheiten der Proteine eine weitere Schicht des Lebens definieren. Für sie gibt es einen Begriff mit zugleich umfassender und weitreichender Bedeutung, der sehr populär geworden ist und in vielen Verbindungen vorkommt.

Für die durch die Kettenglieder der Proteine festliegende Ebene des Organischen gibt es das Wort »Molekül«, das unter anderem als »Vorname« der aufregenden Wissenschaften namens Molekularbiologie und Molekulargenetik bekannt geworden ist und sich daran macht, auch als Molekulare Medizin Verbreitung zu finden. Die genannten modernen Forschungsrichtungen verkünden allein durch diese Bezeichnung, wie treu sie den Vorgaben von Descartes folgen und das Leben in seinem Sinn verstehen, nämlich durch Reduktion auf die Ebene der Moleküle. Dies erkennt man auch an der etwas unfeinen Konsequenz, dass eine Zelle schon einmal als »Sack aus Molekülen« bezeichnet werden kann, deren Wechselwirkung es zu erkunden gilt, wobei vornehme Autoren noch »Wechselwirkung in Raum und Zeit« hinzusetzen.

Zellen stecken voller Moleküle, und Proteine bestehen aus Molekülen (was sie selbst zu Makromolekülen macht). So lauten die Befunde der Wissenschaft, die uns fragen lassen, was mit diesem Wort gemeint ist. In der modernen Wissenschaft erklärt man »Molekül« aus der entgegengesetzten Richtung, nämlich von unten. »Molekül« meint alle Gebilde, die aus zwei oder mehr miteinander verbundenen Atomen bestehen (ohne dabei zu groß zu werden). Wir sprechen von Wassermolekülen, die jeweils aus zwei Wasserstoff- und einem Sauerstoffatom geformt werden, oder von Gasmolekülen, die in der Luft enthalten sind und zum Beispiel Stickstoff oder Kohlenstoff enthalten.

Wasser		H_2O
Alkohol ⇨	Äthanol	$CH_3 - CH_2 - OH$

Zucker: Glukose eine Aminosäure: Leucin Cholesterin

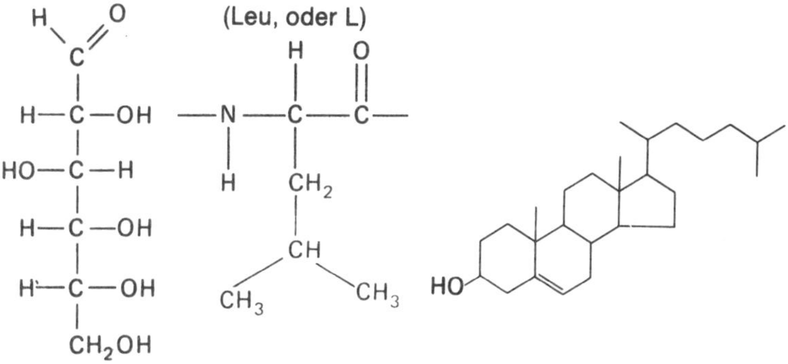

Abb. 11 Größer werdende Moleküle: Wasser – Alkohol – Zucker – Aminosäure – Cholesterin

Tatsächlich ist der Begriff des Moleküls historisch aus dem Atom erwachsen, wobei wir diesen aus der Antike stammenden Ausdruck an dieser Stelle einfach voraussetzen. Das Atom haben die Griechen erfunden, als sie über die Teilbarkeit der Dinge nachdachten und davon ausgingen, dass es dabei einen Abschluss gibt. Beim Zerlegen der Welt kann ja nicht nichts entstehen, so meinten sie, sondern nur etwas, das nicht mehr zerlegt werden kann, und das nannten sie das Atom. Wir nutzen zwar nach wie vor dasselbe Wort, aber es ist eher unwahrscheinlich, dass wir damit dasselbe meinen. Schließlich haben wir mit dem Zünden der ersten Atombomben höchst schmerzhaft erfahren, dass Atome gespalten werden können und daher keinesfalls so unteilbar sind, wie sich das die Griechen – und wir lange Zeit mit ihnen – ausgemalt haben. Die Energie, die bei einer solchen Atomspaltung nach außen frei wird, muss umgekehrt auf die Bruchstücke gelenkt werden, wenn man sie noch weiter zerstückeln will. Dabei kann es passieren, dass sich ein Teil der Energie materialisiert, und zwar so, wie es sie berühmte Theorie von Albert Einstein (1879–1955) vorhergesagt hat, mit der er begründen konnte, dass der Energiegehalt eines Körpers etwas mit seiner Trägheit zu tun hat.

So wie die Masse der gespaltenen Materie in einer explodierenden Atombombe abnimmt, nimmt sie zu, wenn man Energie in Bruchstücke hineinpumpt. Dies führt zuletzt zu dem merkwürdigen Resultat, dass der Versuch, winzigste Materieteilchen weiter zu verkleinern, zwar neue Fragmente produziert, aber nur solche, die größer geworden sind. Mit anderen Worten, Materie lässt sich nicht beliebig fein zerteilen. Irgendwann ist Schluss, und so macht es in vieler Hinsicht Sinn, weiter mit dem Konzept des Atoms zu operieren – vor allem auch deshalb, weil dieser Begriff alle Stürme der Geschichte überlebt hat, die ihn wegblasen wollten.

Dabei hat das Atom nach seiner Einführung in das abendländische Denken eher eine stille und bescheidene Geschichte erlebt, und von echter Aufregung um seine Existenz kann erst beim Übergang vom 18. ins 19. Jahrhundert die Rede sein. Damals bekam die Wissenschaft der Chemie zum ersten Mal klare Konturen und ihre Vertreter entdeckten unter anderem, dass die Salze und Säuren, die man im Alltag kannte und brauchte, aus Verbindungen bestanden, die Atome eingegangen waren. Es ist sicher kein Zufall, dass die Rückführung der vielen Stoffe und Substanzen, mit deren Zubereitung nicht nur die Chemiker beschäftigt waren, auf einige Atome zur gleichen Zeit – kurz nach 1800 – geschieht, als auch den Farben und den Wolken Grundbausteine zugewiesen wurden. Man fing vor zweihundert Jahren umfassend an, die Welt wissenschaftlich zu ordnen, und es wird Zeit, dass wir diesen Ansatz umfassend verstehen oder wenigstens zur Kenntnis nehmen.

Wer den Erfolg der aufsteigenden chemischen Wissenschaft durch einen einzelnen Faktor begründen oder durch eine einzelne technische Entwicklung erfassen will, kann es mit der Einführung der Waage versuchen, die dem fantasievollen Hantieren mit zahlreichen Verbindungen und Gemischen eine quantitative Grundlage gab. Die erste Messgröße, mit der die Chemie ganz genau umgehen konnte, war die Masse. Nun heißt das lateinische Wort dafür *moles*, und da die Verwandlung der Chemie in eine exakte Wissenschaft vor allem in Frankreich vorangetrieben wurde, bürgerte sich für die untersuchten Gebilde aus Atomen die elegant klingende Wendung der Moleküle ein, die wir bis heute verwenden.

»Der Aufbau der realen Welt« – philosophisch

Von unten – Atome können Moleküle ergeben, und Moleküle können größere Gebilde wie Proteine ergeben, die man seit Beginn des 20. Jahrhunderts Makromoleküle nennt, wobei es lange Zeit umstritten war, ob dieser Ausdruck seine Berechtigung hat. Der Schritt vom Molekül zum Makromolekül scheint banal zu sein, wobei dieser Eindruck durch die Wortbildung verstärkt wird. Aber diese Schlichtheit trügt, und es bedurfte vieler kleiner Fortschritte technischer und konzeptioneller Art, um sicher zu sein, dass die Aktivität, die sich in Zellen nachweisen ließ, tatsächlich von definierten chemischen Strukturen ausging. Wenn Biochemiker das Leben untersuchen, haben sie zunächst einen Zellsaft zur Verfügung, und wie will man wissen, dass es hierin Partikel gibt, die dessen Qualität hervorbringen?

Die Wissenschaft musste erst viele Hypothesen durchspielen und ausprobieren, bevor sie sicher sein konnte, dass es Makromoleküle gab, wobei dieser Begriff seinen historischen Charakter verrät, da er kein Gegenstück in Form von Mikromolekülen hat. Der Weg zu der heute unbestrittenen Konzeption führte unter anderem über die Idee von leimähnlichen Substanzen, die von den Fachleuten natürlich wieder mit griechisch angefärbten Vokabeln – nämlich den Kolloiden – bezeichnet wurden. Es gab eine eigene Kolloidchemie, die mit zwischen fest und flüssig wechselnden Suspensionen zu tun hatte. Und in ihrem Rahmen glaubte man auch, die Enzyme als Kolloide verstehen zu können. Die Katalysatoren der Zelle sind aber Makromoleküle, deren Aufbau inzwischen in höchster Genauigkeit erkundet werden kann. Und mit dieser Einsicht können wir das ganze Leben von oben nach unten zerlegen: Ein Körper besteht aus Organen, Organe enthalten Gewebe, Gewebe setzen sich aus Zellen zusammen, Zellen agieren mithilfe von Makromolekülen, Makromoleküle werden aus Molekülen aufgebaut, und Moleküle bekommen ihre Form durch Atome.

Die Schichtenstruktur des Lebendigen

Ebene	Repräsentant	Wissenschaft	Eigenschaft
Elementarteilchen	Elektron	Hochenergie-physik	Symmetrie
Atom	Kohlenstoff	Atomphysik	Valenz
Molekül	Wasser	Physik, Chemie	Dipolmoment
Makromolekül	Protein	Biochemie	Katalysator
Organelle	Chromosom	Mol. Biophysik	Informations-träger
Zelle	Blutzelle	Zellbiologie	Stoffwechsel
Gewebe	Muskel	Physiologie	Kontraktion
Organ	Kleinhirn	Neurobiologie	Bewegungs-steuerung
Organsystem	Immunsystem	Immunologie	Wundheilung
Organismus	Mensch	Anthropologie	Denkfähigkeit
Gemeinschaft	Unternehmen	Soziologie	Arbeitsplätze
Gesellschaft	Deutschland	Politikwissen-schaft	Staatenbildung

Die Grundidee dieses Schichtenmodells[3] der lebendigen Wirklichkeit geht auf den Philosophen Nicolai Hartmann zurück, der in seinem Buch *Der Aufbau der realen Welt* vorgeschlagen hat, das, was wir als zugängliche Wirklichkeit vorfinden, auf Stufen zu verteilen, die auseinander hervorgehen und sich »überformen«. Hartmann unterscheidet von unten nach oben kommend ganz allgemein vier Ebenen, und zwar das Anorganische, das Organische, das Seelische und das Geistige, aber es ist klar, dass sich sein Schema in viele Richtungen erweitern und verfeinern lässt. Es gehört zu den sicher maßgeblichen, wenn auch möglicherweise zu wenig beachteten grundlegenden Erfahrungstatsachen, dass die Welt in ihren Teilsystemen hierarchisch aufgebaut ist und dass die Wissenschaften ihr dies nachtun. Einige Beispiele sind in der Tabelle angeführt, wobei das Leben besonders ausführlich zerlegt worden ist. Man kann diese Strukturierung vielfach ansetzen und dabei auf den Gedanken kommen, dass eine wissenschaftliche Disziplin durch eine Ebene definiert wird, auf der sie und keine andere zuständig ist. Diese Vorstellung macht unmittelbar plausibel, warum es so schwer ist, mit einem interdisziplinären Dialog zu beginnen, der allerorten gefordert wird.

Für den philosophischen Diskurs ist bei dieser Behandlung der Wirklichkeit von Bedeutung, dass jede Stufe ihre eigenen Kategorien und Denkregeln entwickelt und größte Vorsicht bei dem Wechsel von einer Ebene zur anderen geboten ist. Sonst tauchen so genannte Kategorienfehler auf, etwa dann, wenn die Eigenschaft von Menschen, müde oder krank sein zu können, auf Metalle oder Moleküle übertragen wird, die beide weder schlafen noch sich erholen können.

Für den wissenschaftlichen Diskurs ist wichtig, dass auf jeder höheren Ebene neue Qualitäten erscheinen – und zwar unvorhersehbar –, die auf der darunter liegenden Schicht nur vorbereitet und nicht sichtbar werden. Beispiele sind die Gesundheit, die man zwar Personen, aber nicht den Zellen zuweisen kann. Zellen können nur intakt sein, und sie sind es, wenn sie geeignet sind, Kontakt mit Nachbarzellen aufzunehmen. Diese Fähigkeit zur interzellulären Kommunikation ist eine ihre besonderen Eigenschaften, die natürlich durch Makromoleküle bewirkt wird, aber diesen Bausteinen der Zelle selbst nicht zukommt.

Es hat sich eingebürgert, dabei von emergenten Eigenschaften zu sprechen, und eine große Aufgabe der Forschungsdisziplinen besteht darin, dieses Phänomen – die Emergenz – zu erklären, die auch kreativ produziert werden kann. Hier tut sich eine ungeheure Lücke auf, die das ganze Schema umfasst, das zwar von allen akzeptiert und wenigstens unbewusst benutzt wird, das aber noch von niemanden zufrieden stellend begründet worden ist Auch das

Leben kann als eine – allerdings sehr auffällige – emergente Eigenschaft gedeutet werden, die auf der Ebene der Zellen erscheint und sich dadurch auszeichnet, dass sie uns (die wir auch leben) besonders sinnfällig wird.

Die allgemeinste Form, mit der Hierarchie und den Schichten der Wirklichkeit umzugehen, lässt sich etwa folgendermaßen formulieren: Die auf einer höheren Ebene (A) als Einheiten betrachteten Objekte (a) bestehen aus Bausteinen (b) der nächstniedrigen Ebene (B). Die Eigenschaften (α) der Objekte a werden durch Wechselwirkungen (β) der Bausteine b erklärt. Die Eigenschaften α können nicht ausschließlich aus β erklärt werden, da auch die Struktur der a wichtig ist.

Dieses Schema sei nun wenigstens an einem Beispiel demonstriert: Die höhere Ebene seien die Makromoleküle (A), die sich über den Molekülen (B) erhebt, und als Einheit betrachten wir hier ein Protein (a). Offenbar bestehen Proteine aus Molekülen, vor allem aus den bereits genannten Aminosäuren (b), die kettenförmig angeordnet sind. Die Eigenschaft eines Proteins (α) besteht zum Beispiel darin, Katalysator zu sein. Diese Qualität kann offensichtlich nicht nur aus den Bindungseigenschaften (β) der Aminosäuren, sondern vor allem aus ihrer Anordnung (der Proteinstruktur) erklärt werden.

Zwischen den Schichten

So einfach diese moderne Strukturierung der Dinge nach einem so langen historischen Anlauf erscheinen mag, sie erlaubt einige Einsichten sowohl in die Organisation als auch in die Möglichkeiten der Wissenschaften, denn immer da, wo sich eine Ebene auftut, hat sich eine Disziplin der Forschung etabliert, und sie alle haben ihre eigenen Ausdrucksweisen (Nomenklaturen) entwickelt. Die heute so oft gestellte Forderung nach Interdisziplinarität ist ja nicht deshalb so schwer zu erfüllen, weil etwa ein Biochemiker zu wenig Information über das bekommt, was ein Neurologe tut, sondern weil beide Forscher auf ganz anderen Ebenen operieren, auf denen unterschiedliche Regeln gelten. Die Philosophen sprechen davon, dass jede Schicht durch ihre besonderen Erkenntnisgegenstände charakterisiert ist, deren Beschreibung beschränkt bleiben muss. Auf jeder Ebene kommen nur einige wenige und auf keinen Fall alle Aspekte der ganzen Wirklichkeit vor, die man erklären möchte. Daher darf man in ihrem Rahmen nicht alle bekannten Begriffe benutzen, sondern nur die jeweils passenden. Und mit ihnen vertut man sich leicht, etwa wenn die Immunabwehr als Krieg im Körper beschrieben wird. Moleküle führen keine Kriege, auch keine metaphorischen, weil niemand sagen kann, ob diese militärische Sicht des lebendigen Geschehens nicht in die Irre lenkt. Es kommt im Körper nicht auf ein Besiegen, sondern auf ein Zusammenleben an, was eher durch ökologische als durch politische Bilder verstanden werden kann.

Die Begriffe, die auf einer Ebene funktionieren, gehören zu einer definierbaren Kategorie, wie die Philosophen sagen. Das Wort ist durch Immanuel Kant berühmt geworden, der in diesen Ordnungen – oder Anordnungen – des Verstandes die Grundbedingungen dafür sah, dass wir überhaupt etwas erkennen und das Erkannte ausdrücken können. Dabei warf er die ungemein spannende Frage auf: Wie kommt es, dass man die Welt in Gedanken umsetzen kann? Wie kann das Sein zum Bewusstsein werden?

Eine mögliche Antwort darauf lautet in der Sprache der Philosophie, die für die Öffentlichkeit viel verständlicher als die Sprache der Wissenschaft daherkommt, dass die Denkkategorien den Seinskategorien nachgebildet worden sind – schließlich gab es die Welt *vor* den Menschen. Es lässt sich sogar sagen, durch welches Geschehen dies gelungen ist, nämlich im Verlauf der Evolution. Sie wird damit sehr direkt zu einem Erkenntnis gewinnenden Vorgang, wie es Konrad Lorenz einmal ausgedrückt hat.

Kant hat sich dazu nicht geäußert, dafür aber in den Verstandesordnungen – den Kategorien – nach kategorischen Aussagen gesucht, die keinen Widerspruch zulassen, weil sie nicht an Wenn-dann-Bedingungen geknüpft sind. Gemeint sind Aussagen der Art »Eisen ist schwer« oder »Proteine bestehen aus Molekülen«, wobei selbstverständlich die letzte Formulierung keinesfalls von Kant stammt, da sie Begriffe benutzt, die seine Zeit noch nicht kannte. Die folgenreichste Verwendung des Beiworts »kategorisch« findet sich in dem Sittengesetz, das Kant formuliert hat. Sein »kategorischer Imperativ« empfiehlt einem Menschen, nur nach solch einer Vorgabe (»Maxime«) zu handeln, die ein allgemeines Gesetz und für alle maßgeblich werden kann. Und wer könnte es wagen, sich einem so vernünftig klingenden Vorschlag zu entziehen?

Es ist immer riskant, sich mit einer bewährten Tradition der Philosophie anzulegen, vor allem, wenn sie längst zum Schulstoff gehört (bzw. gehören sollte). Aber wir können das obige Schichtenmodell zurate ziehen und fragen, ob der aus dem Geist der Aufklärung kommende moralische Ratschlag überhaupt funktionieren kann, da er doch einen mehrfachen Schichtenwechsel vollzieht, nämlich vom Individuum zur Gesellschaft. Unter diesem Blickwinkel unterliegt ein einzelner Mensch, der von Kant angesprochen wird und nach seinem Imperativ handeln soll und vielleicht auch will, anderen Kategorien als die Gemeinschaft, zu der er gehört. Und ist es nicht so, dass jedem von uns auf der Ebene des persönlichen Lebens erschwert oder gar verwehrt wird, was auf der Ebene des Staates und der Wirtschaft als der Weisheit letzter Schluss gilt? Man betrachte nur die Beispiele der Verschuldung, des Gewaltmonopols und des Rechts auf Kriegführung, um zu sehen, dass persönliches Handeln und allgemeines Gesetz wenig deckungsgleich sind – und das auch bleiben sollten.

Der kategorische Imperativ führt einen sicher nicht in die Irre, aber ebenso wenig auf die Höhen der Vernunft. Doch jetzt haben wir uns schon zu weit aus den Gefilden der Wissenschaft herausbewegt, in die wir schleunigst zurückkehren wollen, um deutlicher zu sehen, warum der in eine Richtung erfüllte Traum Descartes' – die Zerlegung der Welt von oben nach unten – nicht auch umgekehrt funktioniert und wir das zerteilte Ganze bestenfalls stückweise von unten nach oben erklären können. Die Seifenblase einer vollständigen Erklärung von unten platzt an jedem Übergang zu einer neuen Schicht, die uns immer wieder den Zauber einer emergenten Eigenschaft spüren lässt.

Vom Wasser haben wir 's gelernt

Wir beginnen einfach mit dem bekanntesten Molekül der Welt, das H_2O heißt und oft Wasser genannt wird, wobei aber Vorsicht geboten ist. Denn mit »Wasser« meinen wir im Alltag etwas anderes, nämlich die flüssige Substanz, die wir trinken oder in der wir baden können, um nur zwei von vielen Verwendungsmöglichkeiten des Wassers zu nennen, die nicht allein aus dem Molekül abzuleiten sind. Natürlich besteht Mineralwasser (überwiegend) aus H_2O-Molekülen, aber diesen Gebilden selbst sieht es niemand an, dass sie in riesengroßer Zahl Eigenschaften der Art bekommen, flüssig, trinkbar und lebenswichtig zu sein. »Flüssigkeit« ist ebenso wie »Trinkbarkeit« eine Kategorie, die auf der Ebene der Moleküle nichts zu suchen hat. Sie ist hier gar nicht definierbar. Dazu müssen wir die Schicht der Stoffe oder Substanzen aufsuchen, auf der es um das Etwas geht, das zum Beispiel in einem Wasserglas aufgefangen werden kann, wobei die molekulare Beschreibung des Gefäßinhalts nicht einmal in der Lage ist, all die Anordnungen (die Bildung von Clustern) vorherzusagen, zu denen H_2O-Moleküle in der Lage sind, wenn es kälter und die Flüssigkeit gezwungen wird, ihren Zustand zu wechseln, nämlich von flüssig zu fest.

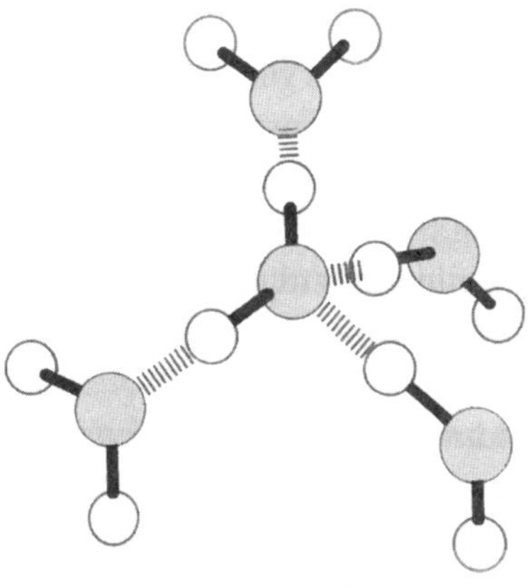

Abb. 12 Wassermoleküle im Detail, wenn sie sich zusammenlagern.

Natürlich bestreitet niemand, dass auch Eis und seine Kristalle (überwiegend) aus Wassermolekülen bestehen, aber daraus kann niemand ableiten, dass man mit Schlittschuhen darüber gleiten kann.

So schön ein H_2O-Molekül ist, auf der Ebene seiner Existenz kommen vor allem Bindungswinkel und Dipolmomente vor, wobei wir den letzten Ausdruck nur erwähnen, um deutlich zu machen, dass es hier um Eigenschaften geht, die eine Etage tiefer – bei den Atomen – wirklich nicht vorhanden sind. Atome sind elektrisch neutral, und erst in geeigneter Verbindung verschieben sich sowohl im Wasser- als auch im Sauerstoffatom die Ladungen, und zwar so, dass ein Gebilde mit einem positiven und einem negativen Ende und somit ein Dipol entsteht.

Bleiben wir bei den Atomen, die nicht zu verwechseln sind mit dem, was Chemiker als Elemente bezeichnen und in einem Periodensystem zusammenstellen. Unter Elementen versteht man ein greifbares (makroskopisches) Stück Material, das aus unzählig vielen Atomen besteht. Man denke an eine Goldmünze oder einen Kupferdraht, wobei beide sichtbaren Dinge Eigenschaften haben – mit Kategorien erfasst werden –, die den Atomen nicht zukommen. Gold glänzt als Element, und Kupfer leitet Strom, wobei sich auch ganz andere Sonderbarkeiten bemerkbar machen, wenn man von der Ebene der Atome zur Ebene der Elemente aufsteigt. Titan zum Beispiel bekommt dort nur dann die Eigenschaft der Härte, für die wir es schätzen und dank der wir es technisch verwerten, wenn ihm Verunreinigungen beigemischt sind. Reines Titan – im quantitativen Sinne – ist butterweich, wobei es dem Metall ebenso wie anderen Stoffen geht, denn wenn Wasser völlig rein in dem Sinne ist, dass es ausschließlich aus H_2O-Molekülen besteht, dann verliert es seine eigentlich Qualität, ein Lebenselixier zu sein. Das eben definierte hochreine Wasser ist giftig, womit erneut eine Kategorie – Giftigkeit – genannt ist, die auf der Ebene der Moleküle nichts zu suchen hat.

Vielen mag das, was hier lang und breit erörtert wird, banal oder bekannt erscheinen. Hier geht es aber darum, ob wir – mithilfe der Wissenschaft – erklären können, was wir wissen – wozu auch gehört, dass Wasser flüssig ist. Wir kennen diese Qualität dank unserer Sinne, und wir wollen sie mittels Begriffe erklären, die aus Erfahrungsbereichen stammen, die uns ohne technische Hilfe nicht ohne weiteres zugänglich sind.

Nebenbei gesagt – hier zeigt sich die hübsche Paradoxie der Wissenschaft, auf die Karl Popper einmal hingewiesen hat. Seiner Beobachtung zufolge erklärt Wissenschaft etwas, das man sieht – Wasser als Flüssigkeit –, durch etwas, das man nicht sieht – durch H_2O-Moleküle. Auch in der Physik geht man so vor. Die Gravitation, die man nicht sieht, muss erklären, was man sieht, nämlich dass Gegenstände zu Boden fallen.

Der Satz, »Wasser ist H_2O«, trifft also nur aus der Richtung von unten nach oben zu. Genauer müsste man sagen: »Wasser besteht aus H_2O« (noch genauer: »Wasser setzt sich zusammen aus Molekülen, die aus zwei Wasser- und einem Sauerstoffatom bestehen«, was sich fortsetzen lässt), denn es gilt auch: »Wasser ist eine Flüssigkeit«, nämlich von oben betrachtet. Logisch würde aus den beiden Sätzen mit »ist« folgen, dass H_2O flüssig ist, aber genau das können wird nicht sagen. H_2O ist ein Molekül, dem nur die Kategorien der dazugehörigen Ebene zukommen, und hierzu gehört das Flüssigsein nicht.

Die Idee der Komplementarität

Anders und letztendlich positiv ausgedrückt: Wasser verstehen wir weder nur von unten noch von oben her, sondern erst dann, wenn wir beide Blickrichtungen zulassen und gemeinsam nutzen. Wenn wir Wasser erklären und verstehen wollen, müssen wir zwei Beschreibungen zulassen, die sich auf den ersten Blick widersprechen – sie kommen aus entgegengesetzten Richtungen –, aber gleichberechtigt sind. Wasser kann umfassend nur mit zwei sich zugleich gegenseitig ausschließenden und zusammengehörenden Darstellungen erfasst werden, wobei zusätzlich zu beachten ist, dass sie mit zwei getrennten Quellen der Erkenntnis operieren; mir dem sinnlichen Eindruck der genießbaren Flüssigkeit und mit dem begrifflichen Konstrukt des dreiatomigen Moleküls.

Auf eine solche Situation lässt sich nun der zunächst kompliziert erscheinende Ausdruck der Komplementarität anwenden, dessen Bedeutung sich aber gleicht erschließt, wenn man sich klar macht, dass in dem Wort das lateinische *completum* steckt, das im deutschen Ausdruck »komplett« nachklingt.

Was am Beispiel des Wassers beschrieben wurde, nennt man die Idee der Komplementarität, die in der modernen Wissenschaft seit den ersten Jahrzehnten des 20. Jahrhunderts eine Rolle spielt, seit man sich bis zu den Atomen vorgearbeitet hat. In unserem Schichtenschema würden die Atome die unterste Ebene einnehmen, wenn sie so unteilbar geblieben wären, wie sich die Griechen das dachten, als sie der Menschheit dieses Wort schenkten. Doch schon vor dem Ersten Weltkrieg konnte nachgewiesen werden, dass Atome zweigeteilt sind. Die Physiker konnten Kern und Schale unterscheiden, was letztlich auch für die Menschen zutrifft – ihr innerer Kern und ihre äußere Schale. In dieser Zweiteilung verbirgt sich auch ein Gedanke aus der Zeit der Renaissance, demzufolge es Übereinstimmungen zwischen der Welt im Großen (Makrokosmos) und der Welt im Kleinen (Mikrokosmos) geben muss, wenn wir beide einsehen wollen. Während man vor fünfhundert Jahren mit diesem Denken von oben – vom Himmel her – auf den Menschen kam, bewegt sich die moderne Wissenschaft von innen – vom Atom her – auf ihn zu.

Menschen und Atome haben also Kern und Schale, doch im Augenblick geht es nicht um die Psyche, sondern um Physik, und im Rahmen dieser Wissenschaft hatte sich ergeben, dass die Hülle eines Atoms aus Elektronen besteht, deren Natur es nun zu ergründen galt. Und bei ihren entsprechenden Bemühungen erlebten die Physiker eine weitere große Überraschung. Die Zweiteilung des Atoms wiederholte sich nämlich als Dualität (Dichotomie) des Elektrons, da dieses Mitglied der atomaren Mannschaft als Welle sowie als Teilchen in Erscheinung treten konnte. Diese Entdeckung führte dazu, die Idee der Komplementarität zu formulieren: Jeder untersuchte Gegenstand erlaubt zwei Blickrichtungen, die

Leonardo da Vinci

In einem etwa 1492 verfertigten Auftakt zu einem »Traktat über das Wasser«, der nie fertig geschrieben werden sollte, heißt es bei Leonardo: »Der Mensch wurde von den Alten eine Welt im Kleinen (Mikrokosmos) genannt. Gewiss ist diese Bezeichnung recht treffend, denn da der Mensch aus Erde, Wasser, Luft und Feuer zusammengesetzt ist, gleicht ihm dieser Erdenkörper. Wie der Mensch die Knochen als Stützen und Gerüst des Fleisches in sich hat, so hat die Welt das Gestein als Stützen der Erde. Wie der Mensch in sich den Blutsee hat, wo die Lunge beim Atmen zunimmt und abnimmt, so hat der Körper der Erde sein Weltmeer, das auch alle sechs Stunden abnimmt und zunimmt mit dem Atmen der Welt. … Dem Erdkörper fehlen nur die Sehnen, die nicht da sind, weil die Sehnen für die Bewegung geschaffen sind. Da die Welt von ewigem Bestand ist, findet dort keine Bewegung statt. … Aber in allen anderen Dingen sind sie [der Mensch und die Welt] einander sehr ähnlich.«

sich nicht gegenseitig ersetzen können und nur zusammen das ganze (vollständige) Objekt der wissenschaftlichen Begierde erkennen lassen.

Das Einbringen der Komplementarität in die Physik und damit in die exakten Naturwissenschaften geht vornehmlich auf den Dänen Niels Bohr (1885–1962) zurück. Er wollte mit dieser Idee die Verrücktheiten verständlich machen, die den Physikern in die Quere gekommen waren, als sie sich der Bühne näherten, auf der die Atome ihr Stück von der Wirklichkeit aufführten. Zwar hatten die Nachfolger Newtons zunächst gedacht, dass es bei den Atomen (im Mikrokosmos) so zugehe wie bei den Sternen (im Makrokosmos) und dass ein Elektron genauso um einen Kern kreise wie ein Planet um die Sonne. Doch dann stellte sich heraus, dass die Bahn des Elektrons überhaupt nicht *gegeben* war, sondern stattdessen, und zwar von den Physiker selbst *gemacht* wurde, während sie dem Treiben der Atome zuschauten. Damit war die Objektivität der Klassischen Physik verschwunden, die uns eine Welt vorgegaukelt hatte, in der ein Ich nicht vorkam.

Bohr nahm diese Situation sofort sehr ernst, und der Gedanke befriedigte ihn außerordentlich, dass er nun Zuschauer und Mitspieler zugleich beim Schauspiel des Lebens sein konnte, das die atomare Bühne bot. Es gibt keine Welt ohne Ich und kein Ich ohne Welt, es gibt nur beide gemeinsam, was dem Begriff des Atoms – des Unteilbaren – einen neuen Sinn gab. Bohr fasste dies als »Komplementarität« zusammen; damit wollte er sagen, dass man zu jeder Beschreibung der Natur eine komplementäre Form finden kann, die (in der Tiefe) gleichberechtigt ist, obwohl sie (an der Oberfläche) völlig anders erscheint. Eine Wahrheit erkennt man daran, so pflegte Bohr zu sagen, dass auch ihr Gegenteil eine Wahrheit ist, was übrigens heißt, dass sie sich nicht klar ausdrücken lässt. Positiv gewendet: Wenn ich die Wahrheit ausspreche, behält sie ihr Geheimnis. Ästhetisch formuliert: Wenn ich die Wahrheit sagen will, muss ich dies poetisch tun – in Bildern und Gleichnissen zum Beispiel.

Das östliche Denken hat übrigens die Idee der sich ergänzenden Gegenstücke schon längst in sich aufgenommen und ihr als Yin-Yang-Symbol einen angemessenen Ausdruck verliehen. Das westliche Denken laboriert stattdessen immer noch an dem Schnitt herum, den René Descartes bewirkt hat, als er die Seele aus dem Körper löste. Seitdem trennen wir uns als Subjekte von der Welt der Objekte, die wir der Wissenschaft überlassen – mit dem Ergebnis, dass wir als fühlende Menschen in ihr nicht mehr vorkommen und ausgeschlossen bleiben. Komplementäres Argumentieren versucht, diese Spaltung zu überwinden, ohne ihre dazugehörenden Gegensätze zu verwischen.

Die Idee der Komplementarität hilft maßgeblich, die Wirklichkeit nicht nur wissenschaftlich zu erkennen, da man diese Denkfigur auf und zwischen allen Ebenen als verbindendes Vorgehen nutzen kann. In ihr steckt auch der Gedanke, dass Wissenschaft immer ein Dialog ist, nämlich zwischen den beiden komplementären Möglichkeiten, sich einer Sache zu nähern. Wir haben diese beiden Richtungen bislang als »von unten nach oben« und umgekehrt als »von oben nach unten« bezeichnet – *bottom-up* oder *top-down,* wie es in der angelsächsischen Literatur und manchmal auch auf Neudeutsch heißt. Wir können stattdessen aber auch »von innen nach außen« bzw. »von außen nach innen« sagen, wenn wir den beiden Begriffen eine umfassende bzw. tiefgehende Bedeutung beimessen, bei der wir mehr an eine Innenwelt und weniger an einen Außendienst denken.

Die Bildung der Welt

Das eben eingeführte Begriffspaar kann – leichter als die Kombination aus oben und unten – auf das Elektron selbst angewandt werden. Es lässt sich – von außen her betrachtet – als Welle nur unscharf in seiner Position erfassen, und kann – von innen gedacht – als Teilchen gegen andere Mitspieler auf der atomaren Bühne stoßen und seine Energie mit ihnen austauschen.

Mit dem Elektron sind wir übrigens auf der untersten Schicht der Wirklichkeit angekommen. Dieser tatsächlich elementare Bestandteil des Atoms scheint keine interne Struktur mehr zu haben – nach allem, was die Physiker darüber wissen und sagen. Wir können also von hier aus mit dem Aufbau der realen Welt in den Schichten beginnen, die wir historisch freigelegt haben, wollen aber vor diesem Schritt noch überlegen, was »unterste Ebene« heißen könnte. Muss diese Schicht nicht selbst noch irgendwo aufliegen?

Es gibt den hübschen Witz, in dem von einer alten Dame erzählt wird, die einen wissenschaftlichen Vortrag über die Entstehung des Kosmos mit den Worten unterbricht, das sei doch alles ganz anders. Die Welt sei immer schon da gewesen und befinde sich auf dem Rücken einer Schildkröte. Als der Vortragende etwas erwidern will und mit »Aber meine Dame« anhebt, winkt die Angesprochene ab: »Sie sind sicher sehr clever, junger Mann, und ich weiß daher schon, was Sie mich noch fragen wollen, nämlich: ›Und worauf steht die Schildkröte?› Die Antwort ist aber ganz einfach. Ich will sie ihnen geben: ›It's turtles all the way down‹«, wie es im englischen Original des Witzes heißt, was man – wenn auch längst nicht so lakonisch – etwa so übersetzen könnte: »Die Schildkröten reichen bis ganz nach unten hin.«

Leider stehen uns keine friedlichen Wesen dieser tragfähigen Art zur Verfügung, um die letzte Schicht aufzufangen, aber wir brauchen trotzdem keine Leerstelle zu hinterlassen – weder in der Welt noch in der Wissenschaft. Die moderne Physik bietet nämlich eine Lösungsmöglichkeit, und zwar in Form ihres so genannten Standardmodells, in dem sie versucht, die Eigenschaften des Elektrons und anderer Elementarteilchen – ihre Ladungen und Massen zum Beispiel – nicht hinzunehmen, sondern abzuleiten. Und bei diesen Bemühungen stellt sich heraus, dass diese Qualitäten und Quantitäten »durch die Geschichte und den Zustand des gesamten Universums beeinflusst« werden, wie der amerikanische Physiker Lee Smolin in einem Buch geschrieben hat, dessen Originaltitel vom Leben des Kosmos – *The Life of the Cosmos* - spricht.

Mit diesem Gedanken können wir zum einen das Kleinste an das Größte anschließen, wobei in den beiden Vorsilben des Tätigkeitswortes hörbar wird, dass nichts offen bleibt. Wir können zum andern aber auch wieder den doppelten Charakter der Welt erkennen. Die Elektronen bringen nämlich nicht nur die Welt hervor, sie werden zugleich von ihr hervorgebracht. Die Atome bilden den Kosmos und werden von ihm gebildet. Und dazwischen findet die Bildung des Menschen statt, zu deren wissenschaftlich erfassbaren Ebenen wir jetzt zurückkehren wollen.

»Der Aufbau der realen Welt« – praktisch

Wenn wir die reale Welt von unten nach oben aufbauen wollen, werden wir gleich am Anfang etwas Wichtiges spüren und erfahren: Auf jeder Ebene erscheint etwas Neues, also etwas, dessen Existenz sich weder erwarten noch aus dem ableiten lässt, was vorher gegeben war. Dass ein Zusammenkommen von Elektronen und anderen elementaren Gebilden wie Protonen zu stabilen Atomen führt, lässt sich erst erkennen, wenn diese Gebilde schon da sind. Und dass H_2O-Moleküle eine flüssige Substanz ergeben, weiß auch nur derjenige, der seinen Finger in das Wasser hineinsteckt. Wer Atome zerlegt, findet natürlich einen Kern (aus Protonen und Neutronen) und eine Hülle (aus Elektronen), aber wenn er diese Teile in der Hand hält, fehlt leider noch das geistige Band, wie Goethe sagen würde, das er von sich aus hinzufügen muss, um daraus eine neue Ebene von Wirklichkeit entstehen zu lassen.

Dieses Auftreten – die Emergenz – neuer Qualitäten trifft auch zu, wenn wir weiter aufsteigen bzw. nach außen dringen und aus Atomen Moleküle bereiten. Wir hatten schon auf neue Qualitäten hingewiesen, die auf dieser Schicht auftauchen – etwa das Dipolmoment –, können aber ab dieser Stelle auch leicht zeigen, wie nicht nur Atome Moleküle bestimmen, sondern auch in umgekehrter Richtung Einflüsse möglich sind und Moleküle auf Atome einwirken. Natürlich ändern sich die Atome nicht dadurch, dass sie größere Gebilde formen können. Aber wenn Atome von Wassermolekülen umgeben sind, können sie eines ihrer Elektronen verlieren. Dabei werden aus neutralen Gebilden geladene Bestandteile. Die Wissenschaft spricht dann von Ionen, und wenn Atome im Leben eine Rolle spielen, dann tun sie dies vor allem in dieser Form.

Damit erkennen wir ein wunderbares Prinzip, das sich fortsetzen und die durchgehende Komplementarität des Erklärten erkennen lässt: Atome wirken auf Moleküle ein, die umgekehrt auf Atome einwirken. Diesen Zusammenhang finden wir auf jeder Ebene: Auf der nächsten Schicht wirken Moleküle auf Makromoleküle ein – etwa dadurch, dass sie zu ihrer Aktivierung beitragen –, die wiederum auf Moleküle einwirken, zum Beispiel dann, wenn Enzyme ihre katalytische Tätigkeit entfalten und Reaktionen zustande kommen lassen, bei denen chemische Verbindungen aufgelöst und umgebildet werden.

Auf jeder Ebene entsteht etwas Neues, was wir bei den Makromolekülen zwar schon an der Qualität der Katalyse demonstriert hatten, was aber an den Genen verdeutlicht werden soll, die seit einigen Jahren in aller Munde sind und die ähnlich wie die Proteine als Ketten gebaut sind, allerdings mit komplizierteren Kettengliedern.

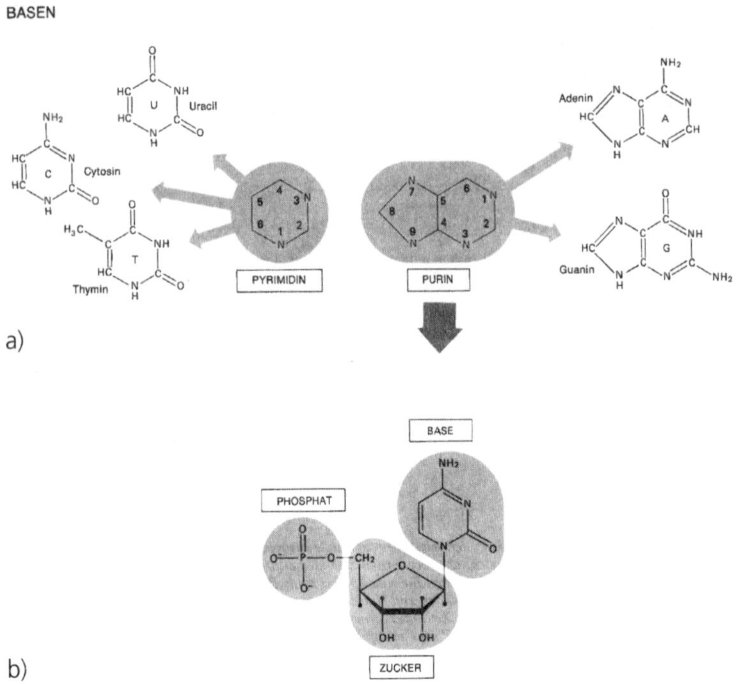

Abb. 13 a + b Die DNA und ihre Ebenen. Am Anfang des Zusammensetzens stehen Atome wie Wasserstoff (H), Sauerstoff (O), Stickstoff (N), Kohlenstoff (C) und Phosphor (P). Sauerstoffe, die sich um Phosphor gruppieren, bilden gemeinsam eine Phosphatgruppe; aus Wasserstoff, Kohlenstoff und Sauerstoff kann ein Zuckermolekül entstehen; kommt noch Stickstoff hinzu und fügen sich H, C, N und O zu einem Ring zusammen, entsteht eine Verbindung, die Chemiker als Base bezeichnen (a). Eine Base bildet in Gemeinschaft mit einem Zucker und einer Phosphatgruppe eine neue Einheit, die als Nukleotid bezeichnet wird (b). Bekannt sind diese dreiteiligen Moleküle als Bausteine der Erbsubstanz DNA, die als Doppelhelix berühmt ist. Die mit diesem Wort bezeichnete dreidimensionale Struktur taucht an dieser Stelle wie ein Wunder auf, da weder ihre Schönheit noch ihre Funktionsfähigkeit in den Bausteinen – den Nukleotiden – erkennbar oder auch nur erahnbar sind. Die Nukleotide können mehr, als nur Erbmaterial aufbauen, wie an anderer Stelle gezeigt werden wird.

Die wichtigste neue Eigenschaft, die auf der Ebene der kleinen Moleküle noch nicht erkennbar ist, dann aber darüber auftaucht, findet sich in der Reihenfolge der Bausteine und wird als genetische Information bezeichnet. Eine zweite Qualität, die dem DNA-Makromolekül – nicht aber seinen chemischen Kettengliedern – zugebilligt wird, wenn es seine Duplexform angenommen hat, steckt in der Fähigkeit zur Teilung. Aus einem DNA-Doppelstrang können zwei gemacht werden, allerdings nur mithilfe von Proteinen. Allein kann die DNA sich nicht teilen, und dies unterscheidet sie von der Zelle, die gerade so organisiert ist, dass ihr dies autonom gelingt (denn die Proteine, die dies vermögen, gehören zu ihr). Die neue Kategorie der Teilbarkeit tritt also genau genommen erst auf der zellulären Ebene auf, von der aus wir auch leicht erkennen können, dass es in jeder nachweisbaren Schicht des Lebens für jede Frage – getreu dem Prinzip der Komplementarität – zwei Antworten gibt: eine von unten und eine von oben. Eine Zelle teilt sich, zum einen weil ihre DNA-Moleküle und die Proteine so agieren können, dass dies passiert, und zum andern um das Leben sich selbst entfalten, gestalten und weitergehen zu lassen, es also zu bilden und zu erhalten.

Eine zweite Art der Zerlegung

Leben ist etwas, das dauernd neu entsteht – durch die lebendige Wechselwirkung seiner Erbelemente, wie es bei Gregor Mendel heißt –, und so können wir nur dann davon reden, das Leben verstanden zu haben, wenn wir wissen, wie es entsteht. Die Wissenschaft, die dies vermag, würde Goethe als genetische Wissenschaft bezeichnen, ohne damit die Genetik zu meinen, die wir heute kennen. Es wird aufgefallen sein, dass wir diese die Moderne dominierende Form der Lebenswissenschaft bislang eher stiefmütterlich behandelt und etwa im Schichtenmodell gar nicht aufgeführt haben. Dies hat den bereits erwähnten gewichtigen Grund, dass die Genetik genau andersherum vorgeht, als wir es bislang im Ge-

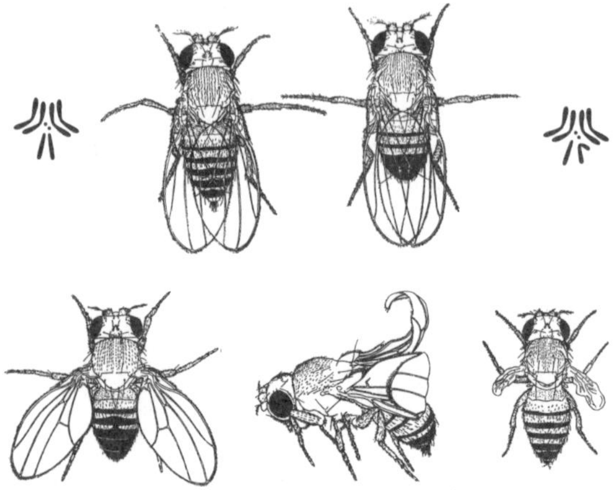

Abb. 14 Die Fruchtfliege *Drosophila* (Wildtyp oben, links das Weibchen, rechts das Männchen) und einige Mutanten, deren Flügel verändert sind (unten).

folge der nicht-genetischen Wissenschaften kennen gelernt haben. Sie beginnt ja nicht mit dem Organismus, um sich als brave Schülerin von Descartes Schicht um Schicht vorzuarbeiten, bis schließlich die Ebene der DNA-Moleküle und damit der Gene erreicht ist. Vielmehr fängt sie an dieser Stelle an – also ganz tief im Inneren der Zellen und des Lebens –, um von da aus zu den Möglichkeiten der Genträger aufzusteigen.

Diese zunächst vielleicht überraschende Sicht der Wissenschaft von der Vererbung lässt sich klären und erklären, wenn man beobachtet, was ein moderner Genetiker macht. Als modernen Genetiker bezeichnen wir einen Forscher, der weiß, dass es Regeln der Vererbung gibt. Ihnen ist man zwar bereits im 19. Jahrhundert auf die statistische Spur gekommen, aber erst mit dem Beginn des 20. Jahrhunderts konnte eine umfassende Verfolgung der Elemente aufgenommen werden, die von Generation zu Generation weitergegeben wurden. In den 1930er Jahren wurde dann zum einen klar, dass Gene wie alle Materie aus Atomen und Molekülen bestehen, und man entdeckte zum andern Wege, diese Gene gezielt zu verändern, zu mutieren – etwa durch den Einsatz von Röntgenstrahlen.

Die genetische Zerlegung

Auch Genetiker zerlegen die Eigenschaften von Lebensformen, aber nicht mit dem mechanischen Sezierkasten und indem sie sich mit Scheren und Skalpellen von außen nach innen vorarbeiten, wie dies bislang geschildert worden ist, sondern indem sie von Genvarianten ausgehen und sich von innen nach außen vortasten. Genetiker gehen gedanklich exakt in dem Schema vor, das Descartes vorgeschlagen hat, nur dass sie ein viel feineres Gerät zur Verfügung haben, um die Zerteilung des Lebens durchzuführen, und am anderen Ende beginnen. Ihr Instrument ist die Variation oder Mutation eines Gens, und der Vorteil dieser genetischen Fragmentierung von Leben besteht nicht nur darin, dass sie mit molekularer Präzision erfolgt und einzelne Bausteine betrifft, sondern auch darin, dass jetzt nicht nur der Aufbau des Lebendigen seziert werden kann, sondern auch seine Verhaltensweisen. Zumindest bei Fliegen gibt es Mutanten, die aufgrund einer winzigen genetischen Veränderung nicht so lernen können, wie es diesen Flugkünstlern gewöhnlich möglich ist, die nervöse Zuckungen zeigen, die beim Balzverhalten plötzlich die Richtung ändern oder bei der Kopulation – wörtlich – stecken bleiben. Die genetische Analyse des fliegenden Lebens gelingt von der Herstellung von Proteinen bis zur Lern- und Wahrnehmungsfähigkeit von Organismen, und sie wird uns darüber hinaus in Verbindung mit den anderen Wissenschaften helfen, auch die Entwicklung – die Bildung – von anderem Leben zu verstehen.

Gerade während der Niederschrift dieser Zeilen (im April 2004) berichtete das amerikanische Wissenschaftsmagazin *Science* in seiner Online-Ausgabe (www.sciencexpress.org) von der Mutation in einem menschlichen Gen namens ROBO. Dieses Gen kennt man bereits aus Versuchen mit Tieren, und hier sorgt es – sorgen die Proteine, für die es die Informationen liefert – dafür, dass Nervenleitungen richtig gelegt werden, was konkret bedeutet, dass Nervenzellen geeignet zusammenwachsen. Bei der Variante ROBO klappt dies in einigen Fällen nicht, was zuerst zur Folge hat, dass die Kontrolle der Augenmuskeln nur eingeschränkt gelingt, und zuletzt dazu führt, dass sich mit dem gestörten Sehen auch eine Behinderung im Verhalten einstellt. So lässt sich der Weg von innen nach außen verfolgen und erkennen, wie sich Leben Schicht für Schicht aufbaut und seine Eigenschaften erwirbt.

Die meisten Experimente machten die Genetiker der Vorkriegszeit mit einer kleine Fliege namens *Drosophila melanogaster,* und ihr »Entdecker« zu Forschungszwecken, der Amerikaner Thomas Hunt Morgan (1866–1945), hat beschrieben, warum sie das taten. »Es lässt sich einfach wunderbar mit den Fliegen arbeiten«, schrieb Morgan 1910 an einen Freund, »sie pflanzen sich das ganze Jahr hindurch fort und setzen alle zwölf Tage eine neue Generation in die Welt.«, die von den Forschern unentwegt variiert werden konnte.

Die Genetiker suchten und sammelten Mutanten, und sie entdeckten Fliegen, die weiße statt der üblichen roten Augen, verkümmerte oder gar rudimentäre Flügel hatten, dauernd in großen Kreisen durch die Luft flogen und vieles mehr. Die Mutation eines Gens lässt sich als winziger Einschnitt in das Erbmaterial deuten. Die Genetiker machten von innen, was die Anatomen von außen unternahmen, sie sezierten einen Organismus, und der besondere Vorteil bestand darin, dass diese Methode nicht bei der Struktur Halt machte, sondern auf Verhaltensweisen übertragen werden konnte. Die Wissenschaftler sprechen tatsächlich von der genetischen Sektion des Verhaltens, und sie können sogar annehmen, dazu das feinste Messer in die Hand bekommen zu haben, das überhaupt denkbar ist.

Da die Genetik immer damit befasst ist, von der Ebene der Moleküle – den Genen als Gebilde aus DNA-Ketten – zur Ebene der Phänomene zu kommen, kann man diese Wissenschaft gar nicht anders als interdisziplinär betreiben. Genau das macht sie so spannend und zukunftweisend.

Das Werden eines Virus

Was die Genetiker als Möglichkeit vor dem Zweiten Weltkrieg entdeckt hatten, setzten sie danach in die Tat um, wobei sie den ersten großen Erfolg mit Lebensformen feiern konnten, die sehr viel kleiner waren als die Fliegen. Gemeint sind Viren, die Bakterien angreifen, wobei an dieser Stelle unbedingt erwähnt werden muss, wie wichtig es für jede Wissenschaft ist, ein möglichst einfaches System zu haben, an dem sich eine Fragestellung experimentell klären lässt. Vom Standpunkt eines Menschen aus betrachtet, also in unserer Sprechweise »von oben gesehen«, wirken Fliegen einfach gebaut. Aber vom Standpunkt der Moleküle aus gesehen, also »von unten«, tritt uns *Drosophila* als eine höchst komplex organisierte und verwobene Lebensform entgegen, bei der selbst kleinste Schnitte in den Genen massive Umbauten des Ganzen zur Folge haben.

In den 1940er Jahren entdeckten einige Biowissenschaftler, dass sich die Grundfragen der Genetik mithilfe von Viren stellen ließen, und einige von ihnen hatten den unschlagbaren Vorteil, nur aus zwei Sorten von Molekülen zu bestehen, nämlich aus Nukleinsäuren und Proteinen. Als zu Beginn der 1950er Jahre klar wurde, wie sich die Viren vermehrten – sie landeten auf einem Bakterium, bohrten ein Loch in seine Wand, durch das sie ihr Erbmaterial injizierten, das dann in der Bakterienzelle für den Virennachwuchs sorgte, der seinen Wirt bald sprengte –, zeigte sich zum einen, dass es nur die DNA ist, die in das Bakterium gelangt, und zum andern, worin die Aufgabe der DNA besteht, nämlich einer Zelle zu sagen, wie die Proteine herzustellen sind.

Nachdem der Stoff identifiziert war, aus dem die Gene sind, konnte man die feinsten Schnitte an ihm anbringen, um einzelne Proteine funktionsunfähig zu machen oder gar nicht erst auftreten zu lassen. Als man lange genug bei ausreichend vielen Mutationen beobachtete, was mit den so behandelten Viren passierte, zeigte sich in der Kombination aller Einzelergebnisse, was in der Natur vor sich geht, um ihre Form entstehen zu lassen. Die Genetik legte in den 1960er Jahren den Weg frei, der zur Gestaltbildung führt, und die morphogenetische Bahn beginnt mit drei getrennten Gleisen, auf denen die Teile angelegt werden, die im fertigen Virus erkennbar sind – Kopf, Schwanz und Spikes. Dabei wird eine genaue zeitliche Reihenfolge eingehalten, was etwa für den Schwanz bedeutet, dass erst die Proteine gebildet werden, die das Endstück ausmachen. Anschließend wird ein Zentralstück aufgesetzt, das

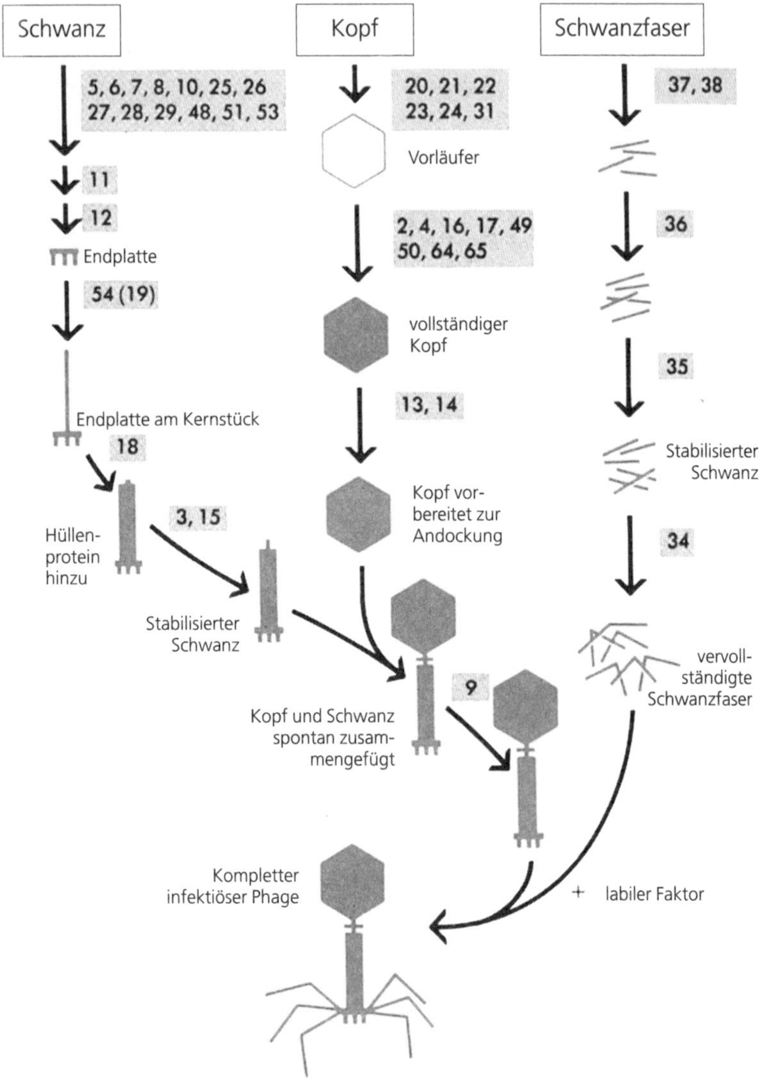

Abb. 15 Morphogenese eines Virus, d. h. die morphogenetischen Schritte, die zur Bildung eines Virus führen, das Bakterien befällt und in ihnen entsteht. Diese Viren heißen auch Bakteriophagen (»Bakterienfresser«) oder kurz Phagen, und am besten untersucht ist die Variante mit der Bezeichnung T4. In den 1960er Jahren konnten William Wood und Bob Edgar die Gene von T4 identifizieren, die aktiv genutzt werden mussten, um die zu den Phagen gehö-

renden Gestaltelemente herzustellen. Sie konnten drei getrennte Routen ausmachen, die zusammenlaufen. Eine Route ergibt den Kopf, in dem auch das Erbmaterial untergebracht ist. Eine zweite Route sorgt für die Schwanzfasern, mit denen ein Phage sich an einem Bakterium festsetzt. Und eine dritte Route produziert das Schwanzstück, das Kopf und Fasern verbindet. Dieser Schwanz wird dabei so gefertigt, dass erst die Endplatte entsteht, über die das Kernstück dieses Teils zu liegen kommt, das anschließend noch stabilisiert wird. Die an jedem Schritt beteiligten Gene sind als Nummern gekennzeichnet, die sonst keine weitere Bedeutung haben. Kopf und Schwanzfasern werden ebenfalls in mehreren Schritten montiert. Zuletzt finden sich Kopf und Schwanz zusammen, bevor die Fasern hinzugefügt werden, um das vollständige Virus zu bilden, das jetzt einsatzfähig ist und sich infektionsfreudig auf die Suche nach einem Bakterium macht, um hier die Montage – die Morphogenese – erneut ins Werk zu setzen.

Proteine abdichten und stabilisieren, bevor dem nun fertigen Schwanz der Kopf aufgesetzt wird. Rund vierzig Gene und ihre Produkte – spezialisierte Proteine – sind an dieser Gestaltbildung beteiligt, die zwar sehr von der DNA aus gelenkt wird, aber dennoch nicht völlig am genetischen Gängelband hängt. Keine Frage, dass die Gene für die Proteine sorgen und nichts weitergehen kann, wenn eines von ihnen fehlt. Aber was die Proteine tun, wenn sie einmal da sind, hängt nicht nur davon ab, wie sie gebaut sind, sondern auch davon, auf wen sie treffen und in welcher Umgebung dies geschieht.

Die Anfänge der Wahrnehmung

Nachdem die genetische Zerlegung eines elementaren Lebensvorgangs gelungen war, bekamen die Forscher Mut, auch komplizierte Verhaltensweisen von ihren DNA-Komponenten aus zu sezieren. Die Wahl fiel auf die Reaktionen auf Licht, die man zu den Grundfähigkeiten von Organismen rechnen muss. Wir nutzen dazu vor allem die Augen, aber bevor sich Wissenschaftler an den Menschen wagen, fragen sie nach einfacheren Organismen, die Licht wahrnehmen können, und der kürzeste Schritt von den Viren ist der zu den Bakterien. Tatsächlich nehmen diese Einzeller vielfältige Signale aus der Umwelt auf, um ihr Verhalten danach zu richten, etwa wenn sie registrieren, aus welcher Ecke die Zuckermoleküle kommen, an denen sie interessiert sind. Offenbar schwimmen sie ein Stückchen und prüfen dabei, ob die Konzentration zu- oder abnimmt. Falls die Bakterien merken, dass sie auf dem falschen Weg unterwegs sind, halten sie an, lassen sich ein wenig treiben, und schwimmen dann in eine neue und hoffentlich bessere Richtung fort. Die Fortbewegung erfolgt dabei mit winzigen Fäden – so genannten Geißeln –, die aus dem Zellkörper austreten und innen mit einem molekularen Rotor verbunden sind. Seine Drehung versetzt die Geißeln in Rotation, mit der Folge, dass es für das Bakterium weitergeht, wobei der Rotor zwar wie ein mechanisches Werkstück funktioniert, trotzdem aber aus Proteinen besteht.

Wenn Bakterien Licht erblicken und vom Dunklen ins Helle wollen, agieren sie ähnlich, wobei an dem Verhalten insgesamt auffällig ist, dass es nicht ausschließlich zielgerichtet erfolgt, sondern überraschend Raum für Zufälligkeiten lässt. Unabhängig davon kann gefragt werden, wie einem Bakterium die Wahrnehmung seiner Umwelt gelingt, womit konkret eine Menge Einzelfragen gemeint sind. Sie lauten bei der Reaktion auf Licht: Wie (mit welchem Protein oder Molekül) empfängt ein Bakterium das Licht? Was passiert, nachdem es eingetroffen und eingefangen ist? Wie wird die Information in die Bewegung verwandelt, die ja zum Licht hin gehen soll? Wie sind die lichtempfindlichen Moleküle mit der molekularen Maschinerie verbunden, die es einem Bakterium erlaubt, ins Helle zu schwimmen?

Wenn man Wahrnehmung als die Aufnahme eines Reizes aus der Umwelt versteht, mit dem (als Reaktion) das Verhalten beeinflusst wird, dann hat ein Wissenschaftler, der sich um diese Eigenschaft des Lebens kümmert und ihre Anfänge in Bakterien verstehen will, eine konkrete Aufgabe: Er muss nämlich all die Elemente in einer Zelle finden, die Licht in Bewegung umsetzen, also all die Schritte ermitteln, die von den Lichtempfängern zu den Schwimmrotoren führen. Diese Aufgabe ist von den Genen her zu bewältigen, da alle Beteiligten, so verschieden sie sind, eines gemeinsam haben: die Proteine. Folglich ist die Kette der Signale, die aus ihnen besteht, genetisch zerlegbar; inzwischen ist sie längst zerlegt worden, und zwar in alle Einzelteile. Natürlich sind alle Glieder einer Kette gleichwertig, und es ist immer gefährlich, einer Stelle allein allzu viel Aufmerksamkeit zu widmen. Doch im Verlauf unserer Darstellung wird das für den Signalempfang zuständige Kettenglied, das in der Forschung als Rezeptor bezeichnet wird, häufiger als die anderen genannt – es ist auch am besten charakterisiert –, weshalb wir ihm Extraraum gewähren.

Das Grundschema einer Signalkette

Außen sichtbar:

Lichtreiz ⇨ *Reaktion*

Von außen nach innen und wieder nach außen:

Lichtreiz

⇨ Rezeptor ⇨ Transducer/Integrator ⇨ Oszillator ⇨
Schalter ⇨ Rotor ⇨

Reaktion

Die Kette der Signale, mit der sich in groben Zügen darstellen lässt, wie in dem Salz liebenden Bakterium namens *Halobacterium halobium* ein eingehender Reiz in eine Reaktion umgewandelt wird. Das Licht wird erst von einem Rezeptor aufgenommen, der auf ein weiteres Protein einwirkt, das meist als Überträger (Transducer) bezeichnet wird. Es steht mit einem anderen Protein in Verbindung, das für oszillierende Suchbewegungen des Bakteriums verantwortlich ist, die dem Geißelrotor durch einen dazwischen liegenden Schalter vermittelt werden. Eine solche Beschreibung ist keineswegs vollständig. Sie zeigt – eher im Gegenteil – die vielen Lücken auf, die sich selbst bei der Beschreibung einer so einfachen Reaktionsfähigkeit des Lebens noch auftun. Wichtig an der Darstellung ist das Prinzip, dass solche Signalketten durch die genetische Analyse gesucht und gefunden werden können, weil alle ihre Komponenten aus Proteinen bestehen. Das heißt, was hier als Wahrnehmung beschrieben wird, spielt sich auf einer einzigen Ebene ab, der Ebene der Moleküle.

Rezeptor

Der Gedanke, dass ein Körper Rezeptoren benötigt, um etwa die Wirkung von Hormonen zu ermöglichen oder sein Nervensystem in Schwung zu halten, ist bereits Anfang des 20. Jahrhunderts aufgekommen. Heute lässt sich kaum noch eine biochemische Aktivität von Organismen beschreiben, ohne dass Rezeptoren erwähnt werden. So hat das Insulin (als chemisches Signal) seinen Rezeptor im Blut, das Licht (als physikalisches Signal) seinen Rezeptor im Auge, und Zellen der Körperabwehr namens Immunsystem verfügen über Rezeptoren für die zu ortenden Fremdkörper. Sie tragen sie auf ihrer Oberfläche, und allgemein gilt, dass Rezeptoren außen auf einer Zelle zu finden sind. Sie stecken in ihrer Hülle (ihrer Membran) und reichen bis nach innen hinein.

Ein Rezeptor schaut sich außen in der Umgebung einer Zelle so um, wie es jemand tut, der sich aus einem Fenster lehnt. Trifft ein Signal ein, ändert der Rezeptor seine Anordnung so, dass die Nachricht innen ankommt. Chemische Signale binden an den Rezeptor an, physikalische Signale versorgen ihn mit Energie. Wenn man das im Bild des sich aus dem Fenster lehnenden Hausbewohners ausdrücken will, kann man sagen, dass er von außen etwas zugerufen bekommt und nun aufgeregt zappelt, was von anderen im Zimmer beobachtet wird und sie tätig werden lässt. Das Signal ist innen angekommen, und die Zellantwort kann vorbereitet werden. Die molekulare Maschinerie, die dem Leben dafür zur Verfügung steht, beeindruckt sowohl durch ihre Präzision als auch durch ihre Effizienz. Sie ist nach wie vor das Feld intensiver Forschung, die noch viele Details ans Licht befördern wird, ohne das Grundprinzip der Wirkungskette zu erschüttern, das vom Signal über Empfänger (Rezeptor), Überträger und Vermittler zur Antwort der Zelle führt.

Der historische Zusammenhang

Als die damals noch junge Wissenschaft der Molekularbiologie in den 1960er Jahren ihre wundervollen und nachhaltigen Triumphe feierte, übersah sie gerne, dass sie sich vor allem mit Bakterien und

Viren beschäftigte und noch weit von komplexeren Lebensformen entfernt war. Von der Wahrnehmung einiger Bakterien bis zur Einsichtsfähigkeit von Menschen musste noch ein riesengroßer Schritt getan werden, aber immerhin war ein Anfang gemacht, und es lag ein Konzept vor, mit dem man weiter fragen konnte – was dann auch getan worden ist.

In diesem ersten Kapitel wurde die Grundidee eingeführt, die zur Beschreibung des Lebens gehört, wobei die Frage bislang nur am Rand angesprochen wurde, ob die Schichtenstruktur der realen Welt nur in unserem Verstand vorhanden ist oder ob es sie tatsächlich da draußen gibt. Wer sich systematisch mit dieser Frage befasst, begibt sich auf ein philosophisches Glatteis, das bislang noch niemand betreten hat, ohne in wenigstens einer Ecke über ein Hindernis zu stolpern und sich dabei eine blutige Nase zu holen.

Es wird auf keinen Fall der Anspruch erhoben, sämtliche Raffinessen des spekulativen Denkens erkundet zu haben und tiefe Rätsel über die Natur sowohl der Wirklichkeit als auch der Erkenntnis zu lösen. Hier geht es nur darum, wissenschaftlich erworbenes Wissen zu vermitteln, und der Gedanke der Komplementarität legt es nahe, auch das Prinzip des doppelten Hinsehens einzuhalten. Unter dieser Vorgabe suchen wir nach einem Zugang, in dem sich philosophische und empirische oder literarische und analytische Bemühungen treffen. Konzentrieren wir uns zunächst auf die erste Möglichkeit, die auf der Schulter eines Riesen ausgeführt werden kann, nämlich auf ein Werk, das wir dem Philosophen Nicolai Hartmann (1882–1950) verdanken. Auf ihn gehen – wie erwähnt – die hier angeführten und verfeinerten Schichten des realen Seins zurück, mit denen er kurz und bündig formulieren kann: »Der Aufbau der realen Welt ist ein Schichtenbau.«

Der von Hartmann 1940 geschriebene Satz fand einen interessierten Leser in Königsberg, der sich mehr als eine Generation später (1973) Gedanken über die Frage machte, ob es eine Naturgeschichte des menschlichen Erkennens gibt. Sie konnte am besten beantwortet werden, wenn man von Hartmanns Schichten ausging, die vor allem im biologischen Kontext Sinn machten:

»Der überzeugendste Beweis für ihre ontologische Richtigkeit ist in meinen Augen, dass sie, ohne auf die Tatsachen der Evolution im geringsten Rücksicht zu nehmen, dennoch genau mit ihnen übereinstimmen, ähnlich wie jede gute Anatomie es tut, selbst wenn sie vor den Erkenntnissen Darwins entwickelt worden ist. Die Schichtenfolge der großen Hartmannschen Seinskategorien stimmt schlicht und einfach mit der Reihenfolge ihrer erdgeschichtlichen Entstehung überein. Anorganisches war auf Erden sehr lange vor dem Organischen vorhanden, und im Verlauf der Stammesgeschichte tauchten erst spät Zentralnervensysteme auf, denen man ein subjektives Erleben, eine ›Seele‹ zuschreiben möchte. Das Geistige schließlich ist erst in der allerjüngsten Phase der Schöpfung auf den Plan getreten.«

Es ist Konrad Lorenz, der so seinen Weg auf der *Rückseite des Spiegels* beginnt und uns – nach einem kurzen Hinweis auf eine wissenschaftlich mögliche Erkundung der Seele – Gelegenheit gibt, das Kapitel abzuschließen, indem wir eine kurze Geschichte des Lebens erzählen, die sich an den Schichten orientiert, die von der Wissenschaft, wie beschrieben, freigelegt worden sind.

Wenn die Seele mit dem Körper spricht

Wenn bis vor kurzem ein Vortrag angekündigt wurde, in dem von der Seele die Rede sein sollte, konnte man mit guten Gewinnchancen wetten, dass es nicht um ein naturwissenschaftliches Thema ging. Allerdings scheinen sich die Zeiten zu ändern, da sich die uralte Idee, die mit dem vertrauten Wort ausgedrückt wird, hartnäckig hält und wohl zum festen Bestand des menschlichen Denkens zu rechnen ist – in allen Kulturen. Selbst dort, wo mit an Sicherheit grenzender Wahrscheinlichkeit niemand erwartet, dass eine Seele im Blickfeld erscheint – bei der Erforschung der Gene und ihrer Steuerung –, hat sich diese Vorstellung längst eingeschlichen, wie Beobachter der Molekularbiologie betonen. Sie weisen etwa darauf hin, dass wir heute den Genen zuweisen, was wir früher von der Seele erwarteten. Während unsere Vorfahren die Schlechtigkeit (oder Gutartigkeit) eines Menschen mit seiner bösen (oder guten) Seele erklärten, greifen wir heute auf seine schlechten (oder exzellenten) Gene zurück. In ihrem Buch über die besondere Bedeutung des Gens als Ikone der Moderne (1995) schreiben die beiden amerikanischen Soziologinnen Dorothy Nelkin und Susan Lindee wörtlich:

»So wie die christliche Seele ein archetypisches Konzept darstellt, mit dessen Hilfe wir eine Person und die Kontinuität ihres Ichs verstehen, so erscheinen die Gene als seelenartige Einheiten, als heilige und unsterbliche Reliquien, als ein Bereich, den man nicht berühren darf.« Und weiter: »Gene haben die soziale und kulturelle Funktion der Seele übernommen. In den Darstellungen des biologischen Determinismus sind sie die wesentliche Einheit, der Ort des wahren Selbst.« Unabhängig davon gibt es auch eine empirisch und quantitativ verfahrende Erforschung der Seele, die Psyche heißt. An dieser Stelle möchten wir auf den Aspekt des Psychischen wenigstes hinweisen. Er zwingt die Wissenschaft mehr und mehr dazu, interdisziplinär zu agieren und neue Fachbereiche entstehen zu lassen, deren zusammengesetzte Namen nicht unbedingt poetisch klingen. Gemeint ist zum Beispiel die Wissenschaft der Psychoneuroimmunoendokrinologie, in der die Neurowissenschaften Kontakt mit den Biologen aufnehmen, die das Abwehrsystem des Körpers (das Immunsystem) und unseren Hormonhaushalt erkunden, also Endokrinologie treiben.

Technische Fortschritte der letzten Jahrzehnte haben deutlich gemacht, dass sich zum Verständnis des Körpers (seines Lebens) nicht ohne weiteres trennen lässt, was die Forscher untereinander aufgeteilt haben – nämlich das Nerven- und das Immunsystem. Experimente haben mit molekularer Genauigkeit gezeigt, was den Menschen schon immer bekannt war, dass sich nämlich starke psychische Belastungen so auswirken, dass sie das Immunsystem schwächen und uns auf diese Weise anfälliger für Erkrankungen machen. Im Volksmund heißt das: »Wenn die Seele Schaden nimmt, leidet auch der Körper.« Oder anders ausgedrückt und positiv gewendet: Die Seele kann mit dem Körper sprechen, und der eigentliche Fortschritt besteht darin, dass man anfängt, die Sprache zu verstehen, die dabei gesprochen wird. Es ist die Sprache der Hormone.

Für die und von der Wissenschaft wurden diese Zusammenhänge entdeckt, als Ärzte erkunden wollten, wie sich Trauer bemerkbar macht und sich physiologisch bzw. biochemisch niederschlägt. Die Gelegenheit dazu bot das Angebot der Vorsorge bei Brustkrebs, das natürlich viele Fälle aufdeckt, in denen Frauen betroffen sind, die eventuell sogar sterben. Natürlich richtete sich das Hauptaugenmerk auf die Krankheit der Frauen (und ihre Heilung), aber auf einer Nebenspur verfolgten einige Mediziner die Ehemänner bzw. die Robustheit ihrer Körperabwehr, also des Immunsystems. Das Ergebnis war eindeutig. Während Männer, deren Frauen gesund waren, immer das gleiche Spektrum an Abwehrstoffen zeigten, nahmen die »Waffen« des Immunsystems ab, wenn bei den Frauen Krebs diagnostiziert wurde. Unser Immunsystem wird eindeutig geschwächt, wenn wir seelischen Belastungen ausgesetzt sind. Es funktioniert aber auch umgekehrt, indem unsere Anfälligkeit sinkt, wenn es gute Gründe dafür gibt – etwa dann, wenn wir einen Preis gewinnen.

Die nächste Frage lautet nun, ob man die Stelle – die Schnittstelle – finden kann, an der sich Körper (Soma) und Psyche (Seele) treffen und miteinander kommunizieren. Die Frage kann mit Ja beantwortet werden, und als Ort des Treffens konnten so genannte Rezeptoren ermittelt werden, die ihrem Aufbau nach Proteine sind. Ihre Zusammensetzung ermöglicht es ihnen, zum einen fest in den Hüllen (Membranen) zu sitzen, die Zellen umgeben und ihnen Gestalt geben, und zum andern Hormone fest und genau (spezifisch) an sich zu binden. Wenn dies geschieht, ändert sich die Form eines Rezeptors gerade so, dass eine Zelle *innen* erfährt, was *außen* passiert ist, dass nämlich ein Hormon angekommen ist und etwas bewirken will. (In Abb. 10 wurde gezeigt, wie sich Proteine ändern, wenn sie das für sie passende Molekül binden.) Zellen des Immunsystems verfügen zum Beispiel über Rezeptoren für den im Nervensystem agierenden Botenstoff (»Neurotransmitter«) mit Namen Noradrenalin, dessen Namensvetter Adrenalin in der populären Presse weit verbreitet ist. Da ist immer vom Adrenalinspiegel die Rede, der steigt, etwa wenn ein Autorennen beginnt oder man in einer Quizshow an die Reihe kommt. Das Noradrenalin selbst stammt aus dem Gehirn, das auf diese Weise direkt auf den Körper Einfluss nimmt. Die Richtung der Einflussnahme kann auch umgekehrt verlaufen, und man kennt Zellen des Immunsystems, die Botenstoffe abgeben, die im Gehirn wirksam werden und zum Beispiel zur Lethargie führen oder das Schlafverhalten beeinflussen (was ja der Gesundheit dienen kann).

Die Mitglieder einer chemisch auffälligen Klasse von Botenstoffen sind wie Proteine gebaut. Sie heißen Neuropeptide und sind sowohl im Magen-Darm-Trakt als auch im Zentralen Nervensystem vorhanden und haben entsprechende Rezeptoren. Mit den Neuropeptiden zusammen bilden sie eine Art psychosomatisches Netzwerk, das an der Kommunikation zwischen Körper und Seele beteiligt ist. Das Netzwerk könnte darüber hinaus das biochemische Substrat der Emotion repräsentieren und auf diese Weise erklären, wie Emotionen zur Gesundheit beitragen. Auf jeden Fall kann man dem Dichter Gernhardt jetzt erklären, wo er nachsehen kann, wenn er wirklich wissen will, wie sein Körper weiß, was er im Schilde führt. Seine Rezeptoren fangen die Boten ab.

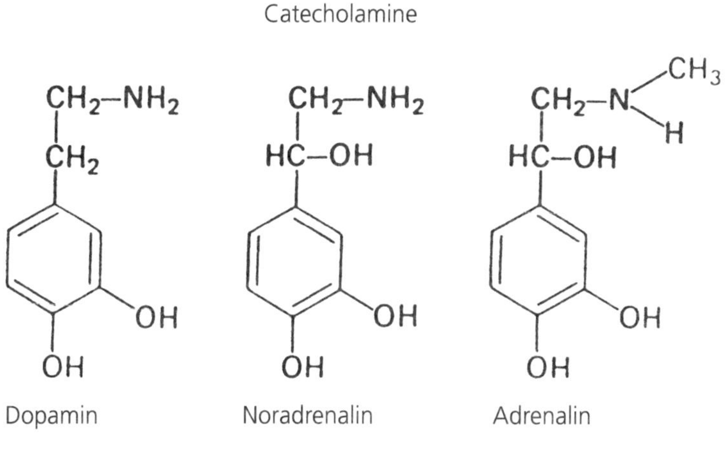

Abb. 16 Drei Moleküle, die aus dem Körper stammen und über die Nerven unseren Geist anregen – die drei ähnlich gebauten Neurotransmitter Dopamin, Noradrenalin und Adrenalin. Kurz nachdem Kopernikus und Vesalius die ersten Texte der modernen Wissenschaft geschrieben hatten, kam unter den Ärzten dieser Zeit der Ausdruck »Psychopharmaka« auf. Darunter verstand und versteht man eine »Medizin für de Seele«. Heute kennt die moderne Wissenschaft eine Fülle von solchen Psychopharmaka, deren Wirkungsort im Nervensystem (die so genannte Synapse) wir noch kennen lernen werden. Psychopharmaka kennt man als Antidepressiva oder Beruhigungsmittel (Tranquilizer), und die meisten von ihnen greifen dort ins Nervensystem ein, wo die Neurotransmitter Dopamin oder Noradrenalin heißen.

Am Anfang war bekanntlich der Wasserstoff, und wir überlassen es dem Kosmos und seinen Sternen, erst schwerere Elemente und dann kleinere Moleküle wie Wasser, Methan, Ammoniak und Phosphate zu erzeugen. Aus ihnen entstehen etwas größere Atomverbände, wie wir sie als Aminosäuren kennen, und diese stabilen Konfigurationen bilden lange Ketten, um die ersten Makromoleküle zu produzieren. Mit ihnen entsteht eine neue Welt, in der es nicht nur atomare Energie und chemische Reaktionen, sondern auch katalytische Qualitäten und Informationsübertragungen gibt. Sie wirken am besten in geschlossenen Gebilden, die ebenfalls mit Makromolekülen möglich werden und zum ersten Mal die Schicht erkennen lassen, auf der heute die Zellen zu finden sind. Mit ihnen trennt sich innen und außen – ausschließlich materiell gemeint –, was langfristig Zellen leben und komplexere Gebilde entstehen lässt. Mit ihnen tritt erneut etwas Neues in die Welt, unter anderem der Tod, der nicht dabei war, als das Leben selbst entstanden ist. Die Zellen bzw. die Zellbildungen treffen immer wieder auf Mangelsituationen und meistern sie durch Kooperation, wie bis heute beobachtet werden kann. Dabei entstehen Strukturen, die sich ein möglichst stabiles inneres Milieu geben und in diesem Kontext Spezialisierungen probieren können.

Ab jetzt ändert sich unsere Erzählperspektive: Der passive Zuschauer wird nun zum Akteur der Geschichte. Wie kommt die Welt in den Kopf, der von ihr erzählt?

Die Welt auf dem Weg in den Kopf

Der Weg der Welt in den Kopf verläuft wie der frühe Weg der Wissenschaft in den Körper, nämlich von außen nach innen. Wir wollen ihm auf den folgenden Seiten folgen, um zu sehen, wie die Welt, in der wir sind und uns bewegen, zu der Welt wird, die in uns wird und uns von dort bewegt. Wir wollen schildern, wie aus physikalischen Signalen – etwa dem Licht – mithilfe von biochemischen Zwischenstufen – auf der Netzhaut im Auge – das psychische Erleben – das Sehen – eines Menschen werden kann, das nicht nur innen liegt, sondern ein anderes und eigenes Innen ergibt, das wir als Bewusstsein kennen. Was uns vor Augen liegt, steckt tatsächlich im Kopf, wobei der Körper hilft, dieses Ziel zu erreichen. Die Wissenschaft versucht nachzuvollziehen, was dabei passiert, und sie nimmt zu diesem Zweck die Ebenen des Lebens in Anspruch, die sie ausgemacht hat und die uns inzwischen bekannt sind. Das von außen kommende Signal wird meist von Molekülen eingefangen, die in der Folge Zellen und Zellverbände aktivieren, was sich auf Organe auswirkt, die schließlich dem Organismus die Kenntnisse verschaffen, die er benötigt, um sich in der Welt zurechtzufinden, aus der die Lichtstrahlen – oder die Signale allgemein – gekommen sind.

Expertenwissen

Die westliche Wissenschaft, die ihrem traditionellen Verständnis nach streng methodisch vorgeht, bietet eine Ansammlung von Fachwissen, aus dem die Experten schöpfen können. Experten kennen sich höchst genau in einer – d. h. ihrer – Schicht aus. Bei Gewebe etwa kennen sich Histologen aus (griechisch *histos* bedeutet Gewebe). Für die Zellforschung sind die Zellbiologen zuständig, und über deren Makromoleküle können Molekularbiologen, Enzymologen, Proteinbiochemiker und andere Spezialisten die besten Auskünfte geben, während die verbleibenden kleineren Atomgruppierungen – Zucker und Fette etwa – von den Biochemikern erforscht werden. Die ständige Verfeinerung des Wissens bringt es dabei mit sich, dass es Molekularbiologen gibt, die jedes winzige Detail des von ihnen betrachteten Gens kennen, ohne mehr über das Gewebe zu wissen, in dem sich die Zellen befinden, deren Genom sie analysieren. Eher noch weniger kümmert sie, was dieses Gewebe zu den Organismen und ihren Eigenschaften beiträgt, die zu erkunden am Anfang der wissenschaftlichen Reise stand, die heute stets bei den Molekülen endet.

Die oben angeführten Wissenschaftszweige stellen nur einen winzigen Ausschnitt aus all den vielen Spezialisierungen dar, mit denen die Wissenschaft aufwarten kann und die offenbar zum Verständnis des Lebens nötig sind. Allein zur Chemie gehören so viele Fächer – etwa Fotochemie, Festkörperchemie, Radiochemie,

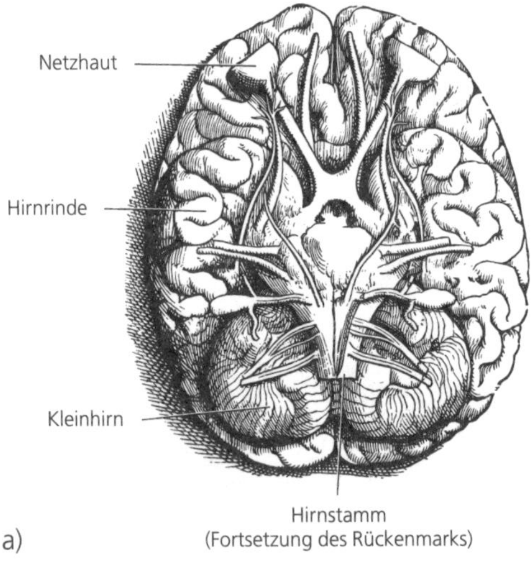

Abb. 17 (a) Das menschliche Gehirn von unten und das periphere Nervengeflecht (b) in der Darstellung von Vesalius.

Neurochemie, Immunchemie –, dass es völlig ausgeschlossen ist, sämtliche methodisch und systematisch erfassten Details unter den einen Hut zu bringen, den wir uns als Kenner der Wissenschaft aufsetzen wollen.

Dennoch müssen wir es versuchen, wenn wir die biologisch sich vollziehende Bildung des Menschen verstehen wollen, die ihren Ausgangspunkt zweifellos bei den Genen findet – also mit inneren Mechanismen operiert und durch Mutationen zugänglich ist –, die aber ebenso sicher auch auf Signale (Informationen) von außen eingeht und reagiert. Wo und wie kreuzen sich die beiden

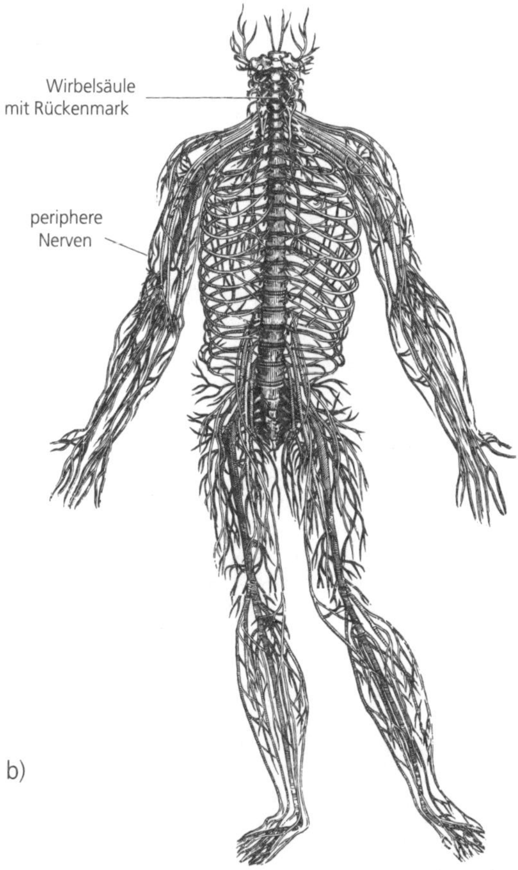

b)

Richtungen? Wie gelangen Signale in einen Körper? Welche Auswirkungen haben sie dort?

Das wollen wir wissen, und das bedeutet, dass wir zum Beispiel den Weg verfolgen, den das Licht zurücklegt, um über die Augen in den Kopf zu gelangen und dort zum bewusst erkannten Bild zu werden, und dass wir uns weiter auf die Spuren der Schallwellen begeben, wenn sie die Ohrmuschel erreichen und dort die Mechanismen in Gang setzen, die zum Hörerlebnis führen. Das heißt, es geht im Folgenden um den Weg der Welt in den Kopf.

Doch bevor wir mit den entsprechenden Signalen aufbrechen, ist nicht nur eine Vorstellung des Zielorgans, in das wir eindringen wollen, erforderlich, sondern wir müssen auch die Schichten des Organs erkunden, mit denen wir es anschließend im zellulären und molekularen Detail zu tun haben. Es geht um das Nervengewebe oder -geflecht des Menschen, das bereits 1543 von Vesalius in zwei Bereiche eingeteilt worden ist – das Zentralnervensystem im Kopf und die peripheren Nerven, die sich bis in die Extremitäten erstrecken. Das Nervensystem nimmt Informationen durch die Sinne auf (sensorischer Input) und reagiert mit Anweisungen an die Muskulatur (motorischer Output). Wir nutzen das Wahrgenommene, um zwischen den vielen Handlungsoptionen zu wählen, die uns von Natur aus zur Verfügung stehen.

Einzelheiten unter der Schädeldecke

Wie jeder Körperteil besteht auch das Gehirn aus Zellen, aber so einfach und übersichtlich dieser Satz etwa bei der Beschreibung der Leber oder der Haut auf dieser Ebene benutzt werden kann, so differenziert geht es unter der Schädeldecke zu. Dort gibt es sehr viele Nervenzellen, auch Neuronen genannt, was genauer heißt, dass man in einem Kubikmillimeter – also in einem Gebiet von der Größe eines Stecknadelkopfes – im Durchschnitt zwischen zwanzig- und hunderttausend solcher Zellen findet.[1] Sie liegen aber zumeist nicht als rundliche Gebilde vor, die brav aufgereiht

a)

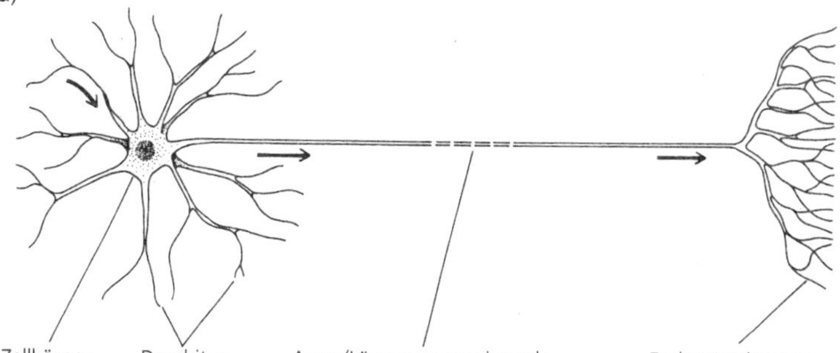

Abb. 18 a + b + c +d Nervenzellen und ihre Dynamik:
(a) Ein typisches Neuron aus dem Nervensystem eines Menschen lässt sich in einen Zellkörper (Soma) einteilen, der etwas Buschwerk – die Dendriten – um sich bildet. Aus dem Zellkörper tritt ein Hauptstrang aus, der Axon heißt und meterlang werden kann. Er verzweigt sich am Ende, und diese Verästelungen nehmen Kontakt mit anderen Neuronen auf, und zwar über so genannte Synapsen. Der Pfeil deutet die Richtung an, in der in einer Nervenzelle die Aktivität strömt und damit die Information fließt.
(b) Im Laufe der Wissenschaftsgeschichte haben die Anatomen des Nervensystems – die Neuroanatomen – einen großen Formenreichtum bei den Zellen zutage gefördert. Vor allem der Spanier S. Ramón y Cajal hat zu Beginn des 20. Jahrhunderts erstaunlich verzweigte Gebilde entdeckt, die wir hier ohne Details vorführen.
(c) Eine auffällige Zelle hat Ramón y Cajal Pyramidenzelle genannt, und für diese Form hat er 1909 sogar darstellen können, wie sie im Laufe der Stammesgeschichte entstanden ist. Wir sehen die Pyramidenzelle A bei einem Frosch, B bei einer Mauereidechse, C bei einer Ratte und D beim Menschen. Um den freien Platz unten links auf seiner Zeichnung zu nutzen, hat Ramón y Cajal noch gezeigt – von rechts a bis links e –, wie das embryonale Wachstum einer solchen Zelle aussieht. Man erkennt, wie das Ausstrecken und das Verzweigen koordiniert vonstatten gehen.
(d) Die Pyramidenzellen können heute genauer aufgelöst werden. Dabei treten mehr Details wie die so genannten Spines zutage, was man mit Stachel oder Gräte übersetzen könnte. Durch diese winzigen Ausstülpungen können Neuronen noch mehr Kontakte mit anderen Nervenzellen herstellen, und wie sich in neueren Experimenten gezeigt hat, steckt hier die materielle Basis ihrer Dynamik. Es sind tatsächlich sinnliche Erfahrungen, die zur Bildung oder zur Eliminierung von Spines führen – und wer weiß, wenn die Stachel lang genug halten, könnten sie sogar erklären, wie wir unser Gedächtnis anlegen.

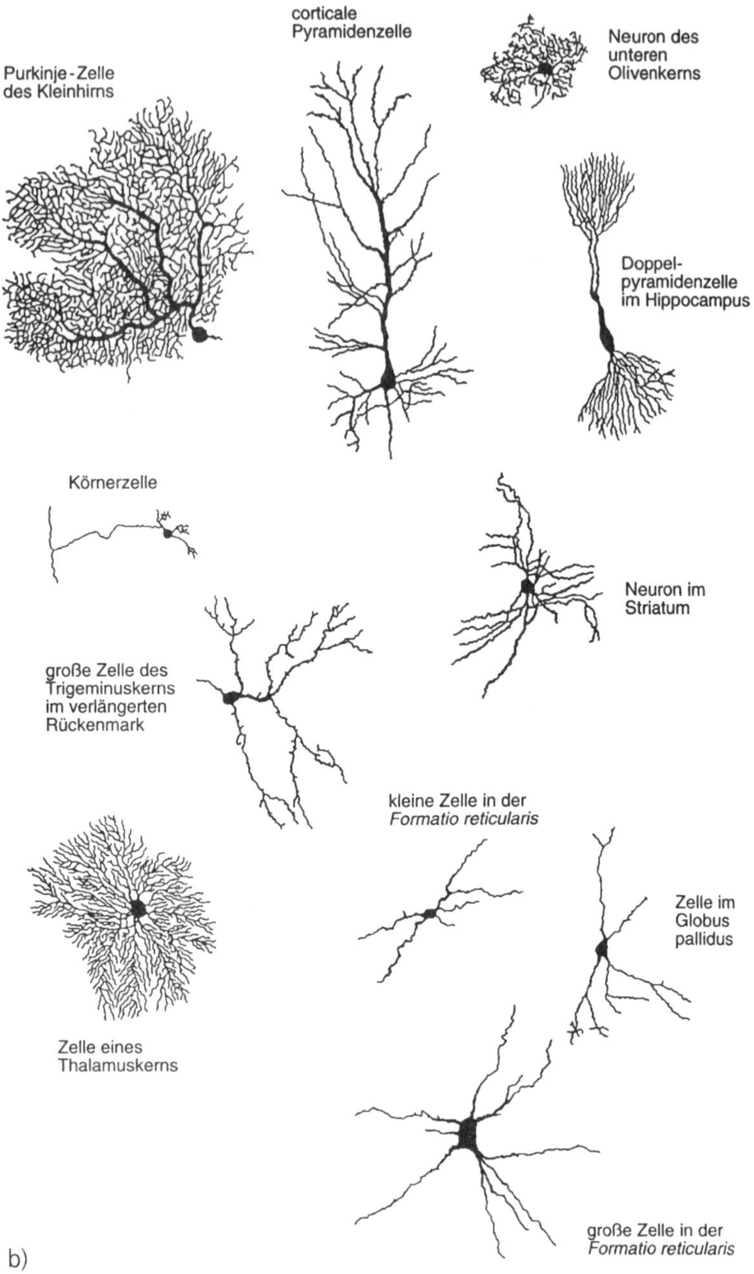
corticale Pyramidenzelle
Neuron des unteren Olivenkerns
Purkinje-Zelle des Kleinhirns
Doppel-pyramidenzelle im Hippocampus
Körnerzelle
Neuron im Striatum
große Zelle des Trigeminuskerns im verlängerten Rückenmark
kleine Zelle in der *Formatio reticularis*
Zelle im Globus pallidus
Zelle eines Thalamuskerns
große Zelle in der *Formatio reticularis*
b)

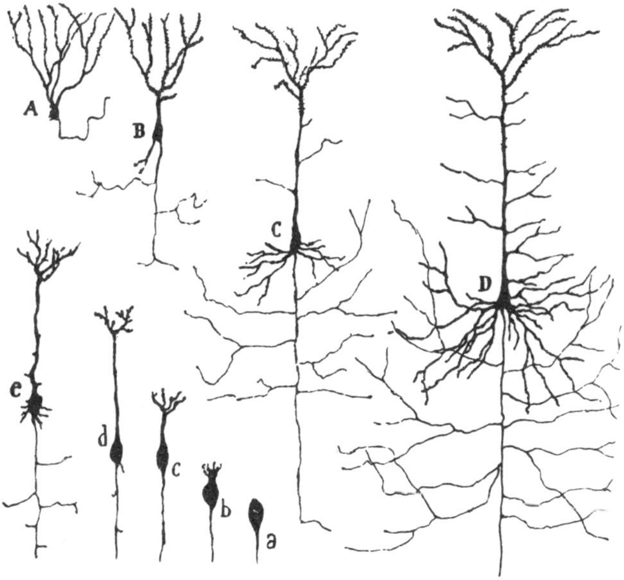

c)

d)

werden und ein gewöhnliches Gewebe ergeben, wie es etwa ein Muskel ist. Die Nervenzellen unseres Denkorgans weisen einen wunderbaren Formenreichtum auf (vgl. Abb. 18) und zeigen dabei die Neugierde und Kontaktfreude, die wir natürlich nur ihrem Träger zugestehen können. Sie bleiben nicht gern allein, vielmehr strecken sich Neuronen in die Länge und durchqueren ein dichtes Gedränge aus ihresgleichen, um schließlich irgendwo in der zellulären Welt des Kopfes zahlreiche Anknüpfungen einzugehen, wobei »zahlreich« bedeutet, dass an die 100 000 Neuronen des oben erwähnten Kubikmillimeters fast eine Milliarde Kontakte zustande bringen. Genauer müsste man sagen, dass die Nervenzellen Milliarden Verbindungen »eingehen« oder »aufnehmen«, denn es wird nichts geknüpft und geknotet. Die entscheidenden Berührungen zwischen Nervenzellen kommen nämlich nicht mechanisch und nur äußerst behutsam zustande, und es wird stets eine kleine Distanz bewahrt. An der entscheidenden Stelle bleibt tatsächlich ein winziger Spalt zwischen den beiden Zellen frei, der aber nicht leer ist, sondern mit einer molekularen Wundertüte vergleichbar ist, die über eine zauberhafte Dynamik verfügt (vgl. Abb. 19).

Die Stellen, an denen Nervenzellen Fühlung miteinander aufnehmen und Verschaltungen bilden und mit deren Hilfe sie miteinander kommunizieren, heißen Synapsen. Schon sehr bald finden sich im Kopf sehr viel mehr Synapsen als Zellen – ein Zeichen dafür, dass es vor allem auf die Kontaktstellen ankommt. Die Nervenzellen wirken mehr wie die materielle Verbindung zwischen Synapsen und weniger als eigenständige Einheit. Der Gedanke ist nicht von der Hand zu weisen, dass es weniger die Neuronen sind, die als Einheit des Denkorgans infrage kommen – so wie Haarzellen als Einheit für die natürliche Kopftracht dienen –, sondern dass es vielmehr die Synapsen sind, die derjenige, dem mehr daran liegt zu erfassen, was sich *in* statt *auf* einem Kopf abspielt, als Grundbaustein betrachten sollte. Die Synapsen sind so etwas wie die dynamische Einheit eines Organs, das alles Mögliche ist, nur nicht steif und statisch, und es lohnt sich sicher, vorsichtig vorzugehen, wenn wir uns ihnen nähern und wir versuchen, einem Signal zu folgen, das über eine solche Kontaktstelle laufen will.

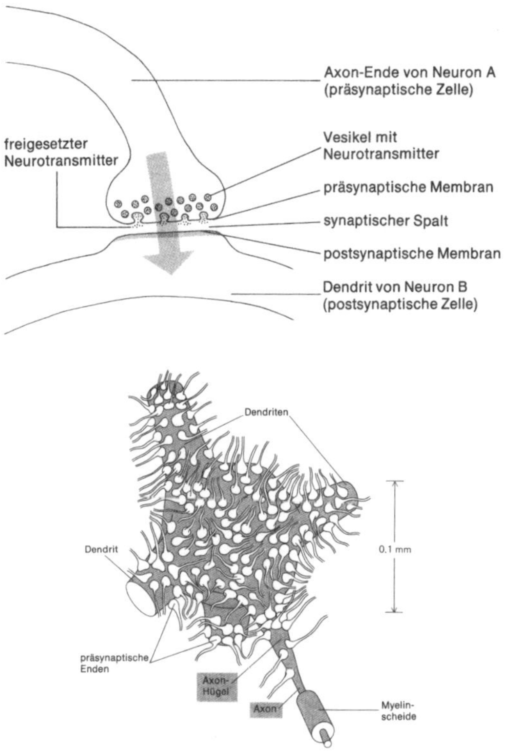

Abb. 19 a + b Eine Synapse und viele Synapsen
(a) Nervenzellen nehmen Kontakt über eine Synapse auf. Kurz bevor der Ausläufer eines Neurons – sein Axon – ein zweites berührt, stoppt er ab und verdickt sich. An diesem Ende sammeln sich in seinem Inneren winzige Kügelchen (Vesikel) voller Stoffe, die nach dem Eintreffen eines Signals ausgeschüttet werden, den Spalt zwischen den Neuronen schwimmend überwinden und dort für die Weitergabe des Nervensignals sorgen. Es ist leicht einzusehen, warum Wissenschaftler diese Stoffe Neurotransmitter nennen. Es ist aber schwer zu verstehen, warum die Natur diese Konstruktion mit Spalt hervorgebracht hat. Sicher ist nur, dass sie hervorragend funktioniert.
(b) Einige Neuronen tragen sehr viele Synapsen – eindrucksvoll zeigt sich die Dichte der Kontaktstellen bei Nervenzellen im Rückenmark, die für die Benachrichtigung der Muskeln zuständig sind (man spricht von Motorneuronen). In der Wirklichkeit des Körpers muss man sich das Gewimmel übrigens noch dichter vorstellen, denn die Freiräume zwischen den gezeigten Synapsen werden von anderen Zellen besetzt, die Gliazellen heißen und die für sich die Neurobiologie erst allmählich so richtig interessiert.

Synapse

Wenn man sagt, dass Nervenzellen aktiv sind, dann meint man, dass es Bewegungen von elektrisch geladenen Atomen (Ionen) in ihnen gibt, die sie weiterleiten. Damit ein solcher Nervenstrom, der immer in eine Richtung fließt, das ganze Nervensystem durcheilen kann, muss er von dem erregten Neuron auf ein anderes übertragen werden. Diese Überleitung oder Überführung geschieht an den besonderen, höchst raffiniert ausgestatteten Kontaktstellen, die als Synapsen bezeichnet werden. An ihnen können Wissenschaftler viele Mechanismen erkunden, die sich im Gehirn abspielen und von der Wirkungsweise vieler Psychopharmaka bis zum Gedächtnis eines Menschen reichen.

Der Ausdruck »Synapse« weist zwar auf ein Zusammenwirken – auf Synergien – hin, erfasst aber vor allem einen Spalt – den synaptischen

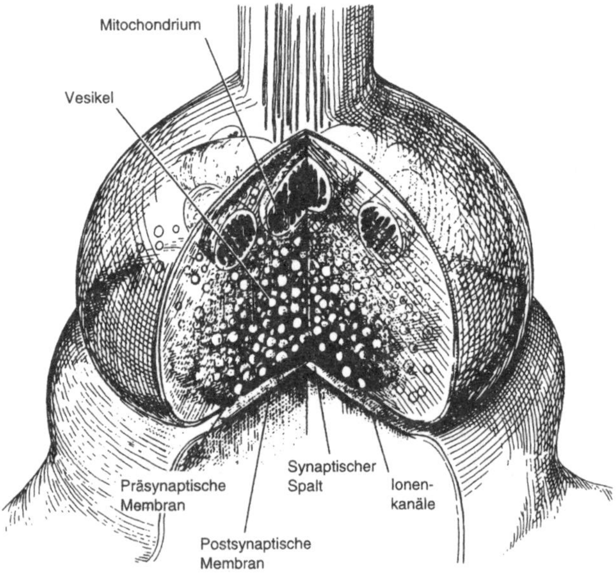

Abb. 20 Darstellung einer Synapse mit dem kleinen synaptischen Spalt.

Spalt – zwischen Neuronen, die also der Struktur nach säuberlich getrennt, aber der Funktion nach raffiniert verwoben sind. Durch die Richtung des Nervenimpulses lässt sich unterscheiden, welche Seite des Spaltes vorher (»prä«) und welche nachher (»post«) erreicht wird, und mit diesen beiden Vorsilben kann man sagen, dass Neuronen auf der präsynaptischen Seite chemische Stoffe freisetzen, die aufgrund ihrer Aufgabe, Nervensignale zwischen Neuronen zu übertragen, *Neurotransmitter* heißen. Sie durchqueren anschließend den Spalt und lassen sich zuletzt auf der postsynaptischen Seite von Proteinen einfangen, die als ihre Rezeptoren dienen und auf die Ankunft der Neurotransmitter reagieren. Dabei bestehen zwei Möglichkeiten. Im einsichtigsten Fall sorgt die Bindung des Neurotransmitters dafür, dass jetzt hinter der Synapse die elektrische Erregung erneut beginnt und der Nervenimpuls damit weitergeleitet wird. Es gibt aber auch Neurotransmitter, die das Gegenteil bewirken und zu einer Hemmung (Inhibition) führen.

Individuelle Neuronen tragen eine Riesenmenge von Synapsen. Sie bekommen dadurch eine Fülle von erregenden und/oder hemmenden Signalen, die sie zusammenfassen (integrieren) müssen, um geeignet zu reagieren, also entweder stumm zu bleiben oder ein elektrisches Signal weiter zu geben. Diese Leistung der Integration kann die Wissenschaft derzeit nur bestaunen. Sie ist froh, einzelne Neurotransmitter und ihre Rezeptoren zu kennen (siehe Tabelle).

An einer erregenden Synapse wird ein physikalisches Signal – der einlaufende Stromfluss – erst in ein chemisches Signal – die wandernden Neurotransmitter – und dann erneut in ein physikalisches Signal – die weiterlaufende elektrische Erregung – verwandelt. Die Nervenimpulse werden durch ihre Häufigkeit (Frequenz) bestimmt, was die Dimension der Zeit ins Spiel bringt. Der Neurotransmitter wirkt durch seine Konzentration am richtigen Ort, was die Dimension des Raums mit einbezieht. Wer Sinn für das Musische bzw. Poetische hat, kann an dieser Stelle hinzufügen, dass an der Synapse passiert, was Richard Wagner in seinem *Parzifal* verkünden lässt, wenn es heißt: »Hier wird die Zeit zum Raum.« Gemeint ist, dass die zeitliche Variation des elektrischen Stroms in den Zellen in eine räumliche Variation der Konzentration von Überträgerstoffen im synaptischen Spalt wird. Natürlich wird anschließend wieder der Raum zur Zeit, was uns in die Wirklichkeit zurückbringt.

Einige Neurotransmitter,
die eine wichtige Rolle im menschlichen Nervensystem spielen.

Chemischer Name	Wirkung
Acetylcholin	erregend
Noradrenalin	erregend oder hemmend
Dopamin	meist erregend
Serotonin	meist hemmend
GABA	hemmend
Glutamat	erregend

Die Nervenzellen gehören wahrscheinlich zu den kompliziertesten Hervorbringungen der Natur auf dieser Ebene. Sie müssen hochgradig geschützt werden, um so zu funktionieren, wie es das Leben braucht. Tatsächlich sind die meisten von ihnen in eine Hülle eingepackt, die aus Proteinen namens Myelin besteht. Diese können sich zu einer schützenden Schicht zusammenlegen und die Nerven umschließen.

Nerven und Systeme

Natürlich liegt in der Wirklichkeit des Nervensystems trotz aller zellulären Aktivität nichts blank. Nervenzellen (Neuronen) lagern sich vierfach in einer Art Kabel zu einem Nervenstrang zusammen, der meistens nur kurz »Nerv« genannt wird; und Neuronen und Nerven ergeben zusammen ein weit verzweigtes »Netzwerk«, das als »Nervensystem« bezeichnet wird.

Der Ausdruck »System« weist zumeist auf eine enge Zusammengehörigkeit und ein entsprechend kooperatives Wirken von Einzelteilen hin, die in diesem Fall als die vielgestaltigen Neuronen identifiziert werden. Das ist unter dem bisherigen Aspekt höchst verständlich, hat die Wissenschaft doch die Zellen als erforschbare Schicht des Lebens entdeckt. Anatomisch macht man damit auch

Myelin

Wie alle Zellen des Körpers weisen auch die Neuronen eine zarte Hülle auf, die in der Fachsprache Membran heißt. Sie legt die Abgrenzung einer Zelle fest, dient aber zugleich dazu, alle nötigen Stoffe (Nahrungsmoleküle, Hormone) einzulassen. Die Membran von Neuronen stellt zusätzlich den Schauplatz dar, auf dem sich die elektrische Erregung ausbreitet, was den Gedanken nahe legt, dass kein Aufwand übertrieben ist, um die Nervenhüllen zu schützen. In der Tat werden Neuronen eigens umwickelt, und zwar so, wie es ein Arzt macht, der einen Arm bandagiert. Im Fall der Neuronen besteht der Arzt aus anderen Zellen des Nervensystems, den Gliazellen, und der Verband setzt sich aus dem Protein namens Myelin zusammen. Die entstehende Myelinumhüllung wirkt als eine Art Isolierschicht und erlaubt den umwickelten Neuronen die rasche Weiterleitung des Nervenimpulses. Was so fantastisch wirkt, ist ebenso fantastisch entstanden, und die Biowissenschaftler feiern die Bildung der Myelinschicht als eines der spektakulärsten Beispiele für koordinierte Wechselwirkungen zwischen Zellen. Eine Gliazelle stülpt ihre eigene Membran um ein Neuron herum, jedoch nicht immer mit der gleichen Häufigkeit, sondern in Abhängigkeit von der Dicke des zu umwickelnden Neurons. Woher ist diese Größe der Gliazelle bekannt? Und wie wird der gesamte Wickelvorgang kontrolliert? Es stellt sich eine solche Fülle von Fragen, auf die man noch keine Antwort geben kann – Wie finden die Gliazellen ihr Ziel? Wie wandern sie dorthin? Wie bewegen sie ihre Membran? –, sodass man über den Mut staunen muss, den Wissenschaftler aufbringen, um den wirklich schwierigen Fragen – etwa der nach dem Mechanismus des Gedächtnisses – nachzugehen.

gewiss keinen Fehler, und doch gibt es eine andere Möglichkeit, die wir noch kennen lernen werden, wenn wir weiter ins Gehirn vorgedrungen sein werden.

In der Alltagssprache redet man meistens von Nerven. Was sind sie eigentlich genau? Sie müssen eine wichtige Rolle spielen, denn immerhin können sich Nerven zu einem System zusammenfinden. Im menschlichen Körper gibt es sogar mehrere Nervensysteme. Eines davon nennen die Wissenschaftler »zentral«, und der Ort des Zentralen Nervensystems (ZNS) ist der Kopf.

Die Ausdrücke Zentrales Nervensystem und Gehirn meinen für unser Verständnis dasselbe, wobei die Verwendung des längeren Ausdrucks die Vorstellung einer Zentrale mitschwingen lässt, von der Lebensvorgänge gesteuert werden, was keineswegs garantiert ist und immer wieder überprüft werden muss. Neben dem ZNS gibt es auch ein Peripheres Nervensystem (PNS); beide wirken zusammen, wenn wir die Welt erfassen und geeignet in ihr reagieren wollen.

Der Weg von der Wahrnehmung der Welt bis zu unserer Reaktion schließt das Zentrale und das Periphere Nervensystem ein.

Reiz und Empfangsorgan (z. B. das Auge)

⇩

Sensorischer Eingang ins Nervensystem

⇩

Gehirn und Rückenmark (Integration)

⇩

Weiter zum motorischen Ausgang

⇩

Reaktion im Endorgan (z. B. im Muskel)

Ein Nervensystem besteht aus Nervenzellen, auch Neuronen genannt, allerdings nicht ausschließlich. Im Gehirn lassen sich zwei Zelltypen unterscheiden, denen von der Wissenschaft unterschiedliche Aufgaben zugewiesen werden (ohne dass sie damit vollständig erfasst wären). Neben den Neuronen finden sich so genannte Gliazellen, deren griechischer Ursprung – *glia* heißt Leim – unmittelbar erkennen lässt, welche Aufgabe ihnen zugewiesen worden ist: das Bindegewebe des Gehirns abzugeben. Tatsächlich gelten Gliazellen als Stützzellen, die viele Jahrzehnte hindurch bestenfalls nebenbei erwähnt wurden, wenn es um die Leistungen unseres Organs unter der Schädeldecke ging – und dies, obwohl man dem zellulären Hirnleim zugestand, die Neuronen zu versorgen, zu säubern und in Form zu halten, und obwohl man wusste, dass es viel mehr Glia- als Nervenzellen gibt.

Wenn wir uns das Gehirn als Schauplatz einer großen Sportveranstaltung – etwa der Olympischen Spiele – vorstellen, dann wirken die Gliazellen wie Funktionäre oder Trainer, die im zeitlichen und räumlichen Hintergrund wirken. Im Rampenlicht stehen aber mehr die Sportler selbst. Die Reporter sollen sie nur zum Reden und Rennen bringen, und in der Wissenschaft verhält es sich nicht anders. Die Biologen stellen ihre Fragen an die Nervenzellen, was in die Sprache der Forschung übersetzt heißt, dass man in der Vergangenheit nahezu ausschließlich mit ihnen experimentiert hat. Inzwischen nimmt aber der Respekt der Forscher vor den Gliazellen zu, und es ist nicht abzustreiten, dass sie selbst einige der Eigenschaften haben, die Forscher bislang als Besonderheit der Neuronen betrachtet haben. Wenn sich zum Beispiel die als Astrozysten bekannten Gliazellen um Neuronen gruppieren, können sie die Elektrizität in der Umgebung der Neuronen derart beeinflussen, dass sich deren Verhalten ändert – und mit ihm das Treiben seines Trägers. Die eben angedeutete Kooperation erinnert erneut an das Bild des Sports, wo ein Star kaum noch ohne seinen Trainer- und Orthopädenstab auskommt. Wir werden diese jüngeren Einsichten der Hirnforscher im Auge behalten und können sie im Augenblick nur zur Kenntnis nehmen, da wir noch nicht wissen, in welcher Sportart die Nervenzellen antreten.

Welche Eigenschaften von Neuronen sind denn oben gemeint? Es geht um ihre Fähigkeit, elektrisch erregt zu sein. Nervenzellen sind von der Natur so gebildet, dass sie entweder in Ruhe oder aktiv sein können, und wenn der zweite Fall eintritt, sagt man auch, dass sie feuern. Sie feuern winzige elektrische Impulse ab, die an ihrem gestreckten Körper entlang ziehen. Das wissenschaftliche Verständnis des Gehirns konzentriert sich auf die Häufigkeit (Frequenz), mit der Nervenzellen feuern, und zwar aus einem ganz einfachen Grund. Das Verrückte besteht nämlich darin, dass die bunte Welt, die wir vor Augen haben und die wir mit diesen und anderen Sinnenorganen in uns aufnehmen, dass diese umfassende Vielfalt zuletzt zu einer farblosen Einfalt wird. Im Kopf gibt es der Wissenschaft zufolge Neuronen, die zum einen nichts anderes tun, als vornehmlich elektrische Impulse abzugeben (feuern), und die das zum andern immer in gleicher Stärke vollziehen und nur die Häufigkeit dieser Aktionen variieren können.

Die Schwierigkeiten fangen aber damit erst an. Selbst die scheinbar harmlos klingende Frage, wo denn genau die Information steckt, die eine Nervenzelle in dem Bündel von Aktivitätsspitzen mit sich bringt, bereitet den Wissenschaftlern Schwierigkeiten. Wer sie stellt, bekommt üblicherweise als Antwort, dass die durchschnittliche Rate an Impulsen maßgeblich ist und das genaue Timing keine Rolle spielt. Irgendwie scheint ja auch alles immer

Aktionspotential

Die elektrische Erregung einer Nervenzelle breitet sich entlang ihrer Ausläufer aus, den Axonen. Ein Neuron verlässt sich dabei auf Proteine, die entlang ihrer Zellmembran aufgereiht sind und eins nach dem anderen aktiv (durchlässig) werden. Ihre Aufgabe besteht darin, elektrisch geladene Atome (Ionen) einer bestimmten Sorte – Natrium oder Kalium – durch die Membran zu schleusen, weshalb sie auch als Kanalproteine bezeichnet werden. Seltsamerweise verlaufen diese winzigen Ionenströme, die sowohl in die Zelle hinein- als auch aus ihr herausgelangen, gerade senkrecht zu der Richtung, in der sich die gesamte Erregung der Zelle ausbreitet, die einer Synapse entgegeneilt. Somit fließen zwar winzige Ströme in einem Neuron; was aber weitergeleitet wird, ist die elektrische Erregung, die sie repräsentieren.

Was vielleicht für den Laien höchst komplex wirkt, stellt in der wissenschaftlichen Wirklichkeit eine ungeheuer erfolgreiche Reduzierung dar, über die selbst Descartes gestaunt hätte. Schließlich gelingt mit den Kanalproteinen etwas Wunderbares, nämlich die ganzen komplizierten Nervenleitungen, die zu unserer geistigen Tätigkeit führen, auf die Bewegung einiger weniger Ionen zurückzuführen (Natrium, Kalium), die durch molekulare Kanäle strömen können (und anschließend zurückgepumpt werden). Die Reduzierung erfolgt über die molekulare Ebene bis zur atomaren Ebene hinunter, und dieser Erfolg der Biowissenschaften gibt Gelegenheit, an den Satz von Albert Einstein zu erinnern, demzufolge das eigentlich Unbegreifliche an der Natur ihre Begreiflichkeit ist – zudem gerade da, wo das Begreifen gelingen soll.

Kanalproteine

Nervenleitung gelingt nur, wenn Natrium und Kalium in die Neuronen ein- und ausströmen können. Sie tun dies in geladener Form – als Ionen; zu den inzwischen in feinstem Detail untersuchten Bestandteilen von Zellen gehören die hierfür zuständigen Ionenkanäle. Der Natriumkanal etwa verfügt über eine Stelle, mit der er das Natrium an sich bindet, und er setzt andere Teile seiner Konfiguration ein, um anschließend den Ionenstrom in die Zelle zuzulassen. Insgesamt zeigt sich ein höchst komplizierter Mechanismus, der aber ebenso höchst verlässlich funktioniert. Wenn er ausfällt, spüren wir das sofort – entweder als Lähmung oder als Vergiftung, die zum Tod führen kann. Die Natur hat eine Menge Stoffe hervorgebracht, denen es gelingt, Natriumkanäle zu versperren. Am bekanntesten sind die Toxine des Skorpions oder des japanischen Fugufischs.

wieder zu verrauschen, und zudem weisen die Neuronen eine nicht geringe Grundaktivität auf, was bedeutet, dass es häufiger zu spontanen Stromflüssen – Aktionspotentialen – im Nervensystem kommt. Das ganze Netzwerk steht unter Hochspannung und hält uns einsatzbereit. Doch damit erschöpft sich nicht seine Qualität, denn Neuronen sind auch in der Lage, das ihnen zugeleitete Muster an Aktionspotentialen exakt zu reproduzieren. Neuronen sind nicht nur aktivierbar – vermittelt über Synapsen –, sie übernehmen auch den genauen Rhythmus der elektrischen Erregung, der ihnen zufließt. Damit lässt sich vielleicht eines Tages vorstellen, dass die Aktivität einer Nervenzelle mit einem Etikett versehen ist, das verrät, aus welcher Ecke des Gehirns die Nachricht – das Signal – zu ihr gekommen ist.

Mehr oder weniger rasch tickende Nervenzellen – das ist (fast) alles, was man zunächst im Gehirn auf der Ebene der Zellen findet. Eine sprachliche Umsetzung dieses Vorgangs findet man in der umgangssprachlichen Redewendung, dass jemand nicht richtig tickt. In diesem Fall geraten die neuronalen Impulse durcheinander, wobei sich die unpassende Aktivität einer Zelle gewöhnlich erst dann bemerkbar macht, wenn sie Teil eines ganzen Bündels von Neuronen ist. Dann spricht man von Nerven (lateinisch *nervus*, Sehne oder Saite).

Wenn im Alltag von Nervensehnen oder Nervensträngen die Rede, doppelt man im Grunde nur die Bedeutung der Nerven, die genau das sind, nämlich Saiten, die aus Nervenzellen gespannt sind. Das Wort Spannung kann mechanisch – wie bei der Saite einer Geige – oder elektrisch gemeint sein, und im Gehirn zählt nur die zweite Bedeutung. Sie beginnt im Neuron und wird in größeren Einheiten aufgebaut, etwa durch so genannte Kerne, die aber nichts mit Atom- oder Zellkernen zu tun haben. Die Kerne im Gehirn meinen Gruppierungen von Zellen, die sich durch ein im Betrachten von Organen erfahrenes Auge unterscheiden lassen und von ihrer Funktion her zusammengehören.

Die anatomischen Kenner des Gehirns können zahlreiche Kerne aufzählen, die sich vor allem in der Mitte des Denkorgans befinden und genaue Positionsbezeichnungen tragen. Die Wissenschaftler bezeichnen die Nervenkerne in ihren Lehrbüchern durchgehend mit dem lateinischen *Nucleus* und einer variablen Spezifikation – etwa *Nucleus medialis thalami*. Damit können sie genau angeben, von welchem Ort in der Gehirnmitte aus die Nerven weiter an den Rand geführt werden, um dort in einem Gebiet zu landen, das Rinde oder Gyrus genannt wird. Es geht in beiden Fällen um Zusammenballungen von Nervenzellen mit Struktur, wobei die Randlage der Rinde keine weitere Erklärung für ihren Namen braucht. Gyrus versteht sofort, wer ein Hirn von oben (außen) anschaut und weiß, dass das griechische Wort Drehung und Windung bedeutet.

Wenn im Gehirn etwas passiert, wenn wir also sehen, hören, riechen, fühlen, ahnen, denken und reden, dann feuern Neuronen, die in Bündeln organisiert sind und Kerne mit Rinden, Windungen und anderen Nervenansammlungen verbinden. Wenn uns ein Licht aufgeht oder eine Idee kommt, wenn wir ein Abendessen genießen oder von einem Traum gefangen werden – zu all dem gehört im Kopf ein Feuerwerk von erregten Neuronen, die ihre elektrisch fundierte Aktivität an verschiedenen Orten im Gehirn entfalten und weiterleiten. Wie kommen die Impulse dahin und wohin gehen sie?

Das Licht im Auge

Zum Sehen gehört Licht, aber im Kopf selbst bleibt es dunkel. Im Gehirn finden die Forscher (neben den Gliazellen) nur Neuronen, die entweder feuern oder nicht, und um beschreiben zu können, wie ein Signal von außen nach innen kommt, empfiehlt es sich, den Weg seiner Verwandlung nachzuvollziehen. Die Wissenschaft kennt das bereits dargestellte Konzept der Signalumwandlung, und mit seiner Hilfe verfügen wir über ein Grundschema, um die Vorgänge zu erfassen, die mit den Sinnen anfangen und mit einer Wahrnehmung oder einer Empfindung enden.

Übersicht zur Signalumwandlung beim Sehen

Physikalisches Signal (Licht)
⇩
Chemisches Signal (Protein)
⇩
Elektrisches Signal (Nervenimpuls)
⇩
Hirnsignal (Erregung)
⇩
Sehen (Bewußtsein)

Das Licht, das sich einem Auge nähert, ist ein physikalisches Signal, das heißt, dass es mithilfe physikalischer Messgrößen (Parameter) beschrieben wird. Auf dieser Ebene ist Licht kein Erlebnis; dafür hat es hier eine Wellenlänge und eine Intensität, wobei vor allem der erste Faktor zum Tragen kommt, wenn einfallendes oder wirkendes Licht vorgestellt wird. Es heißt dann, dass das menschliche Auge nicht alle Wellenlängen erfassen kann, die von der Natur geboten werden, sondern nur für den Bereich empfänglich ist, der grob in dem Bereich zwischen vierhundert und siebenhundert Nanometer liegt.

Auf die Frage, warum das menschliche Auge sich ausgerechnet mit diesem Ausschnitt begnügt, gibt es eine gute Antwort: Bei Sonnenschein ist vor allem bei diesen Wellenlängen etwas zu sehen. Natürlich sendet unser Heimatstern auch andere Strahlen aus, die wir nicht erblicken können, aber die schmale, luftige Umhüllung der Erde, die wir zum Atmen brauchen und Atmosphäre nennen, lässt nur den Teil davon durch, auf den unser Sinnesorgan eingestellt ist. Das evolutionäre Geschehen sorgt dafür, dass sich Organismen heranbilden, die an ihre Umgebung angepasst sind. Dies trifft auch auf Auge und Gehirn zu. Sie sind auf das Licht eingestellt, das sich auf dem Planeten Erde findet, der einige Lichtminuten von einem Stern mit der Helligkeit und Leuchtkraft der Sonne entfernt ist und von einer atmosphärischen Decke umhüllt wird. Sie sind nicht auf das Licht eingestellt, dass etwa auf dem Mars oder auf dem Mond eintrifft, weshalb jeder Astronaut, der dort landet, Probleme hat, auf die Frage nach der Farbe der Oberfläche zu antworten.

Größenordnungen des Lebens – durchschritten mithilfe des Faktors 10

Die Ebenen der Wirklichkeit und die Disziplinen der Wissenschaft lassen sich durch Größenordnungen markieren, die sich gewöhnlich durch den Faktor 10 unterscheiden. Die Bedeutung dieses Faktors kann man sich leicht mit Menschenmassen klar machen, wobei es nicht auf letzte Präzision, sondern nur auf eine Abschätzung ankommt, bei der vor allem deutlich werden soll, dass jedes Mal eine neue Qualität zum Vorschein kommt, wenn die Menge um den Betrag wächst:

Ein Mensch bin ich selbst, zehn bilden eine Mannschaft, hundert gehören zu einer kleinen Firma, tausend gehen in eine Schule, zehntausend arbeiten in einem globalen Unternehmen, hunderttausend füllen ein Olympiastadion, eine Million Menschen wohnt in einer Großstadt, zehn Millionen bevölkern einen Großraum, hundert Millionen bilden ein Volk, eine Milliarde spricht eine Sprache, und zehn Milliarden füllen bald die ganze Welt.

Die Welt des Kleinen durchschreiten wir in umgekehrter Richtung, also mit absteigenden Dimensionen der Länge, immer durch den Faktor 10 geteilt:

Meter – Mensch
Dezimeter – Hand
Zentimeter- Finger
Millimeter – Haar
Zehntel Millimeter – befruchtete Eizelle
Hundertstel Millimeter – Hülle der Blastozyste
Mikrometer – Zelle oder Synapse
Zehntel Mikrometer – Mitochondrien
Hundertstel Mikrometer – Ribosomen
Nanometer – DNA-Molekül (Breite), Protein
Zehntel Nanometer – Atom

Natürlich würde man gerne wissen, wie es im Laufe der Evolution gelungen ist, die für das Licht zuständigen Organe des Menschen auf die irdischen Bedingungen einzustellen. Leider hat die Wissenschaft noch keine Antwort auf diese Frage; sie muss erst noch klären, wie Licht überhaupt ins Auge (und dann weiter ins Gehirn) kommt, das heißt, sie muss erst die Stelle finden, an der das Licht auf das Leben trifft, um ihm etwas zu zeigen. Noch genauer geht es um die Frage, an welcher Stelle das Licht, das ja selbst nicht im Gehirn ankommt, verschwindet und in andere Signale verwandelt wird, die dann für uns zum Sehen werden.

Das von außen kommende Licht durchquert zunächst einfach das Auge und seinen vorn liegenden Apparat mit Linse und Glaskörper mehr oder weniger ungestört, um schließlich an der Rückwand des Organs absorbiert zu werden. Man könnte meinen, hier sei von einem Fotoapparat die Rede, und eine gewisse Parallelität in der Grundstruktur ist sicher auch gegeben. Allerdings wird eine solche Gleichsetzung dem biologischen Charakter des Sehorgans nicht gerecht, demnach die genannten und gezeigten Dinge nicht als solider Block aus anorganischem Material, sondern aus Zellen (oder Flüssigkeiten) bestehen, die ihrerseits organisches Material enthalten. Das trifft auch für die Linse zu, in der man weder Glas noch Kunststoff, sondern Zellen findet, die im Gegensatz etwa zu Haut- und Haarzellen lichtdurchlässig – also unsichtbar – sind.

Molche

Was hinter der Frage nach der Anfertigung der Kristalline steckt, zeigen Experimente aus den 1960er Jahren mit Molchen. Diese Tiere haben ebenfalls eine Linse in ihrem Auge, die im Experiment leicht entfernt werden kann und sich dann tatsächlich neu bildet. Diese Beobachtung kam sehr überraschend – schließlich werden die wenigsten Molche im Laufe ihres Lebens eine Linse verlieren, und man hätte Verständnis dafür gehabt, wenn die Evolution nicht eigens einen Mechanismus für ihre Regeneration hervorgebracht hätte. Dies hat sie aber getan und damit der Forschung die Möglichkeit eröffnet zu erkunden, wie die Natur dabei vorgeht. Die neuen durchsichtigen Linsenzellen kommen aus der Iris, was deshalb spannend ist, da ihre Zellen nicht lichtdurchlässig sind, sondern voller Farbkörnchen stecken (Pigmentgranula). Der Molch bzw. die Natur bzw. das Leben geht bei der Umwandlung in zwei Schritten vor. Nachdem die Linse entfernt worden ist, beginnen die Zellen am Rand der Iris zunächst sich zu teilen und neues Protein herzustellen, nämlich das oben erwähnte Kristallin, das Linsenzellen später durchsichtig macht. Dann kommen über die Blutgefäße, die das Auge versorgen, amöbenartige Zellen angeschwommen, die an die Iriszellen andocken und ihnen die Farbkörnchen abnehmen. Die Blutzellen saugen sich voll mit Farbstoff und verschwinden mit ihrer Ladung. Sie lassen durchsichtige Zellen zurück, die nun die Augenlinse bilden können. Ein fantastischer Vorgang!

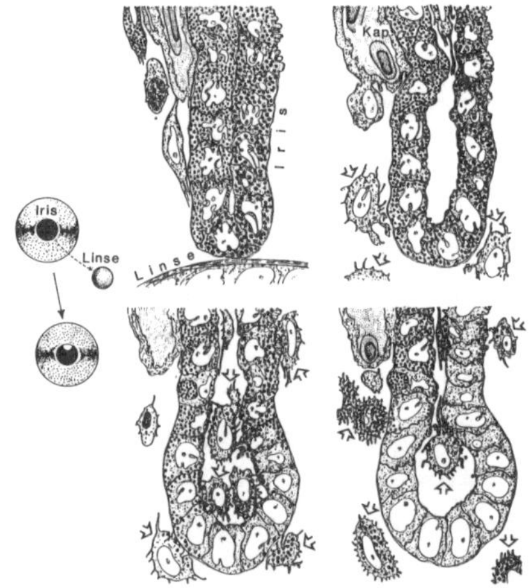

Abb. 21 Die Regenerierung der Augenlinse bei Molchen.

Sie erreichen diese Eigenschaft eine Schicht tiefer, also mittels Proteine, die »Kristalline« genannt werden. Wenn sie milliardenfach vorhanden sind, ballen sie sich zu Fasern zusammen, und in dieser Form verleihen sie den Linsenzellen die Eigenschaften, die sie am Eingang des Auges benötigen.

Für die Forschung tun sich bereits hier unzählige Fragen auf: Auf der Ebene der Physik stellt sich die Frage, wie das Licht die Fasern aus Kristallin ungestört durcheilen kann. (Allgemeiner gefragt: Was zeichnet Strukturen wie Glas aus, die fest und durchsichtig sind?) Auf der Ebene der Chemie muss noch die Frage beantwortet werden, wie sich die Kristalline so ordnen können, dass Fasern entstehen und sie der Linse neben der Transparenz auch die Form verleihen, mit der sie Licht sammeln und fokussieren kann. Auf der Ebene der Zellbiologie gilt es, die Frage zu lösen, wie Zellen dazu gebracht werden, sich mit Kristallinen zu füllen und andere Proteine loszuwerden. Und auf der Ebene der Molekularbiologie steht noch eine Antwort auf die Frage, wie Makromoleküle überhaupt entstehen und angefertigt werden, aus.

Das eingefangene Licht

Wer genauer der Frage nachgeht, wann die Zellen der Linse im Lauf der normalen Entwicklung anfangen, das für Lichtdurchlässigkeit sorgende Protein (Kristallin) zum Zentrum ihrer Bemühungen zu machen, wird erfahren, dass sie dazu ein Signal von den Zellen bekommen, die zur Rückwand des Auges gehören und das Gewebe bilden, in dem das Licht tatsächlich ankommt und festgehalten wird. Die fotosensitive Gesamtheit der Augenzellen nennt man Netzhaut oder Retina (von lat. *rete*, Netz). Es gibt kaum einen Bereich des Sinneslebens, der wissenschaftlich genauer erkundet ist als die Retina und ihre Zellen.

Die Netzhaut ist der Ort, an dem das Licht das Leben erreicht – das einlaufende physikalische Signal und seine Energie werden von den Zellen der Retina aufgenommen. Mit dieser einfachen

Beschreibung des Vorgangs ist allerdings niemand zufrieden, und man möchte sofort erfahren, wie das genau geschieht. In der Zelle stößt ein Protein mit dem Licht zusammen. Es heißt Opsin, was auf den griechischen Ausdruck für das Sehen verweist, auf den wir im Alltag treffen, wenn wir einen Optiker aufsuchen, der uns mit einer Brille hilft, gut zu sehen.

Das Opsin, das Menschen sehfähig macht, ist das Rhodopsin, wobei die Vorsilbe andeutet, dass das Opsin seine Aufgabe nicht allein erledigt. An dem lichtempfindlichen Protein befindet sich eine Substanz, die dank ihrer Verortung in der Netzhaut Retinal heißt und zu der Klasse von Molekülen gehört, die von Chemikern allgemein als Vitamin bezeichnet wird. Das Retinal verhält sich dabei zum Opsin wie eine kleine Handtasche zu einem erwachsenen Menschen. Wie dieser versucht das Protein, das Vitamin gut festzuhalten, was aber nur gelingt, solange kein Licht einfällt.

Wenn wir erfassen wollen, wie der Komplex aus Opsin und Retinal Licht einfängt, taucht ein Problem aus einem Bereich auf, den wir bislang nicht berücksichtigt haben. Es geht um die Größenordnungen der Beteiligten, und dabei kommt es zu einem seltsamen Konflikt. Wir hatten erwähnt, dass sichtbares – also vom Opsin und Retinal verwendetes – Licht von den Physikern durch Wellenlängen von einigen Hundert Nanometern beschrieben wird. Der Molekülkomplex selbst misst aber im Durchmesser nur einige wenige solcher Nanometer. Er ist so gesehen viel zu klein, um von dem Licht auch nur gestreift zu werden, was uns vor ein Rätsel und die Frage stellt, was da eigentlich schwingt, wenn Licht sich ausbreitet. Die Physik antwortet an dieser Stelle mit einem elektromagnetischen Feld, das der Wissenschaft letztlich zu erklären hilft, wie Licht von Partikeln gestreut wird, die größer als seine Wellenlänge sind, ohne aber sagen zu können, wie es zu einem winzigen Opsin findet.

Die Lösung des Problems steckt darin, dass die Physik zwei gleichberechtigte Möglichkeiten hat, Licht zu beschreiben, und was oben »so gesehen« wurde, lässt sich auch anders ansehen. Licht kann nämlich nicht nur als Welle, sondern auch als Partikel dargestellt werden, und in dieser Form kann man seine Eigenschaften weniger durch eine Wellenlänge und mehr durch die Angabe einer

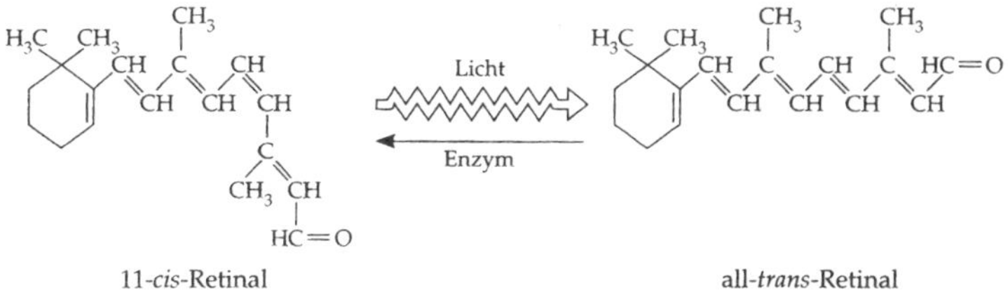

Abb. 22 Retinal – die gebogene Form wird durch Licht gerade, und die gerade Form wird durch ein Enzym zurückgebogen. Es kann wieder Licht empfangen.

Energie erfassen. Sie ist es tatsächlich, die von dem Opsin aufgenommen wird, das dabei sein Aussehen wie jemand verändert, der sich aufplustert und dabei seine Handtasche und seine ganze Habe verliert. In die Sprache der Chemie heißt es: Wenn Rhodopsin Lichtenergie aufnimmt, verändert das Retinal sein Aussehen. Das zunächst leicht gebogene Molekül streckt sich, es springt aus seiner Halterung und löst sich von dem Protein.

Damit sind wir einerseits am Ziel, denn wir haben die erste Signalumwandlung erfasst. Aus dem physikalischen ist ein chemisches Signal geworden. Wir sind aber zugleich auch am Anfang, denn noch steckt die Information, dass es etwas zu sehen gibt, nur im Auge. Wie geht es weiter ins Gehirn? Um diese Frage beantworten zu können, gilt es, genauer zu verstehen, was infolge der Entkleidung des Opsins passiert. Und auch hierbei hilft das Konzept der Signalumwandlung, ohne dessen Hilfe man bald den Überblick verlieren würde.

Boten beim Licht

Was so leicht abläuft, ist aber mühsam zu verstehen. Für eine Aufgabe, die sich klar und einfach formulieren lässt – »Verwandle das chemische in ein elektrisches Signal, sodass die Information des Lichteinfalls vom Auge in das Gehirn gelangen kann« –, bietet die

Natur dem wissenschaftlichen Zugriff eine Lösung, über die man nur staunen kann. Ihre Aufdeckung begann vor vielen Jahrzehnten mit der überraschenden Beobachtung, dass im Auge ein winziger Strom fließt, solange es dunkel ist. Dieser Strom fließt in jeder einzelnen lichtempfindlichen Zelle und um sie herum, und er hört auf, wenn das Auge etwas zu sehen bekommt. Mit der Unterbrechung des Dunkelstroms ist das Licht in das elektrische Signal verwandelt worden, mit dem das Gehirn nun umgehen kann. Allmählich fangen wir zu sehen an.

Doch wer treibt den Strom an? Wo entlang fließt er genau? Wer stellt ihn ab? Sorgen das veränderte Rhodopsin und sein Retinal selbst unmittelbar dafür? Oder schalten sie weitere Zwischenträger der Information ein?

Die letzte Frage konnte bald bejaht werden, als sich herausstellte, dass der Dunkelstrom kleine Poren in der Zellhülle ausnutzte; von diesen Strukturen war das Rhodopsin viel zu weit entfernt, um selbst tätig zu werden. Der Lichtempfänger musste sich mehr in der Mitte der Zelle befinden und war auf molekulare Hilfsmittel angewiesen, die es nun zu erforschen galt. Die Biochemiker suchten allgemein nach Botenstoffen, die eine molekulare Leitung zwischen Lichtempfang und Dunkelstrom herstellen konnten. Die intensive Fahndung nach solchen Zwischenträgern hat in den letzten Jahrzehnten zu einer nahezu vollständigen Kenntnis der Kaskaden geführt, mit deren Hilfe die Netzhaut die ursprünglich dem einfallenden Licht entnommene chemische Energie in ein Signal umwandelt, das den Weg in die Regionen des Gehirns antreten kann.

Die Sehkaskade

Die Sehkaskade ist leicht und zugleich schwer zu verstehen. Leicht an ihr ist die Gradlinigkeit. Licht aktiviert ein Rhodopsin, das seinerseits rund 1000 Proteine namens Transducin aktiviert, die nun ein Molekül namens GTP an sich binden. Die Kombination Transducin-GTP aktiviert ein weiteres Protein, das als Enzym tätig ist und fachlich genau

Phosphodiesterase (PDE) heißt. Mit der katalytischen Fähigkeit der PDE wird es möglich, ein aktives Molekül namens cGMP zu entschärfen und als GMP unwirksam zu machen. Damit werden die Kanäle für den Dunkelstrom geschlossen, denn es ist das cGMP, das sie offen hält.

Natürlich haben wir damit bestenfalls die Hälfte der biochemischen Prozesse angesprochen, denn die drei beteiligten Proteine – das Rhodopsin, das Transducin und die PDE – müssen ja alle wieder in den Zustand zurückgebracht werden, mit dem die geschilderte Kaskade ablaufen und das eingefangene Licht seine elektrische Wirkung entfalten kann.

Aber wir wollen hier mehr über das Molekül sagen, das mit GMP abgekürzt wird und mit dem GTP eng verwandt ist. GMP steht für Guanosinmonophosphat, was erst dann aufregend klingt, wenn man erfährt, dass dieser chemische Baustein nicht nur beim Sehen im Auge eine Rolle spielt, sondern auch als Nukleotid Teil der Doppelhelix aus DNA ist, die in jedem Zellkern die genetische Information eines Organismus speichert.

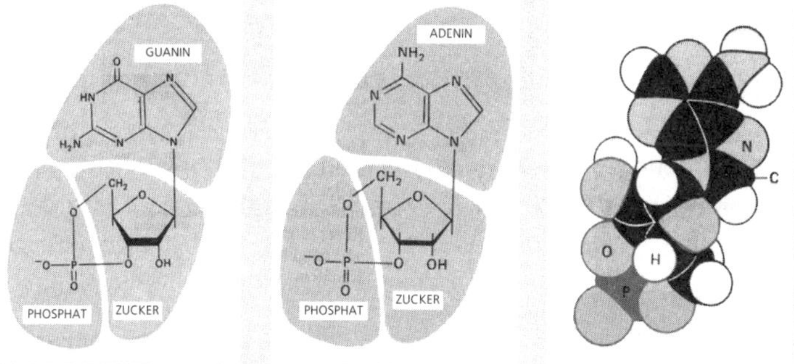

Abb. 23 cGMP und cAMP – die berühmten »zweiten Boten« – *second messenger* –, wie sie einer nach dem anderen im Text erläutert werden, bestehen aus drei Teilen – einer Base (Adenin oder Guanin), einem Zucker und einer Phosphatgruppe, die zum Zucker zurückgebogen wird. Das cAMP scheint im gesamten Leben mehr Bedeutung zu haben als das cGMP. Wir zeigen es daher auch in der Form des Kalottenmodells, wie es die Chemiker nach dem Zweiten Weltkrieg entwickelt haben. Um aus cGMP und cAMP GMP und AMP zu machen, braucht man nur die Verbindung zwischen Phosphatgruppe und Zucker zu kappen.

Bei dem GMP-Molekül findet sich eine freie Phosphatgruppe, mit der zweierlei passieren kann. Entweder lassen sich hier weitere Phosphatgruppen anhängen, dann entsteht erst ein Di- und dann ein Triphosphat, womit wir bei dem GTP wären, das beim Sehen eine Rolle spielt. Oder die freien Enden der Phosphatgruppe werden auf den Rest des Moleküls zurückgebogen und mit ihm verbunden, sodass ein Loop entsteht wie bei einem Menschen, der seine Hand in die Tasche steckt. Das Molekül heißt dann zyklisches GMP, wobei das Attribut auf Englisch *cyclic* heißt und die neue Abkürzung cGMP erklärt.

Das cGMP ist eines der wenigen Moleküle, für die es neben ihrem Strukturnamen auch eine Funktionsbezeichnung gibt. Das cyclische GMP ist das, was die Wissenschaftler einen »zweiten Boten« nennen, wobei sich auch bei uns der englische Ausdruck *second messenger* eingebürgert hat. Diese Bezeichnung ist aufgekommen, nachdem sich herausgestellt hat, dass viele Signalumwandlungen im Körperinneren zwar von verschiedenen Primärempfängern ausgehen, zuletzt aber die Hilfe ein- und desselben Moleküls in Anspruch nehmen, eben des zweiten Boten. Man könnte für das cGMP auch »interner Botenstoff« sagen, wobei der primäre Bote beim Sehen natürlich das Rhodopsin ist. Die Erregung, die das Licht im Auge auslöst, muss erst bis zum zweiten Boten geleitet werden. Er gibt anschließend das Tor zum Gehirn frei.

Neben dem cGMP kennt die Biologie noch das cAMP als zweiten Boten, bei dem das Guanin durch ein Adenin ersetzt worden ist. Auch das AMP ist in der DNA zu finden, und Adenin (A) und Guanin (G) sind zwei der vier Basen, die das chemische Alphabet des Lebens darstellen. Neben dem cAMP kann es auch ein ATP geben – ein Adenosintriphosphat. In ihm speichert das Leben die Energie, die es für die Abläufe in einer Zelle braucht.

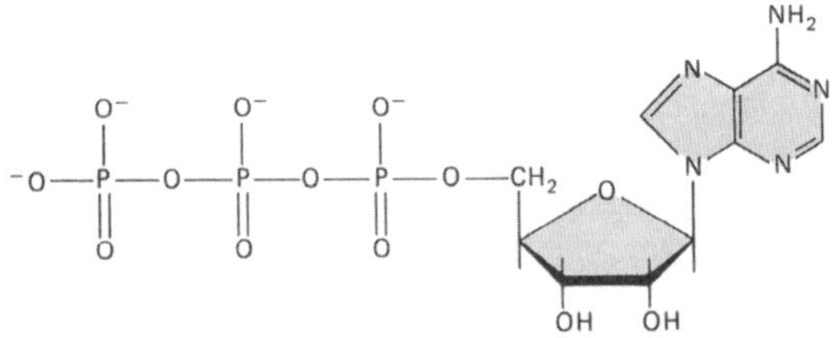

Abb. 24 Das Adenosintriphosphat – drei Phosphatgruppen, die an dem Zucker hängen, der mit der Base Adenin verbunden ist.

In ganz wenigen Buchstaben – cGMP und ATP – kommen die Grundelemente des Lebens zusammen – das Licht, die Energie und das Werden der Gene. Man könnte auch sagen, dass die beiden Moleküle (Nukleotide) AMP und GMP so etwas wie die Urstoffe des Lebens darstellen, wobei immer wieder auffällt, dass alles um die Zahl 3 kreist. Drei Bausteine fügen sich zusammen, um drei Grundfunktionen zu übernehmen – den Aufbau von Information, die Regulation ihrer Nutzung und die Bereitstellung von Energie für das Leben.

Wer sich auf die Sehkaskade und einige ihrer Details einlässt, wird nicht lange brauchen, um sich drei Fragen vorzulegen, die wir hier auch nur stellen können. Die erste Verwunderung kommt zustande, wenn man sich überlegt, wie die Wissenschaft jemals all diese Details erkunden und Molekül für Molekül nachweisen konnte. Die zweite Verwunderung betrifft die Evolution, und man beginnt staunend darüber zu grübeln, wie ein so komplizierter und zugleich fugenlos funktionierender Apparat jemals entstehen konnte. Die dritte Verwunderung bezieht sich auf den Zweifel, ob trotz all der Details nicht doch etwas an dem fehlt, was man Verständnis nennen könnte. Sehen erfolgt doch so viel leichter und direkter, als der Mechanismus der Sehkaskade nahe legt. Warum wird der Vorgang so unglaublich vertrackt, wenn sich Einzelheiten zeigen? Könnte es sein, dass wir zwar alle Bäume kennen, aber weder einen Ausdruck dafür noch eine Vorstellung von dem Wald haben, der sich dabei ergibt und sich uns zeigt?

Das Licht hinter dem Gestrüpp

Wer die Raffinesse, die das Leben aufbringt, um dem Gehirn mitzuteilen, dass Licht im Auge eingetroffen ist, für überraschend hält, wird sich noch mehr wundern, wenn er erfährt, wie die Sehzellen, die zuerst gereizt werden, und die Nervenzellen, die zuletzt aktiv werden, zueinander liegen. Wenn ein Ingenieur eine Kon-

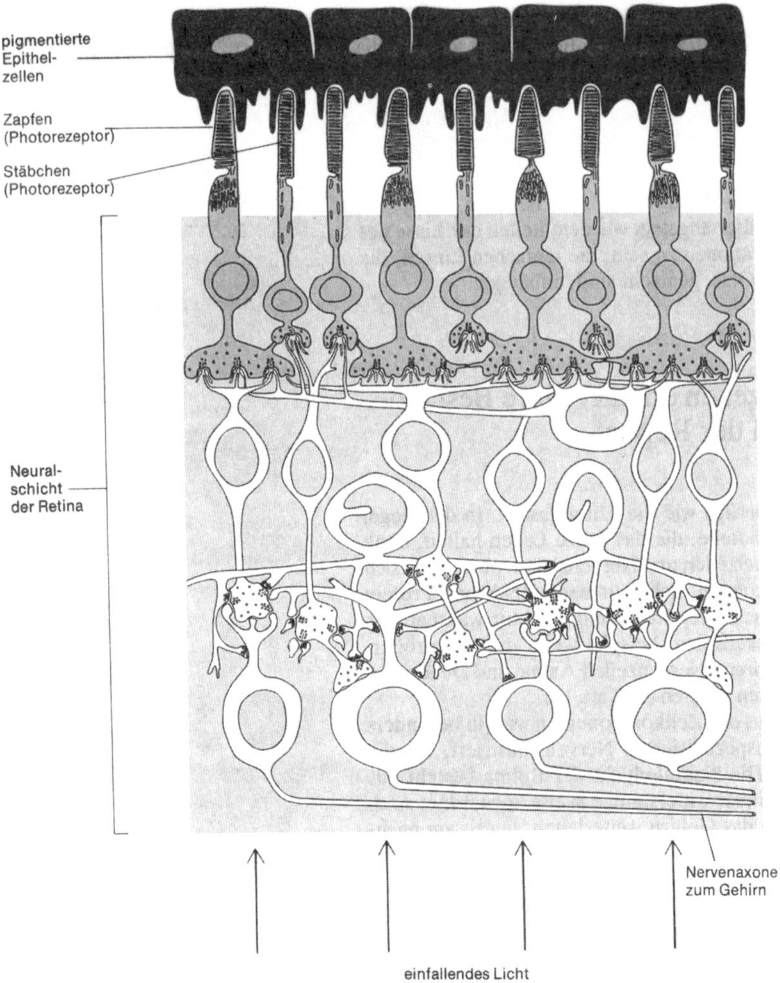

Abb. 25 Die dünne Netzhaut am Ende des Auges besteht aus mehreren Schichten, die wir im Detail nicht zu kennen brauchen, um uns über die Tatsache zu wundern, dass die lichtempfindlichen Moleküle in den dazugehörigen Sehzellen dem Licht nicht zu-, sondern abgewandt liegen. Die sichtbaren elektromagnetischen Wellen der Außenwelt müssen sich erst ihren Weg durch das Gestrüpp einer so genannten Neuralschicht bahnen, bevor sie empfangen werden. Dazu stehen zwei Zellsorten bereit, die nach ihrer Form unterschieden werden und Zapfen oder Stäbchen heißen. Die Zapfen tragen zu unserer Fähigkeit bei, Farben zu unterscheiden.

struktion vorlegen würde, bei der das Licht sich erst seinen Weg durch ein Nervendickicht bahnen muss, um danach endlich den Ort zu erreichen, an dem es seine Energie loswerden kann, müsste er damit rechnen, für verrückt erklärt und entlassen zu werden. Doch genau so ist die Evolution vorgegangen. Die Sehzellen liegen nicht *vor,* sondern *hinter* den Nervenzellen, was konkret bedeutet, dass das Auge die Welt nicht direkt anschauen kann, sondern nur so, wie sie sich einem Betrachter zeigt, der hinter einem dichten Busch liegt. Das Licht, das hinten auf der Netzhaut eintrifft und dort umgewandelt wird, ist anders als das, was vorn durch die Linse tritt. Wer einen fotosensitiven Film auf die Retina legen und mit einem geeignet kurzen Augenblick belichten würde, bekäme kein auch nur annähernd erkennbares Abbild der Wirklichkeit, sondern ein Sammelsurium von Lichtflecken, Streifen und anderen Mustern, das so aussähe wie das Schattenbild von Gestrüpp auf einer Wand. Und da stellt sich einem die Frage: Wo und wie entsteht das Bild der Welt, das ich zwar beim Sehen klar *vor* meinem Auge, aber nirgendwo *in* ihm habe?

Wer von dieser Situation zum ersten Mal hört, kann sich des Eindrucks nicht erwehren, dass die Evolution hier gepatzt hat, und zwar gerade bei uns Menschen. In den ähnlich gebauten Augen von Ringelwürmern und Kraken (Octopus) liegt die Retina nämlich auf der »richtigen« Seite, was »dem Licht zugewandt« heißt. Der tiefe Grund, aus dem heraus die Natur dies bei uns »falsch« gemacht hat – wenn die Lage der Netzhaut im Auge denn wirklich ein Konstruktionsfehler und diese Bewertung nicht doch eher ein Denkfehler ist –, bleibt an dieser Stelle noch verborgen. Klar wird hingegen, dass man schon vom ersten Eingreifen des Lebens an alle Versuche aufgeben muss, den Vorgang des Sehens im technischen Bild einer Fotografie zu verstehen. Das Physikalische funktioniert und dominiert nur, solange das Licht unterwegs ist. Wenn seine Verwandlung beginnt, hört die Klarheit der Physik auf und das Geheimnisvolle des Lebens dominiert.

Sehen – historisch

Der erste Wissenschaftler, der bemerkt hat, dass der menschliche Sehapparat nicht nur wie ein optisches Gerät operiert, sondern mehr können muss, war Johannes Kepler. Ihm fiel im 17. Jahrhundert auf, was heute bekannt ist, und zwar, dass sich beim Weg durch die Linse die Orientierung des Lichts umkehrt und aus oben unten und aus rechts links wird. Die Bilder kommen gedreht und auf dem Kopf zu stehen, wie es in den traditionellen Spiegelreflexkameras passiert, die vor der Ära der Digitalkamera in Gebrauch waren und auf den zu belichtenden Film das Negativ produzierten. Aus ihm wird schließlich im Fotolabor das Bild, das wir unserem Auge zum Sehen anbieten und das dabei nicht noch einmal fotografiert wird, um das Bild im Kopf zu werden.

Kepler wusste als erster, dass Sehen mehr als das Auge braucht. Damit hatte er zwar eine neue Frage für die Wissenschaft gefunden – Wie schafft es der Kopf, das auf der Netzhaut umgekehrt angebotene Bild in der richtigen Perspektive zu sehen? –, aber sie war noch nicht richtig gestellt. Es dauerte noch einige Zeit, bis klar wurde, dass es keinen Sinn macht, nach der Abbildung der Welt auf der Netzhaut zu fragen. Im Kopf kann es niemanden geben, der es anschaut (auch wenn eine Zeichnung in einem Buch von Descartes aus dem Jahre 1637 dies suggeriert. Denn um zu verstehen, was und wie dieser hypothetische innere Seher sieht, müssten wir erneut in ihm einen Seher suchen, und da der Vorgang an dieser Stelle nicht Halt macht, führt es nur in die bekannte absurde und endlose Reihe – »Turtles all the way down«, wie wir denselben Irrtum schon einmal erzählt haben. An irgendeiner Stelle auf dem Weg ins Gehirn muss also das Abbilden der Welt unterbrochen, die Lichtinformation umfunktioniert und anders kodiert werden. Die Konsequenz, mit der die Natur dank der Evolution an dieser Stelle vorgegangen ist, kann nur bestaunt werden. Sie handelt nämlich sofort – bei der ersten sich bietenden Möglichkeit – und lässt an keiner Stelle ein Abbilden der Welt zu.

Was die Netzhaut empfangen kann, sind allein die Lichtpunkte

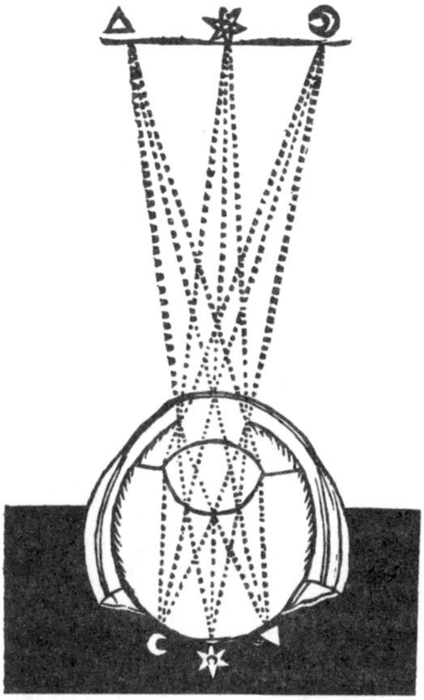

Abb. 26 Die Umkehrung des Bildes im Auge, wie sie zum ersten Mal Johannes Kepler aufgefallen ist, hier in einer Darstellung von Athanasius Kircher.

und Flecken, die nicht im Nervengestrüpp hängen geblieben sind, und so erweist sich das, was wir als Konstruktionsfehler der Natur eingeführt haben, als Denkfehler der Naturforscher, aus dem wir aber jetzt Konsequenzen ziehen können. Denn da das Sehen nur mithilfe dieses Helldunkelgewebes auf der Netzhaut gelingt, lässt sich an dieser Stelle eine zentrale Einsicht festhalten: Das Bild, das unser Gehirn von der Welt liefert und uns bewusst wird, hat das Nervensystem selbst – haben wir selbst – hergestellt. Das Bild, das wir von der Wirklichkeit vor unseren Augen sehen, stammt sowohl von der Welt (von außen) als auch von uns (von innen). Was wir sehen, ist auf keinen Fall eine Fotografie, es ist weniger eine Abbildung und mehr ein Abbilden. Wenn wir sehen, schauen wir nicht knipsend, sondern zeichnend und malend. Unser Bild vor Augen kommt vielleicht wie ein Gemälde zustande, und dieser Verdacht nimmt zu, wenn wir einige Prinzipien im Detail kennen lernen, mit denen das Gehirn operiert, um das Bild entstehen zu lassen, das wir sehen.

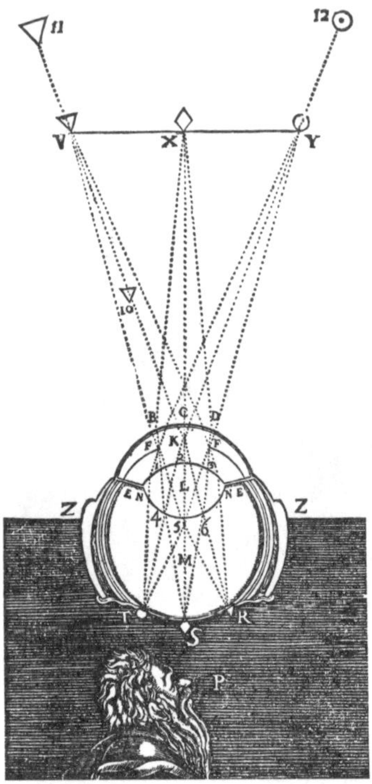

Abb. 27 In einem seiner Werke scheint Descartes andeuten zu wollen, dass es auf der Netzhaut ein Bild gibt, das sich dann ein Menschlein in uns anschaut.

Muster und Felder

Wir sehen nur das Licht, das es über biochemische und elektrische Zwischenstufen bis in das Gehirn schafft, und in das Gehirn kommt man nur mithilfe von Nervenzellen. Ein wesentlicher Trick des Auges besteht nun darin, nicht eine einzelne Sehzelle an eine einzelne Nervenzelle zu koppeln, sondern *ein* Neuron mit der Verarbeitung *vieler* Sinnesmeldungen zu beauftragen. Was auf den ersten Blick die Gefahr in sich birgt, auf Informationen zu verzichten, die auf der Netzhaut noch gesammelt wurden, erweist sich beim zweiten Hinschauen als Wunderwaffe.

Sie wirkt gegen das, was wir heute als Datenmüll nur allzu gut kennen. Unser visuelles System hat schon vor Millionen Jahren die Erfahrung gemacht, dass die Welt immer zu viele Informationen liefert. Die große Kunst – der Forschung und des Lebens – besteht offenbar darin, die richtige Auswahl zu treffen. Genau dies versucht der noch im Auge stattfindende Umschaltvorgang von Sehzellen zu Sehneuronen, die dann gebündelt als optischer Nerv das Auge verlassen und ins Gehirn ziehen. Da die lichtempfindlichen Zapfen und Stäbchen im Auge hinter den Nervenzellen liegen, versperren sie dem optischen Nerv den Weg ins Gehirn. Er muss sich durch die Netzhaut bohren und hinterlässt dabei ein Loch, den berühmten »blinden Fleck«, den man zwar durch raffinierte Versuchsanordnungen nachweisen kann, der sonst aber unbemerkt bleibt. Der Grund dafür liegt darin, dass beim Sehen kein Foto gemacht, sondern etwas gemalt wird, und da malen wir über kleine Unebenheiten hinweg. Wenn jemandem im Alltag vorgeworfen wird, er habe etwa in der Steuerpolitik einen »blinden Fleck«, dann meint man ja nicht, dass er da nichts sieht, sondern dass er da nur sieht, was er sehen will. Das Verschwinden des blinden Flecks zeigt übrigens, wie gut es das Auge mit seinen Kunden – uns Menschen – meint. Wir werden nicht mit seinen Problemen belästigt, sondern perfekt mit einer lückenlosen Welt bedient.

Wie sorgt unser visuelles System nun dafür, dass nicht sämtliche Lichtreize als relevante Information gewertet und ins Gehirn geleitet werden? Die wunderbar einfache Antwort steckt in dem Wort »Muster«. Tatsächlich bringen die vielen Sehzellen das eine Neuron, dem sie Meldung erstatten, das Ganglion, nur dann dazu, aktiv zu werden und dem Gehirn etwas zu melden, wenn das Licht, das sie erreicht, ihnen ein Muster präsentiert. Die Sehzellen, die einem Ganglion zuarbeiten, geben so etwas wie seinen Empfangsbereich ab, das »rezeptives Feld«. Rezeptive Felder bestehen nicht aus mehr oder weniger zufällig verteilten Sehzellen, die irgendwelche Positionen auf der Netzhaut besetzen. Sie sind vielmehr so angelegt, dass sich Muster ergeben, und das Gehirn erfährt nur, welche von ihnen beim Lichteinfall zu erkennen sind.

Die Empfangsstrukturen können kreis- oder ringförmig angelegt sein. In diesen Fällen erhält das Gehirn Nachricht darüber, ob auf der Netzhaut zum Beispiel ein heller Lichtpunkt oder eine dunkle Scheibe registriert werden konnte.

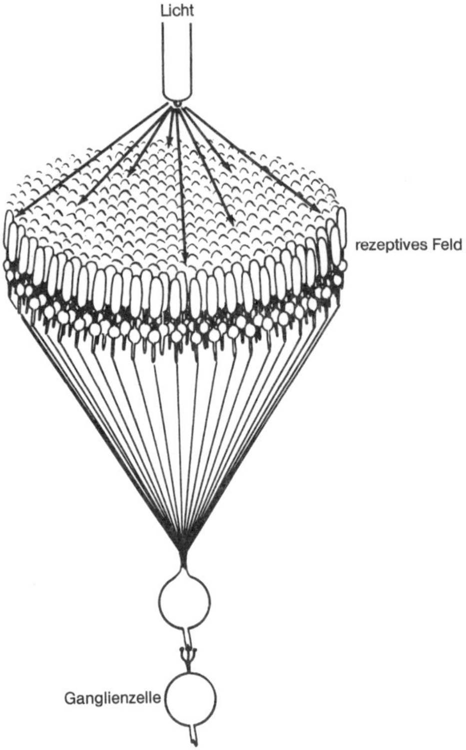

Abb. 28 Viele Sehzellen aus der Netzhaut – gezeigt hier in Form der Stäbchen – sind mit einem Sehneuron – einem Ganglion – verbunden. Diese Sehzellen bilden das rezeptive Feld des Ganglions. Das Gehirn erfährt nicht direkt, was die Netzhaut registriert, sondern nur, was es von den Ganglienzellen mitgeteilt bekommt. Diese Zellen werden aktiv, wenn sowohl die Form des rezeptiven Feldes als aus das Lichtmuster stimmen. Es gibt zum Beispiel kreisförmige Felder, die dem Gehirn dann etwas melden, wenn die Zellen am Rand Licht empfangen, während das Zentrum unbeleuchtet bleibt. Es gibt auch Ganglien mit umgekehrt geschalteten Feldern, die dann dem Gehirn Lichteinfall melden, wenn die Mitte des Zellenbündels beleuchtet wird, während es am Rand dunkel bleibt.

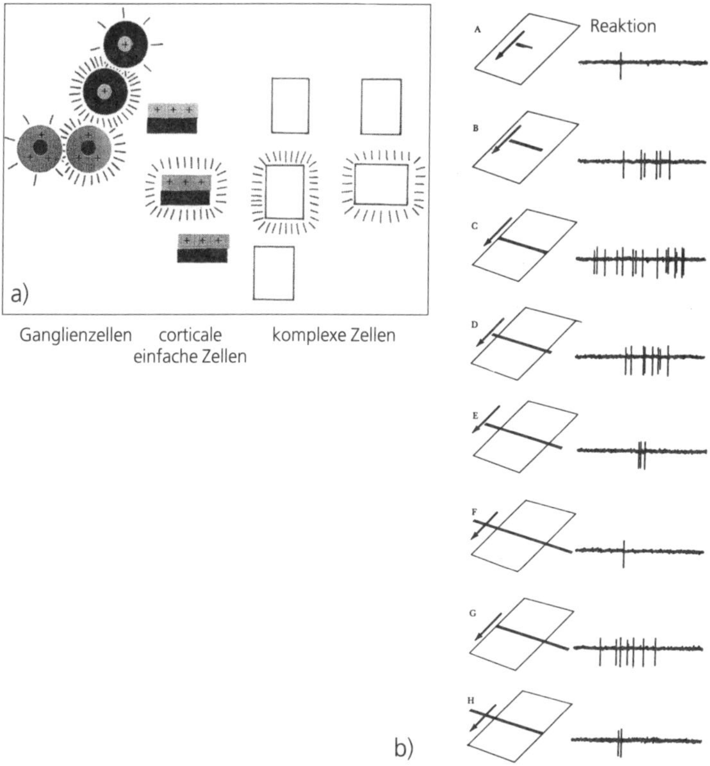

Abb. 29 a + b Beim Sehen gibt es eine Vielzahl von rezeptiven Feldern, und zwar nicht nur von Ganglienzellen. Wenn man dem nach einem Lichteinfall ausgelösten Nervensignal tiefer ins Gehirn hinein folgt, kommt man irgendwann in der Hirnrinde (Kortex) an, und die hier befindlichen Zellen reagieren nur dann, wenn ihren rezeptiven Felder bestimmte Muster auf der Retina entsprechen (a). Die Geometrie ist dabei übersichtlich. Ganglienzellen haben kreisförmige rezeptive Felder (vgl. Abb. 28), und kortikale Neuronen werden von Balken oder rechteckigen Flächen informiert. Wenn etwa der helle Fleck auf der Netzhaut erscheint, werden jene Neuronen mehr oder weniger stark aktiv, deren rezeptive Felder mit einem mehr oder weniger dichten Strahlenkranz versehen sind. Die Forscher unterscheiden im Kortex einfache von komplexen Zellen. Die Zweitgenannten können neben dem Muster auch noch die Richtung erkennen, in der etwa eine Linie bewegt wird (b). Wenn ein Strich durch das rezeptive Feld einer komplexen Zelle bewegt wird, richtet sich die Größe der Nervenaktivität nach Richtung und Ausdehnung der Linie. Experimente dieser Art und in dieser Qualität wurden zum ersten Mal in den 1960er Jahren durch David Hubel und Torsten Wiesel durchgeführt.

Die Entdeckung solcher gemusterten Empfangsbereiche geht auf den amerikanischen Neurophysiologen Stephen W. Kuffler (1913–1980) zurück, der vor gut fünfzig Jahren zum ersten Mal bemerkte, dass ein Sehnerv nicht alles weiterleitet, was die Netzhaut empfängt, sondern nach Mustern Ausschau hält und dabei ignoriert, was nur diffus daherkommt, also langweilig ist und ohne Bedeutung bleibt. Kufflers Leistung bestand darin, die richtige (und mit den verfügbaren technischen Mitteln zu klärende) Frage gefunden zu haben – nämlich die nach der besten Art, einzelne Ganglienzellen zu reizen, die über den Sehnerv ins Gehirn gelangen und dort vom ankommenden Licht künden. Kufflers Glück bestand darin, dass er seine ersten Experimente mit Katzen gemacht hat. Hätte er sich etwa für die Alternative Kaninchen entschieden, wäre ihm die Entdeckung rezeptiver Felder von Ganglienzellen wohl kaum so überzeugend gelungen. Denn während die Evolution die Kätzchen mit den übersichtlichen kreisförmigen On- und Off-Zentren aus Abb. 28 ausgestattet hat, geht sie bei Kaninchen komplizierter vor. Deren Ganglienzellen antworten auf Ecken oder Bewegungen, aber nur dann, wenn sie in eine Richtung zeigen oder entsprechend verlaufen.

Als sich im Verlauf der Jahre herausstellte, dass die Sache bei Fröschen noch eine Stufe komplexer als bei Kaninchen angelegt ist, versuchten sich die Neurobiologen in ihrer Verzweiflung an der Formulierung eines allgemeinen Gesetzes, das etwa folgendermaßen zu formulieren ist: Je dümmer ein Tier wirkt, desto intelligenter operiert seine Netzhaut. Anders ausgedrückt: Je schlauer ein Tier ist, desto mehr sieht es mit dem Gehirn, und dahin wollen wir gelangen. Noch stecken wir im Sehnerv, der aber rasch das Auge verlässt, um über eine Zwischenstation den Teil der Hirnrinde zu erreichen, in dem der eigentliche Sehvorgang beginnt.

Bevor wir uns sowohl die Relaisstation als auch den Kortex näher anschauen, sei zur Erinnerung erneut betont, dass es hier kein Licht mehr gibt. Was als physikalisches Signal begonnen und im Auge eine chemische Form angenommen hat, zeigt sich jetzt nur noch als elektrische Aktivität, die in Form von Impulsen (»Aktionspotentialen«) nachweisbar wird.

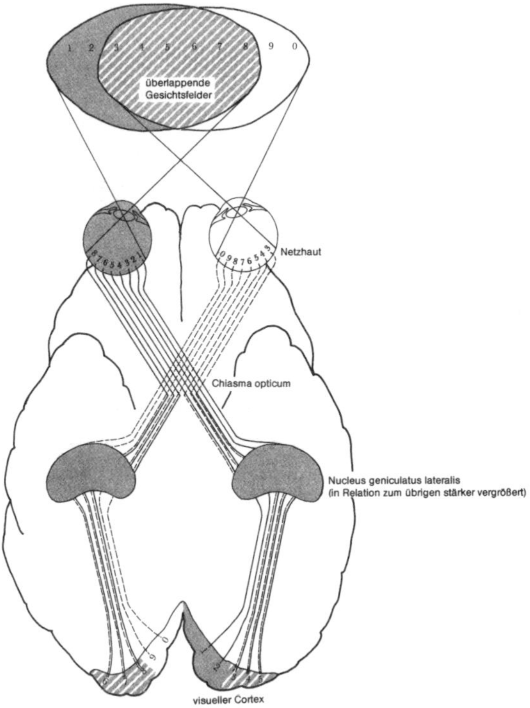

Abb. 30 Die Information, dass das Licht ins Auge gefallen ist, verlässt über Ganglienzellen die Netzhaut und strebt einem festen Platz im Gehirn zu, den man Sehrinde oder visuellen Kortex nennt. An dieser Stelle muss darauf hingewiesen werden, dass wir über zwei Augen im Kopf und dazu vermischt passend auch über zwei Hirnhälften (Hemisphären) verfügen. Die Informationsleitungen aus den Augen überkreuzen sich nicht so, dass die Nachrichten aus dem linken (rechten) Auge in die linke (rechte) Hälfte geleitet werden, sondern so, dass die Aktivität aus der linken (rechten) Hälfte eines Auges in die linke (rechte) Hemisphäre gelangt. Auf dem Weg durch den Kopf wird auf halber Strecke eine Pause eingelegt, und die Relaisstation wird von Anatomen als seitlicher Kniekörper bezeichnet. In der schichtenförmig aufgebauten Struktur passieren zwei Dinge: Zum einen bleibt die Anordnung (das Nebeneinander) der visuellen Information so erhalten, wie sie im Auge ankommt (retinotope Abbildung). Zum andern kommt es hier zu ersten Trennungen der gesamten visuellen Information. Nicht alle Schichten im Kniekӧper reagieren auf Farben, und diejenigen, die es tun, agieren eher langsam. Offenbar sondert die Wahrnehmung Farbe und Form schon an dieser Stelle von der Bewegung ab, was sich in später erreichten Hirnstrukturen fortsetzt.

Natürlich müssen die Nervensignale von Zelle zu Zelle gelangen, wozu eine Menge Chemie nötig ist, aber wenn Sinnesinformationen ihrem Ziel entgegenstreben, zählen nur die elektrischen Impulse und genauer die Häufigkeit (Frequenz), mit der Neuronen feuern. Ob wir ein Gesicht sehen, einen Text lesen, Musik hören, einen Duft aufnehmen oder mit einem Finger über Papier streichen – im Nervensystem kommen ausschließlich stereotype elektrische Botschaften an, die in allen Neuronen von gleicher Art sind und sich nur durch den Ort im Kopf unterscheiden, an dem sie eintreffen.

Genau und umfassend nachgewiesen und eingesehen haben die Hirnforscher diesen Zusammenhang erst nach dem Zweiten Weltkrieg, aber erkannt hatte ihn bereits im 19. Jahrhundert der Berliner Arzt und Physiologe Hermann von Helmholtz. In seinen *Populären Vorlesungen* schildert er die Arbeitsweise des Gehirns mittels eines eleganten Vergleichs, der möglicherweise in Zukunft nicht mehr verstanden wird, wenn keine Telegramme mehr geschickt werden und durch immer bessere Glasfasern die Erinnerung an die alten Kupferkabel verblasst:

»Die Nervenfasern sind oft mit Telegrafenleitungen verglichen worden, die ein Land überqueren, und dieser Vergleich ist gut dazu geeignet, ihre erstaunliche und sonderbare Funktionsweise zu illustrieren. In einem Netzwerk von Telegrafen finden wir überall dieselben Kupfer- oder Eisendrähte, die dieselbe Art von Bewegung transportieren, nämlich einen Strom von elektrischen Teilchen, aber in den verschiedenen Stationen je nach den Apparaten, mit denen sie verbunden sind, ganz unterschiedliche Ergebnisse hervorrufen. In einer Station ist das Ergebnis das Klingeln einer Glocke, in einer anderen wird ein Signal bewegt, in einer dritten beginnt ein Aufzeichnungsgerät zu arbeiten … Kurz gesagt, jede einzelne der hundert verschiedenen Aktionen, die Elektrizität zu erzeugen in der Lage ist, lässt sich über eine Telegrafenleitung hervorrufen, die zu jeder beliebigen Stelle verlegt werden kann, und es ist jedes Mal derselbe Vorgang im Draht selbst, der zu verschiedenen Konsequenzen führt. (…) All die Unterschiede, die man bei der Erregung verschiedener Nerven beobachten kann, hängen nur

Konstanz der Wahrnehmung

Die Beobachtung von Helmholtz führt zu einer Qualität der Wahrnehmung, die auf den Ebenen der Zellen und Moleküle noch viele Rätsel aufgibt. Gemeint ist die Tatsache, dass wir Eigenschaften von Dingen als konstant wahrnehmen, auch wenn sich die äußeren Umstände und damit die von uns empfangenen Sinneseindrücke ändern. Es stimmt nicht, wie in philosophischen Kreisen oft zu hören ist, dass wir einem Gewimmel von Sinneseindrücken ausgesetzt sind, das unsere Begrifflichkeiten leicht verwirrt. Es gilt eher das Umgekehrte, dass nämlich unsere Wahrnehmung mit allen biologischen Mitteln versucht, uns (äußere) Gegenstände durch ein stabiles und wiederkehrendes (inneres) Erscheinungsbild so vorzuführen, dass unser Gehirn es lohnend finden kann, für das Konstante ein Wort zu finden, um es auszudrücken bzw. auszuzeichnen. Nur was wir konstant wahrnehmen, lohnt sich zu merken, und diese Aufmerksamkeit schlägt sich in der Sprache nieder. Am Anfang war (vielleicht) die Konstanz des Wahrgenommenen, und dann kam das Wort.

Die bekannteste Konstanzleistung des Gehirns ist die Farbe, wie sich mit einem weißen Blatt Papier leicht veranschaulichen lässt. Ob man das Blatt im Licht der aufgehenden Sonne, beim Mondschein, unter der Schreibtischlampe oder im hellsten Mittagslicht betrachtet – es sieht immer weiß aus, obwohl die Strahlen, die von ihm reflektiert werden, kaum unterschiedlicher sein könnten (wie mit physikalischen Messapparaten nachzuweisen ist). Rote Beeren bleiben rot und grüne Blätter grün, ganz gleich, ob es trübe Winter- oder strahlende Sommertage sind. Die Farbkonstanz kommt nur dann an ein Ende ihrer Leistungsfähigkeit, wenn extrem unnatürliches Licht die betrachtete Szene beleuchtet – wie es etwa mit den gelben Natriumlampen auf einigen europäischen Autobahnen passiert. Unser Sehsystem hat nicht lernen können, sich auf Licht einzustellen, in dem fast nur eine Wellenlänge vertreten ist. Bei dieser (monochromatischen) Beleuchtung fehlt der Wahrnehmung jede Vergleichsmöglichkeit, und Gegenstände zeigen nicht mehr *ihre* Farbe, sondern die des Lichts, das auf sie trifft.

Eng verbunden mit der Farbkonstanz ist die Fähigkeit, die Helligkeit eines Gegenstands als gleich bleibend zu bewerten, auch wenn die Intensität des von ihm reflektierten Lichts schwankt. Bekanntlich erscheinen uns Gegenstände unabhängig von ihrer Farbe als hell oder dunkel, und selbst wenn von einem schwarzen Reifen im vollen Sonnenschein mehr Licht abgestrahlt wird als von einem weißen Blatt Papier im Schatten, nehmen wir den einen Gegenstand als dunkel und den anderen als hell wahr – also so, wie sie sind.

Andere Konstanzleistungen – neben der Helligkeits- und der Farbkonstanz – betreffen die Größe, die Form und die Orientierung von Gegenständen. Wir betrachten ein Objekt auch dann als unverändert, wenn sich sein Niederschlag auf der Netzhaut auf verschiedene Weisen verändert. Ein Mensch bleibt gleich groß, wenn er sich auf uns zu bewegt und dadurch mehr Platz auf der Retina beansprucht (Größenkonstanz). Er behält zudem seine Form, selbst wenn wir einen anderen Umriss zu Gesicht bekommen (Formkonstanz), und das gilt auch für seine Orientierung, die geneigt, schräg oder noch anders sein kann. Und selbst die Position, die unsere Wahrnehmung einem Gegenstand in Hinblick auf uns oder andere Objekte zubilligt, verändert sich nicht, wenn es zu Verschiebungen der Informationen auf der Netzhaut kommt (Lagekonstanz).

So wie die Farbkonstanz stößt auch die Größenkonstanz irgendwann an die Grenze ihrer Leistungsfähigkeit. Die meisten Menschen haben diese Grenze selbst schon einmal erfahren, wenn sie von einem hohen Turm oder einem Wolkenkratzer nach unten schauen und dort Menschen spazieren gehen sehen. Sie wirken plötzlich nicht mehr wie Artgenossen, sondern wie Ameisen. Dieser Eindruck bleibt bestehen, auch wenn man sich noch so oft sagt, dass man sich irrt.

Was muss das Gehirn tun bzw. können, um aus Signalen, die sich ständig ändern, ein Bild der Welt zu rekonstruieren, das voll von Konstanten ist, die sich wiederholen und somit das (Wieder-)Erkennen des Wirklichen erlauben und ermöglichen?

Seit Helmholtz' Zeit gibt es viele theoretische Versuche des Verstehens, ohne dass sich wirklich ein Verständnis zeigt. Vielleicht erfassen wir erst, wie sich das festhält, was sich festzuhalten lohnt, wenn wir die Frage beantworten können, ob wir die Konstanzwahrnehmung lernen müssen oder als geschenkte Fähigkeit bei der Geburt mit auf den Lebensweg bekommen. Die Ergebnisse der Wissenschaft weisen in die Richtung, dass die Natur uns hier die meiste Arbeit abnimmt. Zumindest über Form- und Größenkonstanz verfügen wir schon als Säuglinge. Wahrscheinlich macht es deshalb so große Mühe, ihre Verankerung aufzuspüren und nachzuweisen. Sie ist so fest wie die Wahrnehmung selbst.

von den Unterschieden der Zielorgane ab, mit denen der Nerv verknüpft ist und zu denen er die Erregung weiterleitet.«

In der Tat – wenn die elektrische Erregung in dem für das Sehen oder Hören zuständigen Areal ankommt, sehen oder hören wir etwas, wobei der Vergleich von Helmholtz hier an sein Ende kommt, denn vom »Klingeln einer Glocke« kann er nur als außen stehender Beobachter sprechen, und auf den müssen wir leider verzichten, wenn wir verstehen wollen, was das Gehirn macht, damit uns weder Hören noch Sehen vergeht, sondern beides gelingt.

Das Schöne an diesem Problem besteht darin, dass wir uns auf die Ergebnisse und Möglichkeiten der Wissenschaft beschränken und viele philosophische Bemühungen übergehen können. Wer meint, dass wir damit auf die eigentlich spannenden Fragen verzichten, lässt sich vielleicht vom Gegenteil überzeugen, wenn er erfährt, um welche Themen es in der Neurologie geht. Sie handelt nicht nur davon, wie man Formen erkennen kann, und das unabhängig von ihrer Lage auf der Netzhaut oder ihrer Größe, sondern auch davon, wie aus den beiden Informationsmengen, die getrennt in unseren Augen einlaufen, das eine Bild wird, das wir sehen.

Die Neurologie versucht auch, das Wunder der Wahrnehmung zu ergründen, mit dem sich schon Helmholtz beschäftigt hat, seit ihm Folgendes aufgefallen war: Physikalische Messungen zeigen, dass ein weißes Blatt Papier bei Mondlicht dunkler ist (weniger Licht abstrahlt) als schwarzer Satin bei Tageslicht. Trotzdem stellen wir ohne Mühe fest, »dass das Papier weiß und der Satin schwarz ist«, wie Helmholtz seine Beobachtungen formulierte, um folgenden Gedanken zur Kunst anzuschließen: »Jeder Maler malt ein weißes Objekt im Schatten mit grauer Farbe, und wenn er die Natur richtig nachgeahmt hat, erscheint es rein weiß.«

Stationen im Gehirn

Es wird immer deutlicher, dass das Bild der Welt eine Leistung des Gehirns ist, die unser Denkorgan aber erst vollbringen kann, wenn die Informationen, dass Licht ins Auge gefallen ist, bei ihm eingetroffen sind. Die Nervenbahnen, die von der Retina aus ins die so genannten höheren Regionen ziehen, sind bestens bekannt. Wir folgen den Spuren in Stufen, beginnen mit einem einzelnen Auge – etwa dem linken – und verfolgen ein Ganglion, das zum Verband des *Nervus opticus* gehört und mit ihm eine Station ansteuert, die mitten im Hirn in einem Gebiet namens Thalamus liegt. In ihm lässt sich eine Region ausmachen, die als »seitlicher Kniehöcker« *(Corpus geniculatum)* bezeichnet wird.

Wozu die so benannte Zwischenstation beim Sehen dient, können die Forscher aber nicht genau sagen. Drei Erkenntnisse seien jedoch hier festgehalten: 1. Im Kniehöcker bleibt die räumliche Anordnung der Nervenzellen erhalten, die sie im Auge eingenommen haben. Dieses Konstruktionsprinzip nennt man retinotope Organisation und bleibt bis hinauf in den Kortex erhalten. 2. Auch für die hier agierenden Neuronen lassen sich rezeptive Felder angeben; ihre konzentrischen Formen gleichen denen der Ganglienzellen in der Retina. 3. Spätestens hier spaltet sich der Weg der visuellen Information auf, und zwar in zwei Bereiche, die sozusagen in die Tiefe und die Höhe gehen. Der von uns weiter verfolgte aufsteigende Hauptteil geht zur Sehrinde; das Gewebe, das die entsprechenden Neuronen bilden, ist als Sehstrahlung bekannt (was ein unglücklicher Ausdruck ist, der leicht mit dem Licht selbst verwechselt werden kann, das auch als Strahlung ins Auge fällt). Der von uns hier nur gestreifte absteigende Nebenteil wird Hirnregionen im Limbischen System zugeleitet, die weniger zum erkennenden Sehen als vielmehr zum emotionalen Bewerten dienen. In der Tat muss längst von einem zweiten Sehsystem des Menschen gesprochen werden, denn schon bevor der optische Nerv im Kniehöcker ankommt, zweigen einige Neuronen aus ihm ab, um ein Areal zu erreichen, das *Colliculus superior* genannt wird.

Diese erst spät gefundene zweite Tür des Lichts als Eingang in die Dunkelheit des Gehirns, die der zuerst entdeckten nicht nachgeordnet ist und parallel zu ihr offen steht, muss an dieser Stelle wieder geschlossen werden, weil wir uns sonst zu sehr in den visuellen Angeboten des Gehirns verzetteln. Allerdings kann sie für Blinde eine lebenswichtige Rolle spielen, weil ihre primäre Sehbahn unterbrochen ist. Auch Blinde können nämlich etwas sehen, was heißen soll, dass sie merken, ob sie von Helligkeit umgeben sind oder sich in Dunkelheit befinden, weil das Licht über den zweiten Weg in ihr Gehirn gelangt. Unser Gehirn weiß, dass Licht da ist, selbst wenn die Stelle ausgefallen ist, an und mit der wir genauer erkennen können, was das Licht uns zeigt.

Der *Colliculus superior* liegt im Mittelhirn und besteht aus einem einzigen Stück, was zwar nicht weiter verwunderlich wäre, aber im Gehirn seine Bedeutung hat. Schließlich sehen wir mit zwei Augen, aus denen zwei optische Nerven zu zwei seitlichen Kniehöckern ziehen, um danach zwei getrennte Sehrinden zu erreichen, eine in der rechten und eine in der linke Hemisphäre. Die Organisation des Gehirns wäre wahrscheinlich leichter zu durchschauen, wenn die Natur es so eingerichtet hätte, dass ein Auge einer Sehrinde zuarbeiten würde. Doch es ist vielmehr so, dass die Ganglien aus der linken (rechten) Hälfte eines Auges in den linken (rechten) Teil des visuellen Kortex gelangen. Das macht eine Kreuzungsstation erforderlich, an der das, was im rechten Auge links wahrgenommen wird von rechts nach links und das, was im linken Auge rechts erfasst wird, von links nach rechts geleitet wird. Diese Station heißt Chiasma, und sie liegt vor der Abzweigung des zweiten Sehsystems und den beiden Kniehöckern.

Diese Zweiteilung zeigt wieder, dass Sehen keine passive Aufnahme von Information, sondern eine aktive Produktion von Wissen und somit eine Leistung des Gehirns ist. Schließlich ist der gesamte Lichteindruck aus dem Auge nirgendwo im Kopf vorhanden. Es gibt ihn in zwei Teilen, die zudem getrennt in der Sehrinde ankommen. All dies sollte uns aber kaum noch etwas ausmachen, seit wir das Gestrüpp vor der Netzhaut kennen gelernt und festgestellt haben, dass Lichtwahrnehmung durch rezeptive Felder organisiert ist. Auf sie können wir uns zum Glück auch in der Sehrinde verlassen, und obwohl sie in manchem Detail komplizierter geworden sind (vgl. Abb. 29), bleiben uns ihre Formen wohl vertraut.

Die gemalte Welt

Wer die rezeptiven Felder vom Standpunkt eines Geometers aus betrachtet, wird dem visuellen System ein Lob für die wunderbar runden oder elegant gradlinigen Grundstrukturen zollen. Wer die Felder aber unter dem Aspekt der Evolutionsbiologie ansieht, darf ein wenig ins Grübeln kommen, denn das, was im Nervensystem zu den stärksten Reaktionen führt, kommt in der Natur nicht vor. Zwar bauen Menschen gerade Straßen und runde Scheiben, aber die nicht von ihnen stammenden Gegenstände der Welt sind krumm und schief angelegt und stecken voller Verzweigungen. Paradox formuliert sehen wir am besten, was es ohne uns nicht gibt, wobei sich auch anders argumentieren ließe, nämlich so, dass wir am schnellsten erkennen können, was wir selbst gemacht haben oder was jemand mit unseren Fertigkeiten hergestellt hat. Das Atypische weckt unsere größte Aufmerksamkeit und lenkt unseren Blick in seine Richtung.

Man kann die rezeptiven Felder auch noch aus einer dritten Richtung anvisieren, und zwar von der Kunst aus, aber anders, als sie bei Helmholtz zur Sprache gekommen ist. Sehen heißt ja zuletzt, ein Bild von der Welt vor Augen haben, wobei wir in der frühen Phase der Erkundung uns so verhalten, wie Wissenschaftler es zunächst immer tun. Sie denken sich ihr Objekt statisch. Das Bild, das ich sehe, das ein Ich von der Welt sieht, ist aber nicht von dieser Art. Auf ihm bleibt die Welt nicht stehen wie auf einem Foto, und wer das Sehen als technischen Vorgang beschreiben will, muss wenigstens an einen Film denken, der im Kopf abläuft. Es macht also Sinn, sich mit Bildern zu befassen, aber nicht nur, um sie zu betrachten, sondern auch um sie umgekehrt anzufertigen. Es geht ja um die Frage, wie die einzelnen Bilder entstehen, die wir sehen, und die rezeptiven Felder, in der eine betrachtete Szene vom Gehirn zerlegt wird, könnten einen spannenden Hinweis geben. Sie erlauben nämlich die bereits angedeutete Hypothese auszubauen, dass das Gehirn die Welt malt, wenn wir sie sehen.

Der Film im Kopf

Wir sehen sicher Bilder, wenn wir uns die Welt anschauen, aber sie ändern sich dauernd wie im Kino, und seit die Bilder in diesem Medium das Laufen lernten, denken wissenschaftlich orientierte Philosophen wie der Franzose Henri Bergson über die Frage nach, ob es nicht so etwas wie einen »kinematographischen Mechanismus des Denkens« gibt. So schreibt Bergson in seinem 1908 erstmals erschienenen Buch, das im Original im Titel von einer »kreativen Evolution« spricht und auf Deutsch *Schöpferische Entwicklung* heißt: »Von der vorüber gleitenden Realität nehmen wir sozusagen Momentbilder auf, und weil sie diese Realität charakteristisch zum Ausdruck bringen, so genügt es uns, sie längs eines auf dem Grund des Erkenntnisapparates liegenden Werdens nachzubilden, was das Charakteristische dieses Werdens selbst ist. (…) Wir tun nichts weiter, als einen inneren Kinematographen in Tätigkeit zu setzen. (…) Der Mechanismus unseres gewöhnlichen Denkens ist kinematographischen Wesens.«

Nun könnte man denken, dass sich hier ein Philosoph zu sehr durch eine neue Kulturtechnik beeinflusst zeigt, und mithilfe des besonderen Sehens, das im Kino seit seinen Tagen gelernt werden kann, das große Rätsel des Bewusstseins erhellen will. Aber die Idee, dass wir unseren Gedankenstrom aus einzelnen Aufnahmen zusammensetzen – also im Leben dasselbe tun wie im Kino –, findet inzwischen Unterstützung durch die Medizin. Sie kennt Patienten, die bei Migräneanfällen »das Gefühl visueller Kontinuität verlieren« und stattdessen »flackernde Standbilder« sehen. Der Neurobiologe Oliver Sacks hat über solche Fälle berichtet und dabei unter anderem den Fall der Patientin Hester Y. erwähnt, die sich nur ein Bad einlaufen lassen wollte und sich bald inmitten einer Überschwemmung wieder fand. Der Grund dafür war erschütternd. Hester Y. war »starr in jenem Wahrnehmungsmoment stecken geblieben, als in der Wanne ein Zoll Wasser gewesen sei«, wie Sacks schreibt, der daraus einen Schluss zieht: »Solche Stillstände zeigen, dass das Bewusstsein für längere Zeit angehalten werden kann, während automatische, unbewusste Funktionen wie das Einhalten der Körperhaltung oder das Atmen weitergehen wie zuvor.«

Andere medizinische Erfahrungen – etwa von Patienten, die nicht mehr in der Lage sind, Bewegungen wahrzunehmen und nur regungslose Figuren sehen – weisen darauf hin, dass es eine Anzahl verschiedener Mechanismen für die Wahrnehmung von sichtbaren Bewegungen und die Kontinuität des visuellen Bewusstseins gibt, die im Normalfall zusammenwirken und meistens Eindrücke produzieren, über die wir uns nicht wundern. Dies wird nur in Ausnahmefällen anders, etwa bei der bekannten Wagenrad-Illusion, die aus alten Wildwestfilmen bekannt ist und sich dadurch bemerkbar macht, dass sich die Räder von Kutschen plötzlich in umgekehrter Richtung drehen, als die Fahrtrichtung erwarten lässt. Dieser Effekt rührt von der fehlenden Synchronisation zwischen der Geschwindigkeit der Filmbilder und derjenigen der kreisenden Räder her. Aber die Illusion kann auch ohne Film auftauchen – etwa dann, wenn man einen sich rasch drehenden Ventilator gegen die Decke betrachtet oder auf die mit gemusterten Radkappen versehenen Räder eines fahrenden Autos schaut. Dann sehen wir die Wirklichkeit wie einen Film, und genau diesen Eindruck hat die Wissenschaft bestätigen können.

Eine umfassende, systematische Untersuchung der Wagenrad-Illusion zeigt, dass unser Sehsystem Informationen in »sequentiellen Episoden« verarbeitet; dies geschieht mit einer Geschwindigkeit von drei bis zwanzig Episoden pro Sekunde. Üblicherweise werden diese aufeinander folgenden Bilder als ununterbrochener Strom wahrgenommen, aber wir behalten die gleiche Chance, die auch eine Filmkamera hat. Wir können »Zeit und Wirklichkeit in einzelne Bilder aufbrechen« und »dann zu einem scheinbar kontinuierlichen Fluss zusammensetzen«, wie Sacks schreibt. Unser Bewusstsein kommt als Film zustande, was vor allem bedeutet, dass wir keine passiven Beobachter sind:

»Wir sind die Regisseure des Films, den wir machen – aber genauso sind wir dessen Figuren: Jedes einzelne Bild, jeder Augenblick sind wir, gehört uns.« Unser Leben beruht also auf Momenten, »die ihrem Wesen nach persönlich sind.« So etwas wissen die Poeten längst, zum Beispiel Jorge Luis Borges, der einmal geschrieben hat: »Die Zeit ist ein Fluss, der mich davon reißt, aber ich bin dieser Fluss. Alle meine Augenblicke fließen in ihm zusammen.«

»Das Gehirn malt die Welt.« Um diesen Satz zu verstehen, erinnern wir zum einen daran, dass unser Denkorgan die Welt auf keinen Fall fotografiert, wenn wir sie sehen. Zum andern fragen wir, was wir meinen, wenn wir sagen, jemand malt ein Bild. Wenn wir beispielsweise annehmen, das Bild zeigt ein Haus, dann meinen wir doch nicht, dass mit einem Schlag ein Haus auf der Leinwand zu sehen ist. Wir meinen, dass ein Künstler Punkte, Linien, Kreise und andere elementare Figuren auf das Papier bringt, die irgendwann alle zusammen das Haus erkennbar machen, das dem Maler vorschwebt und das zuletzt zu sehen ist.

Wir malen also ein Haus aus elementaren Gebilden, die sich zum Teil geometrisch definieren und beschreiben lassen. Genau diese Grundfiguren finden die Neurobiologen als rezeptive Felder und damit als die Basiseinheiten, mit denen das Gehirn arbeiten muss, um aus Licht Sehen zu machen.

Wenn die Hypothese mit dem Malen stimmt und wir mit der künstlerischen Tätigkeit nicht nur das Hantieren mit Stift und Pinsel, sondern auch die Planung des Bildes meinen, dann erwarten wir vom Gehirn, dass es eine betrachtete Szene nicht nur in ihre geometrischen Strukturen zerlegt, sondern insgesamt Form und Farbe trennt. Tatsächlich passiert dies auch im Kopf, und zwar durch Weiterleitung der Nervenbahnen, die in der primären Sehrinde – auch V1 genannt – beginnt und andere Areale in der Nachbarschaft erreicht, die als V2 bis V5 durchnumeriert werden und die Hirnforscher mehr oder weniger präzise lokalisieren können.

Die Aufteilung, die auf den ersten Blick sehr übersichtlich wirkt und jahrelang für ziemlich vollständig gehalten wurde, hat sich beim näheren Hinsehen eher als Spitze eines Eisbergs erwiesen. In der gesamten Großhirnrinde kennt die Wissenschaft inzwischen mehr als dreißig Areale, die an der Wahrnehmung, Verarbeitung und Deutung visueller Reize beteiligt sind. Diese Vielzahl macht etwa sechzig Prozent der gesamten Fläche aus, die uns in diesem Teil des Kopfes zur Verfügung steht.

Damit wird das Sehen für unser Leben und Überleben sehr wichtig, was natürlich keine große Neuigkeit ist und spätestens Aristoteles aufgefallen ist, der von der großen Freude gesprochen

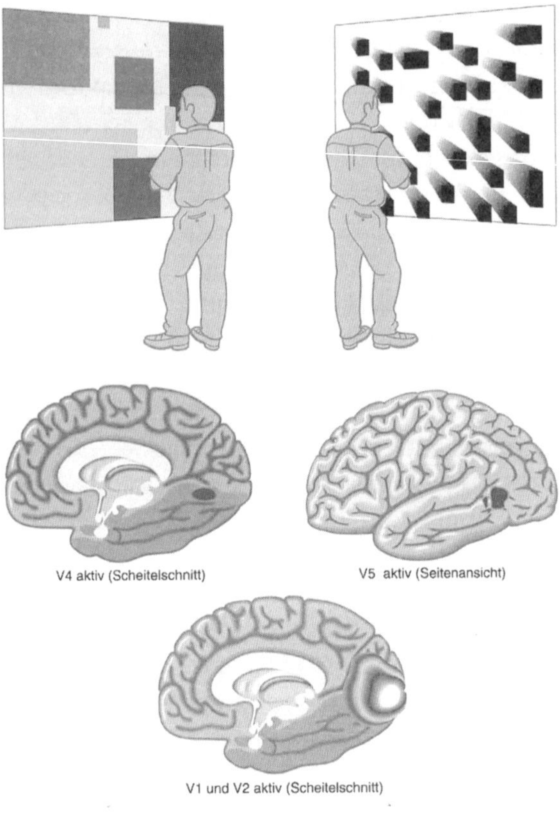

Abb. 31 Heute gibt es die Möglichkeit, die Regionen eines Gehirns sichtbar zu machen, die bei der Ausführung von Aufgaben besonders aktiv werden. Im Prinzip wird mit raffinierten physikalischen Methoden der zerebrale Blutstrom analysiert. Tut man dies bei einer Person, die sich eine Szene anschaut, stellt man fest, dass die Sehrinde aktiv wird (Mitte unten, c). Man könnte hier genauer unterscheiden und neben der im Text erwähnten Region V1 noch eine zweite namens V2 ausmachen, was aber hier nicht weiter nötig ist. Wichtig für unsere Zwecke ist die Feststellung, dass dann, wenn die Person auf ruhige farbige Flächen à la Mondrian schaut (links, a), in ihrem Gehirn andere Regionen aktiv werden, als wenn sie bewegte farblose Flächen ansieht (rechts, b). Das Areal für die Farben nennt man V4, und das Areal für die Bewegung V5. Die Hirnforscher können noch ein zwischen den vier genannten Regionen liegendes Gebiet V3 unterscheiden, dem unser Gehirn die Fähigkeit anvertraut hat, dynamische Formen zu registrieren, also etwa sich drehende Muster oder tanzende Menschen.

hat, die wir an der sinnlichen Wahrnehmung der Welt haben, und zwar vor allem mittels der Augen. Einige Menschen haben mehr Vergnügen an Formen, andere an Farben, und dies könnte daran liegen, dass die dazugehörigen Areale besser geformt oder raffinierter mit anderen Bereichen im Gehirn verbunden sind, und zwar mit denen, die über die Wahrnehmungsleistung hinausgehen und für die Freude (und mehr) sorgen, von der Aristoteles gesprochen hat.

Farbe und Form gehören für einen Forscher in die Rubrik Objekterkennung. Wenn sie gelungen ist, hat man leider noch keinerlei Hinweis auf den Ort bekommen, den der erkannte Gegenstand in der realen Welt einnimmt. Die Bestimmung seiner Position gelingt an einer anderen Stelle. Sie liegt weiter oben im Kopf – zum Scheitel hin –,neben Regionen, die auch Ortsveränderungen – also Bewegungen – registrieren. Trotz der Vielfalt der visuell wichtigen Areale scheint eine übersichtliche Zweiteilung möglich zu sein, indem man den Fluss der Information, der den primären Kortex verlässt, in zwei Ströme aufteilt. Der zuletzt erwähnte wird »Wo-Strom« und der zuerst beschriebene wird »Was-Strom« genannt, wobei diese Ausdrücke nur *cum grano salis* zu verstehen sind, da aus dem Bereich des »Wo-Stroms« auch die Handlungen gesteuert werden, die aufgrund visueller Eindrücke angezeigt sind.

Es scheint nichts Besonderes zu passieren, wenn wir einen roten Ball mit hoher Geschwindigkeit auf uns zurasen sehen und uns dann wegducken. Aber wir wissen bis heute nicht, wo sich der rasende rote, runde Gegenstand im Gehirn aufhält, der unsere Muskeln in Gang setzt. Wir wissen, wo wir seinen Ort feststellen, seine Farbe erkennen, seine Form ausmachen und die Richtung analysieren, in der er unterwegs ist. Doch dann ist Schluss. Denn »der Schritt von einzelnen Merkmalen zu ganzen Objekten ist den Forschern bislang ein großes Rätsel. Die Tatsache, dass das visuelle System dieses Rätsel in weniger als hundert Millisekunden löst, macht die Sache nicht einfacher«, wie der Gießener Psychologe Karl Gegenfurtner lakonisch geschrieben hat, als er den Zusammenhang von *Gehirn & Wahrnehmung* kompakt dargestellt hat.

Das Auge auf Farben

Der Vorgang der Wahrnehmung (Perzeption, engl. *perception*) bleibt nicht bei der bloßen Erfassung der vorgefundenen Dinge stehen, sondern schließt immer auch eine Reaktion ein, wie sich an der Verwendung des Wortes erkennen lässt, bei der davon die Rede ist, dass wir einen Termin oder eine Gelegenheit wahrnehmen. Wahrnehmung meint dann die sinnliche Erfassung der Wirklichkeit (das heißt, die Aufnahme von Informationen durch die Sinne) und ihre anschließende Überführung in eine sinnvolle Handlung, was die lateinische Vorsilbe *per* in *perception* rechtfertigt, die »hindurch« meint. Wahrnehmung geht durch den Körper hindurch, um vom Reiz zur Reaktion zu werden, wobei die durchlässige Person in der heutigen Auffassung über Handlungsdispositionen verfügt, die von der Wahrnehmung ausgewählt werden.

Übrigens – das »durch« kann auch in die Gegenrichtung genutzt werden, indem man sich klar macht, dass die Wahrnehmung auch das Mittel ist, sein Gegenüber zu durchschauen. Wer bei einem Gesprächspartner nicht nur die Haarfarbe oder die Kleidung beobachtet, sondern die ganze Person wahrnimmt, wird mehr von ihr wissen, als die Augen an der Oberfläche zu sehen bekommen – und entsprechend bereit sein, etwas zu tun.

Hinter der Idee der Handlungsdispositionen steht der uns bereits bekannte Wunsch der Wissenschaft, eine beobachtete Vielfalt auf einige wenige Grundmuster oder Basisbausteine zurückzuführen. Konkret für das Verhalten besteht die Hoffnung, all unser Tun erst durch die Aktivität einiger Neuronen erklären zu können, deren Eigenschaften dann im nächsten Schritt durch eine molekulare Analyse auf der Ebene der Gene zu verstehen sind. Dieser umfassende Traum hat sich an einer Stelle als realisierbar erwiesen, und zwar bei der Wahrnehmung von Farben.

Vor gut zweihundert Jahren – im Herbst 1794 – hielt der Chemiker John Dalton (1766–1844) eine Vorlesung vor der »Literarischen und Philosophischen Gesellschaft« im britischen Manchester und sprach über sein eigenes Sehvermögen. John Dalton war nämlich farbenblind. Er beschrieb dem Publikum, dass er vor allem Scharlachrot mit Grün und Rosa mit Blau verwechselte, und ihm war aufgefallen, dass ein roter Siegelwachs, der damals in Umlauf war, für ihn farblich nicht von Lorbeerblättern zu unterscheiden war. Am meisten störte ihn, dass eine Pflanze, die er als *Geranium zonale* bezeichnete und die allgemein als *cranes bill* (Storchschnabel) bekannt war, ihr Aussehen in Abhängigkeit von der Lichtquelle änderte. Die Blätter, die von einem Normalsichtigen als »rosa« bezeichnet würden, kamen Dalton im Tageslicht zwar »himmelblau« vor, aber beim Kerzenschein machten sie den Eindruck, als ob sie »gelb mit einem Stich Rot« (»Yellow with a tincture of red«) seien.

Dalton wusste, dass sein Bruder unter einer ähnlichen Störung der Farbwahrnehmung litt; überhaupt hatten die Ärzte bereits im 18. Jahrhundert bemerkt, dass Farbenblindheit etwas war, das Generationen hindurch weitergegeben wurde. Aber von Vererbungsregeln oder gar von Erbfaktoren war – mehr als ein halbes Jahrhundert vor Gregor Mendel – unter den Wissenschaftlern noch keine Rede. Der Chemiker Dalton vermutete darum in seinem Vortrag, dass irgendeine stoffliche (chemische) Verunreinigung des Glaskörpers seiner Augen die Ursache seiner Farbschwäche sei. Im Einzelnen nahm Dalton an, dass sich irgendeine hellblaue (»tinted blue«) Substanz gelöst darin befinden würde, die bevorzugt langwelliges Licht absorbieren könne. Er beschloss, nach seinem Tod seine Augen der Wissenschaft zur Verfügung zu stellen, um diese Hypothese prüfen zu lassen.

Die Genetik der Farben

Am 27. Juli 1844 starb Dalton im Alter von achtundsiebzig Jahren, und einen Tag später begann sein medizinischer Assistent Joseph Ransome mit der Autopsie. Seine Analyse des Glaskörpers konnte zwar die Hypothese Daltons nicht bestätigen – die Augenmasse war so klar und durchscheinend wie jede andere, die man kannte –, aber Ransome bewahrte Daltons Augen nach diesem Fehlschlag

Farbenblindheit

Von Farbenblindheit spricht man, wenn bestimmte Farben schlecht oder überhaupt nicht wahrgenommen werden. Dass fast zehn Prozent aller Männer, aber nur weniger als ein Prozent aller Frauen farbenblind sind, gibt einen Hinweis darauf, dass die dazugehörige genetische Basis auf den Chromosomen zu finden ist, die geschlechtsbestimmend sind. Es geht vor allem um das X-Chromosom. Durch moderne Methoden der Genetik kann man angeben, welche Eigenschaft ihren genetischen Platz in welchem Band hat. Dabei stellt sich heraus, dass die Farbenblindheit – d. h. die Gene für die dazugehörenden Pigmente – in dem Bereich liegt, der q28 genannt wird. Der Buchstabe q drückt dabei aus, dass es um den langen Arm des Chromosoms geht (der kurze wird mit p nach dem französischen *petit* bezeichnet), und mit der Zahl werden mikroskopisch sichtbare Banden abgezählt. Ein Genetiker sagt meistens: Farbenblindheit ist bei Xq28 lokalisiert.

Da Farbenblindheit in das Ressort der Medizin fällt, trifft man auf viele überflüssige und komplizierte Ausdrücke: Rotblinde Personen werden als Protanope, grünblinde Menschen als Deuteranope bezeichnet. Ihnen fehlt ein Pigment, und zwar entweder die lang- oder die mittelwellige Form. Sehr selten taucht auch noch eine Blauviolettblindheit (Tritanopie) auf. Wenn statt der Farbenblindheit nur eine Farbschwäche vorliegt, ist von Anomalien die Rede, von Protanomalie, Deuteranomalie und Tritanomalie. Die Farbtüchtigkeit wird mit einem Gerät (einem Anomaloskop) geprüft, bei dem eine Versuchsperson aus Rot und Grün ein bestimmtes Gelb mischen muss. Rotschwache brauchen viel mehr Rot, Grünschwache brauchen viel mehr Grün, und Rotblinde sehen alles Licht, das eine längere Wellenlänge als 520 nm (»Grün«) hat, als Gelb an. Alle Möglichkeiten sind mit genetischer Hilfe heute erklärbar.

Es kann mehrere Kopien des Gens für das mittelwellige Pigment in einer Zelle geben. Bei den Zellteilungen, die der Befruchtung vorangehen, kann es zu Überkreuzungen des genetischen Materials kommen. Dieses Crossing-over kann zum Beispiel mitten durch ein lang- bzw. kurzwelliges Gen gehen und dabei für all die Mischformen sorgen, die man von farbenblinden Menschen her kennt. Wenn man alle möglichen Überkreuzungen durchführt, hat man auch alle Formen der Farbenblindheit erfasst.

auf. So konnte man vor kurzem – hundertfünfzig Jahre nach Daltons Tod – einen neuen Versuch unternehmen, die Ursache für seine Farbenblindheit zu untersuchen.

Die Methode der Wahl besteht heute in einer Analyse des genetischen Materials, denn es gehört zu den jüngsten Erfolgen der genetischen Wissenschaft, alle Erscheinungen der Farbenblindheit von einigen Genen und ihren Kombinationen her erklären zu können. Wir wissen längst, dass der Glaskörper nichts mit der Rezeption und Weiterleitung des Lichts zu tun hat und dass dafür die Netzhaut zuständig ist, in der zwei Arten von Zellen unterschieden werden können, die Stäbchen und die Zapfen. Es sind vor allem die Zapfen, die bei der Wahrnehmung der Farbe eine wesentliche Rolle spielen. Diesen Zapfen gelingt ihre spezielle Aufgabe dadurch, dass sie leicht unterschiedliche (farbselektive) Varianten der lichtempfindlichen Proteine tragen, die wir als Rhodopsine beschrieben haben. Die alte Grundeinsicht der Genetik besteht darin, dass zu jedem Protein das entsprechende Gen gehört – das Gen für ein Rhodopsin –, und die neue Gentechnik gibt den Wissenschaftlern beste Möglichkeiten an die Hand, im Erbmaterial fündig zu werden. Es reicht heute, nur ein wenig über ein Protein zu wissen, und schon lässt sich das ganze Arsenal der Gentechnik einsetzen, um mehr über die Proteine, ihre Aufgaben und ihre Herkunft zu erfahren.

Der Vorteil besteht darin, dass die Genetiker schon seit länger Zeit wissen, wo sie nach den Genen für die Farbpigmente suchen müssen. Denn dass Farbenblindheit vererbt werden kann, wusste man schon seit geraumer Zeit. Spätestens seit 1876 sind auch genaue Stammbäume bekannt, die Auskunft darüber geben, wie sich zum Beispiel die Farbenblindheit vererbt, von der John Dalton betroffen war. Sie wird heute Grünblindheit genannt, und dieser Name wird sofort verständlich, wenn wir das Ergebnis der genetischen Analyse anschauen, die mit Zellen aus Daltons Augenfragmenten gemacht worden ist.

Die heute scheinbar selbstverständlichen Genanalysen wurden möglich, nachdem Genetiker in den sechziger und siebziger Jahren Wege gefunden hatten, Farbenblindheit und andere vererbbare

Eigenschaften zu lokalisieren. Das heißt, man lernte anzugeben, auf welchem Chromosom und an welcher Stelle im genetischen Material die Variation zu finden ist, die Anomalien des Farbsinns zur Folge hat. Seit ein paar Jahren kann man auch die dazugehörigen Gene im molekularen Detail identifizieren und zählen.

Die genetische Analyse von Daltons Augen bzw. von dem aus ihnen gewonnenen genetischen Material hat eindeutig ergeben, dass der große Chemiker ein Deuteranop – ein Grünblinder – war, das heißt, ihm fehlte das Gen, das für das Pigment im Auge zuständig ist, das am besten mittelwelliges Licht absorbieren kann.

In der Literatur wird übrigens häufig immer noch gern von den Augenpigmenten als Rezeptoren für rotes, grünes und blaues Licht gesprochen und dabei so getan, als ob hier über die Wahrnehmung der Farbe entschieden wird. Doch was wir als eindeutige Farbe empfinden – etwa das Grün mit seiner mittleren Wellenlänge –, erregt im Auge nicht nur einen, sondern alle Rezeptoren, wenn auch unterschiedlich stark. Die Festlegung der Farbe erfolgt nicht auf der Rückseite des Auges, sondern in der Tiefe des Gehirns, bis zu der wir noch vordringen müssen. Die Netzhaut dominiert nur dann, wenn sie unzureichend bestückt ist und es zur Farbenblindheit kommt. Bei Protanopen fehlt das für langwelliges Licht zuständige Pigment und bei Deuteranopen das für mittelwelliges Licht zuständige Pigment.

Damit ist eins klar: Auch eine zweite Deutung von Daltons Sehschwäche, die noch zu seinen Lebzeiten unternommen wurde, hat sich als falsch herausgestellt. Diese zweite Deutung stammt von dem britischen Physiker Thomas Young (1773–1829), der am Ende seiner Überlegungen um 1800 zu dem Schluss gekommen war, dass Dalton Protanop und somit rotblind war.

Wir erwähnen Young und seinen Fehler deshalb, weil er für unser Thema eine wichtige Rolle spielt. Denn schließlich war er der Erste, der überlegt hat, ob man aus der unendlich scheinenden Vielfalt der Farben eine endlich große Zahl aussuchen kann, durch deren Mischung man in der Lage ist, sämtliche Farbeindrücke zusammenzustellen.

Zu Beginn des 19. Jahrhunderts hatte er sich davon überzeugt,

Gensonde

Gentechnik meint bekanntlich die Möglichkeit, das genetische Material einer Zelle zu zerlegen. Die natürlich vorkommenden DNA-Moleküle sind so lang, dass sie bei traditionellen biochemischen Eingriffen in immer andere Bruchstücke zerbrachen, was jeden sinnvollen wissenschaftlichen Zugriff unmöglich machte. In den späten 1960er Jahren wurden dann molekulare Werkzeuge entdeckt, mit denen es seit den siebziger Jahren möglich wurde, die riesigen DNA-Moleküle einer Zelle in überschaubare Stücke zu zerlegen, und zwar immer wieder in gleicher Länge.

Bald lernten die Wissenschaftler, wie sich diese Fragmente der Reihe nach anordnen ließen, und nun konnten sie fragen, ob in einem der Bruchstücke ein bestimmtes Stück DNA – ein für sie interessantes Gen – zu finden war. Diese Frage wird mit einer Gensonde gestellt, die aus einem DNA-Strang besteht, den man eigens zu dem Zweck hergestellt hat. Dieser Strang wird trickreich markiert – mit Radioaktivität oder fluoreszierenden Farbstoffen – und den DNA-Fragmenten zugegeben. Dies geschieht unter physikalisch-chemischen Bedingungen, unter denen ein DNA-Doppelstrang in seine Einzelteile zerfällt, was der Sonde die Möglichkeit bietet, ihren Partner zu finden – falls es ihn gibt. In dem Fall bindet sie fest an einem der zellulären DNA-Fragmente an, was sich dadurch nachweisen lässt, dass man unter ihnen den Marker findet, den nur die Sonde trägt.

dass es nur ein paar wenige Grundfarben oder Elementarfarben gab, und er machte den kühnen Vorschlag, es mit drei Farben zu versuchen. Seit Youngs Theorie von 1809 spricht man darum auch von trichromatischem Sehen, und man berücksichtigt dabei nicht, dass Young sich selbst nicht so recht einig war, welche drei Farben denn nun die wirklichen Grundfarben waren. Erst schlug er Rot, Gelb und Blau vor, später wandte er sich Rot, Grün und Blau zu, und dabei ist es bis heute geblieben.

Drei oder vier?

Fragt man heute einen Laien, aus wie vielen Farben wir die bunte Vielfalt der Welt, die wir sehen, zusammenmischen, wird er zweifellos »drei« antworten. Dieses physikalische Konzept der Trichromatizität ist denn auch von dem schottischen Physiker James Clerk Maxwell ganz allgemein bewiesen worden – man sieht seinem Farbsystem auch die Hinwendung zur Drei an –, und tatsächlich kann ein Physiker alle Farben aus drei nahezu beliebig wählbaren Grundfarben mischen. Er muss nur darauf achten, dass seine drei Ausgangsfarben nicht zu ähnlich sind – Hellblau, Dunkelblau und Violett geht zum Beispiel nicht, während die Kombination Rot, Gelb und Grün natürlich kein Problem darstellt.

Die Physiker kommen offenbar tatsächlich mit drei Farben aus, und da es so schön klappte, fasste einer von ihnen den Mut, die »Dreikomponententheorie des Farbsehens« auch für das Auge selbst als gültig vorzuschlagen. Gemeint ist der deutsche Physiologe Hermann von Helmholtz, der postulierte, dass es im Auge drei getrennte Rezeptoren bzw. Pigmente für die drei Grundfarben Blau, Grün und Rot gibt. Er nahm darüber hinaus an, dass die spezifischen Erregungen dieser drei Rezeptoren und ihre besonderen Empfindlichkeiten für die jeweiligen »Farbsensationen« verantwortlich seien. Je nach dem Gemisch dieser »Farben« ließen sich sämtliche anderen komponieren und wahrnehmen.

Tatsächlich konnten die Biochemiker unter Anführung des dafür mit dem Nobelpreis ausgezeichneten George Wald in den sechziger Jahren des 20. Jahrhunderts zeigen, dass es auf der Netzhaut drei Arten von Zapfen gibt, die für die angegebenen Farben sensibel sind, also für Rot, für Grün und für Blau. Und damit schien die Dreiertheorie endgültig bestätigt und die Antwort auf die Frage gefunden, wie viele Farben es eigentlich gibt: Im Auge sind es drei.

Doch dann kamen die Genetiker, und als sie die Gene für die Pigmente präsentierten, zeigte sich ein kompliziertes Bild. Am besten untersucht sind dabei die Gene, die auf dem X-Chromosom liegen.

Die Gene, die hier liegen, sind verantwortlich für die Pigmente, die man früher Rot- und Grün-Pigmente nannte. Vermutlich benutzte man diese Namen einfach deshalb, weil Helmholtz sie im 19. Jahrhundert vorgeschlagen hatte. Inzwischen hat man aber verstanden, dass es mühevoll und wahrscheinlich sogar falsch ist, den Pigmenten die Namen der Farben zu gehen, die wir zwar vom Auge vermittelt bekommen, die wir letztlich aber im Gehirn sehen bzw. deren Empfindung wir dort mit Namen versehen. Solange man weiter vorn im Auge beschäftigt ist und mehr messbare Physik als unmessbare Wahrnehmung untersucht, sollte man auf die Farbnamen verzichten. Darum redet man in Fachkreisen von Pigmenten für lang-, mittel und kurzwelliges Licht, was wiederum abgekürzt wird als lang-, mittel- und kurzwelliges Pigment. Und für die Gene gilt das gleiche, und man spricht von lang-, mittel- und kurzwelligen Genen, wobei der Ausdruck »ein mittelwelliges Gen« die genetische Information meint, die eine Zelle benötigt, um das Pigment anzufertigen, das am besten Licht mittlerer Wellenlänge empfängt (und Entsprechendes gilt für die anderen Bereiche).

Als der Blick auf die erwähnten »Farbgene« zum ersten Mal freilag, erlebte man mehrere Überraschungen. Es gab nicht *ein* mittelwelliges Gen, sondern mehrere, wobei dies von Individuum zu Individuum verschieden sein konnte. Das eine langwellige und die jeweils vorhandenen mittelwelligen Gene lagen dabei tandemartig hintereinander, und die genetischen Austauschreaktionen (Crossing over), die Chromosomen und Zellen zur Verfügung stehen, erlaubten jetzt, die meisten Farbschwächen von dieser Ebene aus zu erklären.

Wenn von einem langwelligen – und keineswegs von einem langweiligen – Gen die Rede war, dann stimmt dies zwar für eine Person. Aber es gab einen besonderen Dreh, wenn man nicht eine, sondern alle Personen ins Auge fasste. Sorgfältige (mit feinsten fotometrischen Methoden durchgeführte) Untersuchungen hatten Augenärzte in den achtziger Jahren nämlich vermuten lassen, dass es bei ihren Patienten nicht ein, sondern zwei langwellige Rezeptoren gab, die unterschiedliche Empfindlichkeiten für die Farbe Rot nach sich zogen. Und in der Tat, als die Genetiker überprüften, ob diesem zweiten langwelligen Rezeptor auch ein zweites langwelliges Gen zugeordnet werden kann, wurden sie rasch fündig. Dabei stellte sich heraus, dass der entscheidende Unterschied zwischen den Genen und den dazugehörigen Rezeptoren auf einen einzigen Baustein zurückzuführen ist, auf den Baustein Nr. 180 im Rezeptor. Zweiundsechzig Prozent der untersuchten Patienten bzw. Probanden verfügen hier über ein Molekül, das die Biochemiker Serin nennen, und achtunddreißig Prozent tragen ein Molekül namens Alanin an dieser Stelle. Wer ein langwelliges Gen besitzt, das dafür sorgt, dass man an der hundertachtzigsten Stelle des langwelligen Rezeptors Serin (statt Alanin) findet, zeigt eine etwas andere Empfindlichkeit für die Farbe, die wir gewöhnlich als Rot kennzeichnen. Die höchste Sensitivität ist zu den längeren Wellenlängen hin verschoben, was beim Wein etwa dem Wechsel von einem Trollinger zu einem Spätburgunder entspricht.

Die Bedeutung, die diese Entdeckung Jerry Nathans und seiner Mitarbeitern für die Psychologie hat, ist kaum zu überschätzen, denn nun hat man eine Signalkette gefunden, die direkt von den Genen und ihren Bausteinen in die Welt der Wahrnehmung führt, ohne dass dieses Feld von der Wissenschaft ausführlicher besetzt worden wäre. Man wüsste gern, ob und wie sich Menschen mit unterschiedlicher Rotempfindung etwa bei Rotweinen oder Tomaten entscheiden, ob sie Grüntöne unterscheiden können, die normal Farbsichtigen völlig gleich erscheinen, ob sie rote Kleidung eher grell oder dezent bevorzugen oder verwerfen.

Doch solange diese höchst spannende Thematik nicht umfassend erkundet ist und bei Farbabstimmungsexperimenten stecken bleibt, wenden wir uns einem anderen Thema, der Zahl der Farben, zu. Berechtigen uns denn die neuen Kenntnisse zu sagen, dass die Helmoltz-Young-Drei-Farben-Theorie nicht mehr hinreichend ist? Zunächst sah es so aus, als ob zwar zwei langwellige Gene existieren, dass aber jedes Individuum nur eines davon hat und nutzt. Doch auch diese Idee hat sich als unhaltbar erwiesen, als die Genetiker mit besseren Gensonden das genetische Material immer genauer analysieren konnten. Mit steigender Präzision der Technik konnte man Individuen identifizieren, die mit bis zu vier langwelligen Genen ausgestattet waren, und eine Analyse ihrer

Farbtüchtigkeit ergab sogar, dass sie bei Farbvergleichen deutlich anders reagierten – die Farben anders zusammenstellten – als die Träger eines einzigen langwelligen Gens. Man kommt unweigerlich zu dem Schluss, dass es Menschen gibt, die tetrachromatisch sind, das heißt, die die Farben, die sie sehen, aus vier Komponenten mischen – und zwar schon vom Auge her.

Damit findet die Gegenwart zur Vergangenheit zurück, denn Vierfarbigkeit galt schon im 19. Jahrhundert als Eigenschaft des Gehirns. Der erste, der dies klar ausgedrückt hat, war der Psychologe und Physiologe Ewald Hering, der als Zeitgenosse Helmholtz' den Physikern vorhielt, dass sie bei ihren Farbmischungen zu wenig an die Empfindungen denken, die beim Sehen auftreten. Natürlich bestritt er nicht, dass ein Physiker grünes und rotes Licht so mischen kann, dass dabei Gelb gesehen wird. Hering hielt nur nicht für zutreffend, dass das Gehirn Gelb als Mischfarbe wahrnehmen würde. Gelb sei eine reine Empfindung und damit als vierte Grundfarbe neben das traditionelle Trio Rot, Grün und Blau zu stellen.

Die moderne Physiologie kann in der Tat nachweisen, dass Hering eher der Wahrheit näher gekommen ist. Die drei bislang bekannten Zapfen werden so mit Nervenzellen (Ganglien) zusammengeschaltet, dass das Gehirn tatsächlich neben Rot, Grün und Blau auch Gelb in einem gesonderten Nervenkanal geliefert bekommt. Die jetzt nachgewiesenen möglichen vier Farben des Auges stimmen aber nicht mit den vier Farben überein, die dem Gehirn über die erwähnten Kanäle zuströmen. Überhaupt lässt sich zum Leidwesen aller Theoretiker feststellen, dass da, wo das Gehirn bzw. die Nervenzellen, die aus dem Auge in die Hirnrinde zu den Sehzentren führen, am empfindlichsten reagieren, das Auge gerade eher träge reagiert. Die drei bzw. vier »Farben« der Netzhautzellen und die vier »Farben« der Ganglienzellen haben kaum Gemeinsamkeiten. Sie wachen streng darüber, dass jede ihre eigene optimale Wellenlänge kontrolliert – mit der seltsamen Folge, dass sich die Frage, wie viele elementare Farben es gibt, immer schlechter beantworten lässt, je genauer man hinzuschauen lernt. Man muss sich eher wundern, wie wir überhaupt auf die Idee gekommen sind, dass man sie zählen kann.

Gegenfarben

Wundern muss man sich auch über eine andere Entdeckung, die der Wissenschaft in jüngster Zeit in Hinblick auf das Farbensehen gelungen ist. Sie hat mit der Frage zu tun, wie im Auge die Zapfen verteilt sind, die für ihre jeweilige Farbe zuständig sind. Kann man zum Beispiel ermitteln, wie der Anteil von rot- und grünempfindlichen Zapfen in verschiedenen Personen ist?

Die letzte Frage macht deshalb Sinn, weil in der Zuweisung der Zapfenfarben das Gelb fehlt, das uns zwar wie eine reine Empfindung erscheint, das im Auge aber offenbar gemischt wird, und zwar aus Rot und Grün. Man könnte annehmen, dass bei der Bildung der Augen darauf geachtet wird, die relativen Anteile von rot- und grünempfindlichen Zapfen konstant anzulegen, da wir alle doch die gleichen Mischungen aus den beiden Farben als Gelb wahrnehmen. Doch die Nachforschungen zeigen etwas völlig anderes, nämlich ein extrem variables Verhältnis der beiden Zapfen. Damit ist sofort die nächste Aufgabe der Wissenschaft offenkundig, nämlich herauszufinden, an welcher Stelle diese Zufälligkeit in der Retina ausgeglichen und für farbliche Ordnung gesorgt wird.

Es liegt nahe zu vermuten, dass dies auf der nächsten Ebene der Verarbeitung geschieht, also in den Ganglien, die vom Auge aus ins Gehirn ziehen und in Abhängigkeit vom Lichteinfall in ihren rezeptiven Feldern feuern. Dieses Konzept, das ohne Blick auf Farben eingeführt worden ist, hält tatsächlich auch dann stand, wenn die Welt bunt wird, und darüber hinaus nutzt die Natur die einfachste Form aus – allerdings mit einem Twist. Die Ganglien, die für die Vermittlung bzw. Erzeugung von Farben zuständig sind, reagieren nicht auf das Schwarz-Weiß-Duo »An« oder »Aus«, sondern auf ein Farbenduo – »Rot« oder »Grün« bzw. »Blau« oder »Gelb«. In der Wissenschaft spricht man von Gegenfarbkanälen, die ins Gehirn ziehen. Sie liefern die physiologische Grundlage für die Existenz von Komplementärfarben, die bekanntlich dadurch definiert sind, dass ihre Mischung als Licht neutral weiß wirkt. Auch wird in diesem Zusammenhang klar, warum es zwar eine

Farbe geben kann, die zugleich Rot und Gelb oder Grün und Blau sein kann, dass es aber keine Farbe gibt, die zugleich Rot und Grün oder Blau und Gelb sein kann. Der Maler Phillip Otto Runge hat diesen Sachverhalt im frühen 19. Jahrhundert folgendermaßen ausgedrückt: »Wenn man sich ein bläuliches Orange, ein rötliches Grün oder ein gelbliches Violett denken will, wird einem zu Mute wie bei einem südwestlichen Nordwind.«

Die Gegenfarbkanäle erlauben weiter die Erklärung von so genannten Nachbildern, die etwa entstehen, wenn jemand zum Beispiel einen roten Kreis länger mit den Augen fixiert und anschließend auf eine weiße Fläche schaut. Er wird dann dort etwas sehen, was gar nicht da ist, nämlich einen grünen Kreis – dieselbe Form in der »opponenten« (komplementären) Farbe. Diese Erscheinung wird verständlich, wenn man annimmt, dass beim konzentrierten Blicken auf das Rot viele Rot-Grün-Ganglien aktiv werden, deren einfarbige Überladung plötzlich abbricht und dem mitschwingenden Grün Gelegenheit gibt, sich zu zeigen.

Die Farben in V4

Die Aktivität in den Ganglienzellen bringt allerdings das Farbensehen selbst noch nicht hervor. Dies geschieht in Bereichen, die tiefer im Inneren des Gehirns liegen und übrigens auch durch Nachbilder nachgewiesen werden können. In einem Experiment kann man verschiedenfarbige Flächen, die nebeneinander liegen, so anstrahlen, dass selbst ein als »grün« erkannter Bereich mehr Licht der Sorte zurückwirft, das seiner Wellenlänge nach als »rot« bezeichnet würde. Farbwahrnehmung hat offenbar weniger mit einzelnen Lichtwirkungen und mehr mit dem Vergleich benachbarter Regionen zu tun.

Wenn wir die gerade beschriebene grüne Fläche erst einige Sekunden lang fixieren und dann eine weiße Wand betrachten, sehen wir zwar das erwartete Nachbild – nämlich etwas Rotes –, aber diesmal kann die Erklärung nicht mit den Gegenfarbkanälen erfolgen. Schließlich ging von der betrachteten Fläche mehr von dem Licht aus, das durch den Rot-Grün-Kanal geleitet wird. Das Nachbild kann erst entstehen, nachdem die Farbe selbst vom Gehirn erzeugt worden ist, und inzwischen weiß die Wissenschaft auch, wo dies erfolgt.

Es ist die Region der Sehrinde, die von Anatomen mit der Bezeichnung V4 versehen worden ist. Hier lassen sich tatsächlich Zellen nachweisen, die nicht schon dann feuern, wenn von einem Gegenstand Licht mit der Wellenlänge ausgeht, die Physiker der Farbe Rot zuweisen. Hier gibt es Zellen, die erst dann aktiv werden, wenn wir auf die Frage, welche Farbe die Fläche hat, mit »Rot« antworten. Es gibt also Neuronen im Gehirn, die das Vorhandensein einer bestimmten Farbe signalisieren, was man auch so ausdrücken kann, dass die Aktivität dieser farbkodierenden Nervenzellen die Wahrnehmung der Farbe nicht auslöst oder verursacht, sondern ist.

Farben bei Tieren

Der Vorteil der Genetik besteht darin, dass sie umfassend einsetzbar ist, wenn sie einmal gegriffen hat. Ist das genetische Material, das zur Herstellung der lichtempfindlichen Proteine benutzt wird, in einem Fall – etwa in menschlichen Zellen – bekannt, kann man ganz leicht prüfen, ob es auch bei anderen Organismen angelegt ist. Will man also wissen, ob Tiere Farben sehen und wie viele Farbtöne sie unterscheiden können, sieht man erst einmal bei den Genen nach und ermittelt, welche für das Farbsehen relevante Erbinformation dort zu finden ist. Als dies getan wurde, kamen einige Überraschungen an den Tag, zum Beispiel die, dass Hunde und Kühe nur zwei Zapfentypen haben und rotgrünblind sind. Dies trifft natürlich auch für die Stiere zu, was zu der deprimierenden Einsicht führt, dass das rote Tuch, mit dem ein Torero in der Stierkampfarena herumfuchtelt, nur eine schöne Schau ist und auch grün sein könnte.

Die Genetik ermöglicht es, durch genaue Analyse der Unterschiede zwischen den Genen für farbspezifische Rhodopsine auch den Zeitpunkt abzuschätzen, an dem die beiden Gene begannen, sich auseinander zu entwickeln. Die Wissenschaft geht davon aus, dass es vor Millionen von Jahren einen einzigen Urzapfen gab, aus dem die drei Farbempfänger entstanden sind, und zwar durch Variationen in dem Gen für das ursprüngliche Rhodopsin, das dem Urzapfen half, Licht zu sammeln. Dabei stellt sich heraus, dass erst die Fähigkeit aufgekommen ist, Blau wahrzunehmen, der dann die Aufspaltung in der Rot- und Grünempfindlichkeit folgte – und zwar vor rund fünfunddreißig Millionen Jahren.

Die Biologen können zwar den Zeitraum, den eine Variation präsent ist, im genetischen Experiment einkreisen. Sie müssen sich aber in Spekulationen ergehen, wenn sie gefragt werden, worin ihr Nutzen liegt und wie und weshalb die Evolution für ihre Selektion gesorgt hat. Die Unterscheidung von Rot und Grün scheint auf den ersten Blick sehr sinnvoll zu sein, hilft sie doch, rasch die reifen Früchte im Gebüsch zu orten, die sich leichter als Blätter verdauen lassen und deren Verzehr mehr Energie freisetzt, was auf jeden Fall als Vorteil angesehen werden muss. Damit darf man die Vermutung äußern, dass die Entwicklung des Farbensehens mit drei Zapfentypen (und den dazugehörigen Genen) den Weg für die Höherentwicklung des Lebens bereitet hat, was durch die Beobachtung plausibel wirkt, dass unter allen Säugetieren nur die Primaten drei Zapfentypen aufweisen. Und in Südamerika sind selbst die meisten Affen rotgrünblind wie die Stiere in der Arena.

Natürlich ist die Ernährung wichtig für ein Lebewesen, aber im Hinblick auf die Evolution ist die Fähigkeit, einen Partner für die Erzeugung von Nachwuchs zu finden, noch wichtiger. Unter strikt biologischen Bedingungen kommt es bei der Paarung weniger auf den Spaß und mehr auf den Erfolg an, was dem Argument Plausibilität verleiht, dass – die offenkundig stets bereiten – Männchen möglichst den Moment abpassen wollen, in dem das Weibchen ihrer Wahl empfängnisbereit ist. Woher wissen sie das aber? Die Natur hält eine ganze Palette von Signalen bereit, zu denen Duftstoffe ebenso gehören wie Lichtreize. Die Farben des Fleisches bzw. der Haut spielen dabei ihre eigene Rolle, und zwar besonders deutlich durch das Rot, weil sich infolge von durchbluteten Organen die entsprechenden Rötungen auf der Haut ergeben.

Wer nicht sehen will, muss riechen

Es gehört zu den Grundüberzeugungen der Wissenschaft, dass im Laufe der Evolution verloren geht, was nicht unbedingt benötigt wird (wodurch leider nicht der Mechanismus erkennbar wird, mit dessen Hilfe die Natur dies bewerkstelligt). Worauf kann ohne größeren Schaden verzichten, wer extrem gut sieht, viele Farben unterscheiden kann und deshalb in der Lage ist, sich nur mit Licht zu orientieren?

Darauf hat die Evolution uns schon eine Antwort gegeben. Sie ist bekannt geworden, weil die Genetiker sich seit einigen Jahren daran gemacht haben, das gesamte genetische Material – die Genome – vieler Primaten offen zu legen und die dabei gewonnenen riesigen Datenmengen zu vergleichen. Der Computer, in dem dies geschieht, zeigt den Forschern, dass die Natur beim Riechen einspart, was sie beim Sehen ausgibt. Offenbar können wir so viele Farben unterscheiden, dass wir darauf verzichten können, zwischen all den Gerüchen zu differenzieren, mit deren Hilfe sich zum Beispiel einige Affen orientieren, die noch mit der Nase tun, was wir über optische Reizungen können – nämlich sexwillige und empfängnisbereite Partner aufzuspüren.

Die Genetiker vergleichen dabei Gene, deren Produkte (Proteine) in der Lage sind, Duftstoffe einzufangen und zu binden – so wie die Rhodopsine Lichtpartikel festhalten. Der übergeordnete Begriff für solche Proteine beschreibt genau die Funktion, der Empfänger von Signalen zu sein. In der genetischen Analyse werden die Gene für Rezeptoren, entweder für Licht oder für Duftstoffe, verglichen. Wenn etwas den Geruchssinn betrifft, benutzen die Forscher das aus dem Lateinischen stammende Wort olfaktorisch. Dessen erste Silbe stammt von dem Tätigkeitswort für »riechen«, das im Zusammenhang mit der Behauptung, »Geld stinkt nicht« (*pecunia non olet*) allgemein bekannt ist. Mit zunehmenden Fähigkeiten beim Farbensehen nimmt übrigens die Menge der funktionstüchtigen olfaktorischen Gene ab.

Ein chemischer Sinn mit evolutionärem Sinn

Dieser Tatbestand, der sich nur als Korrelation ausdrücken lässt, ohne dass dabei zu sagen wäre, was Ursache und was Wirkung ist, findet sich bei Hunden bestätigt, die weniger Farben sehen als wir, dafür aber sicher mehr riechen. Während wir zufrieden sind, wenn wir jemanden sehen, versucht ein Hund auch und vor allem seine Nase einzusetzen, um zu riechen, mit wem er es zu tun hat. Das heißt natürlich nicht, dass wir unbedarft sind, wenn es an den Geruchssinn geht. Nach Auskunft der Physiologen können Menschen zehntausend verschiedene Substanzen festhalten und als Duftmoleküle interpretieren. Wir tun dies mithilfe der Riechschleimhaut in der Nase, in der viele Millionen Geruch empfangende Zellen sitzen, die mit olfaktorischen Rezeptoren ausgestattet sind. Einem gewöhnlichen Menschen stehen dabei rund vierhundert verschiedene Typen zur Verfügung, wobei jeder von uns seinen eigenen Baukasten von Geruchsempfängern im Kopf hat – und damit wohl in seiner ganz persönlichen Duftwelt lebt.

Die genannten Zahlen machen deutlich, dass wir schon einigermaßen in der Lage sind, ein breites Angebot von Gerüchen zu unterscheiden, auch wenn wir über die vierzig Millionen Duftrezeptoren, die sich bei Hasen nachweisen lassen, nur staunen können. Allerdings fällt in diesem Zusammenhang auch auf, welche Mühe es macht, Duftnoten zu benennen, zum Beispiel dann, wenn wir das Bouquet eines Rotweins beschreiben wollen. Wenn wir Farben sehen, geben wir ihnen Namen, die manchmal einfach wie Rot und Blau und manchmal sehr konstruiert sind – etwa wenn man ein Auto in Texasgelb oder Eisgrün bestellt. Bei Gerüchen steht uns nichts dergleichen zur Verfügung. Stattdessen umschreiben wir Düfte und Gerüche nach folgendem Muster: »Das stinkt wie Hammelfett«, oder »Das riecht nach Äpfeln.« Hingegen sagen wir, etwas ist rot und vielleicht sogar rosig, und nicht, es hat die Farbe einer Rose. Aber wir können nur sagen, etwas duftet wie eine Rose. Dann fehlen uns Worte.

Trotzdem und unabhängig davon muss unser Gehirn ständig olfaktorisch bereit sein, und es reagiert ebenso gern und lustvoll auf Kaffeearoma, wie es sich empfindlich gestört fühlt oder wachsam wird, wenn Rauch gemeldet wird. Wenn wir nun fragen, wie Gerüche überhaupt ins Gehirn gelangen und wie es unser Zentralorgan schafft, den Unterschied etwa zwischen einer Mandarine und einer Apfelsine zu erkennen, dann kann die Wissenschaft einerseits viele Details liefern und andererseits nicht leugnen, dass es noch viele rätselhafte Etappen beim Weg vom Molekül zum Riecherlebnis gibt.

Dabei läuft die Sache im Prinzip völlig gleich ab wie beim Sehen, wobei der erste Schritt sogar besonders einfach ist. Die Umwandlung des physikalischen in das chemische Signal kann nämlich wegfallen, da der Duftsstoff bereits ein chemisches Signal der äußeren Welt ist, das mit chemischen Substanzen im Körperinneren in Wechselwirkung treten kann. Das flüchtige Molekül durchquert erst eine organische Schicht – aus Schleim –, um dann zu den Riechzellen zu gelangen, in denen sich die Rezeptorenmoleküle befinden. Diese sehen nicht nur den Licht empfangenden Proteinen ziemlich ähnlich, sie sorgen auch für dieselbe Verwandlung und schicken nach Empfang des Duftboten, auf den sie spezialisiert sind, ein elektrisches Signal auf seine Reise in die dafür vorgesehenen Regionen des Gehirns.

Beim Geschmackssinn treffen wir übrigens auf einen identischen Mechanismus, nämlich Proteine als Rezeptoren, mit denen eine Kaskade, ähnlich wie beim Sehen, beginnt. In der neueren Literatur ist dabei von einem Rezeptor die Rede, der an ein G-Protein gekoppelt ist. Der Eintritt der Sinnesinformation in die Innenwelt des Gehirns vollzieht sich offenbar über einen universellen Mechanismus. Trotz aller Gemeinsamkeiten gibt es beim Riechen an dieser Stelle doch einen wichtigen Unterschied zum Sehen. Denn während für das Licht im Auge nur vier Rezeptoren vorhanden sind, bietet die Nase dem Geruch viele hundert Empfangsmoleküle an, bei denen man sich leicht vorstellen kann, wie ihre unterschiedliche Anbindung individuelle Erregungsmuster zur Folge hat, die vom Gehirn zur Kenntnis genommen und in die Wahrnehmung eines bestimmten Dufts umgesetzt werden.

Die olfaktorischen Rezeptorzellen bringen wie die Sehzellen Nervenstränge zum Feuern, die zwar im so genannten Riechkolben gesammelt werden, dann aber keine weitere Zwischenstation benötigen, um direkt in den Kortex zu gelangen. Allerdings streben nicht alle Nerven in diese Richtung. Ein Teil der Information über eingetroffene bzw. eingefangene Geruchsmoleküle wird an Hirnteile mit dem hübschen Namen Amygdala geleitet, die auch Mandelkerne heißen und Auswirkungen auf unsere Gefühlswelt haben. Dieser Zielort der Duftinformation und das Fehlen einer Umschaltung, wie es die Sehnerven im Thalamus erfahren, wird oft so verständlich gemacht, dass sich das Gehirn die in der Zwischenstation zu treffende Entscheidung erspart, ob das Gerochene eine emotionale Bedeutung hat. Offenbar operiert unser Zentralnervensystem unter der Vorgabe, dass alles, was die Nase erreicht, von dieser Art ist und auf uns erregend wirkt.

In diesem Kontext kann auch die wiederholt beobachtete Tendenz des olfaktorischen Systems verstanden werden, dass es bei ihm weniger Flexibilität gibt als bei der Verschaltung der Nerven, die zum Sehvermögen beitragen. Offenbar wird die Bahn, mit der ein Duft seinen Weg ins Gehirn findet, erstaunlich starr von den Genen festgelegt – sie ist hochgradig prädeterminiert, was für die Tierforschung Sinn macht. Viele Geruchswahrnehmungen führen nämlich zu instinktiven Verhaltensweisen, die unmittelbar lebensrettend sind. Mäuse rennen zum Beispiel um ihr Leben, sobald sie den Urin eines Kojoten riechen, und es leuchtet ein, dass es an dieser Stelle keinen Lernvorgang geben sollte. Danach bekommen sie nämlich kaum eine zweite Chance, diese Information zu nutzen.

Für den Menschen ist der Geruchssinn zwar weniger lebensrettend, aber sicher nicht völlig ohne Bedeutung. Wir setzen nicht so gezielt unsere Nase ein, um andere Menschen kennen zu lernen, so wie es Hunde tun, um andere Hunde oder Menschen zu erschnüffeln. Wir können aber unser eigenes Hemd an seinem Geruch identifizieren und überdies leicht feststellen, ob es ein Mann oder eine Frau war, die ein T-Shirt getragen hat, selbst wenn dabei keinerlei Parfum im Spiel war. Zudem hat mindestens ein körperlicher Mechanismus eine unmittelbare Verbindung zum olfaktorischen Vermögen des Menschen – und der hat mit der Vermehrung zu tun. Gemeint ist der Menstruationszyklus der Frau, der vor mehr als dreißig Jahren in das Visier der Forschung mit Duftsignalen kam, als der damals noch studierenden Martha McClintock auffiel, dass Frauen, die etwa in Wohngemeinschaften zusammenleben oder an gemeinschaftlichen Projekten arbeiteten, ihre Zyklen zeitlich anglichen (synchronisierten). Bei einer Gruppe von Rettungsschwimmerinnen, deren Zyklen zu Beginn der Sommersaison an völlig unterschiedlichen Tagen einsetzten, rückte der Periodenbeginn bis Herbstanfang auf weniger als eine halbe Woche zusammen. In weiteren Beobachtungen konnte McClintock ermitteln, dass Studentinnen, die entweder Zimmergenossinnen oder enge Freundinnen waren, am Ende eines Studienjahrs synchrone Menstruationszyklen aufwiesen, was sie dazu brachte, einen »interpersonalen physiologischen Prozess« als Ursache dafür anzunehmen.

In den 1980er Jahren wiesen Experimente nach, dass dieser Prozess durch den Geruchssinn ausgelöst wird, und man fand auch heraus, was dabei wahrgenommen wird: der Geruch von Schweiß. Im dazugehörigen Versuch wurden Frauen erst gebeten, in ihrer Achselhöhle einen Wattebausch zu tragen, aus dem Schweiß gewonnen wurde, der dann anderen Frauen unter die Nase getupft wurde. Eine Kontrollgruppe wurde ähnlich behandelt, nur dass eine fetthaltige Substanz ohne persönliche Schweißanteile eingesetzt wurde.

Wie sich am Ende herausstellte, verschob sich die Menstruation bei den Frauen, die den Schweiß anderer Frauen zu riechen bekamen, in zwei Richtungen. Während der Monatszyklus von Sekreten verkürzt wurde, die *vor* dem Eisprung entnommen worden waren, wurde er von Sekreten verlängert, die kurz *nach* dem Eisprung entnommen worden waren. Damit steht fest, dass die Natur sogar zwei chemische Signale hervorgebracht hat, um letztlich ein Ziel zu erreichen bzw. ein Ergebnis zu bewirken, nämlich die Synchronisation des Vorgangs, der in enger Beziehung zum wichtigsten Vorgang des Lebens – der Vermehrung – steht.

Was will uns die Natur damit sagen? Was ist der evolutionäre Vorteil einer solchen Regulierung? Zwar hat man beobachtet, wie männliche Primaten in freier Wildbahn beginnen, den weiblichen Genitalbereich mit Händen und Nase zu inspizieren, aber von unserer Spezies ist nicht bekannt, dass wir den Duft von Vaginalsekreten, die zu verschiedenen Zeiten verschieden ausfallen, angenehm und stimulierend finden, obwohl die Häufigkeit des Geschlechtsverkehrs kurz vor der Ovulation zunimmt (was auch völlig andere Gründe haben kann).

Die Frage, wozu die Synchronisation der Fruchtbarkeit dient, kann nicht durch den Blick auf einen einzigen Faktor beantwortet werden, vor allem dann nicht, wenn man die komplizierte Lebensweise betrachtet, die unsere Kultur mit sich bringt. Man kann aber nach einfacheren Gemeinschaften im Tierreich Ausschau halten. Und da gibt es etwa bei den sehr geruchsempfindlichen Nagetieren Kolonien, in denen alle Weibchen durch ein dominantes Männchen geschwängert werden. Der Vorteil der Synchronisation besteht nun darin, dass alle Geburten in ein und dieselbe Jahreszeit fallen, und zwar die, in der die Futterbeschaffung mit den geringsten Schwierigkeiten verbunden ist.

Dieses Argument spielt natürlich bei unserer Art überhaupt keine Rolle, und wir sollten auch keine Gemeinschaft ins Auge fassen, bei der es einen Mann für alle Frauen gibt, obwohl dieser eine ausreichend viele Samenzellen produziert, um seiner biologischen Pflicht nachkommen zu können. Doch das Herausheben des einen Machos würde zu dem Preis erkauft werden, dass mit ihm die meisten Männer überflüssig würden. Im Gegenteil: Die natürlichen Mechanismen sorgen für einen leichten Überschuss an Männern, was die Überlegung nahe legt, dass die Synchronisation ein Gefallen ist, den die Evolution den Männern tut, um mehr von ihnen die Chance zur Vaterschaft zu geben. Denn wenn bei allen Frauen eines Dorfes – in grauer Vorzeit – der Eisprung etwa gleichzeitig stattgefunden hätte, hätten sich nicht alle den gleichen Mann als Vater ihres Kindes aussuchen können. Dann bekamen alle Männer ihre Chance, und im Dorf herrschte innerer Frieden – und auch die Evolution hatte etwas erreicht, nämlich möglichst viele verschiedene Gene eine Lebensrunde weitergebracht und den Genpool so groß wie möglich gehalten zu haben.

Lust auf Essen

Zwar funktioniert das Schmecken einfacher als das Riechen, aber wenn die Nase zugehalten wird oder verstopft ist, essen wir zwar noch, weil wir Hunger haben, aber nicht mehr, weil es uns schmeckt.[2]

Das Einfache am Geschmack liegt darin, dass er den Traum der Forscher erfüllt, mit wenigen Grundkomponenten auszukommen. Ohne die Hilfe des Geruchssystems können Menschen gerade vier Qualitäten unterscheiden, die als süß, bitter, sauer und salzig bekannt sind. Inzwischen hat sich aber die Ansicht verbreitet, dass die Vierzahl nicht ausreicht und eine fünfte Basisqualität berücksichtigt werden muss, und zwar die des so genannten Geschmacksverstärkers, der als chemischer Stoff Natrium-L-Glutamat heißt und industriell vielen Fertiggerichten zugesetzt wird. Von der Wissenschaft sind jedoch nur vier Geschmacksrichtungen erforscht worden.

Jeder Geschmack teilt sich uns durch die Zunge mit, auf der spezielle kleine Erhebungen zu finden sind, die Papillen, in denen die Rezeptorzellen sitzen, die wiederum in ihrer Hülle die Empfangsproteine tragen. Es ist also immer das gleiche Spiel, und es geht auch genau so weiter, nämlich mit der Umwandlung der chemischen in elektrische Signale, die mithilfe der G-Faktoren, also von GTP und cGMP, ins Gehirn ziehen. Bevor die Geschmacksnerven ihr Ziel im Schläfenlappen der Hirnrinde erreichen, werden sie anders als die für das Riechen zuständigen Stränge einer Umschaltstation zugeführt, ohne dass sich daraus etwas lernen ließe. Beim

Geschmack bleiben die meisten Fragen offen, etwa die, ob die Eindrücke süß, salzig, bitter und sauer aus der Aktivität aller Geschmacksrezeptoren im Gehirn berechnet werden oder ob die Zuordnung schon auf der Zunge erfolgt und die Rezeptoren je nach ihrer Empfänglichkeit mit Nervenfasern Kontakt aufnehmen,

Somatosensorischer Kortex

Anatomen teilen das Gehirn gern in vier Lappen ein. Hinten – im so genannten Occipitallappen – liegt die Sehrinde, die wir schon kennen, und ziemlich in der Mitte treffen wir auf den Bereich, der zum Hören dient. Darüber – das Hirn fast teilend – erkennt man die Zentralfurche, um die sich links und rechts (oder vorn und hinten) Regionen erstrecken, die zum einen mit der Verarbeitung der sensorischen Informationen beschäftigt sind, die von der Körperoberfläche – also von Zunge, Lippen, Händen, Armen, Beinen und so weiter – kommen und die zum andern auch dafür sorgen, dass diese Körperteile erfahren, was sie zu tun haben. Man spricht von somatosensorischen bzw. motorischen Rindenfeldern, die für den linken und rechten Teil des Kör-

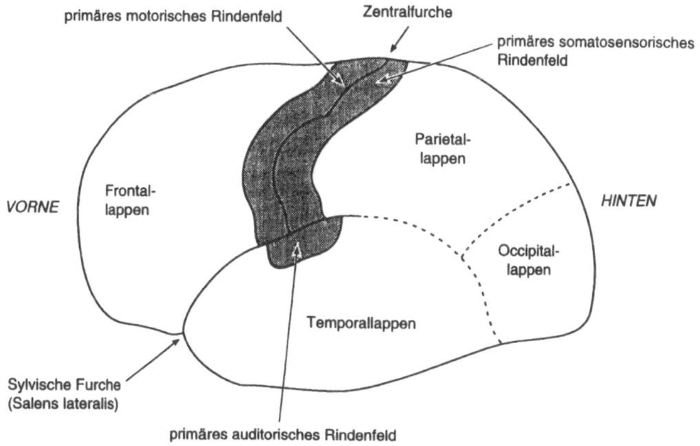

Abb. 32 Das Gehirn in einer Seitenansicht; wir blicken auf die linke Hemisphäre.

pers vorhanden sind. Zu den immer wieder begeistert vorgetragenen Einsichten der Hirnforschung gehört der Hinweis, dass zwar die Körpergliedmaßen dort alle in der richtigen Reihenfolge aufgeführt sind – also z. B. ein Finger neben dem anderen –, dass sie aber unterschiedlich gewichtet sind. Die empfindsamen Lippen etwa bekommen im Vergleich zu ihrer Größe viel weniger Platz als die eher unempfindlichen Waden. Wichtig an dem somatosensorischen Feld – der Körperfühlsphäre des Gehirns – ist die Tatsache, dass seine Größenordnungen nicht von Geburt an festliegen, sondern durch Training verändert werden können. Wer etwa seine linke Hand nicht nur zum Nasebohren, sondern auch zum Geigenspiel benötigt, wird das entsprechende motorische Rindenfeld ausdehnen. Und wer Blindenschrift zu lesen übt oder andere sinnliche Informationen mit seinen Fingern sammelt, wird die Areale vergrößern, die im somatosensorischen Kortex dafür eingerichtet sind. In Tierversuchen lässt sich zeigen, dass wenige Monate Trainingszeit ausreichen, um die ersten Auswirkungen im Gehirn zu sehen.

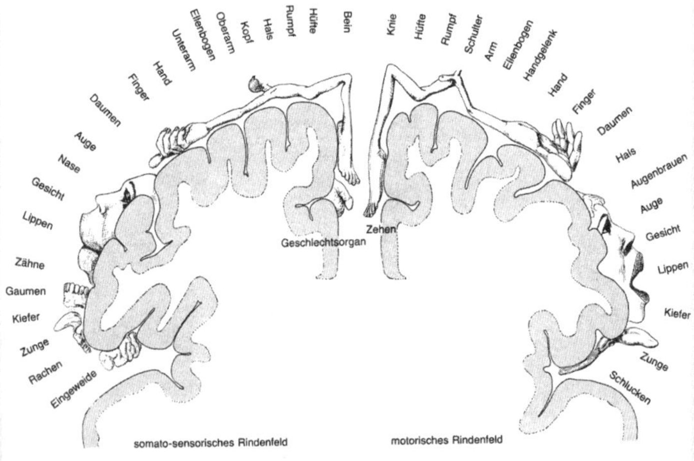

Abb. 33 Die Darstellung veranschaulicht, welche Partien der Körperoberfläche wie stark im somatosensorischen Rindenfeld vertreten sind, wobei zu beachten gilt, wie die äußere Reihenfolge der Glieder und die innere Anordnung zusammenpassen.

sodass sie als spezifische Bahnen zum Kortex laufen. Früher nahm man an, dass jede der vier Geschmacksrichtungen an einem Ort auf der Zunge registriert werde – das Süße ganz vorne und das Bittere ganz hinten zum Beispiel –, was die zweite Lösung nahe gelegt hätte. Inzwischen ist aber klar, dass die Wahrnehmung der Geschmäcke über die Zungenoberfläche gleichmäßig verteilt ist. Die Papillen an der Spitze haben nur eine leichte Vorliebe für das Süße. Sie scheint allerdings auszureichen, um das sommerliche Lecken von Eis zum Genuss zu machen.

Wer nach evolutionären Erklärungen sucht, muss zuerst fragen, welche Aufgaben der Geschmackssinn überhaupt übernehmen kann. Die Antwort darauf lautet, dass er uns helfen soll, die Nahrung zu finden, die unser Körper braucht, und uns davor schützen soll, etwas zu essen, das uns vergiften würde (wenn das auch nicht immer klappt, etwa bei Pilzen, die geschmacklose Gifte entwickelt haben).

Zucker gehört zu den Stoffen, die wir brauchen – unter anderem wegen des Stoffwechsels und der Verzuckerung von Proteinen. Viele lebenswichtige Makromoleküle unserer Zellen funktionieren in der Tat nur, wenn sie mit einem molekularen Zuckerguss versehen werden, wodurch sowohl ein Schutz- als auch ein Wirkungsmechanismus zustande kommen. Und da wir Zucker brauchen, schmeckt er süß. Wir sollten ihn aufnehmen, sobald wir ihn finden, was in den Zeiten, in denen die Menschen ihr Essen im Wald finden mussten, kein leichtes Unterfangen war.

So nötig es war, Zucker zu konsumieren, so dringend war es, Gifte zu meiden. Kein Wunder, dass sie bitter schmecken. Die Rezeptoren, die für die dazugehörige Empfindung sorgen, sitzen zwar bereits weit vorn an der Zungenspitze, aber sie versammeln sich noch einmal in starker Phalanx vor dem Schlund – vermutlich um bei einer gefährlichen Substanz durch einen Würgereflex deren weiteres Eindringen in den Körper zu verhindern.

Zwar sind sich die meisten Menschen einig, wenn es um die Bewertung des Süßen geht, aber die Geister scheiden sich, wenn es bitter schmeckt. Für manche kann Espresso gar nicht bitter genug sein, während andere zwar das in ihm enthaltene Koffein wollen, dessen Geschmack aber durch Zugabe einer reichlichen Menge Zucker neutralisieren.

Am Beispiel des Koffeins lässt sich eine genetische Grundlegung des Schmeckens verdeutlichen, die zufällig entdeckt wurde, nachdem 1932 ein chemischer Abkömmling des Harnstoffs hergestellt werden konnte, der Phenylthioharnstoff bzw. Phenylthiocarbamid heißt und unter seiner Abkürzung PTC bekannt ist. Als diese Substanz versehentlich in einem Laboratorium verschüttet wurde, beschwerten sich einige Mitarbeiter über den bitteren Geruch, der nun in der Luft lag, während andere nichts bemerkten. Als ein Genetiker von dem Vorfall hörte, teilte er auf der nächsten Versammlung seiner Zunft das PTC in Form von kleinen Kristallen aus und notierte die Geschmacksempfindungen. Seit dieser Zeit unterscheidet die Wissenschaft PTC-Schmecker und PTC-Nichtschmecker, wobei die erste Gruppe einen Rezeptor für das PTC hat und die zweite nicht. Wer PTC schmecken kann, empfindet das Bittere von Koffein – und damit das Besondere eines Espressos – intensiver als diejenigen, die dies nicht können. Was wir eine Frage des Geschmacks nennen, kann also eine Frage der Gene sein, die wir in uns tragen, und das Süße oder Bittere, das jemand mag, lässt sich dadurch erklären, dass seine genetische Ausstattung ihm hilft, die beiden Qualitäten überhaupt zu schmecken.

Allerdings muss die Genetik bzw. der Hinweis auf die Rolle der Gene nicht der Weisheit letzter Schluss sein, wenn es um Sinneswahrnehmungen geht. In diesem Bereich können noch viele Entdeckungen gemacht werden. Dies zeigt etwa der Versuch, bei dem Menschen farbiges oder klares Wasser vorgesetzt wird, das sie als »gleich riechend« bewerten – jedenfalls solange ihnen die Augen verbunden waren. Als die Versuchspersonen die Farbe sehen konnten, stellten sie plötzlich fest, dass das klare Wasser weniger stark riecht. Vielleicht stärkt die Wahrnehmung einer ungewöhnlichen – sprich: unerwarteten – Farbe die Empfindlichkeit der Nase, denn jetzt gilt es ja, besonders wachsam zu prüfen, ob sich in dem Wasser etwas verbirgt.

Die Zahl der Sinne

Bislang sind drei Formen des sinnlichen Zugangs zur Welt erörtert worden, von denen zwei mit chemischen Signalen anfangen und eine mit einem physikalischen Reiz beginnt. Wer jetzt wissen will, mit wie vielen Sinnen uns die Evolution ausgestattet hat, wird rasch auf zwei weitere physikalische Auslöser kommen: auf den Schall, der durch die Luft kommt, und auf den Druck, der bei der Berührung der Haut entsteht. Damit wären insgesamt fünf Sinne aufgezählt, und man wähnt sich am Ziel. In der Tat hat man sich im Alltag auf diese Zahl und damit auf die Fähigkeiten des Sehens, Hörens, Riechens, Schmeckens und Fühlens (verstanden als Tasten und Spüren) geeinigt, die durch außen liegende Organe – Augen, Ohren, Nase, Mund und Haut – ermöglicht werden. Wer so denkt, stellt sich zum einen in eine Reihe mit antiken Autoren, versteht aber zum andern, was gemeint ist, wenn bei Menschen mit besonderen Wahrnehmungsfähigkeiten vom sechsten Sinn geredet wird, und lässt sich zudem widerspruchslos gefallen, dass es eine Sendereihe im Fernsehen gibt, die Hilfestellungen beim Autofahren gibt, die »Der siebte Sinn« heißt.

Dieses Aufzählen ist natürlich albern, weil es das Gegenteil von dem bewirkt, was die antiken Gelehrten im Sinn hatten, als sie die Beschränkung auf fünf Qualitäten einführten. Sie interessierten sich schon früh für die Frage, die wir bis heute nicht einmal im Ansatz beantworten können, nämlich die nach dem inneren Ort der außen wahrgenommenen Gegenstände und Sachverhalte. Und sie gaben auch eine Antwort, die unmittelbar einleuchtet: Die verschiedenen Erfahrungen, die ich beim Sehen, Hören, Riechen, Schmecken und Tasten eines Objektes mache, müssen zusammengeführt werden, und zwar in einen inneren Sinn, der alle Eindrücke gemeinsam enthält und daher Gemeinsinn genannt werden könnte. Was damit gemeint war, wurde zwar zunächst auf Griechisch und Lateinisch ausgedrückt, aber erst berühmt, als es im 18. Jahrhunderts in die italienischen Worte *senso comune* gefasst wurde, die im Englischen als *common sense* weiter lebendig sind.

Die Idee bestand darin, dass alle Sinneserfahrungen zu einem inneren Sinn – dem *senso comune* – zusammengefasst werden, der nun nicht nur das Gemeinsame des Gegenstands enthält, sondern auch das für alle Menschen gemeinsame Erkennen darstellt. In dieser Form ist aus dem Gemeinsinn der »gemeine Menschenverstand« geworden, den wir heute als gesunden Menschenverstand bezeichnen. Mit seiner Hilfe beurteilen alle Menschen einen wahrgenommen Gegenstand, ohne über ihn tiefer nachzudenken.

Es wäre natürlich schön, wenn die Hirnforscher einen solchen *common sense* konkret als einen Nervenstrang oder als Kortexareal finden könnten. Doch im Kopf geht es anders zu, als sich der gesunde Menschenverstand gerne ausmalt, und die Komplikationen fangen schon ganz vorn an. Denn trotz der massiven Befürwortung der Existenz von fünf Sinnen gibt es spürbar mehr von ihnen, und sie alle treffen an anderen Stellen im Gehirn ein. Wir öffnen uns der Welt mit mehr Sinnensorganen, was man auch durch die Worte ausdrücken könnte, wie haben mehr Sinn für die Welt, als die Gelehrten und andere Autoritäten uns einreden wollen. Wir sind unter anderem in der Lage, Wärme zu empfinden, wir haben ein Gefühl für die eigene Körperlage und wissen selbst dann, wo unsere Füße und Hände sind, wenn wir sie nicht sehen. Wir können das Gleichgewicht halten, wir merken, ob wir beschleunigt oder gebremst werden, wir registrieren Drehungen (bei geschlossenen Augen), und wir sind vor allem äußerst schmerzempfindlich.

Für viele der genannten Sinneserfahrungen ist die Haut zuständig, die mit verschiedenen Rezeptoren ausgestattet ist: Die Rezeptoren wandeln ihre Erregung in elektrische Signale um, die über getrennte Nervenfasern in das Gehirn gelangen, wobei natürlich viele von ihnen im somatosensorischen Kortex einlaufen. Besonders stark betroffen sind die Fingerspitzen, mit deren Hilfe wir in der Lage sind, einen Gegenstand – seine Form und sein Oberflächenmaterial – zu ertasten. Die hohe Empfindlichkeit der Fingerspitzen – genauer: der breite Raum, der den ihnen zugeordneten Nerven im Kortex zur Verfügung steht – ist für die Erfindung der Blindenschrift genutzt worden. Es ist möglich, mit den Fingern zu sehen, wie es heißt, womit zunächst nur gemeint war, dass die

Fingerspitzen für die Hand leisten, was die Fovea für die Netzhaut zustande bringt. Doch die Analogie reicht weiter bis in die Verarbeitung im Bereich der Nervenzellen hinein. Tatsächlich lassen sich auch hier rezeptive Felder der Art finden, wie sie bei der Erkundung des Sehvorgangs entdeckt worden sind.

Damit ist Folgendes gemeint: Wenn es zu einer Hautberührung kommt, dann erfährt das Nervensystem davon durch die speziellen Konstruktionen, die in den Anatomiebüchern »Merkelsche Tastscheiben« heißen. Rund hundert solcher Zellen finden sich auf einem Quadratzentimeter der Fingerspitze, und sie reagieren besonders auf Punkte und Kanten, wobei die dazugehörigen rezeptiven Felder weniger als drei Millimeter Durchmesser haben. Die Meldung der Merkelzellen hängt dabei nicht von der Stärke, sondern nur von der Form des Reizes ab.

In der Haut stecken aber nicht nur Rezeptoren, die den Tastsinn ermöglichen. In ihr stecken auch Rezeptoren, die Dehnungen bemerken – die dann auftreten, wenn wir ein Gelenk bewegen –, auf Vibrationen reagieren und die Verschiebungen auf der Haut – das Krabbeln von Insekten etwa – melden, ganz zu schweigen von den Härchen, die vor allem Männerhände bedecken.

Ein spannendes Kapitel stellen die Sensoren der Haut dar, die unseren Körper über die Außentemperatur informieren, der dann die jeweiligen Reaktionen in Gang setzt, die nötig sind, um die Innentemperatur auf den siebenunddreißig Grad zu halten, die wir zum Leben – etwa zur geeigneten Durchführung des Stoffwechsels – benötigen. Die Wissenschaft unterscheidet dabei zwischen Kälte- und Wärmesensoren, die jeweils nur eine Empfindung auslösen und auf der Haut getrennt liegen. Ihre Verteilung variiert von Körperregion zu Körperregion – sie ist im Gesicht anders als in den Intimbereichen –,woraus der äußerst sinnvolle Schluss gezogen werden kann, dass unterschiedliche Teile der Haut unterschiedlich empfindlich auf die Außentemperatur reagieren können.

Während wir eine Zeit lang nur angenehme Empfindungen haben, wenn es wärmer wird, lässt sich der Punkt absehen, an dem uns die steigende Hitze erst Mühe macht und zuletzt zur Pein wird. Wenn wir beim Duschen versehentlich das Wasser zu heiß

Schmerz

Über Schmerz lässt sich wissenschaftlich nüchtern reden, etwa indem von Schmerzrezeptoren gesprochen wird, die Nervenbahnen aktivieren, von denen man weiß, dass sie durch Opiate blockiert werden können. Oder indem man fragt, wie es Placebos gelingt, Schmerz zu lindern, und darauf antwortet, dass an dieser Wirkung körpereigene Opiate beteiligt sind, die Endorphine genannt werden (und tatsächlich nachweisbare Änderungen in der Aktivität des Gehirns nach sich ziehen). Aber wer länger über den Schmerz nachdenkt, wird irgendwann merken, dass man nicht bei dem biologischen Faktum stehen bleiben kann, sondern immer in Betracht ziehen muss, dass Schmerz die Menschen angeregt hat, ihr Leben zu deuten und nach einem Sinn zu suchen. Schmerz ist kein rein physiologisches Ereignis, sondern gleichzeitig emotional, kognitiv und sozial wirksam, wobei die letzte Konnotation durch den Hinweis auf Kopfschmerzen und Migräne verständlich wird, und zwar nicht nur weil sie umfangreiche Arbeitsausfälle nach sich zieht.

Im 19. Jahrhundert glaubten einige Ärzte noch übermütig, den »Tod des Schmerzes« verkünden zu dürfen im Anschluss an die Entdeckung der Nützlichkeit von Äther, mit dem Patienten vor einem notwendigen Eingriff in einen Tiefschlaf versetzt werden konnten. Dieser Fortschritt und das anschließende Aufkommen der Anästhesie sind zweifellos segensreiche Hervorbringungen der Zivilisation. Aber daraus folgt nicht, dass Schmerz etwas ist, das durch Nervenzellen und ihre Aktivierung allein zu erfassen ist und kaum mehr als das unangenehme Signal des Körpers darstellt, dass irgendwo mit ihm etwas nicht in Ordnung ist. In der Tat hat sich die Einstellung zum Schmerz gewaltig gewandelt, wie an der Tatsache abzulesen ist, dass die »Deutsche Gesellschaft zum Studium des Schmerzes« vor einigen Jahren zu der Überzeugung gekommen ist, dass der Schmerz einen selbstständigen Krankheitswert hat. Schmerz ist nicht mehr die Botschaft der Krankheit, sondern die Krankheit selbst. Sie dreht sich nun um den Schmerz und nicht mehr der Schmerz um die Krankheit.

Traditionell werden Schmerzen biochemisch erklärt – etwa durch die Übertragung von Nervenimpulsen, die an einer Wunde beginnen und von da aus zum Gehirn laufen. In diesem Denkmuster versucht ein Arzt, dem Schmerz dadurch Einhalt zu gebieten, dass er die ihn leitenden Nervenbahnen blockiert, die von der Peripherie ins Zentrum laufen. Zwar klappt dies zum Glück für viele Patienten sehr häufig, doch gibt es genügend Beispiele – so bei dem Gesichtsschmerz, der als Trigeminusneuralgie bekannt ist –, bei denen weder neurochirurgische Eingriffe noch biochemische Gegenmittel eine Wirkung zeigen. Daraus kann man schließen, dass zumindest solche Schmerzen nicht irgendwo am Rand des Körpers entstehen, sondern in seinem Zentrum. Man kann den Gesichtsschmerz nicht auf seinem Weg in den Kopf stoppen, weil er von Anfang an hier ist. Dieser Schmerz findet nicht nur im Kopf statt, er fängt dort an.

Wenn diese Beobachtung zutrifft, müssen wir dem Schmerz eine andere Deutung als die eines Warnsignals geben. Dann müsste man sich Gedanken über eine *Kultur des Schmerzes* machen, wie es der amerikanische Literaturwissenschaftler David B. Morris getan hat, der auf ein Problem hinweist, das an dieser Stelle besteht. Wir haben nur wenige Ausdrücke, um über den »Schmerz« genauer reden zu können, was vor allem den Betroffenen zusätzliche Qual bereitet, da sie ihren Zustand als ein »Schmerzgefängnis« erleben, in dem sie allein sind.

Wenn man über Schmerz redet, sollte man wenigstens auch auf positive Aspekte hinweisen, etwa die Tatsache, dass Schmerz als »Medium der Leistung« wirkt und neben sportlichen Rekordjagden auch kreative künstlerische Hervorbringungen fördert. In den Worten von Morris: »Wir können als Kultur keineswegs erfolgreich sein, wenn wir Schmerzen ignorieren oder verdrängen, als könnten wir sie mit einem Berg Pillen zum Schweigen bringen. Wir sind mehr als ein Neuronenbündel. Wir müssen den Sinn für die Wichtigkeit des Verstandes und der Kulturen bei der Entstehung von Schmerz wiederentdecken, und wir müssen beginnen, die Bedeutung von Schmerz zu verbreiten, um menschliches Leiden nicht auf die Stufe eines lediglich physischen Problems zu reduzieren, für das es immer eine medizinische Lösung gibt.«

aufdrehen, reagieren nicht nur die Wärmesensoren, sondern sehr rasch auch die Nerven, deren Aktivität Schmerzempfindungen nach sich zieht.

Auf Schmerz scheint man gern verzichten zu wollen – bis man sich einmal die Konsequenzen überlegt, was es bedeuten würde, wenn es keinerlei Schmerzmeldung gäbe. Dann würde man erst

Opium und Psychopharmaka

Opium lässt sich, wie Drogen überhaupt, von der Geschichte der Menschheit nicht trennen. Wir fangen den Tag legal und fröhlich mit Frühstücksdrogen – Tee oder Kaffee – an und hören ihn ebenso legal und fröhlich mit ihren abendlichen Entsprechungen – Alkohol und Nikotin – auf.

Die Verwendung von Opium beginnt im Osten, wo sie belegt ist für China, Indien und Persien und wahrscheinlich durch arabische Händler nach Westen gebracht wurde. Es diente lange Zeit im Mittelmeerraum als Medikament gegen Magenkrämpfe, Durchfall, Gelenkschmerzen und Schlaflosigkeit. Im 19. und 20. Jahrhundert haben dann europäische Künstler und Literaten den Stoff entdeckt, von dem sie sich eine Steigerung ihrer Kreativität erhofften. Die chemisch orientierten Wissenschaftler hatten damals herausgefunden, dass Opium analytisch gesehen keine reine Substanz ist, sondern unterschiedliche Anteile aufweist, die sich gut in Industrielaboratorien herstellen lassen. Diese reinen Drogen – die so genannten Opiate – heißen heute Morphium, Heroin und Kokain, wobei betont werden muss, dass gerade die zuletzt genannte Droge zunächst der reine Segen für die Medizin war. Kokain diente als Lokalanästhetikum und fand bei Operationen vielfach Verwendung.

Opiate üben ihre Wirkung über Rezeptoren aus, die Opiatrezeptoren heißen. Der menschliche Körper stellt vier verschiedene Varianten von ihnen her, die dazu bestimmt sind, körpereigene Substanzen zu

bemerken, dass man seine Hand auf eine heiße Herdplatte gestützt hat, wenn es nach verbranntem Fleisch riecht. Tatsächlich ist der Schmerzsinn – wie die anderen – ein wichtiges Instrument im Überlebenskampf, aber anders als etwa für den Sehsinn gibt es kein eigenes Areal für den Schmerz im Gehirn. Die in das Zentrale Nervensystem transportierten Nachrichten über schmerzende Stellen werden breit gefächert und auf viele Regionen sowohl im Thalamus als auch im Kortex aufgeteilt. Am Anfang einer Schmerzmeldung steht meist die Beschädigung von Körpergewebe. Nach einer Verletzung – durch ein Messer oder auch durch allzu heißes binden, von denen die bekanntesten Endorphine heißen. Für diesen Namen gibt es zwei Gründe. Zum einen wirken Endorphine (oder ihre Kollegen, die Dynorphine) wie das Morphium und seine Abkömmlinge (Heroin); zum andern wurden diese endogenen Substanzen und die dazugehörigen Opiatrezeptoren entdeckt, als man die Wirkungsweise der Opiate wissenschaftlich erkundete.

Opiate sind Stoffe, die unsere Stimmung beeinflussen, also auf die Seele wirken, weshalb sie im weitesten Sinn zu den Medikamenten gezählt werden können, die von den Ärzten als Psychopharmaka bezeichnet werden. Charakteristisch für Psychopharmaka ist, dass sie ihre Wirkung mithilfe von Synapsen und hier angesiedelten Rezeptoren entfalten. Das Wort ist dabei schon seit dem Mittelalter bekannt und in Gebrauch, und 1548 – kurz nach den Großtaten des Kopernikus und des Vesalius – ist eine medizinische Schrift unter dem Titel *Psychopharmacon, hoc est: medicina animae* erschienen. Sie sagt uns, was Psychopharmaka sind, nämlich »Medizin für die Seele«.

Eine »Medizin für die Seele« versucht heute, Depressionen zu verhindern (Antidepressiva), Wahnvorstellungen zu unterbinden (Neuroleptika), beruhigend zu wirken (Tranquilizer) oder das Ein- und Durchschlafen zu ermöglichen (Hypnotica). Das bekannteste Psychopharmakon trägt den Namen Dopamin, das sehr eng mit dem bereits erwähnten Noradrenalin verwandt ist. Wenn das Dopamin einen seiner Rezeptoren bindet, wird eine Kaskade von Reaktionen ausgelöst, zu der auch die Bildung eines *second messenger* gehört, auf den beim Sehen hingewiesen wurde.

Wasser – tauchen wie von Zauberhand chemische Substanzen auf, die mit freien Nervenendigungen in der Haut Kontakt aufnehmen und sie aktivieren.

So klar und übersichtlich diese Mechanik der Schmerzleitung erscheint, bei dieser Empfindung reicht eine naturwissenschaftliche Behandlung sicher nicht aus, wenn man sie verstehen will. Wenn auch der individuelle Schmerz fast schmerzhaft privat bleibt, so sind seine kulturellen Dimensionen und Auswirkungen unübersehbar, wie schon das Stichwort Opium nahe legt. Mit diesem milchigen Saft – griechisch *opion* - aus den unreifen Fruchtkapseln des Schlafmohns lässt sich zwar der Schmerz oftmals eindämmen. Doch Opium ist zugleich ein Rauschmittel, um das im frühen 19. Jahrhundert zwischen den Briten und Chinesen ein Krieg geführt wurde. Die Wissenschaft hat inzwischen entdeckt, dass der Körper selbst in der Lage ist, opiumartige Stoffe – Opiate – herzustellen, um mit ihrer Hilfe die Schmerzsignale zu hindern, in das Gehirn zu gelangen. Das Opium ist ein Gemisch von vielen chemischen Stoffen, deren prominentester Morphium heißt. Mithilfe der körpereigenen Opiate, der Endorphine, kann man erklären, wie es uns der Körper zum Beispiel in einer lebensgefährlichen Situation ermöglicht trotz einer Verletzung keine Schmerzen zu spüren, sodass wir das rettende Ufer erreichen können.

Wer gut hören kann, wird fühlen

Wir haben uns den rätselhaftesten Sinn bis zuletzt aufgespart, wobei der Übergang von der Schmerzempfindung zum Hören doppelt möglich ist. Er steckt zum einen in dem Sprichwort »Wer nicht hören will, muss fühlen« – zum Beispiel den Schmerz, den eine Ohrfeige auf der Backe eines Knaben zu dessen Belehrung hinterlässt, wenn er zum x-ten Mal das Rauchverbot oder etwas Ähnliches missachtet hat. Der Übergang gelingt auch mit dem Hinweis auf den Lärm, der schon im 19. Jahrhundert als Seuche der Zukunft bezeichnet wurde und bis in unsere Gegenwart noch zugenommen hat. Lärm verursacht körperliche und seelische Schmerzen zugleich, wobei der erste Aspekt der Wissenschaft näher steht, da sie genaue Lärmpegel angeben kann, bei denen Lärm anfängt, wirklich weh zu tun und Spuren im Körper zu hinterlassen – etwa bei startenden Flugzeugen oder einem Presslufthammer.

Aber auch wenn das Heulen, Rattern und anderer Lärm noch so sehr stören und verärgern mag, es gilt, auch ein anderes akustisches Genussspektrum zu berücksichtigen, wenn Musik gespielt wird, ins Ohr gelangt und Gefühle auslöst – meist positive, wie selbst Wilhelm Busch meint, der sonst nicht viel für Musik übrig hatte, weil sie bekanntlich »mit Geräusch verbunden« ist. Doch auch er gibt zu, »Musik ist angenehm zu hören«, allerdings mit der Einschränkung, »doch ewig braucht sie nicht zu währen«. Es gehört zu den offenen und zugleich spannenden Fragen der Wissenschaft, was alles im Kopf passieren muss, um den einlaufenden Schall in Töne, Melodien und Rhythmen zu verwandeln, die als Harmonien empfunden werden, Glücksgefühle und Trauer auslösen und manchmal sogar Zuhörer in Ekstase versetzen.

Wenn man die Wirkung von Musik untersucht, darf man nie außer Acht lassen, dass vermutlich unsere Ohren für völlig andere akustische Signale eingerichtet wurden und an diese besser angepasst sind. Gemeint sind die Laute der Sprache, mit der wir uns verständigen; diese kommen durch die Luft, und darauf ist unser Ohr eingestellt. Es ist besonders für die Frequenzen empfindlich, in denen sich die sprachliche Kommunikation abspielt (für das Überhören der Körpergeräusche mit niedriger Frequenz sorgt es etwa durch den Blutstrom). Als weitere Gabe hat die Evolution unser Ohr so eingerichtet, dass ein tausend Mal stärkeres Signal nur etwa zehn Mal lauter empfunden wird, um einen weiten Intensitätsbereich überspannen zu können – vom Flüstern zum Donnern.

Die Tatsache, dass unser Hörsystem in den Bereichen am empfindlichsten reagiert, in denen unsere Sprache angesiedelt ist, legt die logische Folgerung nahe, dass es für die Wissenschaft am leichtesten sein müsste, die Wahrnehmung von Worten zu erkunden. Genau da aber tut sich die Forschung schwer, denn schon mit dem einen Ausdruck »Sprechen« meinen wir alle möglichen Versionen, die vom Nuscheln über das Flüstern bis zum Rufen und weiter reichen. Dabei tauchen für den Wissenschaftler, der ein klares Eingangssignal braucht, um mit seiner Arbeit beginnen zu können, zu viele Probleme auf. Solche Signale gibt es aber von Stimmgabeln oder einfachen Instrumenten, und so versteht man Hören, wenn man die Wahrnehmung der Töne analysiert, die zusammen – in Beziehung zueinander – die Musik werden können, die wir schätzen.

Als Urvater der Hörforschung kann der legendäre Pythagoras

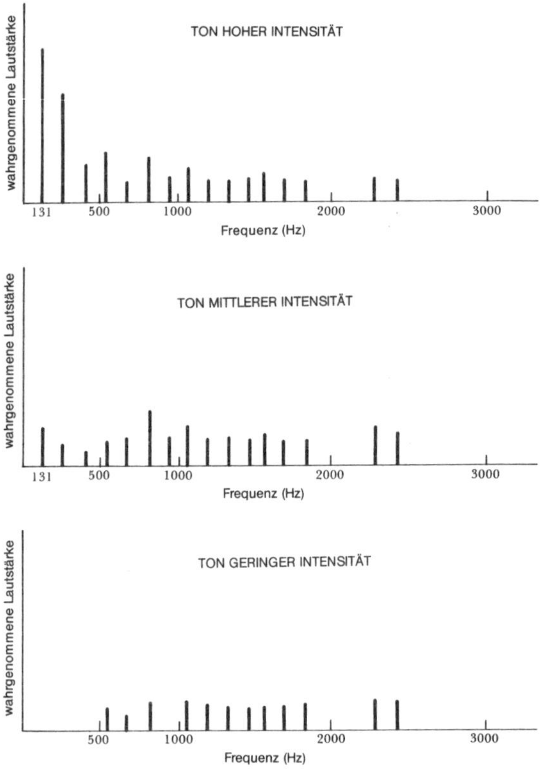

Abb. 34 Wenn man etwa an einem Klavier den Ton C_3 – das C unter dem mittleren C – mit einer Frequenz von rund 131 Hertz anschlägt, werden neben der Grundfrequenz auch Obertöne zu hören sein. Wenn man den Ton immer leiser anschlägt (von oben nach unten), ist die wahrgenommene Frequenz zuletzt physikalisch gar nicht mehr präsent. Wir hören Töne, die gar nicht da sind, und es darf gefragt werden, wie das Gehirn dabei vorgeht. Es gibt verschiedene Theorien zur Wahrnehmung der Tonhöhe, die hier aber nicht analysiert werden können.

von Samos angesehen werden, dem vor 2500 Jahren in einer Schmiede auffiel, dass gleichzeitig angeschlagene Hämmer harmonisch klingen können. Sie tun dies, wie Pythagoras durch Nachmessen feststellte, wenn ihre Massen in einem einfachen Zahlenverhältnis zueinander stehen. Bald konnte Pythagoras ähnliche Relationen auch an den Saitenlängen der Lyra nachweisen. Mit anderen Worten, unser Gehör erkennt mathematische Gesetzmäßigkeiten, die sich erkunden und nutzen lassen können.

Was akustisch wahrgenommen wird, stammt meist von Schallquellen, die wie Stimmbänder oder Saiten periodisch schwingen und bei den dabei entstehenden harmonischen Signalen eine Grundfrequenz und Obertöne unterscheiden lassen. Diese Obertöne, die ein Vielfaches der Grundfrequenz aufweisen, sorgen für die Klangfarbe eines Instruments und also dafür, dass ein C auf einer Flöte anderes klingt als dasselbe C, wenn es von einer Klarinette gespielt wird. Einen Wissenschaftler interessiert nun die Beobachtung, dass Obertöne zwar andere Frequenzen aufweisen, aber mit gleicher Tonhöhe erklingen – sogar dann, wenn ihre Grundfrequenz nicht vorkommt. Der Schluss liegt nahe, dass Frequenz und Tonhöhe als unabhängige Größen vom Hörsystem weitgehend separat verarbeitet werden. Wie kommt das zustande?

In die Muschel

Hören ist ein komplizierter Sinn, und so wundert es nicht, wenn die Biologen zu der Ansicht gekommen sind, dass die Evolution die ersten Milliarden Jahre hat verstreichen lassen, ohne einen Gehörsinn zu entwickeln. Wahrscheinlich kann man erst bei den Land- oder Wirbeltieren von einem Hörsystem reden, auch wenn sie wahrscheinlich zuerst nicht viel mehr als brummende Basstöne wahrgenommen haben.

Hören beginnt – physikalisch ausgedrückt – mit leichten Schwankungen des Luftdrucks, die unsere Ohren erreichen: Wir registrieren ausschließlich Schallwellen. Diese Einsicht hat Einstein einmal zu der ironischen Bemerkung veranlasst, vom Standpunkt der Physik aus könnte man Beethovens Neunte Symphonie als Luftdruckkurve notieren (was natürlich nur zeigt, was derjenige versäumt, der diesen singulären Standpunkt für den einzig wahren hält und sich an ihm festhält).

Es sind zwar die Schwingungen der Luftmoleküle, die als Schallwellen ins Ohr gelangen, aber schon an dieser Stelle ist zu betonen, dass Musik nicht nur aus diesen Bewegungen besteht, sondern sich mehr aus Beziehungen zwischen den Tönen ergibt, die das Ohr erreichen. Sie sind allerdings der Beobachtung nicht direkt zugänglich. Die Wissenschaft muss sich ihnen auf Umwegen nähern, wobei die entsprechenden Ergebnisse zeigen, wie unser Gehirn eine Klangempfindung Schicht um Schicht errichtet und aus dem sinnlich empfangenen Material herstellt.

Geräusche – auch musikalische Klänge – werden bereits vom hörenden Subjekt verändert, sobald sie seine Ohrmuscheln erreichen, da hier bestimmte Frequenzen verstärkt werden. Unsere Ohrmuscheln sind zu klein, um langwellige Frequenzen zu reflektieren. Sie verstärken Komponenten hoher Frequenzen, wodurch jede Musik etwas »höher« klingt, als sie eigentlich ist.

Wenn wir den Weg von der Ohrmuschel über den Gehörgang bis zum Trommelfell und weiter verfolgen, können wir eine Druckwelle ausmachen. Im Mittelohr erfolgt die Übertragung in me-

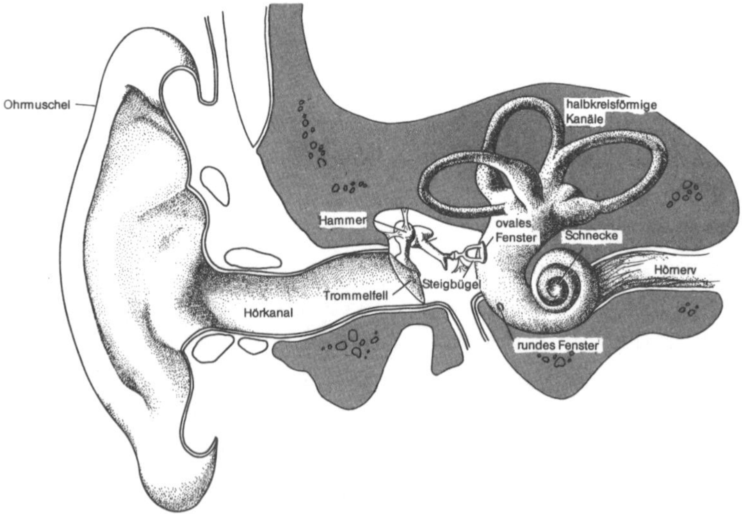

Abb. 35 Das Ohr und seine Teile.

chanische Bewegung mithilfe von drei Knöchelchen, dem Dreigespann Hammer-Amboss-Steigbügel. Ihr Zusammenwirken versetzt das so genannte ovale Fenster in Schwingungen. Damit ist eine Art Haut gemeint, die als Membran das mit Flüssigkeit gefüllte Innenohr abschließt.

Mit dem Mittelohr gelingt es, die Schwingungsenergie, die auf das Trommelfell trifft, fast vollständig auf die Flüssigkeit im Innenohr zu übertragen. Das Mittelohr schafft es aber auch, Musik vom Kopf fern zu halten. Die Gehörknöchelchen vermitteln zwar ohne weiteres das Musizieren eines Streichquartetts, aber bei einem lauten Rockkonzert spielen sie manchmal nicht mehr mit. Es kommt zu einer Erschöpfung der Muskeln, die an den Gehörknöchelchen ziehen können. Sie verrichten diese Arbeit vor allem, um den »Eigenlärm« zu reduzieren, den wir beim Sprechen machen, wenn der Schall direkt durch den Kopf zum Innenohr gelangt. Sie folgen dabei der Betonung jeder Silbe – also auch jetzt, wenn ich zum Beispiel »Lo-li-ta« sage bzw. höre, und zwar so deutlich mit oder nach dem Antippen der Zunge, wie es Vladimir Nabokov am Anfang seines gleichnamigen Romans empfiehlt.

Im Innenohr gelingt die Übertragung des im Ohr Empfangenen auf die Nervenzellen. Vom ovalen Fenster aus läuft eine Druckwelle durch enge, schneckenförmig aufgerollte Kammern (Cochlea), bis sie auf ein sehr kompliziertes organisches Gebilde trifft – das Kortische Organ –, in dem Haarsinneszellen in Gruppen aufgereiht sind. Jede Gruppe ist besonders empfindlich für bestimmte Schallfrequenzen – Soprantöne am Anfang der Cochlea, Basstöne in der Spitze der Spirale. Wenn sich die Härchen biegen, feuern sie Nervenimpulse ab, wodurch der Ton im Gehirn ankommt. Alle Töne erregen dabei gleichzeitig viele Nervenzellen, was eine einfache Analyse des Vorgangs ausschließt.

Das Kortische Organ ist etwa 35 mm lang und 0.3 mm breit; hier finden sich rund 14 000 Rezeptorzellen mit etwa 32 000 Nervenfasern, die aus der Cochlea austreten und ins Gehirn ziehen.

Vom Eingreifen des Gehirns

Die Cochlea ist nicht bloß eine Art Mikrophon mit Anschluss ans Gehirn, durch das jede Note einer Sonate getreu übertragen wird. Vielmehr greift das Gehirn schon auf dieser ersten Stufe des Hörens ein, da es Nervenfasern zu den Nervenzellen der Cochlea entsendet, um deren Sensitivität zu steuern. So werden körpereigene Geräusche ausgeblendet (Pulsschlag), aber auch Klänge oder Stimmen bei hoher Lautstärke im Hintergrund (Party) hörbar.

Wir »hören« in der Großhirnrinde (im auditiven Kortex), wenn die Signale nach angemessener Umwandlung dort angekommen sind. Auf dem Weg von der Cochlea zum Kortex muss die Musik allerdings durch den Hirnstamm mit seinen »Klumpen« (auditorischen Kernen). Dabei wird der Schall in seine Einzelteile gespalten, wobei die Nervenzellen in jedem Kern frequenzabhängig angeordnet sind – die höchsten und tiefsten liegen jeweils an den Enden, genau wie in der Cochlea selbst.

Möglicherweise stellen diese »Frequenzlandkarten« unterschiedliche Aspekte der Musik dar – etwa die Laufzeitunterschiede eines Tons für jede Frequenz oder die relative Lautstärke der Frequenzen an jedem Ohr –, die auf höherer Ebene zusammenfließen, um hier endlich eine Flöte von einer Klarinette unterscheiden zu können, was uns zu der eingangs erwähnten Frage zurückbringt, wie das Gehirn die Tonhöhe analysiert. Wir haben angedeutet, wie das komplexe Eingangssignal nach seinen Frequenzen zerlegt und entlang der Cochlea »abgebildet« wird. Die Schnecke kann aber mehr, wie man heute weiß. Sie bietet dem Gehirn auch die Möglichkeit, eine zeitliche Analyse des Signals vorzunehmen, mit der dann die Tonhöhenverarbeitung gelingt, wie sich am besten mathematisch erläutern lässt.

Wenn wir Musik hören, benötigen wir alle Mithilfe des auditiven Kortex. Dieses Rindenfeld hebt zum Beispiel bestimmte Frequenzen hervor und unterdrückt andere; es kombiniert Frequenzen, indem es Gruppenkonturen herausarbeitet. Klänge werden etwa danach zusammengefasst, ob sie gemeinsam beginnen oder enden

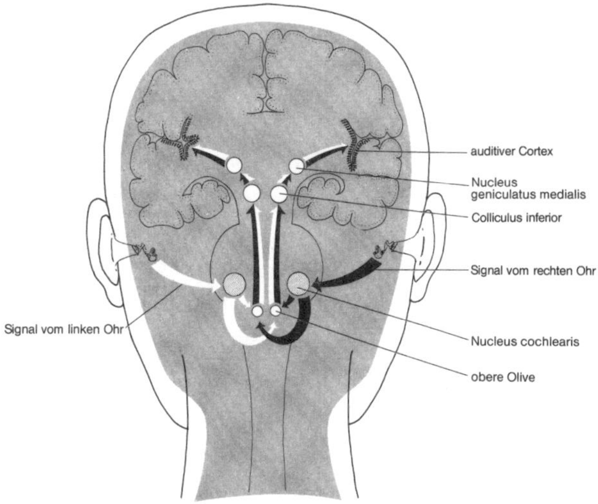

Abb. 36 Der Schall auf dem Weg ins Gehirn, der über Bereiche des Stammhirns verläuft – hier scheint die Lokalisation einer Schallquelle zu erfolgen – und über Relaisstationen ins Großhirn gelangt.

oder ob sie ihre Merkmale langsam verändern, wie das bei Naturlauten meist der Fall ist. Wichtig für die Musik ist die Tatsache, dass die Hörfelder automatisch die Obertonreihe klassifizieren, die von Natur aus bei einfachen schwingenden Objekten entsteht.

Sie helfen auch, den Unterschied zwischen Geräuschen im Hintergrund (passives Hören) und aufmerksam erlauschten Tönen (aktives Hören) zu erklären. Im ersten Fall wird das eintreffende Schallsignal allein im Hirnstamm analysiert. Seine neuronalen Schaltkreise erlauben dabei die Unterscheidung von Frequenz, Lautstärke und Ort. Aktives Hören kommt aus dem Kortex, der in der wahrgenommenen Musik nach Hinweisen und Mustern sucht und dafür die Fähigkeit zur Antizipation entwickelt hat, die ab und zu ein Ärgernis werden kann. Schließlich wartet unser Kortex – warten wir – immer auf den nächsten Ton, der durchaus aus dem Nebenzimmer kommen kann und die Konzentration von der Arbeit ablenken bzw. einen sogar trotz aller Müdigkeit am Einschlafen hindern kann.

Die weitere Verarbeitung

Der akustische Sinn wird zwar von außen durch Schallwellen aktiviert, beim Hören kommt es aber auf den Ton an, der bekanntlich die Musik macht. Unter einem Ton versteht man Schallschwingungen mit einem definierten Muster von Obertönen, und offenbar kommen die Instrumente, die Töne produzieren, und die Ohren, für die sie bestimmt sind, gut miteinander zurecht. Ein Ergebnis der Wissenschaft lautet jedenfalls, dass die Physik der Musikinstrumente der Biologie unserer Ohren entspricht, wobei es hier mehr um die höher angesiedelte Frage gehen soll, wie das Gehirn einen Ton hört.

Die Anordnung der frequenzspezifischen Neuronen, die in der Cochlea beginnt und sich durch den Hirnstamm zieht, bleibt im primären auditiven Kortex erhalten. Hier gibt es eine lange Reihe dünner Bänder, die bestimmten Frequenzen vom Bass bis zum Sopran zugeordnet sind. Allerdings ist die Folge der Bänder nicht mit einer Klaviertastatur zu vergleichen, und aus dem Muster der aktiven Neuronen lässt sich der am Ohr eintreffende Akkord nicht bestimmen. Dazu müsste noch mehr über andere Strukturierungen der primären Hörrinde bekannt sein, etwa über die Nervenzellen, die als Säulen angeordnet und für die Wahrnehmung von einzelnen Tönen – etwa dem oben vorgestellten Klavierton C_3 – zuständig sind.

Die weiteren Analysen vollziehen sich in einem zweiten auditiven Kortex, der die primäre Hörrinde umgibt und nur von ihr informiert wird. Hier werden Beziehungen zwischen Tönen hergestellt. Bei Tieren ist bekannt, dass es in dieser sekundären Großhirnpartie einzelne Felder gibt, die der Analyse eines bestimmten Aspekts von Schall dienen. Wie viele Felder dieser Art es im Gehirn des Menschen gibt, ist nicht bekannt.

Rechts und links

Bei der Verfolgung der Wege, die von den Sinnesorganen ausgehen und in das Innere des Gehirn führen, ist bislang nur nebenbei berücksichtigt worden, dass unser Organ für das Erfassen der Welt aus zwei Hälften besteht. Spätestens beim Hören muss erwähnt werden, dass die beiden Hemisphären verschieden sind und sich spezialisiert haben. Melodien werden vornehmlich in der primären Hörrinde registriert, wobei bei den meisten Menschen die rechte Hemisphäre sowohl bei der Identifikation von Tönen als auch bei der Erfassung und Erinnerung von Melodien der linken Hirnhälfte überlegen ist. Sie ist eher für die Analyse rhythmischer Muster in Melodien zuständig, was sich zum Beispiel daran zeigt, dass die rechte Hand (die ihre Befehle aus der linken Hemisphäre bekommt) einen Takt besser klopfen kann.

Profimusiker setzen bei der Wahrnehmung von Melodien mehr die linke Hemisphäre ein, wobei es wahrscheinlich ist, dass ihre rechte Hälfte nicht weniger aktiv ist, sondern die linke etwas gelernt hat – zum Beispiel die Fähigkeit, kurze Bruchstücke einer Melodie zu erkennen.

Die Untersuchung der Tongestalt von Melodien, wie sie aus Volksliedern bekannt sind (»Muss i denn, muss i denn zum Städtele hinaus ...«), hat die Wissenschaft schon im 19. Jahrhundert auf die Idee gebracht, dass unser Gehirn mehr erfasst als die Summe einzelner Töne und in der Lage ist, Gestaltqualitäten zu hören. Diese entstehen durch Wahrnehmung von Tönen, die im Gehirn auf »Vorstellungskomplexe« treffen, wie es sich der Begründer dieser Idee, Christian von Ehrenfels 1890 vorgestellt hat. Aus seinem akustischen Gedanken ist im frühen 20. Jahrhundert ein visuelles Forschungsprogramm geworden, das unter dem Namen Gestaltpsychologie kurz aufblühte, bevor es von politischen Umtrieben ruiniert wurde. Dabei haben die ersten Gestaltpsychologen eine Reihe von Regeln formuliert, die nach wie vor erklären, wie wir die Welt visuell (und akustisch) ordnen. Sie kannten z. B. das »Gesetz von der geschlossenen Gestalt«, demzufolge unser Gehirn vollstän-

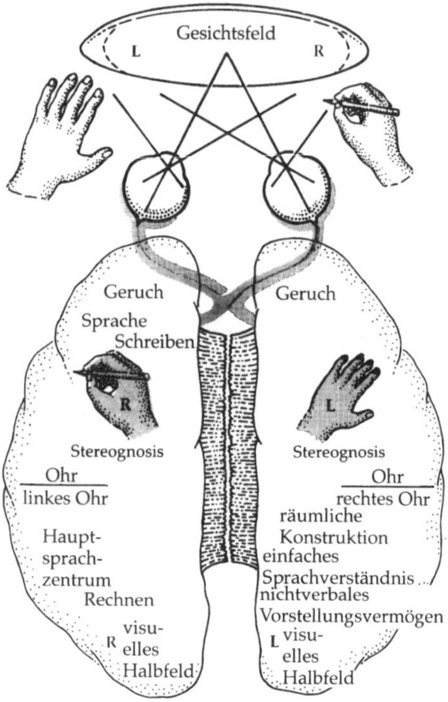

Abb.37 Die beiden Hälften des Gehirns, die durch einen Balken namens Corpus callosum verbunden sind, weisen ihre Spezialitäten auf, über die viel spekuliert wird. Klar ist, dass die rechte (linke) Hand aus der gegenüberliegenden linken (rechten) Hirnhälfte gesteuert wird, wobei diese motorische Zuordnung an dieser Stelle nicht stehen bleibt, sondern zum Beispiel auch die Gesichtsmuskeln betrifft. In der linken Hemisphäre werden mehr die logischen, analytischen und rationalen Fähigkeiten eines Menschen verordnet, während wir rechts unsere Intuition und das ganzheitliche Denken verwahren. Interessant ist, dass die asymmetrische Entwicklung des Gehirns schon vor der Geburt beginnt und in leicht unterschiedlichen Ausformungen der Lappen erkennbar war.

dige Muster bevorzugt, was wir vom Hören her kennen: Melodien vertragen bekanntlich keine Sprünge. Es gibt weiter das »Gesetz der guten Fortsetzung«, das dafür sorgt, dass Melodieabschnitte – wie hintereinander liegende Linien – automatisch verbunden werden und dicht aufeinander folgende Töne als melodische Linie gedeutet werden. Das »Gesetz der Ähnlichkeit« besagt, dass sich benachbarte Töne zu verschiedenen Linien gruppieren, wenn sie von zwei unterschiedlichen Instrumenten gespielt werden.

Ein Gehirn ist immer auf der Suche nach einer einfachen Lösung für die eintreffenden Signale, was aber nicht immer gelingt, beispielsweise bei der Zwölftonmusik, die auf ein tonales Zentrum verzichtet. Ohne eine solche Orientierung fehlen einem Hörer Anhaltspunkte, um ihn das genießen zu lassen, was er hört.

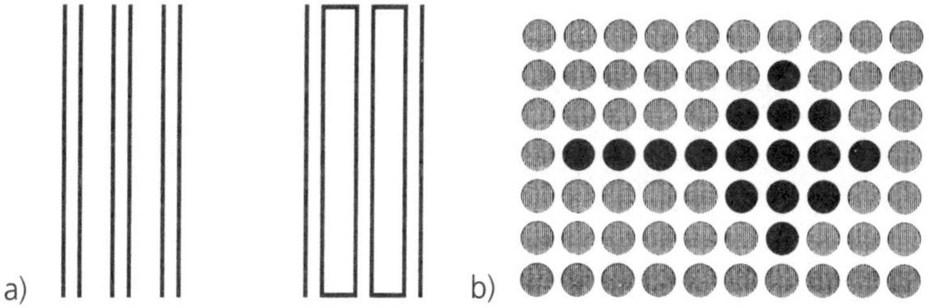

Abb. 38 a + b Einige Gestaltqualitäten beim Sehen: (a) Geschlossene Figuren werden eher als Einheit gesehen als nicht geschlossene; (b) ähnliche Objekte werden als Figuren zusammengefügt.

Die erschaffene Wirklichkeit

»Das mag erstaunlich sein, sollte aber nicht überraschen, denn tatsächlich gibt es ja ›da draußen‹ weder Licht noch Farbe, es gibt lediglich elektromagnetische Wellen; es gibt ›da draußen‹ weder Schall noch Musik, es gibt nur periodische Schwankungen des Luftdrucks; ›da draußen‹ gibt es weder Wärme noch Kälte, es gibt nur Moleküle, die sich mit mehr oder minder großer mittlerer kinetischer Energie bewegen, usw. Schließlich gibt es ›da draußen‹ ganz gewiss keinen Schmerz.«

So lautet der berühmte Satz, der von dem Kybernetiker Heinz von Foerster stammt und in seinem Buch *Das Konstruieren einer Wirklichkeit* steht. Foerster gehört zu der Gruppe von Wissenschaftlern, die man als Konstruktivisten bezeichnet, weil sie der

Ansicht sind, dass die Umwelt, so wie wir sie wahrnehmen, unsere Erfindung ist. Der Gedanke ist nicht ganz neu und zum Beispiel schon bei dem italienischen Philosophen Giambattista Vico zu finden, der 1710 geschrieben hat: »Wenn die Sinne aktive Fähigkeiten sind, so folgt daraus, dass wir die Farben machen, indem wir sehen, die Geschmäcke, indem wir schmecken, die Töne, indem wir hören, das Kalte und Heiße, indem wir tasten.«

Die Naturwissenschaft kann tatsächlich nachweisen, dass beispielsweise das Bild, das wir vor Augen haben, nicht einfach eine Art Fotografie, sondern mehr ein Gemälde ist, das unser Gehirn aktiv malt. Allerdings scheint der Begriff der reinen Konstruktion zu weit zu gehen, denn schließlich müssen wir uns im evolutionären Wettstreit durchgesetzt haben, und da war es sicher nützlich, sich an den Gegebenheiten der Wirklichkeit zu orientieren. Mir scheint daher, dass wir die Welt im Kopf nicht konstruieren, sondern *rekonstruieren.* Ist dies der Fall, so können wir nur erfolgreich sein, wenn wir auf die Welt vor unseren Augen Rücksicht nehmen. Und deshalb irrt der Kybernetiker, wenn er sagt, dass es »da draußen« keine Musik gibt. Natürlich gibt es sie, und zwar in den anderen Menschen, die »da draußen« vor uns stehen und sich beim Hören erfreuen. Ohne sie würde keine Welt – auch die im Kopf nicht – einen Sinn machen. Dieser Sinn ist unser Geschenk an die Welt. Sie wird reicher durch ihn – also durch unseren Kopf und in ihm.

»Es wird ein Mensch gemacht«

Die Zahl bleibt gewaltig, auch wenn man sie schon oft gehört hat: Der Körper eines erwachsenen Menschen setzt sich aus hundert Milliarden Zellen zusammen. Und ebenso erstaunlich wirkt die Tatsache, dass sie alle aus einer einzigen hervorgegangen sind, nämlich aus der befruchteten Eizelle, der Zygote, die sich zu teilen beginnt und menschliches Leben entstehen lässt.

Die hundert Milliarden erstaunen vor allem Biowissenschaftler. Mathematiker bleiben dabei gelassen, denn sie können auf einem Schachbrett leicht größere Zahlen generieren, indem sie ein Reiskorn auf das erste Feld setzen und von ihm aus auf die anderen springen, wobei jedes Mal die Anzahl der Körner verdoppelt wird. In der ersten Reihe bekommt man dann 2, 4, 8, 16, 32, 64 und 128 Reiskörner, was zunächst immer noch nach nicht viel aussieht, sich aber sehr rasch ändert. Denn lange bevor man in der letzten Reihe ankommt – bereits im 54. Feld –, wird die Zahl der Körner so hoch, dass sie die Produktion eines Jahres auf der gesamten Welt übertrifft. Diese vierhundert Millionen Tonnen Reis bestehen nämlich aus weniger als den zwanzig Billiarden (2×10^{16}) Körnern, die auf Feld 54 liegen würden. Um die Zahl der Zellen eines menschlichen Körpers zu erreichen, müsste man noch weniger auf dem Schachbrett springen. Man wäre schon etwa in der sechsten mittleren Reihe am Ziel, was insofern beruhigt, da eine knappe Billion dem Sachverstand auf diese Weise fassbar ist und sich das Erstaunen einem anderen Phänomen zuwenden kann, und zwar der Form, die am Ende der Zellteilungen entsteht.

Die Bildung der Gestalt – zum Beispiel des menschlichen Körpers – setzt zum einen voraus, dass sich die Zellen nicht nur teilen, sondern auch ändern, um später als Haut- oder Blutzellen Spezialaufgaben übernehmen zu können. Insgesamt sind ein paar Hundert verschiedene Zellarten bekannt, die sich aus der einen

Eizelle entwickelt haben, mit der alles anfängt. Die Bildung der Form verlangt zum andern eine Möglichkeit, den sich teilenden Zellen die Information zu geben, in welche Richtung sie sich differenzieren müssen, um zum Gelingen des Ganzen beizutragen. Es macht keinen Sinn, Hautzellen im Blut und Blutzellen in der Haut zu haben oder in der Leber Haare wachsen zu lassen. Und selbst wenn wir wissen, wie diese beiden Vorgänge im Leben ablaufen, wissen wir noch nicht einmal im Ansatz, wie die Form festgelegt wird, die aus Herzzellen ein Herz und aus Augenzellen ein Auge werden lässt. Wir können natürlich annehmen, dass sich das Anlegen solcher Organe im Laufe der Evolution herausgebildet hat. Aber wo stecken die Anweisungen für den genau bemessenen Bau eines Organs in dem jeweils sich bildenden Körper? Von ihm wissen wir nur, dass er aus Zellen besteht, die ihr Genom tragen und von ihm versorgt werden. Wie werden Milliarden von ihnen koordiniert, wenn sich neues Leben bildet?

Was so selbstverständlich abläuft und neue Organismen mit ihren Fingern, Füßen und anderen Formen hervorbringt – also all die Verwandlungen und Wanderungen, die Zellen und Zellverbände durchlaufen und unternehmen, wenn sie sich in der Entwicklung befinden, die am Ende ein Individuum entstehen lässt –, wird von vielen erfahrenen Biologen selbst im Zeitalter des genetisch orientierten und gelingenden Zugriffs nach wie vor als »das alltägliche Wunder« bezeichnet, zu dessen Verständnis noch unendlich viel fehlt. Am eindrucksvollsten hat dies der 1965 mit dem Nobelpreis für Medizin ausgezeichnete französische Molekularbiologe François Jacob in seinem Buch *Die Maus, die Fliege und der Mensch* dargestellt, in dem es aus dem sonst so nüchtern berichtenden Autor plötzlich herausbricht:

»Aber das Außergewöhnliche bei der Geburt eines Kindes, das Phantastische, (…) das Unglaubliche ist der Prozess selbst. Dass von einem Zusammentreffen einer Samenzelle mit einem Ei eine gewaltige Reihe von Reaktionen ausgelöst wird, Hunderttausende sich ablösende, überlagernde und kreuzende Reaktionen, die ein erstaunliches Netzwerk bilden. Und dass das Ganze, unter welchen Bedingungen auch immer, zum Erscheinen eines menschlichen Säuglings führt und niemals einer kleinen Ente, einer kleinen Giraffe oder eines kleinen Schmetterlings. Das Unglaubliche besteht darin, dass nach der Befruchtung die erste Zelle, das befruchtete Ei, sich zu teilen beginnt. Was zwei Zellen ergibt. Dann vier. Dann acht. Dann eine kleine Traube von Zellen. Und dass diese Traube sich dann an die Gebärmutterwand hängt, länger wird, wächst und einige Monate später einen Säugling bildet, der in mehr als fünfundneunzig Prozent aller Fälle mit allem versehen ist, was er braucht, um zu leben, die Welt zu durchstreifen und sogar um zu denken. Das ist das erstaunlichste Phänomen, das sich auf dieser Welt abspielt. Derart erstaunlich, dass es für alle Menschen Gegenstand einer tiefen Verwunderung sein müsste. Und sie sich nach den Mechanismen fragen müssten, die einem solchen Wunder zugrunde liegen.«

Doch wie Jacob leider feststellen muss: »Dafür interessiert sich niemand außer einigen wenigen Fachleuten. Niemand spricht darüber. Vor allem nicht die Presse. (...) Eine Naturgegebenheit, denkt man. Das ist nun einmal so«, und man verpasst das Wunder vor den eigenen Augen.

An dieser Situation können wir etwas ändern. Denn allmählich kommt etwas Licht in das Dunkel unserer Bildung. Was die Lampe, die die moderne Biologie eingeschaltet hat, uns zeigt, ist zweigeteilt, wie nicht anders zu erwarten. Wir sehen nämlich einen Zusammenhang und eine Zerstückelung zugleich, was uns nicht hindern muss, am Ende den Versuch zu unternehmen, daraus ein einsichtiges Bild zusammenzufügen.

Menschliche Mutationen und Mutanten

Das Wunder der Menschwerdung ist höchst gefährdet, wie nicht nur Eltern und Ärzte wissen, sondern auch wie die Genetiker inzwischen abschätzen und berechnen können. Nach den jüngsten Analysen vermuten sie, dass jeder neu gebildete Embryo etwa hundert Veränderungen – Mutationen – in seinem Genom aufweist, die es bei seinen Eltern nicht gab. Die meisten dieser Mutationen bleiben ohne direkte

Auswirkung, aber einige von ihnen – vielleicht drei bis vier – werden unmittelbar die Wirkung von Proteinen (Enzymen) beeinflussen. Jeder von uns ist also mehr oder weniger mutiert, wenn er geboren wird. Mutationen sind der Normalfall, was man auch so ausdrücken kann: Wir Menschen sind alle Mutanten.

Auf diesen Tatbestand weist der britische Evolutionsbiologe Armand M. Leroi in seinem 2004 erschienenen Buch über *Mutants* hin. Leroi stellt dort zusammen, welche wissenschaftlichen Erkenntnisse über die Entstehung des menschlichen Körpers und seiner Form sich ergeben, wenn man die biochemischen Analysen aus den Tierexperimenten mit den historischen Aufzeichnungen über Menschen verbindet, die von Geburt an deutlich verschieden von ihren Artgenossen waren. Die Geschichte berichtet von Menschen mit gescheckter Haut, vollständig behaartem Gesicht, zwergenartigem Wuchs, verstümmelten Gliedern, verklebten Knochen, Ohrläppchen am Hals und vielem mehr, wobei am auffälligsten die zusammengewachsenen Paare sind, die seit dem 19. Jahrhundert im Volksmund als siamesische Zwillinge bezeichnet werden. Damals reiste das berühmte Vorbild für diesen Namen – das siamesische Brüderpaar Eng und Chang Bunker (1811–1874) – durch die USA. Die beiden hatten offenbar keine Einwände, einer staunenden Öffentlichkeit vorgestellt zu werden. Sie reisten durch die Lande, heirateten und zeugten insgesamt zweiundzwanzig Kinder. An eine Trennung dachten sie erst am Ende ihres Lebens, vor allem um ihren Frauen einen Gefallen zu tun.

Doch selbst wenn wir zunächst zwei Männer vor Augen haben, wenn wir an zusammengewachsene Paare denken, fast 80 Prozent aller siamesischen Zwillinge sind weiblichen Geschlechts, ohne dass jemand dies durch biologische (genetische) Vorgaben erklären könnte. Aus dieser Beobachtung folgt immerhin, dass es kein zufälliger Teilungsvorgang des Embryos sein kann, dessen Versagen verbundenes Leben zur Welt kommen lässt. Die wissenschaftliche Evidenz weist inzwischen auf einige biochemische Vorgänge in den ersten Wochen nach der Empfängnis hin, die bei Zwillingen unterschiedlich verlaufen können. In dieser Zeit ist aus der einen formlosen Zelle, mit der jedes Leben beginnt, ein geometrisch gestalteter Embryo geworden, bei dem man Kopf und Schwanz, links und rechts und vorn und hinten unterscheiden kann. Wie steht es aber um das Herz?

Denn »das Herz schlägt links«, wie Männer und Frauen gern betonen, die öffentliche Ämter übernommen haben, um Menschen zu helfen, die sie im sozialen Gefüge als schwach positioniert ansehen. Anatomisch stimmt der Satz nicht in jedem Fall, denn die Natur bringt hin und wieder Mutanten hervor, die das Herz wörtlich am rechten Fleck tragen – also anders, als die meisten von uns. Dabei ist noch anzumerken, dass bei Tieren (Hühnern und Mäusen) Organismen bekannt sind, die mehr als ein Herz (bis zu sieben Stück) tragen. Die genannten Sonderformen finden sich nicht nur in nahezu freier Wildbahn, sondern inzwischen auch im Laboratorium. Dort kennt man einen Zebrafisch, in dessen kleiner Brust zwei Herzen schlagen. Diese Mutation hat die literarische Fantasie der Genetiker geweckt und ihnen den Namen »Faust« entlockt, in dessen Brust der Dichter zwei Herzen schlagen lässt.

Doch zurück zum Herzen am rechten Fleck, das für die Wissenschaft mindestens zwei Fragen mit sich bringt. Zum einen will sie wissen, wie das Organ dahin kommt, und zum andern gilt es herauszufinden, ob sein Träger dadurch behindert wird. Die Antwort im zweiten Fall ist einfacher: Menschen mit seitenverkehrten Organen kommen dann problemlos durchs Leben, wenn ihre Lage zueinander erhalten bleibt. Das heißt konkret für einen Menschen, dass Herz und Leber auf verschiedenen Seiten sitzen müssen. Die Antwort auf die erste Frage führt auf den sich entwickelnden Embryo zurück, auf dessen Oberfläche nach rund drei Wochen ein so genannter Primitivknoten ausgemacht werden kann. Der Embryo ist dann kaum 2 mm lang, und der Knoten macht etwa 5 Prozent davon aus (er ist 50 Mikrometer lang und 10 Mikrometer tief). Auf seiner Unterseite wachsen winzige Härchen, die sich im Uhrzeigersinn drehen – wenn man von vorn auf den Embryo schaut. Dieses mechanische Rühren verteilt die Moleküle (Botenstoffe), die das Signal zum Anlegen des Herzens tragen. Wird die Bewegung der Härchen unterbunden, verteilen sich die molekularen Informationen zufällig, und das Herz kann links oder rechts entstehen.

Die Frage liegt auf der Hand bzw. auf der Zunge, warum die Natur die Lage des Herzens nicht dem Zufall überlässt und sich so große Mühe gibt, es nach links zu schaffen. Was lockt sie so an der Asymmetrie, die vielen Menschen gefällt, weil sie nun die starke rechte Hand auf ihr Herz legen können, wenn eine Flagge gehisst und eine Hymne gespielt wird? Das Herz, sagt der Volksmund, weiß oft mehr als der Kopf. Und das stimmt an dieser Stelle.

Was sich blicken und sehen lässt

Der Punkt, aus dem neues Leben entspringt, ist zweigeteilt. Zwei Gebilde ohne eigene Möglichkeit, etwas zu werden, vereinen sich, um die dynamische Einheit zu werden, die uns hervorbringt. Prosaischer ausgedrückt dringt eine (männliche) Samenzelle in eine (weibliche) Eizelle ein, um sie zu befruchten.[1] Damit ist gemeint, dass die besamte Zelle sich teilen und nach und nach die heranwachsende Frucht im Mutterleib bilden kann, die besser unter dem Namen Embryo, »das drinnen Keimende«, bekannt ist. Es sieht fast so aus, als ob das sich innen entwickelnde Leben von der ersten Teilung bis zum letzten Tag ein und dasselbe – nämlich ein Embryo – ist, jedenfalls wird es vielfach durchgängig so genannt, was hier aber vermieden werden soll. Einige Wochen nach der Zeugung wird aus dem Embryo nämlich etwa völlig anderes, das auch einen völlig anderen Namen hat. Gemeint ist der Fötus oder Fetus, was im Lateinischen neben anderen Bedeutungen auch »Junges« heißt. Der Unterschied zwischen einem Embryo und einem Fötus ist gewaltig, wie sich allein daran ablesen lässt, dass nur ein winziger Teil des Embryos – nämlich ein kleiner Klumpen von Zellen aus seiner innersten Schicht – dafür vorgesehen ist, sich zum Fötus zu entwickeln. Alles andere, was die Natur in einem Embryo hervorgebracht hat, bildet andere Strukturen aus, deren Aufgabe darin besteht, das sich entwickelnde Leben zu versorgen – zum Beispiel als Plazenta oder als Nabelschnur.

Es ist inzwischen leider üblich geworden, in populären Darstellungen mit moralischen Absichten über den Unterschied zwischen Embryo und Fötus hinwegzugehen, um einige ethische Einstellungen besser verkaufen zu können. Aber noch können die Philosophen nur nachdenken und nicht vorgeben, wie das Leben entsteht. Das tut es ganz allein und von selbst, und die sich dem biologischen Blick dabei zu erkennen gebenden Unterschiede müssen ernst genommen werden.

Geschlechtsunterschiede

In Zeiten der »political correctness« begibt sich auf gefährliches Terrain, wer über Unterschiede zwischen den Geschlechtern schreibt. Tatsächlich enthält unsere Sprache eine Menge Vorurteile, wenn sie sich Frauen und Männern zuwendet, wie allein die unterschiedlichen Bedeutungen von »dämlich« und »herrlich« zeigen. Natürlich gibt es herrliche Damen und dämliche Herren, aber deshalb werden sich die Wörter nicht ändern, auch wenn es heute Mode geworden ist, Männer als missglückte Frauen darzustellen. Dieser Gedanke rührt von dem Vergleich der Chromosomen her, bei denen weibliche Wesen durch zwei riesige X-Chromosomen ausgezeichnet sind, wovon ihren männlichen Gegenstücken nur eins zur Verfügung steht, das sie durch ein eher mickriges Y-Chromosom ergänzen müssen. Da Y auf Englisch »why« gesprochen wird und also auch »Warum?« heißen kann, ist die Frage schick geworden, warum es überhaupt Männer gibt, was genauer heißt, warum es genauso viele Männer wie Frauen gibt. Ein einzelnes Exemplar unserer Gattung würde reichen, um sehr viele Frauen zu befruchten, was bedeutet, dass die Männer als Gruppe insgesamt entscheidungsschwach dastehen, sonst hätten sie diesen einen Mann schon längst gefunden.

Doch wer den Unterschied der Geschlechter wenigstens einigermaßen fair abhandeln möchte, ist gut beraten, dort anzufangen, wo es unstrittig ist, und das ist die Ebene der Chromosomen. So klein das männliche Spezialchromosom Y ist – von einem Ort auf ihm geht eine Aktivität aus, die den sich entwickelnden Embryo auf den Weg in die Männlichkeit bringt. Der Ort wird in der Wissenschaft SRY genannt und ist eine Abkürzung des englischen Ausdrucks »sex-determining region on Y«. Ohne SRY entwickelt der Fötus alle weiblichen Qualitäten, was einen Mann tatsächlich zur »umgekehrten Frau« macht. Wie SRY oder das von diesem Genort ausgehende Produkt im Detail wirkt, bleibt bis heute unklar. Klar ist nur, dass der hier entstehende Unterschied nicht ohne weiteres auf das Vorhandensein des Hormons Testosteron zurückgeführt werden kann, das in der populären Presse als Molekül der Männlichkeit gepriesen wird. Wichtiger scheint ein Enzym zu sein, das dem Testosteron etwas anheften und ihm eine aktivere Form geben kann: das Dihydroxytestosteron. Das beteiligte Enzym, heißt korrekt 5-α-Reduktase, wobei wir diesen Namen nur deshalb angeben, weil es auch in dem Roman *Middlesex* des Amerikaners Jeffrey Eugenides auftritt. Dort wird die Geschichte eines Mädchens erzählt, das sich eines Tages als Junge entpuppt. Das Buch erzählt die »Achterbahnfahrt eines Gens durch die Zeit«, und zwar des Gens für das oben erwähnte Protein. Es funktioniert nicht und lässt kein »normales« Wesen entstehen, sondern einen »5-α-Reduktase-Pseudohermaphrodit«, der immerhin einen Vorteil hat: »Da ich Dihydroxytestosteron nicht synthetisieren kann, bin ich immun gegen Kahlheit.«.

Im Roman *Middlesex* stellt Jeffrey Eugenides die Entwicklung eines Lebens aus dessen Sicht dar: Im Mai eines Jahres erfährt eine Frau, dass sie schwanger ist: »Sechs Wochen später habe ich Augen und Ohren. Nach sieben Wochen Nasenlöcher, sogar Lippen. Meine Genitalien bilden sich aus. Fetale Hormone hemmen auf Weisung der Chromosomen Müllersche Strukturen, fördern die Entwicklung Wolffscher Gänge. Meine dreiundzwanzig paarigen Chromosomen haben sich aneinander gekoppelt und verschränkt, drehen ihr Rouletterad, als mein *papou* meiner Mutter die Hand auf den Bauch legt und ›Ihr beiden Glücklichen!‹ sagt. Zu Regimentern aufgestellt, führen meine Gene die Befehle aus. Alle bis auf zwei, ein paar Schufte – oder Revolutionäre, je nach Blickwinkel –, die sich auf Chromosom 5 verstecken. Gemeinsam ziehen sie ein Enzym ab, das die Produktion eines bestimmten Hormons stoppt, was mein Leben schwierig macht.«

Tatsächlich hilft zwar die aktive Form des männlichen Hormons an vielen Stellen, aber nicht am Kopf. Da behindert sie sogar das Wachsen der Haare, was uns aber zu rasch zu weit von den Chromosomen entfernt. Wir wollen nur eine Stufe höher steigen, um dorthin zu gelangen, wo die Zellen ins Spiel kommen und es um Samen und Ei geht. Auf dieser Ebene geht der Unterschied über das Messbare hinaus und ebnet der Deutung die Bahn: Nachdem sich in der Natur die Zweigeschlechtlichkeit durchgesetzt und etabliert hatte, gab es zwei Möglichkeiten, nämlich die männlichen und weiblichen Geschlechtszellen gleich oder verschieden groß zu machen. Beide Lösungen finden sich unter den Lebensformen – mit einer klaren Konsequenz. Wenn die Geschlechtszellen gleich groß sind, können ihre Träger kaum unterschieden werden. Wenn sie verschieden groß sind, lassen sich deutlich Männchen und Weibchen trennen. Die Natur hat nämlich die Unterschiede zwischen Ei und Samen auf die Spitze getrieben, was heißt, dass eine Sorte – die Samenzellen – extrem klein ist und in riesigen Mengen produziert wird, während die andere Sorte – die Eizellen – extrem groß gemacht und sparsam angelegt wird. Wenn wir jetzt die Weibchen als die Trägerinnen der Eizellen definieren, legen wir trotzdem etwas Schwerwiegendes fest, die Tatsache nämlich, dass die Befruchtung in ihnen stattfindet. Im Laufe der Evolution werden die Eizellen in der Tat so kostbar, dass sie nur im Inneren gut aufbewahrt werden können, mit der Folge, dass ein Weg gefunden werden muss, um die Samenzellen zu ihnen zu bringen.

Es leuchtet ein, dass Geschlechtsunterschiede auf verschiedenen Ebenen zu erkennen sind, die sinnvoll aufeinander aufbauen. Wer die größeren Geschlechtszellen trägt, bringt den Nachwuchs zur Welt, was bedeutet, dass eine Frau biologisch sehr viel mehr in ein Kind investiert als ein Mann und eher eine intensivere Beziehung zu ihm entwickelt. Die im Vergleich mit Schimpansen zwar relativ kurze, insgesamt aber doch lang währende Zeit der Schwangerschaft erlaubt es zudem Frauen (den Trägerinnen der größeren Geschlechtszellen) nicht, beliebig viele Kinder zur Welt zu bringen, während die Träger der kleinen Geschlechtszellen praktisch unbegrenzt zeugungsfähig bleiben. Das bietet für die einen Grund genug, alle Tricks aufzuwenden, um möglichst oft zum Ziel zu kommen, während den anderen gedient ist, wenn sie all ihre Sinnlichkeit einsetzen können, um zu unterscheiden, wer nur die Befriedigung von Lust sucht und wer Zuneigung bietet. Der Unterschied zwischen Mann und Frau ist eher marginal, er besteht in der Größe der Geschlechtszellen. Aber die Folgen sind gewaltig. Wir spüren sie jeden Tag.

Zunächst regt sich etwas in der Eizelle, die nach dem Eindringen des Samen Zygote genannt wird, was ein merkwürdig düsterer Ausdruck für ein blühendes Leben ist und »durch ein Joch verbunden« bedeutet. Die Eizelle fühlt sich aber nicht gefesselt, sondern befreit, und sie teilt sich erst in zwei, dann in vier und schließlich in acht Zellen. Für diese ersten Schritte ins Leben lässt sie sich drei Tage Zeit; sie konzentriert sich ausschließlich auf die Grundoperation der Teilung. Die ersten acht Zellen entstehen dabei offenbar völlig gleichberechtigt, und alle verfügen über das Potential, in geeigneter Umgebung menschliches Leben entstehen zu lassen.

Die erste Veränderung (Differenzierung) zeigt sich eine Runde später, wenn aus acht sechzehn Zellen werden. Jetzt lassen sich Zellen am Rand des Embryos von Zellen in seinem Zentrum unterscheiden, und was wir mit einem Mikroskop sehen können, nehmen die Zellen selbst auch wahr. Sie registrieren ihren Ort mit ihrer Oberfläche, der Membran, die voller Proteine steckt. Sie agieren als molekulare Fühler oder Sensoren, und während eine innen liegende Zelle Kontakte in alle Richtungen aufnimmt, finden Zellen in der Außenposition nur auf einer Seite Halt.

Im Zentrum dieser wichtigen Aufgabe stehen erneut Proteine, die durch eine Zelloberfläche hindurchragen. Indem sie die ganze Membran durchqueren, verbinden sie innen und außen – wie ein Mensch, der sich zum Fenster hinauslehnt, das Geschehen auf der Straße beobachtet und durch die Bewegungen seiner Beine zu erkennen gibt, was er da sieht. Die als Rezeptoren dienenden Proteine agieren ähnlich. Sie nehmen mit (chemischen) Signalen von außen Kontakt auf und verändern dabei ihre Struktur, sodass dies innen Konsequenzen hat und zu weiteren Aktivitäten führt. So gelangt Information aus der Umgebung in das Innere der Zelle.

An der Oberfläche der Zellen, vor allem der embryonalen, finden entscheidende Ereignisse statt. Sie regulieren zum Beispiel das Andocken und Eindringen des Samens in die Eizelle und sorgen dafür, dass später eintreffende Kandidaten abgewiesen werden. Wenn wir von außen auf den Embryo blicken, sehen wir zwei Bewegungen: Zum einen teilt er sich weiter, wobei es nach der nächsten Verdopplung in 32 Zellen mit dieser schönen Regelmäßigkeit ein Ende hat und die Zählung von nun an mit »krummen« Ergebnissen wie 58 und 107 weitergeht. Zum andern bewegt sich dieses wachsende Zellgebilde vom Ort der Befruchtung weg und die so genannten Eileiter hinab, um sich am fünften Tag seines Vorhandenseins einen festen Platz in der Gebärmutter zu suchen.

In der Wissenschaft spricht man vom Anheften des Embryos, dem später das Einnisten folgt. Dieser Vorgang gibt zwar vom Standpunkt eines Biochemikers genügend Rätsel auf, um mehrere Max-Planck-Institute auf Jahrzehnte hin zu beschäftigen, doch interessiert er hier aus zwei anderen Gründen. Der Embryo ver-

Stammzellen

Viele Millionen Menschen in aller Welt leiden unter degenerativen Erkrankungen des Nervensystems (wie etwa der Parkinson-Krankheit oder der Multiplen Sklerose) oder anderer Organe (wie Herz und Leber). Eine große Chance, ihnen therapeutisch zu helfen, sieht die Medizin in der Verwendung von Stammzellen, wobei zwischen so genannten adulten und embryonalen Stammzellen unterschieden wird. Wie der Name sagt, finden sich adulte Stammzellen im Gewebe von erwachsenen Menschen.[2] Zu ihnen gehören etwa die Vorläufer der (roten und weißen) Blutzellen, die sich im Knochenmark befinden.

Stammzellen übernehmen keine detaillierte Aufgabe. Sie werden von einem Organismus genutzt, um die spezialisierten Zellen herzustellen. Wenn aus einer Stammzelle noch sämtliche Zellen eines Körpers herzustellen sind, spricht man von deren Omnipotenz. Wenn dies

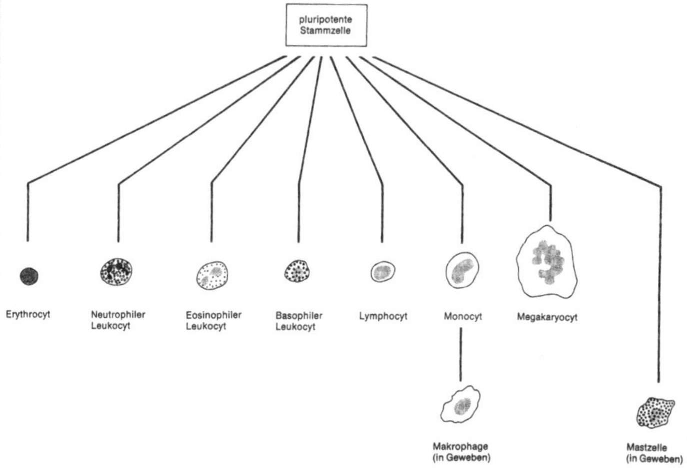

Abb. 39 Pluripotente Stammzellen der Blutzellen bilden die Vorläufer für mehrere Sorten von weißen und für eine Sorte von roten Blutkörperchen (Erythrozyten). Die weißen Blutzellen werden zum Beispiel als Leukozyten und Lymphozyten unterschieden und übernehmen vielfältige Aufgaben, etwa als Bestandteile des Immunsystems. Die roten Blutkörperchen transportieren Sauerstoff.

nur noch für eine Vielzahl zutrifft, ist die Rede von pluripotenten Stammzellen. Zu ihnen gehören die Vorläufer der Blutzellen, aus denen zwar jeder Typ von Zelle differenziert werden kann, den man im Blut findet, aber keine anderen Zelltypen.

Da die Stammzellen voller Potential stecken, ohne selbst schon etwas zu sein, ist es sehr schwierig, sie zu finden. Sie zeigen nur wenig charakteristische Merkmale, an denen man sie erkennen kann. Trotzdem ist es zur allgemeinen Überraschung der Forschergemeinde am Ende des letzten Jahrtausends möglich geworden, embryonale Stammzellen (ES) zu kultivieren (das heißt, im Laboratorium auf Kulturschalen zu züchten). Seither hofft die medizinische Forschung auf einen großen Schritt vorwärts in der Behandlung der oben genannten und anderer Erkrankungen. Die begehrten ES können inzwischen auf verschiedene Weise gewonnen werden, wobei sich die innere Zellmasse eines Embryos als beste Quelle herausgestellt hat. Diese Art des

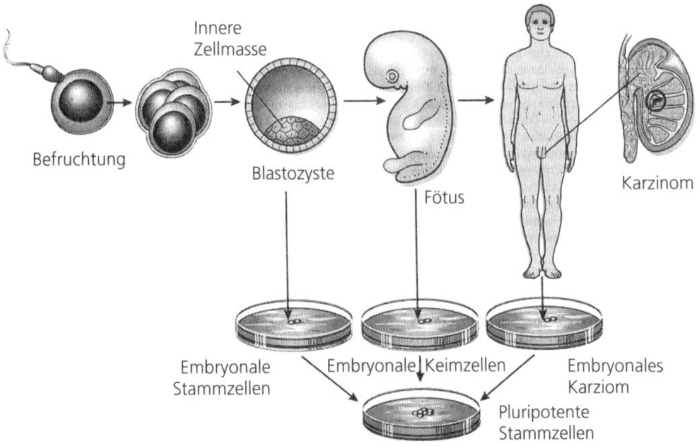

Abb. 40 Nach dem Stand der Forschung vom April 2004 kennen die Wissenschaftler drei Verfahren, um pluripotente Stammzellen zu bekommen. Eine Quelle bietet die innere Zellmasse der Blastozysten, eine weitere findet sich in den embryonalen Keimzellen des Fötus, und eine dritte liefert die Natur durch den Unglücksfall der Krebsbildung. Aus Krebsgewebe (einem Karzinom) können ebenfalls Zellen mit der Eigenschaft isoliert werden, die auch Stammzellen haben.

Vorgehens ist natürlich aus verschiedenen Gründen problematisch. Schließlich muss ein Embryo geopfert werden, um an die innen gelegenen Zellen eines Blastozysten zu kommen, die als ES die Fähigkeit der Omnipotenz haben und sich folglich – bei geeigneter Stimulation – zu den differenzierten Zellen entwickeln können, die etwa in der Leber oder im Nervensystem ausgefallen sind oder ganz fehlen.

Stammzellen aus dem Gewebe von erwachsenen Menschen bereiten keine ethischen Probleme. Sie werden schon seit längerer Zeit in der medizinischen Praxis verwendet, etwa bei Knochenmark- oder Organtransplantationen. Die Erwachsenen, die ihre Zellen einem anderen Menschen zu Therapiezwecken zur Verfügung stellen, tun dies in der Regel freiwillig. Bei einem Embryo oder einem Fötus ist eine solche Zustimmung ausgeschlossen. Darum müssen die ethischen Themen anders – sowohl im sozialen als auch im wissenschaftlichen Rahmen – erörtert werden. Zwar gibt es embryonale Stammzellen im Blut der Nabelschnur, die man – die Zustimmung der Mutter vorausgesetzt – technisch relativ leicht gewinnen kann, aber die hier gefundenen Zellen können nicht ohne weiteres kultiviert werden, zudem reicht ihre Menge kaum aus, um mehr als einem Patienten mehr als eine Behandlung zukommen zu lassen.

Embryonale Stammzellen können aus der inneren Zellmasse eines Blastozysten gewonnen werden. Darüber hinaus lassen sich auch aus fötalem und karzinogenem Gewebe Zellen erhalten, die als pluripotente Stammzellen dienen und in Kulturschalen für spezielle Zwecke gezüchtet werden.

Die ES aus dem inneren Zellverband eines Blastozysten sind gegenwärtig am besten erforscht, wobei die Wissenschaftler ihre praktischen Erfahrungen zunächst mithilfe von Zellen aus Mäusen gewonnen haben. ES aus Mäusen können praktisch beliebig in Kultur gehalten und inzwischen auch auf vielfältige Weise für spezielle Aufgaben differenziert werden (dazu müssen die Zellen chemischen oder physikalischen Reizen aus der Umgebung ausgesetzt werden). Die Forschungen lassen gegenwärtig ein ähnliches Potential für menschliche ES erkennen, wobei aber noch viele Fragen offen sind. Die dazu nötigen Forschungen sind unterschiedlich stark durch Gesetze in den USA und in den europäischen Ländern reguliert, wobei in Deutschland die Embryonenforschung sogar verboten ist.

Gewöhnlich stellen Paare, die sich ihren Kinderwunsch durch IVF

(In-vitro-Fertilisation) erfüllen lassen, Embryonen zur Verfügung. Sie können die zu viel vorhandenen Embryonen absterben lassen, anderen Paaren bereitstellen oder der Forschung überlassen (wenn dies gesetzlich nicht verboten ist). Die ethische Debatte muss natürlich die Interessen von Eltern und Forschung abwägen und etwa mit der Schutzpflicht in Einklang bringen, die ein Staat gegenüber dem Leben hat. Der Streit konzentriert sich dabei oft auf die Frage, von welchem Moment an menschliches Leben (im Vergleich zum rein biologischen Leben) beginnt, auf welchen Schutz ein Embryo ein Recht hat und ob dem mit diesem Namen bezeichneten Gewebe das zukommt, was man Menschenwürde nennt. Vom wissenschaftlichen Standpunkt sollte an dieser Stelle angemerkt werden, dass nicht alle Zellen des Embryos zu dem Fötus werden, aus dem sich dann ein Kind entwickelt, ohne dass dabei noch Zellen ausgesondert werden.

Der Deutsche Bundestag hat – unter stark eingeschränkten Bedingungen – die Einfuhr von ES zugelassen, wobei sie nur von den bereits existierenden Zelllinien stammen dürfen, die in der Literatur beschrieben worden und den Wissenschaftsorganisationen bekannt sind. Es besteht Übereinstimmung, dass es verboten bleiben muss, Embryos zu Forschungs- oder anderen Zwecken zu generieren.

bindet sich zwar jetzt mit mütterlichem Gewebe, aber der ihn tragende und bewahrende Körper kann das keimende Leben nicht von einem unbefruchteten Ei unterscheiden. Er spürt beide gleich, also so gut wie nicht. Außerdem ist der sich festsetzende Embryo deutlich zweigeteilt. Er besteht aus einer äußeren Hülle und einer inneren Zellgruppe, die als Embryoblast bezeichnet wird, was höchst aufschlussreich ist. »Embryoblast« ist nämlich eine Tautologie, es ist ein »keimender Keim«, und so merkwürdig dies zu sein scheint, es trifft sogar zu. Denn – wie bereits erwähnt – nur die so bezeichneten Zellen werden Teil des Lebens, das sich entwickelt. Die Randzellen bleiben lebenswichtig, da sie den Kontakt zur Gebärmutterwand herstellen und für die Verbindung zur mütterlichen Blutversorgung zuständig sind. Aber wenn sie ihre Schuldigkeit getan haben, können sie verschwinden. Die äußeren Zellen des Embryos bilden gerade noch die spätere Plazenta, gehören aber nicht zu dem Kind, das zur Welt kommt. Zwar wird das gesamte Ei ein Embryo, und der gesamte Fötus wird zum Kind, aber der Übergang vom Embryo zum Fötus vollzieht sich anders. Nur ein kleiner Teil innen wird zum Fötus, und der große Rest lebt als Plazenta oder in einem anderen Nährgewebe weiter.

Das später auf die Welt kommende Leben bildet sich aus den inneren Zellen des Embryos, und in dem Stadium, in dem wir sie zuletzt betrachtet haben, sind sie alle noch nicht differenziert, das heißt, sie verfügen alle über das gleiche Potential, das ganze Leben zu bilden. Nachdem lange Zeit hindurch nur die Forschergemeinde ihnen Aufmerksamkeit geschenkt hat, sind sie heute in aller Munde. Sie wurden als embryonale Stammzellen sogar im Deutschen Bundestag verhandelt, und sie haben Philosophen das neue Feld der Bioethik erschlossen.

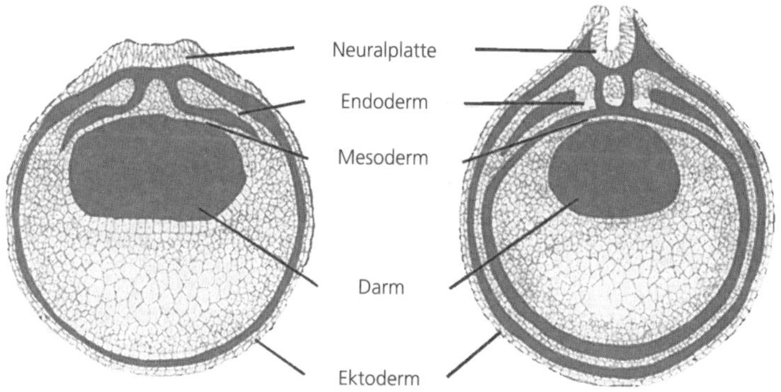

Abb. 41 Die drei Schichten des Embryos. Am Anfang seines Lebens besteht ein Embryo aus gleichen Zellen, die sich irgendwann unterschiedlich entwickeln. Die ersten Zellen, die später zum Nervensystem werden, erscheinen nach zehn bis vierzehn Tagen als kleine Ausstülpung auf einem runden Gebilde, in dem – neben einem primitiven Darm in der Mitte – drei Schichten unterschieden werden, die von außen nach innen Ekto-, Meso- und Endoderm heißen. Die Ränder des kleinen Nervenhügels werden sich nach und nach auf ihren Seiten erhöhen und zuletzt zusammenwachsen. Dabei umschließen sie eine Röhre, durch die später das Rückenmark läuft.

Die ersten Formen

Wir huschen im Folgenden rasch über die zweite Woche der menschlichen Frühentwicklung hinweg, die wir als ein hohler Ball aus rund hundert Zellen beginnen, von denen die meisten damit beschäftigt sind, sich im mütterlichen Gewebe einzubuddeln. Am dreizehnten Tag unserer Existenz haben wir den Übergang vom Anheften zum Einnisten (Implantation) erledigt, und nun kann der Embryo beginnen, sich von innen heraus selbst aufzubauen. Die ersten Formen, die in der dritten Woche entstehen, haben allerdings nichts mit den Strukturen zu tun, durch die wir Organe erkennen. Was es für das forschende Auge zu sehen gibt, ist ein so genannter Primitivstreifen, zu dem sich immer mehr Zellen hin-

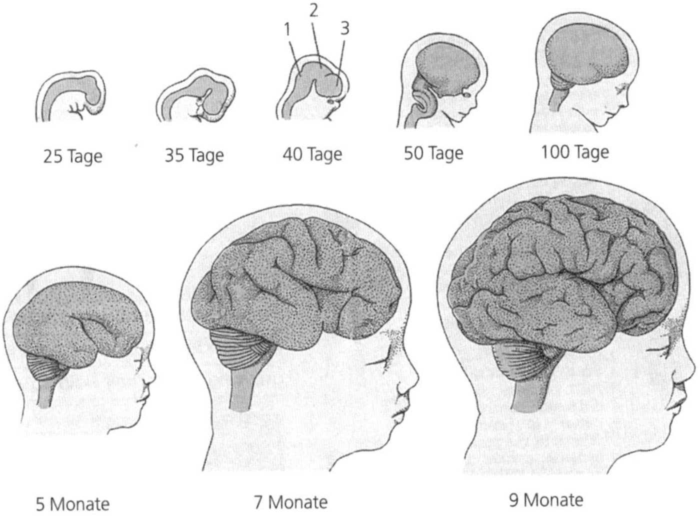

Abb. 42 Nach fünfundzwanzig Tagen ist die Struktur erkennbar, die sich zum Gehirn auswächst, wobei wieder eine Dreiteilung erfolgt. Es bilden sich das Stamm-, das Zwischen- und das Großhirn (1, 2, 3) heraus, die wir alle drei brauchen, um durchs Leben zu kommen. Die Zeichnungen sind nicht maßstabgerecht. Mit dem neun Monate alten Denkorgan als Maßstab müsste das fünfundzwanzig Tage alte Gehirn so groß sein wie die Ziffer 5 unter ihm. Nach hundert Tagen erreicht der Kopf etwa den Umfang eines Cents, und danach stimmen die Verhältnisse.

bewegen, um zuletzt drei Schichten entstehen zu lassen, die nachvollziehbar als Außen-, Mittel- und Innenschicht oder als Ekto-, Meso- und Endoderm bezeichnet werden. So deutlich diese Trennung ist und so klar der Ursprung mancher Organe jetzt bezeichnet werden kann – die Haut entfaltet sich aus der Außenschicht, Muskeln und Knochen formieren sich aus Zellen der Mittelschicht und Milz und Leber gehen aus der Innenschicht hervor – um Beine, Arme, Zähne und mehr entstehen zu lassen, dürfen die Schichten nicht getrennt agieren. Sie müssen vielmehr kooperieren, wie man seit Beginn des 20. Jahrhunderts weiß. Seitdem bemüht sich die biologische Forschung auch darum, zu verstehen, auf welche Weise diese Vorgänge organisiert werden.

Der Organisator

Die Frage, wie ein wachsender Zellhaufen gelenkt und auf geeignetem Kurs gehalten wird, wurde zuerst besonders intensiv in Deutschland unter dem Stichwort »Entwicklungsmechanik« erforscht. Als entscheidende Figur hat sich hier der Biologe Hans Spemann profiliert, der durch Experimente mit Molchen und Salamandern, bei denen embryonales Gewebe von Ort zu Ort und von Tier zu Tier verpflanzt (transplantiert) wurde, in der Lage war, das Konzept des »Organisators« vorzuschlagen. Damit sind Zellen gemeint, die andere Zellen in der Nachbarschaft dazu bringen (induzieren) können, sich auf bestimmte Weise zu differenzieren. Organisatoren regeln auf diese Weise die Entwicklung, und einer von ihnen befindet sich etwa im Mesoderm eines menschlichen Embryos in der Nähe des Primitivstreifens.

Was die Zellen auszeichnet, die einen Organisator ergeben, blieb Spemann verborgen; dies kann erst erkundet werden, seit es die modernen Methoden der Molekularbiologie gibt. Klar ist, dass nach Molekülen und Proteinen gefahndet wird, und niemand wird überrascht sein, dass man in vielen Einzelfällen fündig wird. Man spricht von »Morphogenen«, was in der Übersetzung fast wie ein Traumberuf klingt, nämlich »Gestaltbildner«. Einige sind inzwischen gut bekannt, nur dass sie dann schlicht als Wachstumsfaktoren bezeichnet werden. Ein solches Protein ist zum Beispiel in der Lage, Zellen der Ektodermschicht in Nervenzellen zu verwandeln. So klar das Ergebnis ist und so elegant die dazugehörigen Experimente im Vergleich zu den frühen Eingriffen sind, auf die Spemann und seine Mitarbeiter angewiesen waren, so deutlich wird im Licht der Molekulargenetik, was noch fehlt, um das alltägliche Wunder der Formwerdung zu begreifen. Zum einen lassen alle Fortschritte der Molekularbiologie nicht erkennen, was die Zellen auszeichnet, die den »Organisator« ausmachen; zum andern kann man zwar abschätzen, dass es mindestens eintausend Proteine gibt, die als Wachstumsfaktoren (Morphogene) funktionieren, aber dadurch wird nur die Frage aufgeworfen, wie eine solche Menge auf der Ebene der Gene organisiert sein kann. Und was auf dieser Ebene passiert, wenn die Gestalt bildenden Proteine ihre Aufgabe erfüllen, fragen wir erst lieber nicht.

Der Primitivstreifen wurde oben auch deshalb erwähnt, weil sein Auftreten einen wichtigen Zeitpunkt markiert. Wenn er überschritten ist, kann das embryonale Gewebe keine Zwillinge mehr bilden. Wenn es jetzt – aus welchen Gründen auch immer – zu einer Zweiteilung des Embryos käme, bräche die Entwicklung ab, und diese Festlegung hängt sicher damit zusammen, dass zur gleichen Zeit – um den fünfzehnten Tag herum – die ersten Zellen in der Mitte des Embryos anfangen, sich von ihren Nachbarn zu unterscheiden.

Drei Tage später stellt sich das werdende menschliche Leben von außen als millimetergroße ovale Scheibe dar, in deren Inneren sich nun verstärkt die Wunder der Embryonalentwicklung vollziehen. In den nächsten zehn Tagen nimmt der Haufen aus drei Zellschichten die Gestalt an, die ihn als werdenden Menschen erkennen lässt, so klein das Wesen zu dem Zeitpunkt auch noch ist. Von nun an tauchen immer mehr spezialisierte (differenzierte) Zellen auf, die sich auch zusammenlagern und mit dem Aufbau von Darm, Leber und Herz beginnen, das am Ende der vierten Woche zu schlagen beginnt. Am dreiundzwanzigsten Tag lässt sich eine so genannte Neuralfalte ausmachen, mit der die Entwicklung des Gehirns beginnt, und das alles in einem dynamischen Gebilde, das immer noch kürzer als ein Zentimeter ist.

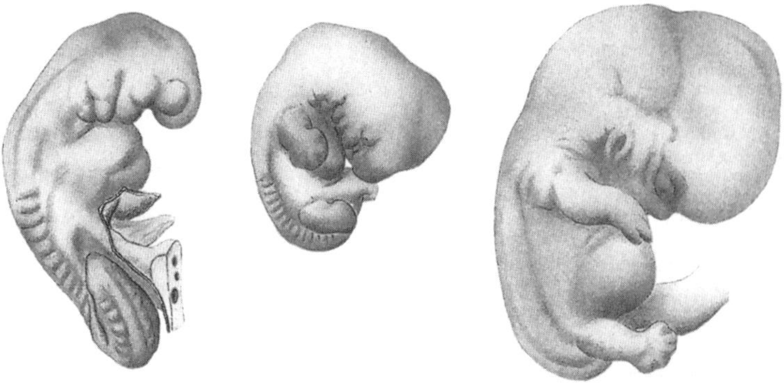

Stadium 12 Stadium 17 Stadium 20

Abb. 43 Drei Stadien auf dem Weg vom Embryo zum Fötus. Embryologen unterscheiden die einzelnen Wachstumsphasen des werdenden Lebens sehr genau und teilen sie in zahlreiche Stadien ein. Nach einer dreiwöchigen Frühentwicklung, die neun Stadien umfasst, folgt in der vierten Woche die so genannte Abfaltung mit den Stadien 10 bis 13, denen die Entstehung der Organe (Organogenese) von Woche 5 bis 8 folgt. Ab Woche 25 befindet sich das heranwachsende Wesen im Stadium 12, in dem es ein paar Millimeter lang ist und die Armknospen sichtbar werden. In der sechsten Wochen (Stadium 17) zeigen sich die Fingerstrahlen, und mit dem Stadium 20 beginnt das Ende der Embryonalperiode. Das keimende Leben ist noch keine fünfzig Tage alt und etwas länger als ein Daumen, nämlich rund drei Zentimeter. Die Aufgabe, von den (biologischen) Stadien auf den (moralischen) Status zu schließen, ist allein deshalb prekär, weil das von außen bewertete Leben sich von innen entwickelt. Hier zeigt sich unmittelbar die duale Natur des Menschen, die sich sowohl aus biologischen als auch aus moralischen Komponenten zusammenfügt.

Wenn die Embryologen genau hinschauen, erkennen sie an dem sich bildenden Leben bereits Arm- und Beinknospen – das heißt, die Stellen, an denen später unsere Extremitäten entspringen –, und in der sechsten Woche zeigen sich bereits die Fingerstrahlen, wie es in der Fachsprache heißt. Spätestens diese Fingerstrahlen lassen den Embryo als kleinen Menschen hervortreten, der jetzt erkennbar mit Armen und Händen, mit Beinen, Füßen und Zehen sowie mit Sinnesorganen – Augen, Ohren und Nase – versehen ist. Damit ist es höchste Zeit, dem sich entwickelnden Leben einen neuen Namen zu geben – den des Fötus oder Fetus.

Eine Quelle der Moral

Der Fetus zeigt sich zunächst nur äußerlich menschenähnlich, doch bis zur zwölften Woche zieht sein Innenleben nach, und wenn das erste Drittel der Schwangerschaft abgeschlossen ist, sind alle wichtigen Organe sichtbar vorhanden. Das heißt nicht, dass sie bereits funktionieren. Zwar gibt es schon deutlich erkennbare Andeutungen einer Großhirnrinde, aber die dort sitzenden Zellen funktionieren nicht als Nervenzellen. In dem Stadium können sie weder Signale aussenden noch empfangen, und sie gehen auch keine Kontakte miteinander ein. Ein Fötus in diesem Alter wird daher kaum die Empfindungen haben, die zum menschlichen Bewusstsein gehören. Dennoch tritt mit ihm nicht nur ein neues Wort, sondern ein neues Wesen in die Welt.

Diese Meinung geht bis auf Aristoteles zurück, der Embryo und Fetus durch die Nähe ihres Aussehens zum Menschen unterschied. Zwar finden sich bei Aristoteles an dieser Stelle einige merkwürdige Ansichten zum Unterschied zwischen Mann und Frau – der männliche Fetus soll seine Menschlichkeit angeblich ein paar Wochen vor dem weiblichen erreichen –, aber ein maßgeblicher Punkt seiner Ansichten hat sich mithilfe des mittelalterlichen Theologen Thomas von Aquin bis heute gehalten. Er lebte zu einer Zeit, in der die europäischen Gelehrten nach langer Pause (und einem Umweg über die islamische Welt) die Schriften des Aristoteles wieder entdeckten. Und Thomas von Aquin gefiel der Gedanke einer entstehenden und dem Auge zugänglichen Menschenähnlichkeit des keimenden Lebens. Er sprach vom Augenblick seiner Beseelung, die natürlich nicht von innen, sondern von außen geschieht, und zwar von ganz weit außen sogar, von Gott her nämlich, der damals bekanntlich sein Reich oben im Himmel errichtet hatte.

Mit dem seelischen Diktum des Thomas von Aquin wäre ein Fötus ein Embryo mit Seele, und bevor wir streng naturwissenschaftlich orientierten Leser den Schrecken vor diesem Wort nehmen, lohnt ein Hinweis auf die Konsequenz der göttlichen Beseelung des zellulären Lebens. Es war nämlich diese Verleihung der

Seele, die den Fötus in den Augen der Kirche als unabhängiges Leben etablierte. War er vorher nur ein Embryo ohne Seele, galt er nun als Teil des mütterlichen Organismus, ohne deswegen allerdings besonders viel Beachtung zu finden.

Wenn wir die Seele in die moderne Sprache der Naturwissenschaften übersetzen, ist sie natürlich nicht etwas, das aus Zellen oder Molekülen besteht. Die Auskunft einiger Anatomen, sie hätten Tausende von Leichen aufgeschnitten und in sie hineingesehen, ohne eine Seele zu finden, ist belangloses Geplapper. Trotzdem scheint es so etwas wie eine Seele zu geben, wie sich zum Beispiel daran zeigt, dass jeder den Titel des Spielfilms *Angst essen Seele auf* versteht, der 1973 in die deutschen Kinos kam. Außerdem wissen wir alle, was eine gute (oder schlechte) Seele ist, und so meint das Wort offensichtlich etwas, mit dem sich Menschlichkeit ausdrückt.

Zwei amerikanische Beobachterinnen der modernen Bioforschung, Dorothy Nelkin und M. Susan Lindee, haben 1995 in ihrem Buch *The DNA Mystique* darauf hingewiesen, dass gerade in unseren genetischen Tagen die Seele ein Comeback feiert. Für die beiden Autorinnen haben die Gene die kulturelle Rolle der biblischen Seele übernommen. Denn »so wie die christliche Seele ein archetypisches Konzept darstellt, mit dessen Hilfe wir eine Person und die Kontinuität ihres Ichs verstehen, so erscheinen die Gene als seelenartige Einheiten, als heilige und unsterbliche Reliquien, als ein Bereich, den man nicht berühren darf«. Und es heißt in dem Buch an anderer Stelle: »Gene haben die soziale und kulturelle Funktion der Seele übernommen. In den Darstellungen des biologischen Determinismus sind sie die wesentliche Einheit, der Ort des wahren Selbst.« Wir sollten also mit der Seele rechnen, auch wenn wir mehr die Gene analysieren, und es gibt einen einfachen Weg, sie dem werdenden Leben zuzuweisen, wenn wir Aristoteles folgen. Wie wir alle hatte auch der griechische Philosoph einige aus seiner Zeit heraus verständliche, fest verwurzelte Vorurteile – etwa die Zweitrangigkeit der Frau, die bei ihm erst später zur Menschlichkeit kommt und zur Vermehrung der (minderwertig eingestuften) Materie beiträgt. Aristoteles zufolge bringt der Mann die (höher eingestufte) Form ein, die ihn manch einen Irrtum in biologischer Hinsicht hat begehen lassen, vor allem dort, wo man erst so etwas wie Konturen und Strukturen sehen konnte, nachdem es Mikroskope gab (was noch fast zweitausend Jahre dauern sollte). Doch Einsichten in den Menschen sind auch ohne den Einsatz von optischen Instrumenten möglich, und eine davon ist hier besonders wichtig. Sie beginnt mit der Stufenleiter des Lebens, auf der Aristoteles die Lebensformen anordnete und die im einfachsten Fall von kleineren zu größeren Tieren führte. Dabei fiel ihm auf, was wir täglich an uns selbst feststellen und überprüfen können, dass sich unser Verhalten gegenüber den Tieren ändert, wenn sie ein Gesicht bekommen und von unserer Wahrnehmung unterschieden werden können.

Während es uns überhaupt kein Problem macht, Insekten und anderes Kleingetier zu erschlagen, wenn sie uns nerven, reagieren wir vorsichtiger, wenn es sich um Eichhörnchen oder Vögel handelt, von den noch größeren Katzen und Hunden ganz zu schweigen. Nun könnte man meinen, dass unsere Zurückhaltung mit dem Aufwand und der Kraftanstrengung zu tun hat, die mit stärker werdenden Gegnern zunehmen. Doch Aristoteles hatte eine andere Erklärung, die damit zusammenhängt, dass wir immer besser die Gesichter und damit individuelle Züge erkennen können. Er vermutet, dass es diese Wahrnehmung ist, die unsere Handlungsbereitschaft bestimmt. Anders ausgedrückt: Die Quelle der menschlichen Moral sprudelt dank unserer Fähigkeit, Besonderheiten wahrzunehmen, was uns gewöhnlich gut mit Gesichtern und am besten bei denen anderer Menschen gelingt, die uns gegenübertreten.

Wer einen Menschen nicht nur beobachtet und ansieht, sondern ihn als sympathische Person wahrnimmt, ordnet seinem Gegenüber so etwas wie eine Seele zu. Zellhaufen an sich haben natürlich keine Seele, wohl aber Zellhaufen, die der menschlichen Wahrnehmung zugänglich sind, und das trifft von dem Augenblick an zu, in dem aus dem Embryo ein Fötus wird. Er wird nicht von Gott beseelt, wie es Thomas von Aquin meinte, sondern von dem Menschen, der sich ihm zuwendet. Und die Frage, wann menschliches Leben – mit der dazugehörigen Würde – beginnt, kann unter dieser Vorgabe von jedem einzelnen Menschen beantwortet werden. Es beginnt dann, wenn das sich regende Leben die Formen zu erkennen gibt, die unsere Wahrnehmung als menschenähnlich deutet.

Wer sich auf seine sinnlichen Eigenschaften verlässt, von dem kann behauptet werden, er geht ästhetisch vor. Dieser Ausdruck leitet sich nämlich von dem griechischen *aisthesis* ab, der von Aristoteles gebraucht wird, um die Wahrnehmung durch die Sinne zu beschreiben. Die Fähigkeit erlaubt uns auch, schöne von hässlichen Dingen zu unterscheiden, und zwar zunächst in der Natur. Dass Philosophen späterer Jahrhunderte die Meinung vorgebracht und durchgesetzt haben, dass die Natur nur dann Schönheit zeigt, wenn sie in ein Kunstwerk verwandelt worden ist, ändert nichts an der Tatsache, dass Menschen – vor allem im Kindesalter – selten Probleme haben, wenn sie sagen sollen, ob ihnen eine Landschaft, eine Aussicht, eine Frucht oder ein Tier gefällt oder nicht. Wir wissen aus uns selbst heraus, ob etwas schön ist oder nicht, und vermutlich würden die vielen Debatten um ethische Richtlinien der Bioforschung sinnvoller verlaufen und zustimmungsfähigere Ergebnisse hervorbringen, wenn die Mitglieder der zahlreichen Ethikkommissionen zur Kenntnis nehmen würden, worauf der russische Poet Joseph Brodsky mit dem Satz hingewiesen hat: »Die Ästhetik ist die Mutter der Ethik.«

Es wird sicher viele professionelle Ethiker in den genannten Kommissionen geben, die den oben skizzierten Argumenten nichts abgewinnen können. Schließlich lassen sie sich auf eine Leistung der Sinne ein, und Ethiker wollen lieber ihren Verstand benutzen. Allerdings muss man ihm einen festen Punkt geben, an dem er anfangen kann, wobei einleuchtet, dass diese Stelle nicht durch den Verstand selbst festgelegt werden kann. Er stellt vielmehr ein Werturteil dar, von dem wir wissen, dass es die freie Erfindung einer Person ist. Daraus folgt, dass es sinnlos ist, wenn Ethiker ohne ihre Sinne tätig werden, selbst in den Fällen, in denen sich alles im Dunkel des Mutterleibs abspielt, in das wir nun wieder zurückkehren wollen.

Der lebensfähige Fötus

Eine Möglichkeit, den Beginn des menschlichen Lebens vom Verstand her festzulegen, besteht in dem Konzept der Lebensfähigkeit außerhalb des Mutterleibs. Natürlich kann kein Wissenschaftler dies theoretisch bestimmen, aber es kommt immer wieder vor – durch Gewebeschwächen oder Unglücksfälle –, dass der Fetus viel zu früh aus seiner beschützenden Umgebung herauskommt und der Außenwelt ausgesetzt wird. Er kann diese Situation nur dann überleben, wenn sein Lungengewebe schon so weit entwickelt ist, dass der kleine Mensch atmen kann. Diese Stufe erreicht er zwischen der vierundzwanzigsten und sechsundzwanzigsten Woche nach der Befruchtung.

Zu diesem Zeitpunkt hat die Mutter längst schon bemerkt, was in ihrem Körper passiert, und zwar vor allem, weil der Fetus angefangen hat, sich zu regen. Er tritt bald so kräftig aus, dass man mit der Hand auf dem Bauch die Stöße registrieren kann, die zu allerlei Spekulationen Anlass geben. Auf keinen Fall will das kleine Leben uns seine Existenz vermelden, selbst wenn es uns so scheint. Zwar hat der Fötus dann schon einige der Nervenzellen, die einmal sein Gehirn bilden werden, aber die wenigen, die ihm jetzt zur Verfügung stehen, sind für eine solche Entscheidung noch nicht ausreichend verknüpft. Der Nutzen des Kickens besteht vermutlich darin, dass das Nervensystem etwas einübt, das äußerst wichtig ist, wenn wir uns später im Leben reibungslos bewegen wollen.

Bekanntlich kann jede Bewegung in zwei Richtungen gehen – man kann zum Beispiel mit dem Kopf hin und her wackeln, den Rücken neigen und heben oder einen Arm vor- und zurückstrecken. Zuständig dafür sind jeweils geeignet angebrachte Muskeln, wobei für das Gelingen aller Bewegungen die Koordination zweier Befehle entscheidend ist. Wenn die Muskeln für die eine Richtung tätig werden und sich spannen, müssen die Muskeln für die Gegenrichtung völlig entspannt sein. Sonst reißen sie oder zerstören Sehnen oder Bänder, mit denen sie verbunden sind. Wer sich leichtfüßig im Leben bewegen will, muss An- und Entspannung zugleich erreichen, und es ist höchstwahrscheinlich dieser auf der Nervenebene schwierig durchzuführende Antagonismus, den das Nervensystem dadurch einübt, dass es den Fötus kicken lässt.

Die Mutter hat sich an diese »Meldungen« ihres Kindes schon gewöhnt, wenn etwa in der fünfundzwanzigsten Woche das eintritt, was Embryologen die »Geburtsstunde der Großhirnrinde« nennen.

Aus einem bislang unverbundenen Haufen von einzelnen Nervenzellen wird nun ein weitgehend vernetzter Apparat, der irgendwann in der Lage sein wird, einen Gedanken zu haben. Während es in dieser Phase zu einer explosionsartigen Bildung von Synapsen kommt, sind die Sinnesorgane – Augen, Nase und Ohren – schon längst angelegt. Dieses Trio geht aus Verdickungen von embryonalem Zellgewebe hervor, die auch zum Zentralen Nervensystem werden. Der Eindruck entsteht, dass sie von Anfang an dem Gehirn zugeordnet sind und als seine Außenposten eingesetzt werden. Dies bedeutet, dass die Sinne die Welt nicht einfach aufnehmen bzw. einlassen, sondern mit Fragen an sie herantreten, die ihnen das Gehirn zugeleitet hat.

Natürlich wirken sich diese Fragen erst aus, wenn die fetalen Sinnesorgane einsatzbereit sind und mehr als die Innenwelt der Mutter kennen. Von den ersten Schritten zum Gehirn bis zum Zeitpunkt der Geburt vergehen noch rund zehn Wochen, in denen sich unablässig Anlage und Aktivität des Kortex ändern. Dieser Phase folgen noch mindestens zehn Jahre, in denen das Organ hinter den Sinnen weiter heranreift, wie später berichtet werden wird.

So rätselhaft die Vorgänge sind, die dabei noch ablaufen müssen, so klar ist die Tatsache, dass mit jedem Kind, das zur Welt kommt, die alte Frage beantwortet ist, ob Geist aus Materie entstehen kann. Darauf kann man eine bejahende Antwort geben, denn was als Materie begonnen hat – als Samen und Eizelle –, tritt uns nun mit Bewusstsein entgegen. Wir müssen es nur wecken.

Europa versus Amerika

Wer die Entwicklung eines Menschen vom Augenblick der Befruchtung über die embryonalen und fetalen Stadien bis zur Geburt beschreibt, hat noch nicht verstanden, was dabei passiert. Er kann zwar genau sagen, wie erst der Embryo und dann der Fötus aussieht, aber nicht die Frage beantworten, wie ein Embryo entsteht und sich entwickelt. Verstehen heißt im Zeitalter von Biochemie und Genetik, dass man die Proteine und Gene kennt, die dabei in Aktion treten und die Zellen wachsen und sich spezialisieren oder andere absterben lassen. Um sie zu finden, muss viel experimentiert werden. Die Wissenschaft kann die molekularen Grundlagen der Entwicklungsvorgänge nicht beim Menschen erkunden. Sie ist auf andere Lebensformen angewiesen und hat sich zu diesem Zweck unter anderem Würmern, Fliegen und Mäusen zugewandt.

Die weitreichendsten Ergebnisse, die konkret für die Bildung des Menschen relevant sind, stammen von der Fliege *Drosophila melanogaster*, die seit den Anfängen der Genetik vor mehr als hundert Jahren zum »Haustier« der Genetiker geworden ist und auch Einsichten in höhere Hirnprozesse wie der Lernfähigkeit zulässt. Es gibt Wissenschaftler, die der Ansicht sind, dass die großen Fragen der Menschen überhaupt nur zu beantworten sind, wenn man klein genug anfangen kann. Wer wirklich wissen will, was Bewusstsein ist, sollte sich ein Experiment überlegen, mit dem sich feststellen oder entscheiden lässt, ob Fliegen damit ausgestattet sind. Es hat ziemlich lange gedauert, bis man ein Experiment angeben und durchführen konnte, in dessen Verlauf lernfähige von dummen Fliegen getrennt werden konnten. Seitdem kann man die komplexe Eigenschaft »Lernen« genetisch zerteilen, und auf diese Weise gewinnt die Wissenschaft Einblick in die Mechanismen, die diese Qualität ermöglichen. Wie ließe sich experimentell klären, ob Fliegen über Bewusstsein verfügen? Auch bei dieser Eigenschaft könnte man nach den genetischen Komponenten suchen, die sie ausmachen. Dass Fortschritte in dieser Richtung nicht völlig ausgeschlossen sind, zeigen erfolgreiche Experimente, die nachweisen konnten, dass das Nervensystem der Fliege auch den Zustand einnehmen kann, den wir als Schlaf kennen. Und mehr noch – in dem winzigen Kopf scheinen auch Nervenzellen zu sein, deren regelmäßiges Aktivitätsmuster man bereits bei Ableitungen gesehen hatte, die im Gehirn von Menschen gemacht worden waren, die in dieser Phase geträumt hatten. Wenn also Fliegen träumen können, kann es nicht mehr lange dauern, bis man die Proteine kennt, die hier eine Rolle spielen, und vielleicht findet ein Forscher von dieser Stelle aus den Weg zur Erkundung des Bewusstseins.

Vielleicht ist es ja noch lange nicht so weit, aber die Fruchtfliege hat es den Entwicklungsbiologen erlaubt, ein großes Geheimnis der Embryonalentwicklung zu lüften. und das wollen wir im Folgenden beschreiben. Zuvor stellen wir jedoch eine wunderbare Unterscheidung vor, die der kürzlich mit dem Nobelpreis für Medizin ausgezeichnete Genetiker Sydney Brenner getroffen hat, nachdem er sich viele Jahrzehnte hindurch mit der Embryogenese sowohl von Würmern als auch von Säugetieren beschäftigt hatte. Brenner meint, zwei grundsätzlich verschiedene Wege ausgemacht zu haben, die er als europäischen und amerikanischen Weg zum Leben unterscheidet. Wir geben Brenners Erkenntnisse mit den Worten des Basler Biologen Walter Gehring wieder. Sie finden sich in dem Buch, in dem er seine Ansichten zu der Frage beschreibt, *Wie Gene die Entwicklung steuern:*

»Die europäische Lebensart besteht darin, dass die Zellen weitgehend für sich selbst schauen und sich wenig mit ihren Nachbarn unterhalten. Im Wesentlichen kommt es auf die Herkunft an, und wenn eine Zelle an einem bestimmten Ort geboren wird, dann bleibt sie im Allgemeinen an derselben Stelle und entwickelt sich dort nach strengen Regeln. Selbst der Tod ist programmiert. Falls die Zelle bei einem Unfall ums Leben kommt, so kann sie nicht ersetzt werden.«

»Die amerikanische Lebensart ist ganz das Gegenteil. Die Herkunft zählt wenig, die Zelle kennt ihre Vorfahren kaum und weiß meist gar nicht, woher sie ursprünglich kommt. Worauf Wert gelegt wird, sind die Beziehungen zu den Nachbarn. Die Zellen tauschen ständig Informationen untereinander aus. Sie ziehen häufig um, damit sie ihr Ziel erreichen. Sie sind flexibel und stehen mit anderen Zellen für die gleiche Funktion in Konkurrenz. Kommen sie bei einem Unfall ums Leben, so können sie leicht ersetzt werden.«

Das Musterbeispiel für die europäische Lebensart scheint ein kleiner Wurm namens *Caenorhabditis elegans* – kurz *C. elegans* – zu sein, der in den 1960er Jahren von Brenner in die Entwicklungsbiologie eingeführt worden ist, weil sowohl das Tierchen als auch seine Entwicklung Übersichtlichkeit versprachen. Die Zell-

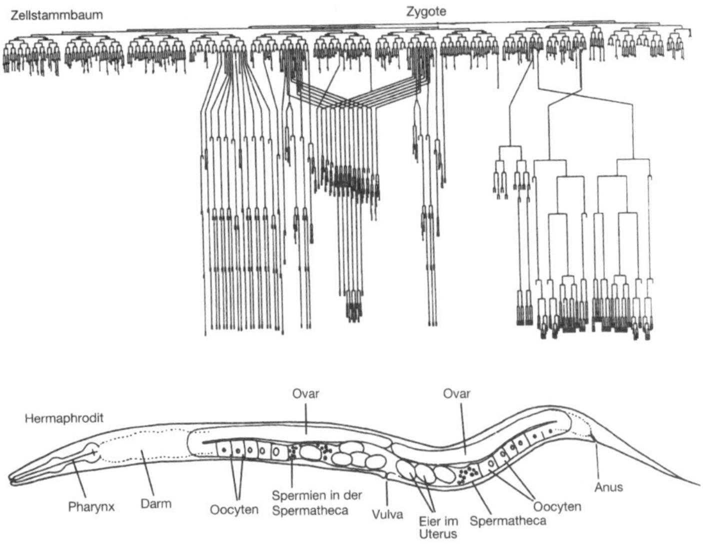

Abb. 44 Der Wurm namens *Caenorhabditis elegans* – kurz *C. elegans* – hat in den letzten Jahrzehnten der Fruchtfliege *Drosophila* Konkurrenz als beliebtestes Objekt der biologischen Forschung gemacht. Es gibt eine Menge genetischer Varianten, die von höchstem Interesse sind, etwa einen Methusalem, der ein Vielfaches der normalen Lebenszeit erreicht und dabei putzmunter wirkt. Zu den großen Gemeinschaftsleistungen der Biologie kann die Tatsache gerechnet werden, dass von jeder der knapp tausend Zellen bekannt ist, über welche Teilungs- und Wanderungsschritte sie aus der ursprünglichen Zygote entsteht. Für jede Zelle im erwachsenen Wurm gibt es eine vertikale Linie.

teilungen von *C. elegans* lassen sich im Mikroskop beobachten, und der erwachsene Wurm kommt mit rund tausend Zellen aus, die sich aus einem befruchteten Ei bilden.

Das Musterbeispiel für den amerikanischen Entwicklungsmodus finden die Forscher in den Embryonen der Säugetiere, die vor allem vielfältig am Beispiel der Maus untersucht werden. Sie verfügen nicht über den fixierten Stammbaum, der sich für die Zellen des heranwachsenden Wurms konstruieren lässt. Die Zellen der Mäuse wandern vielmehr umher und weisen eine wesentlich größere Flexibilität auf.

Zwar sollte man Brenners Unterscheidung nur *cum grano salis* handhaben und nicht erwarten, dass Säugetiere ausschließlich den amerikanischen und Würmer ausschließlich den europäischen Weg einschlagen. Aber auch die jüngsten Ergebnisse der Genomforschung lassen es als höchst wahrscheinlich erscheinen, dass es zwei unterschiedliche Weisen des Vorgehens gibt.

Im Rahmen so genannter Genomprojekte konnte sowohl das genetische Material von *C. elegans* als auch das des Menschen offen gelegt werden, wobei im Fall des Wurms knapp zwanzigtausend Gene und im Fall des Menschen gut dreißigtausend Gene zum Vorschein traten. So groß die Enttäuschung einiger Forscher war – sie hatten Hunderttausende von Genen erhofft –, so deutlich tritt das Paradox zum Vorschein. Denn offenbar braucht der Wurm fast ebenso viele Gene wie wir, um sehr viel weniger zu machen, nämlich nur rund tausend Zellen, die unseren hundert Milliarden gegenüberstehen und sich zudem noch gegenseitig verknüpfen können. Anders ausgedrückt – auf dem europäischen Weg braucht man zwanzigtausend Vorschriften (Gene), um ein paar Menschen (Zellen) bei der Stange zu halten. Auf dem amerikanischen Weg gelingt es, mit derselben Größenordnung von Befehlen ein Hundertmilliarden Volk glücklich zu machen und leben zu lassen.

Vor der Fliege

Unabhängig von diesen unterschiedlichen Grundmustern haben die Molekularbiologen übereinstimmend in beiden Fällen festgestellt, dass es so etwas wie eine genetische Steuerung der Entwicklung gibt. Der Einblick in ihre Anlage ist mit der erwähnten Fliege *Drosophila* gelungen, mit deren Hilfe eine atemberaubende Entdeckung ermöglicht wurde, der man einen Namen gegeben hat, der beim ersten Hören kaum neugierig macht. Die Rede ist von der Homeobox, die wir – nach einem historischen Rückblick – öffnen wollen, um über das Leben und seine Dynamik zu staunen.

Die Frage, wie das Leben entsteht und sich selbst hervorbringt, ist bekanntlich nicht neu. Neu sind jeweils nur die Antworten, die zu einer bestimmten Zeit versucht und akzeptiert werden. Während unsere Gegenwart auf genetische Grundlagen setzt (und in beeindruckender Fülle findet), haben vergangene Epochen mit anderen Vorstellungen operiert, die es kennen zu lernen lohnt, weil sie das gesamte Problem des Werdens und Bildens beleuchten, das es zu verstehen gilt.

Mit unserem Rückblick setzen wir nicht ganz am Anfang unserer Geschichte an – also nicht, als es den einen Gott noch nicht gab, dessen Sohn seitdem unsere Zeitrechnung bestimmt –, sondern in den Jahrhunderten nach der Renaissance, in denen die Wissenschaft ihre uns erkennbare und vertraute Form bekommen hat. Damals orientierte man sich trotz des erwachenden Glaubens an Naturgesetze noch fest an einem Schöpfergott. Einige frühe Vertreter der Forschung behaupteten, dass sich Organismen überhaupt nicht selbst erschaffen. Vielmehr seien sie von Anfang an da, sie seien schon vorgebildet gewesen und brauchten nicht eigens neu gebildet zu werden. Man sprach von »Präformation«, wobei man sich darüber stritt, ob das vorgeformte Menschlein im Mann oder in der Frau vorlag.

Die Vertreter der Männerseite, die Spermatisten, hatten zum einen die allgemeine Höherbewertung des so genannten starken Geschlechts auf ihrer Seite – Frauen trugen bestenfalls Materielles,

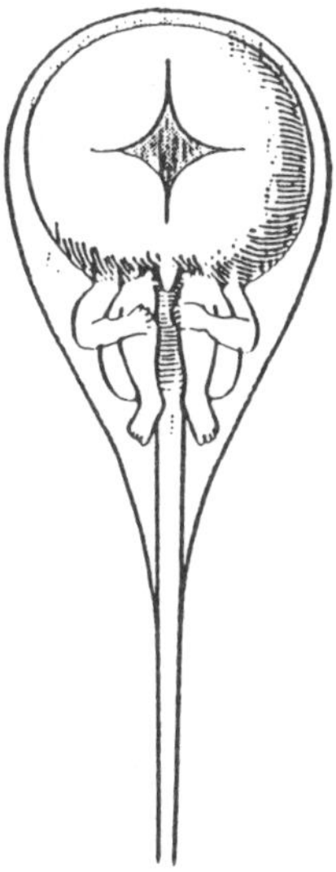

Abb. 45 Im 17. Jahrhundert zirkulierte diese Zeichnung eines Samens, die den Eindruck erweckte, ein Mensch entstehe dadurch, dass er sich aus dem Samen entfalte, in dem er immer schon vorhanden war.

aber nicht Bildendes bei – und konnten auch auf einen empirischen Befund verweisen. Der Homunculus war nämlich in seiner Samenzelle gesichtet worden, jedenfalls konnte man ein solches Männlein auf einer berühmten Zeichnung erblicken, die sich wahrscheinlich am einfachsten als Artefakt der aus unserer Sicht sicher unzureichenden Qualität damaliger Mikroskope erklären lässt.

Natürlich wirkt ein Stück Dreck im Blickfeld nur dann prägend, wenn der Geist es will, und der ignorierte sogar die logische Unmöglichkeit, die in dem scheinbar sichtbaren Männlein steckte. Sie erschließt sich, wenn man fragt, wer denn den Homunculus bildet. Als Antwort können die Vertreter der Präformation nur ein noch kleineres zweites Männlein annehmen, das in dem ersten steckt, und da sie diese Antwort auf jeder Ebene wiederholen müssen – jedes Männlein muss in sich ein anderes Männlein tragen, rutscht das Argument ungebremst ins Leere und verschwindet aus dem Blickfeld. Die Logiker sprechen von einem »infiniten Regress«, der den Vertretern der weiblichen Seite – den Ovisten – eine Chance bot. Sie wollten im 18. Jahrhundert eine Lösung für eine gravierende Schwierigkeit liefern, die zusätzlich noch in der Idee der Präformation steckte. Gemeint ist der Nachteil, dass in dieser Vorstellung niemals neue Menschen zur Welt kommen können, sondern nur die schon längst geschaffenen. Sie mussten sich irgendwo aufhalten, und man wollte sie zählen. Aus diesem Grund verlegte die damalige Wissenschaft den Sitz des Menschleins in das weibliche Ei, und Albrecht von Haller (1708–1777) hat dann ausgerechnet, wie viele Menschen Gott am sechsten Tag der Schöpfung kreiert und dort untergebracht hat, nämlich zweihundert Milliarden.

Bereits die Zeitgenossen waren aber unzufrieden mit diesen Vorschlägen und entwickelten andere Ideen. Am Ende des 18. Jahrhunderts kam folgerichtig zum ersten Mal der Gedanke auf, dass Leben möglicherweise in ganz einfacher Form beginnt und seine Ausprägung im Nachhinein – durch eine Nachschöpfung (Epigenese) – bekommt. In der modernen Forschung bezeichnet man mit dem Ausdruck epigenetisch den Teil der Entwicklung, der nach der genetischen kommt, die wir zuerst kennen lernen werden.

Damals benutzte man allerdings den Ausdruck »Epigenesis«, um den Vorgang an die Genesis anzuschließen, von der die Bibel berichtet, und um ihn in der Zuständigkeit Gottes zu belassen. Natürlich griff Gott nicht persönlich ein, vielmehr stellte er dazu eine Lebenskraft bereit – eine *vis vitalis* –, die im 18. Jahrhundert festen Fuß fasste und die wir heute ab und zu auch noch liebend gern zu Hilfe nehmen würden, um das Wunder der Menschwerdung zu erklären, ohne außerirdische oder göttliche Hilfe in Anspruch zu nehmen.

Die Abschaffung und Überwindung der Lebenskraft hat mehr als ein Jahrhundert und viele Forscher aus ganz Europa in Anspruch genommen. Nur zwei, deren Entdeckungen bis in die Gegenwart nachwirken, sollen an dieser Stelle erwähnt werden: Charles Darwin (1809–1882) und Gregor Mendel (1822–1884), die in der zweiten Hälfte des 19. Jahrhunderts der biologischen Wissenschaft die beiden Konzepte schenkten, von denen sie bis heute lebt. Gemeint sind die Idee der Evolution, die Darwin 1859 in Buchform veröffentlicht hat, und die Vorstellung von Erbelementen – den heutigen Genen –, von denen Mendel 1865 berichtet hat. Allerdings tragen weder der österreichische Mönch noch der britische Naturforscher direkt zum Problem der Entwicklung bei, die bald den fachlichen Namen der Ontogenese bekommt, was von dem griechischen Wort *onta* für Sein stammt und somit das Werden des Seienden meint. Aber als sich im 20. Jahrhundert eine eigene Wissenschaft für die Gene etablierte – die Genetik – und die Biologen sich darüber einig wurden, dass in ihrer Wissenschaft nichts einen Sinn ergibt, wenn man es nicht in dem Licht sieht, das Darwins Gedanke entzündet hat, klärte sich dank Mendels Beitrag auch die Position, von der aus die Entwicklung betrachtet und untersucht wurde.

Das befruchtete Ei wurde nun als ein dynamisches Gebilde verstanden, das mit Genen sowohl von der Mutter als auch vom Vater ausgestattet ist, die sie ihrerseits im Laufe ihrer evolutionären Geschichte erworben haben. Die Aktivität der Gene ist für die nachfolgende Entwicklung verantwortlich, die durch Regulierung von Genen, Wechselwirkungen von Proteinen und andere molekulare Vorgängen beschrieben werden kann, die alle durch die Mechanismen entstanden sind, die Darwin als wirksam erkannt hat. In Anlehnung an das alte Wort kann diese Vorstellung immer noch als Epigenese verstanden werden. Sie läuft höchst kompliziert biochemisch ab, benötigt aber keine geheimnisvolle Vitalkraft mehr. Wonach sie stattdessen verlangt, ist die Erkundung der dazugehörigen Details, und ihre Ermittlung stellt das Forschungsprogramm der Molekularbiologie dar.

Eine modische Metapher

Als sich vor rund einem halben Jahrhundert diese Grundeinstellung in der Wissenschaft durchsetzte, lag der Mechanismus der Entwicklung immer noch so im Dunklen wie in früheren Epochen. Nur die Denkweise der Forscher und ihre Methoden hatten sich verändert, mit denen sie auch eine andere Richtung verfolgen konnten. Das primäre Ziel bestand jetzt darin, die Rolle der Gene genauer zu verstehen, und wie es scheint, ist dies überzeugend gelungen. Zu Beginn des 21. Jahrhunderts beschrieb ein führender Entwicklungsbiologe, wie seiner Ansicht nach »unser Körperbauplan in unseren Genen festgelegt ist«, nämlich dadurch, dass »die Gesamtheit unserer Gene« (…) »ein genaues Programm« enthält, »nach welchem wir uns entwickeln«. Unser genetisches Material »steckt auch die Grenzen ab, innerhalb derer sich Umwelteinflüsse auswirken können«.

Wer solche Sätze heute vor Fachleuten ausspricht, wird auf allgemeine Zustimmung stoßen. Tatsächlich scheint man endlich die Metapher gefunden zu haben, mit deren Hilfe die alte *vis vitalis* endgültig aus dem Arsenal der biologischen Argumente verbannt ist, nämlich das genetische Programm, das in den Genen steckt und dem befruchteten Ei den Weg ins Leben bahnt. Kein Fachmann der Genetik verzichtet in einem öffentlichen Vortrag darauf, die Vokabel zu verwenden und etwa von vorprogrammierten Abläufen oder umprogrammierten Zellen zu sprechen.

Der eben zitierte Genetiker und seine Kollegen, die Fliegen oder Würmer untersuchen und in sie hineinsehen, finden dort natürlich ebenso wenig ein Programm wie der Techniker, der einen Computer öffnet, um etwas zu reparieren. In beiden Fällen trifft man bestenfalls auf die Hardware, also auf Chips mit Halbleitern in der Maschine und auf Zellen mit Molekülen im Organismus. Nun wird niemand zögern, das, was ein Rechner tut, tatsächlich durch den Ablauf eines Programms zu beschreiben – schließlich kann man sogar den Programmierer finden, der es sich ausgedacht hat. Aber macht dasselbe Wort auch Sinn, wenn es nicht um Maschinen, sondern um Menschen geht?

An der Art, wie diese Frage gestellt worden ist, lässt sich die hier vertretene Antwort erraten. Sie lautet Nein, und dies soll im Folgenden begründet werden. Warum können die Gene nicht als die Software des Lebens verstanden werden, die seine Hardware namens Proteine so zum Laufen bringen, dass ein eigenständiger Organismus entsteht?

Es kann natürlich sein, dass sich das Leben Fähigkeiten so verschafft, wie es ein PC tut, nämlich durch ein Programm. Aber in einem Organismus spielt sich etwas völlig anderes ab als in einer Maschine. Leben macht sich selbst (von innen), Computer stellen andere (von außen) her. Aus diesem Grund ist auch die Hardware des Computers unabhängig von seiner Software. Sie ist vor dem Programm da, und damit geht es hier völlig anders als im Leben zu. Hier müssen die Gene die Hardware erst machen, wenn wir diesen Ausdruck weiter verwenden wollen. Und die entstehende Hardware – der sich bildende Organismus – muss umgekehrt die Software betreiben, die ihn hervorbringt.

Mit anderen Worten, wer eine Metapher für den zwar vertrauten, aber doch so komplexen Vorgang der Entwicklung des Lebens sucht, ist schon gut beraten, wenn er einen Prozess wählt, der sich zwischen zwei Polen abspielt. Aber er muss so gewählt sein, dass das Bilden nicht vom Gebildeten getrennt wird. Das Machen und das Gemachte gehören nämlich im werdenden Leben so untrennbar zusammen, wie es Software und Hardware gerade nicht tun.

Experimentelle Beobachtungen, die in den letzten Jahrzehnten gemacht und wofür Wissenschaftler mit dem Nobelpreis ausgezeichnet wurden, wecken zum ersten Mal die Hoffnung, sich diesem geheimnisvollen Vorgang des Werdens mit wissenschaftlichen Mitteln zu nähern. Sie greifen, weil die Ontogenese nicht nur äußerst mysteriös, sondern auch sehr regelmäßig abläuft. Und wer sich viele Jahre lang mit der sich immer gleichförmig wiederholenden Entwicklung etwa einer Fliege oder eines Wurms befasst hat, kann unabhängig von der Computermode den Eindruck eines Phänomens bekommen, das nach einem irgendwo niedergelegten Plan abläuft und in dem Sinne programmiert ist. Man unterscheidet ja ein sich regelmäßig abspulendes Geschehen von einem mit programmatischem Charakter dadurch, dass es im zweiten Fall neben den agierenden Gegenständen oder Personen noch ein weiteres Ding gibt, das die Handlungen oder Bewegungen diktiert. Dieses zweite Ding ist ein Text, der entweder in normalen Worten oder in einer Programmiersprache abgefasst ist und mit dem Ereignis selbst zur Deckung kommt. Programmierte

Abläufe gibt es nicht nur im Computer, sondern auch da, wo Menschen eine Rolle spielen, zum Beispiel im Theater. Die Schauspieler agieren nach dem Text, den der Dramaturg nach der Vorgabe eines Autors zusammengestellt hat, und wenn etwa *Der Besuch der alten Dame* gespielt wird, passiert (hoffentlich) jeden Abend auf der Bühne dasselbe – bis sich die Inszenierung ändert.

Allerdings – auch im Zuschauerraum passiert jeden Abend dasselbe. Menschen kommen und gehen, setzen sich und stehen auf, klatschen oder pfeifen, langweilen sich oder schauen gespannt zu. Niemand würde jedoch behaupten, das Geschehen im Publikum sei programmiert. Es ist regelmäßig, und diese Unterscheidung darf nicht leichtfertig nivelliert werden. Die Entwicklung eines Organismus geht natürlich regelmäßig und naturgesetzlich vonstatten. Aber damit ist sie noch lange nicht programmiert. Die Welt und das Leben stecken voller regelmäßiger Abläufe, die ohne Programm auskommen, und es wird vorgeschlagen, diesen Begriff aus der Welt der Computer ad acta zu legen, da er das Denken mehr behindert als fördert.

Wie Begriffe das Denken tatsächlich zu blockieren in der Lage sind, können die Naturwissenschaftler von Geisteswissenschaftlern lernen, die schon oft Erfahrungen dieser Art gemacht haben. Als Beispiel sei auf die Gespräche hingewiesen, in denen der Philosoph und Ideenhistoriker Raymond Klibansky seine *Erinnerungen an ein Jahrhundert* schildert. Dabei kritisiert er die zahlreichen Soziologen, die nach Max Weber kamen. So fortschrittlich dessen Gedanken über die Wissenschaft als Beruf und die Entzauberung der Welt durch ihre rationale Erklärung waren, so fest blieben Webers Nachfolger bei den Vorgaben ihres Lehrers stehen. Für sie – so Klibansky – bestand die Aufgabe ihrer Wissenschaft darin, »die Geschichte im Lichte bestimmter Begriffe zu bemeistern«. Wenn einer von ihnen »einen bestimmten Begriff benennen konnte, der die Phänomene zu erfassen schien, glaubte [die Zunft] schon, sie zu begreifen«.

Genauso ergeht es den Biologen mit dem genetischen Programm, da sie offenbar nicht erkennen wollen, dass es nicht viel Sinn macht, bei den Zellen und ihren Genen von programmatischen Abläufen zu reden, während ein Embryo heranwächst und seine Zellen sich teilen, wandeln und ihrer Spezialisierung entgegengehen.

Ungewöhnliche Gene der Fruchtfliege

Bevor wir die angekündigte Metapher einführen, die der doppelten Bedeutung von Bildung Rechung trägt, gilt es, die wunderbaren Einsichten vorzustellen, die Experimente mit der Fruchtfliege *Drosophila* ermöglicht haben. Sie ist leicht unter Laborbedingungen zu halten und zeigt sich anfällig für viele Mutationen. Einige von ihnen beeinträchtigen die Ausbildung der Körperachsen, andere verändern die Körpergestalt, und wieder andere sorgen dafür, dass die Körpersegmente nicht richtig gebildet werden. Diese Körpersegmente sind für das Folgende sehr wichtig. Tatsächlich

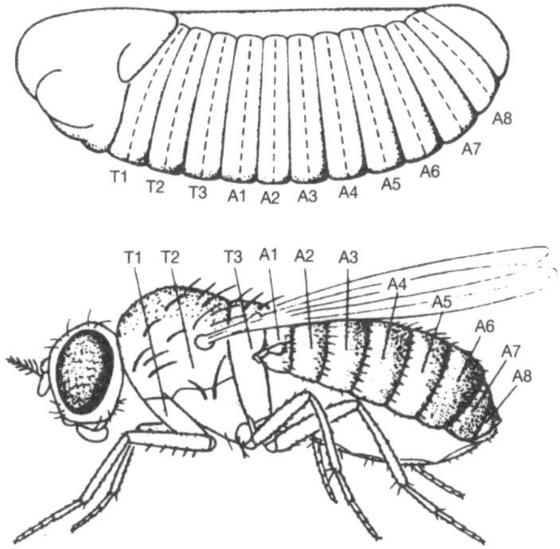

Abb. 46 Bei einer Fruchtfliege dauert es einen Tag, bis die Embryonalentwicklung abgeschlossen ist. Die Larven schlüpfen dann aus dem Ei und bereiten sich auf die Verpuppung vor. Aus der Puppe schlüpft am neunten Tag der Entwicklung eine neue millimetergroße Fliege, deren Körperbauplan schon dem Embryo »aufgedruckt« ist, wie Walter Gehring schreibt.

zeigt sich, dass der Fliegenembryo in Abschnitte (Segmente) eingeteilt wird, die abgezählt und in der erwachsenen Fliege wiedergefunden werden können.

Die Entdeckung der Körpersegmente stellt für die Wissenschaft einen großen Fortschritt dar, weil sie das Problem der Entwicklung präzisieren und in die Fragen umwandeln kann, wie diese Teile erst hergestellt und markiert und dann genutzt werden. Die Fähigkeit zur Ausbildung von Körperabschnitten wird Metamerie genannt; darin kommt vor allem das griechische *meros* für »Teil« zum Tragen. Wir zeigen die umfassende Bedeutung der Metamerie gesondert auf und befassen uns jetzt mit den Segmenten der Fliege, deren Entstehung durch Mutationen erheblich gestört werden kann. Dies erlaubt den Schluss, dass es Gene geben muss, die sowohl die Reihenfolge als auch die Identität der Körperteile festlegen können. Damit ist gemeint, dass man die Segmente nummerieren und in jeder sich entwickelnden Fliege wieder finden kann.

Nachdem die Genetiker herausgefunden hatten, dass es Gene gibt, die den Plan zum Bau des Körpers enthalten, wollten sie auch in Erfahrung bringen, wie das dazugehörige Erbmaterial aussieht. Und als ihnen dieser Zugriff gelang, machten sie unverhofft die umwerfende Entdeckung, die bereits angekündigt worden ist und nun vorgestellt werden kann.

Die Gene, die zu den Körpersegmenten führen, heißen nicht segmentierende Gene, sondern tragen den Namen »homeotische Gene«, wobei das Attribut korrekt »homöotisch« geschrieben werden müsste, was aber im Hinblick auf die Schwierigkeiten, die viele Sprachen mit Umlauten haben, geändert worden ist.

Die Bezeichnung der zur Körpersegmentierung führenden Gene leitet sich von griechisch *homoiosis* ab, das auf eine Ähnlichkeit abzielt. Eingeführt wurde das Wort durch den britischen Biologen William Bateson (1861–1926) im 19. Jahrhundert, als er merkwürdige Monster in der Natur entdeckte. Er sichtete Insekten, bei denen dort ein Bein saß, wo sich gewöhnlich ein Flügel fand, oder einen Krebs, bei dem ein Auge zu einer Antenne geworden war. Die ungewohnt platzierten Körperteile sahen nicht exakt so aus wie

Evo-Devo

Der Ausdruck Evo-Devo kürzt die angelsächsische Zusammenstellung *evolutionary developmental biology* ab, womit der Versuch gemeint ist, eine Verbindung zwischen der Evolution und der Entwicklung *(development)* herzustellen. Entwicklung und Evolution bezeichnen zwei Weisen der Hervorbringung von Leben, von denen eine übergeordnet ist und ohne Plan arbeitet, während die andere nachgeordnet ist und mit einem Plan arbeitet, mit den Anleitungen, die im Genom ihren Niederschlag gefunden haben. Man kann beide Bildungsprozesse verbinden, wenn man die Vorstellung ablegt, die Evolution bringe Lebewesen hervor, und stattdessen annimmt, dass die Evolution so angelegt sei, Mechanismen hervorzubringen, mit denen neues Leben geformt werden und das Leben immer wieder entstehen kann. Die Evolution sorgt primär nicht nur für Formen, sondern auch für Formbildungen. Sie ist eine Bildung, die andere Bildungen nach sich zieht, zunächst die von Individuen (die zuletzt selbst Zugang zu einer Bildung bekommen).

Der Weg zu uns ist lang – »bis zum Menschen hast du Zeit«, wie es in Goethes *Faust* heißt. Und so wird es viele Stufen zwischen dem ersten Leben und dem Menschen geben, von denen aus sich jeweils selbstständige Organismen entwickeln können. In dieser Sichtweise macht es Sinn, nach Stufen der Embryonalentwicklung des Menschen zu suchen, auf denen ein Bauprinzip erkennbar wird, mit dem sich eine neue Lebensform entfalten und zeigen kann. Solche Punkte lassen sich tatsächlich finden und die dazugehörigen Lebewesen mit Namen nennen. Überzeugend wirkt dabei vor allem die Reihe der Wirbeltiere, die hier dargestellt werden soll.

Wir beginnen mit der Eizelle, aus der sich eine selbstständige Lebensfähigkeit in Form von Pantoffeltierchen entwickelt hat. Auf der nächsten Stufe kann man die Blastula unterscheiden, die den Schritt zum Mehrzeller vollzieht, was im einfachsten Fall Kugelalgen (Volvox) entstehen lässt. Die Gastrula entsteht durch eine Einstülpung aus der runden Blastula, mit der Folge, dass sich nun innen gelegene Zellen auf den Umgang mit der Nahrung und außen liegende Zellen auf Kontakte mit der Umwelt spezialisieren können. Dieses Bauprinzip hat die Natur bei Hohltieren verwirklicht, zu denen auch der Süßwasserpolyp (Hydra) gehört. Man kann die Einstülpung als Entstehung des Ur-

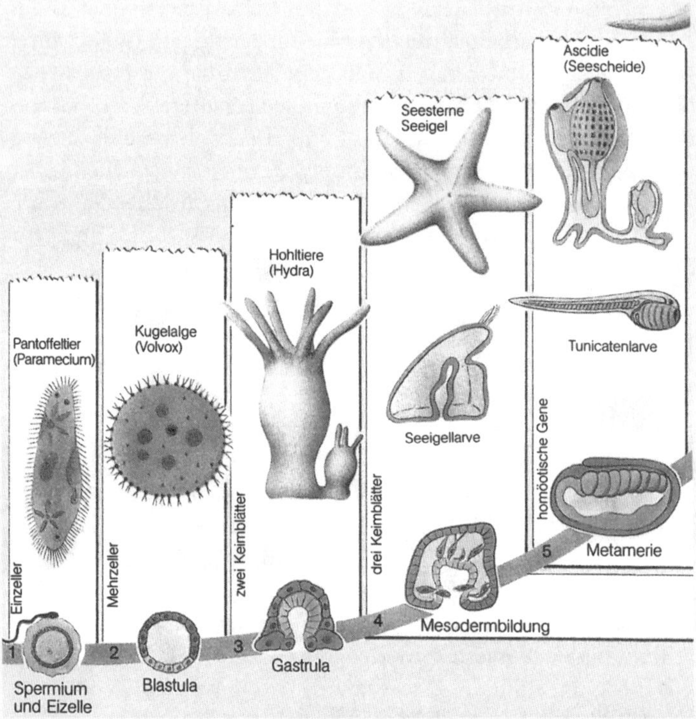

Abb. 47 Die Beziehung zwischen Ontogenese und Phylogenese in der Reihe der Wirbeltiere, wie sie im Text erläutert wird.

darms bezeichnen und bemerken, dass sich bei diesem Vorgang Zellen absondern können, die eine Zwischenschicht – ein Mesoderm – bilden. Mit ihrer Hilfe kann zum Beispiel der Fadenwurm *C. elegans* sein Leben entstehen lassen, in dem nahezu alles fest reguliert geschieht.

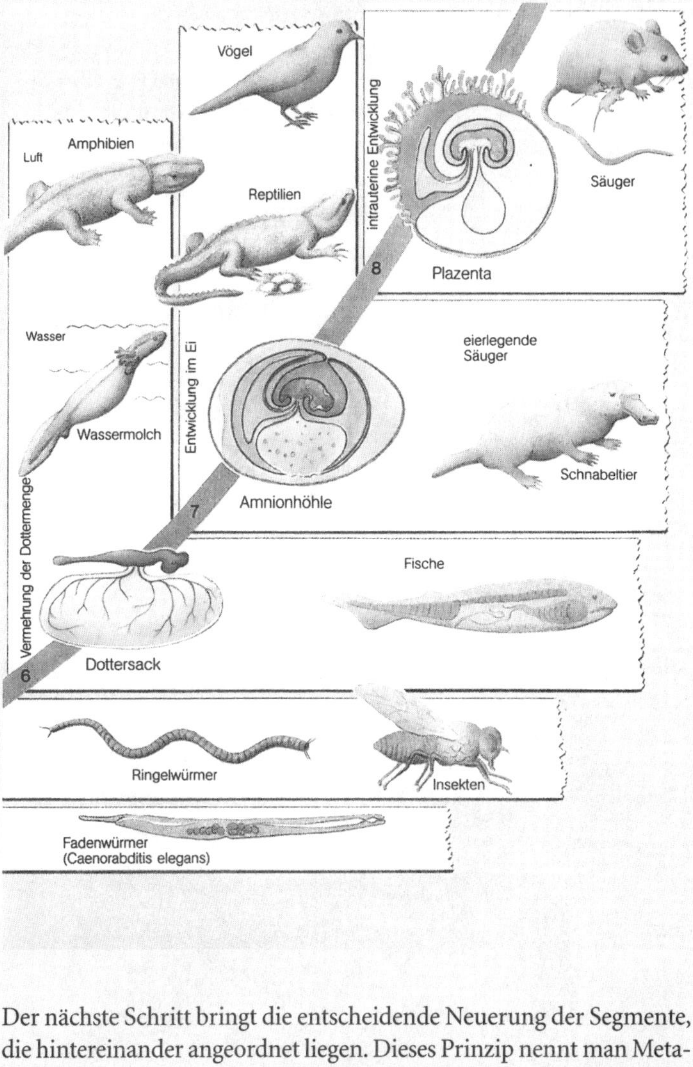

Der nächste Schritt bringt die entscheidende Neuerung der Segmente, die hintereinander angeordnet liegen. Dieses Prinzip nennt man Metamerie; es liefert die Grundlage für die Entwicklung der beiden großen Tierklassen, die die Erde hervorgebracht hat, die Wirbeltiere und die Insekten. Die für die Segmentierung verantwortlichen Gene sind die homeotischen Gene, über die der Text ausführlich berichtet.

Die komplizierter werdenden Bildungen benötigen mehr Ausgangsmaterial, was zu einer Zunahme des Dotters in den Eiern führt. Damit können Fische und Amphibien ins Leben treten, während die Vögel und Reptilien erst noch dem Ei eine Schale verpassen müssen. Der Embryo wird in eine mit Flüssigkeit angefüllte Amnionhöhle eingeschlossen, in der sich zusätzlich der Dottersack befindet. Aus ihm entwickelt sich die Plazenta, in der die Embryos der Säugetiere heranwachsen – ohne eine Eierschale zu benötigen.

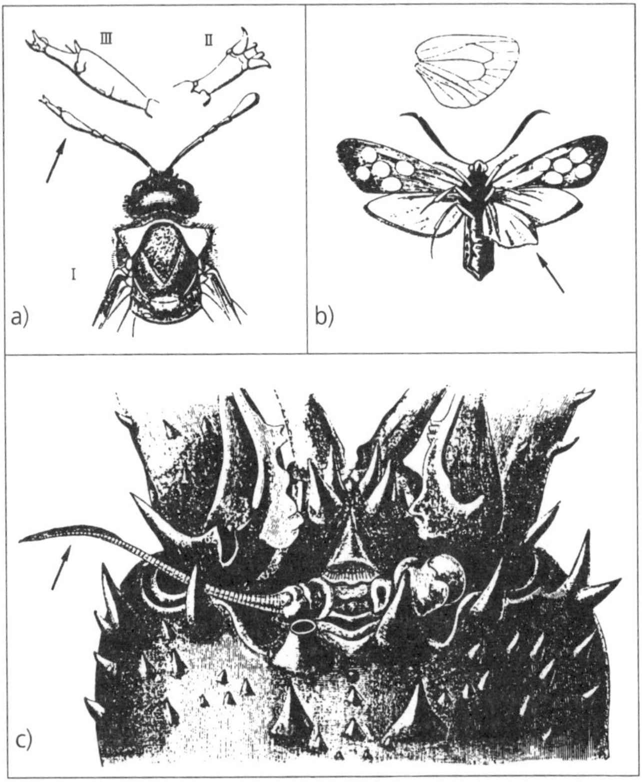

Abb. 48 Aus dem Buch *Materials for the Study of Variation,* das William Bateson 1894 publiziert hat. Die Pfeile weisen auf Umwandlungen in Insekten und Krebstieren (a) von einer Antenne zu einem Bein, (b) von einem Hinterbein zu einem Flügel und (c) von einem Auge zu einer Antenne. Die modernen Varianten dieser homeotischen Mutanten finden sich in Abb. 49.

ein Bein oder eine Antenne, aber sie waren diesen Strukturen sehr ähnlich. Diesen Vorgang, bei dem ein Körperelement so verändert wurde, dass es Ähnlichkeit mit einem anderen bekam, nannte Bateson eine homeotische Umwandlung, und er fragte sich natürlich, welche oberflächlich unsichtbare Ordnung aus dem Innenleben der Natur sich da zu erkennen gibt.

Gene zum Ersten

Erste Hinweise darauf, dass es Elemente der Vererbung gibt, die man sich als winzige Partikelchen im Inneren von Zellen vorstellen konnte, finden sich in den Versuchen mit Pflanzen, die Gregor Mendel vor 1865 unternommen hat. Es dauerte bis zum Beginn des 20. Jahrhunderts, bevor eine Vielzahl von Experimenten deutlich machte, dass sich eine exakte Wissenschaft von der Vererbung etablieren ließ. Sie handelte von den alten Erbelementen, die 1909 den neuen Namen »Gen« bekamen. Dieses Wort geht auf den dänischen Botaniker Wilhelm Johannsen (1857–1827) zurück. Er orientierte sich am griechischen Begriff *genos* für Geschlecht und wollte mit »Gen« die Objekte charakterisieren, mit denen sich die Wissenschaft von der Vererbung beschäftigen sollte, die bereits drei Jahre zuvor – 1906 – ihren bis heute verwendeten Namen »Genetik« bekommen hatte. Dieser Ausdruck war von dem Briten William Bateson nach dem griechischen Vorbild *genetikos* – das Hervorgebrachte – gebildet worden.

Bei Johannsen heißt es 1909: »Das Wort ›Gen‹ ist völlig frei von jeder Hypothese; es drückt nur die sichergestellte Tatsache aus, dass (…) viele Eigenschaften des Organismus durch besondere, trennbare und somit selbständige ›Zustände‹, ›Grundlagen‹, ›Anlagen‹ – kurz, was wir eben Gene nennen wollen – bedingt sind.« Dabei ging es ihm bei seiner Neuschöpfung auch um Folgendes: »Wenn wir an eine bestimmte Eigenschaft denken, welche durch ein bestimmtes ›Gen‹ bedingt ist, können wir am leichtesten ›Gen der Eigenschaft‹ sagen, statt umständlichere Phrasen wie ›das Gen, welches die Eigenschaft bedingt‹ zu benutzen.«

Die schlechte Gewohnheit, die aus dieser guten Absicht erwachsen ist, lässt sich leicht an der Inflation der Zuweisungen mit »für« in der

Mitte ablesen – es gibt inzwischen nicht nur Gene für Augenfarben und Körpergröße, es gibt auch Gene für Untreue, für Neugierverhalten, für das Böse, für das Leben und das Sterben, und wer will, kann jeden Tag in den Zeitungen neue Zusammenstellungen dieser Art finden, die zwar gut zu gebrauchen sind, aber allzu oft ohne jeden Sinn bleiben. Ein solches Wortgeklingel hat zwar nichts mehr mit der exakten Erblichkeitslehre zu tun, aber sie hat in unseren Tagen zu einer Art »Genomanie« geführt, in deren Windschatten zum Beispiel Menschen, die vor Gericht angeklagt sind, jede Schuld von sich weisen und ihren Genen anlasten.

Was sind Gene und was können sie im Verständnis der Wissenschaft wirklich? Die moderne Genetik ist nicht nur als Werk von Biologen zustande gekommen, sondern dank tatkräftiger Hilfe durch Physiker und Chemiker. Ausgangspunkt des physikalischen Interesses war die 1927 gemachte Entdeckung, dass sich Gene von Röntgenstrahlen treffen und verändern lassen. Am Ende seiner 1935 abgeschlossenen Untersuchungen *Über die Natur der Genstruktur und der Genmutation* ist dann Max Delbrück zu dem Schluss gekommen: »Ein Gen ist ein Atomverband, der als Einheit unterhalb der Ebene der Zelle existiert.« Und Ausgangspunkt des chemischen Interesses war die Frage, wie eine Zelle all die chemischen Reaktionen durchführt, die zum Leben gehören. Bald erkannte man, dass sie dafür Proteine benutzt, und das neue Thema lautete, wie eine Zelle deren Herstellung bewerkstelligt.

Diese Fragestellung war am Ende des Zweiten Weltkriegs gegeben, und ihre Antwort ist in den 1950er und 1960er Jahren gelungen, die das Entstehen der klassischen Molekularbiologie erlebten. In ihrem Verständnis funktioniert die Vererbung wie ein großes Puzzle. Es gibt sehr viele Puzzleteile, die man einfach nur zusammenzulegen braucht, um zu verstehen, wie eine Lebenseinheit das schafft, was für das Fortkommen am wichtigsten ist, nämlich sich zu verdoppeln bzw. Nachwuchs zu erzeugen und die eigenen Fähigkeiten eine Generation weiterzugeben.

Doch so einfach alle Puzzleteile letztlich zusammenpassen und ineinander greifen, die Biologie der Vererbung, die Genetik, verwirrt zunächst durch die Menge der Steinchen, mit denen zu hantieren ist. Wer sich über die Genetik informieren will, muss viele Bezeichnungen von unterschiedlichen Puzzleteilchen lernen. Denn so wie man über das Schachspiel nur reden kann, wenn man erst einmal lernt, Turm, Bauer,

Dame, Läufer und noch mehr auseinander zu halten, kann man über Genome und ihre Wirkungen nur sprechen, wenn man weiß, wie DNA, RNA, Code, Information und mehr auseinander zu halten sind.

Das wichtigste Molekül ist dabei zugleich das schönste. Es heißt DNA, wobei diese drei Buchstaben als Abkürzung für Desoxyribonukleinsäure stehen, und zwar für die englische Fassung, in der die Säure *acid* heißt. DNA ist eine Doppelhelix, was bedeutet, dass ein Molekül aus zwei Strängen besteht, die sich umeinander winden und schrauben. Jeder der DNA-Stränge ist kettenartig gebaut, wobei die Natur insgesamt vier Kettenglieder verwendet. Sie werden durch vier Basen charakterisiert, die Adenin (A), Thymin (T), Guanin (G) und Cystin (C) heißen. Aus ihnen entstehen zwei Paare – AT und GC –, die deckungsgleich sind und somit das Innere der Doppelhelix ausfüllen können. Hier liegen die Basenpaare hinter- oder aufeinander, und dabei bilden sie das ABC des Lebens (wobei man genauer das ATGC des Lebens sagen könnte). Damit ist gemeint, dass in der Sequenz der Basenpaare eine biologische Information steckt, die von der Zelle und ihrer Maschinerie gelesen und umgesetzt wird.

Eine Zelle liest die Sequenz auf einem der Stränge, nachdem sie die Doppelhelix geöffnet hat, und in einem ersten Schritt fertigt sie aus der Reihenfolge der DNA-Bausteine ein Molekül namens RNA an, wobei dieser Vorgang als Transkription bezeichnet wird. Die ebenfalls kettenartig gebaute RNA ist so eng mit der DNA verwandt, wie es die drei Buchstaben nahe legen. Die beiden Substanzen unterscheiden sich in dem Baustein. Statt des Zuckers Desoxyribose in der DNA findet man hier die Ribose. Und weiter verzichtet die RNA auf die Base Thymin und nimmt stattdessen ein ähnliches Molekül namens Uracil. Die beiden chemischen Änderungen sorgen zwar dafür, dass die RNA nicht so schön gebaut ist wie die DNA, doch bedeutet dies nicht, dass die RNA weniger Aufmerksamkeit im Zellgeschehen verdient hätte. Eine ihrer wichtigsten Aufgaben besteht darin, als Botenmolekül zu fungieren – als »messenger RNA«, wie es auf Englisch heißt, was zu der Abkürzung mRNA geführt hat. Die mRNA wird in der Zelle aus der zunächst transkribierten RNA hergestellt und enthält die Information, die zum Bau der wichtigsten »Arbeitstiere« einer Zelle benötigt werden, der Proteine, die wie die DNA und die RNA kettenartig aufgebaut sind.

Eine wesentliche Funktion der DNA besteht darin, die Information zum Bau der Proteine zu liefern. Nicht alle DNA in einem Genom hat diese Aufgabe, weshalb man zwischen Sequenzen unterscheiden kann, die dies tun, und solchen, die dies nicht (und folglich etwas anderes) tun.Für die DNA-Abschnitte, die Informationen über die Reihenfolge der Bausteine (Aminosäuren) eines Proteins geben, hat sich die Bezeichnung »proteinkodierende« Sequenz etabliert, die aus dem Englischen übernommen worden ist *(proteincoding sequences)* und sich zu »kodierenden Sequenzen« *(coding sequences)* abgeschliffen hat. Es wäre besser, man würde von »informativen« oder »strukturrelevanten« Sequenzen auf der DNA sprechen. Das Problem mit der eingebürgerten Bezeichnung steckt darin, dass man im Zeitalter der Gentechnik DNA-Sequenzen verändern (manipulieren) kann und die zitierte Sprechweise den Eindruck erweckt, die Wissenschaft würde den genetischen Code verändern. Gerade dies passiert dabei nicht. Im Gegenteil! Wer eine DNA-Sequenz nach seinen Wünschen variiert, rechnet fest mit dem Funktionieren des genetischen Codes, nach dessen Vorgabe die Natur eine Reihenfolge von Basen in der DNA bzw. RNA in die dazugehörige Reihenfolge von Aminosäuren in einem Protein umformt. Mit dem genetischen Code überträgt eine Zelle die genetische Information (in der DNA) in die Struktur eines Proteins. Der Code legt eindeutige Korrelationen fest und funktioniert dabei wie eine Naturgesetzlichkeit. Er lässt sich als Tabelle darstellen, wobei die Natur es so eingerichtet hat, dass drei Basen – ein Triplett – für eine Aminosäure stehen.

Die evolutionäre Entstehung des genetischen Codes liegt ebenso sehr im Dunkeln wie sein Status. Ist er ein Gesetz oder nur eine Korrelation? Aber unabhängig davon kann man an diesem Code ebenso wenig ändern wie an der Schwerkraft, und daher ist der Ausdruck der »proteinkodierenden« DNA-Sequenzen eher unglücklich, obwohl sie nahe liegend und verständlich sind. Aus DNA wird RNA, aus RNA wird Protein, und die Proteine treten miteinander und mit DNA und RNA in Wechselwirkung, um Zellen zum Leben zu erwecken und wachsen zu lassen.

Die Synthese eines Proteins ist ein sehr komplizierter Vorgang, der hier nur in wenigen groben Zügen vorgestellt werden kann. Er beginnt mit der Überschreibung (Transkription) einer DNA-Sequenz in eine RNA-Sequenz. Dieses primäre Transkript kann in Bakterien direkt als »messenger« (mRNA) verwendet werden; es verlässt den Zellkern und sucht Zellpartikel, die als Ribosomen bezeichnet werden. Diese Gebilde hält die mRNA so fest, dass einige Tripletts exponiert werden, an die eine andere Sorte von RNA anbinden kann, die Transfer-RNA (tRNA) heißt und mit einer Aminosäure beladen ist. Wenn eine tRNA an dem Ribosom andockt, wird die von ihr mitgebrachte Aminosäure abgelöst und mit den anderen Proteinbausteinen verbunden, die mit anderen tRNA-Molekülen herbeigeschafft worden sind. Nach und nach entsteht eine Kette aus Aminosäuren, die sich zuletzt selbstständig macht und ihre dreidimensionale Konfiguration ohne genetische Hilfe einnimmt. Wirklich ohne? Inzwischen kennt man Proteine, die bei der Strukturbildung (»Auffaltung«) anwesend sein müssen, damit alles ordentlich zugeht. Da sie als eine Art molekulare Anstandsdame fungieren, heißen sie Chaperone.

Noch schwieriger wird es, wenn es um eukaryontische Zellen geht. Hier gibt es ja die Mosaikgene, was bedeutet, dass dem Primärtranskript, das nach wie vor angefertigt wird, die Sequenzen entnommen werden müssen, die als Introns stumm bleiben sollen. Die Herstellung der mRNA wird als Spleißen bezeichnet. Erst nach der Reifung der RNA geht es zu den Ribosomen, die in eukaryontischen Zellen etwas größer sind als in Bakterien, aber im Prinzip ähnlich funktionieren.

Die immer noch häufige Behauptung, dass Gene Proteine machen und sonst nicht viel, wirkt eher komisch im Hinblick auf die genannten Mechanismen. So einfach ist den Genen nicht beizukommen.

In den hundert Jahren nach Batesons Beschreibung solcher Variationen des Lebens ist klar geworden, dass diese in der Natur mögliche Fehlformationen nicht nur durch mechanische Störungen der Entwicklung zustande kommen, sondern von veränderten (mutierten) Genen bedingt werden. Und mit der Entdeckung der Körpersegmente können wir genauer sagen, was eine homeotische Mutation nach sich zieht, nämlich die unpassende Identifizierung eines solchen Körperteils. Wir wissen zwar noch nicht, wie die in einem bestimmten Segment versammelten Zellen und deren Moleküle darüber informiert werden oder ermitteln, an welchem Teil des Körpers sie nun sitzen. Und wir wissen auch noch nicht, wie sie diese Kenntnis ihrer Position in die Aktivität umwandeln, die dann zu der Anfertigung des in dem Körperabschnitt nötigen Organs – etwa eines Flügels oder einer Antenne – führt. Wir wissen aber, dass die Veränderung in einem homeotischen Gen dazu führt, dass bei diesen Abläufen etwas schief geht und zum Beispiel die Maschinerie, die ein Bein herstellen soll, dort in Schwung gebracht wird, wo eigentlich eine Antenne nötig ist. Tatsächlich gibt es Fliegen, denen Beine aus dem Kopf wachsen. Sie sind zuerst als spontane Hervorbringungen der Natur aufgefallen, und kein Genetiker hätte sich ein solches Wesen in seinen wildesten Träumen ausdenken können.

Die beiden bekanntesten und anschaulichsten homeotischen Varianten der Fliege *Drosophila* heißen Antennapedia, bei der aus dem Kopf ein Bein statt einer Antenne ragt, und Bithorax, bei der aus dem Bruststück (Thorax) des Insekts nicht ein, sondern zwei Flügelpaare wachsen. Das zweite Paar nimmt dabei den Platz ein, der sonst für die Schwingkölbchen reserviert ist, die *Drosophila* zur Stabilisierung ihrer Flugbahn benötigt. Diese beiden altbekannten Mutationen der Fliege sind lange Jahre hindurch so gedeutet worden, dass man sagte, die Genvariationen wandeln das Schwingkölbchen (bzw. die Antenne) in einen Flügel (bzw. in ein Bein) um, und mit dieser Annahme ist man dann stecken geblieben. Die neue Deutung lautet, dass die Genvariationen zu einer Fehlidentifizierung des Körpersegments führen, was dann die Anfertigung von gebrauchsfähigen Organen am falschen Ort nach sich zieht.

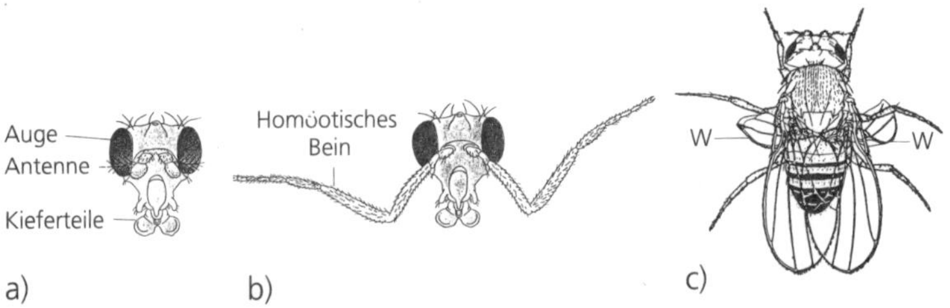

Abb. 49 Das normale Köpfchen von Drosophila (a) lässt Augen, Antennen und Kieferteile erkennen. In der als Antennapedia bezeichneten Mutante (b) wachsen dort Beine, wo normalerweise die Antennen Platz finden. Berühmt ist auch die Bithorax Mutante, die sich bereits 1915 in den Laboratorien zeigte (c). Wo sonst kleine Schwingkölbchen (Haltere) sitzen, die den Flug stabilisieren, findet man jetzt kleine Flügel (W).

Der Zauberkasten

Homeotische Gene geben also den Körpersegmenten die Gelegenheit, sich zu dem zu entwickeln, was sie in einem lebenstüchtigen Tier sein müssen und im Normalfall auch sind. Wie gehen sie dabei vor? Was sind die molekularen Mechanismen, die an dieser Stelle wirksam werden und das ganze Gewebe an Reaktionen in Gang bringen und in Schwung halten, das nötig ist, um ein intaktes Organ am passenden Ort herzustellen?

Eine Möglichkeit, Licht in diese Vorgänge zu werfen, besteht darin, die für die Bithorax-Variante zuständigen Gene aus den Zellen zu angeln und in ein Reagenzglas zu überführen, um ihre Zusammensetzung zu analysieren. Der Wunsch, das Antennapedia-Gen anzusehen, kann erfüllt werden – wenn es auch für die beteiligten Wissenschaftler mehrere Jahre harter und härtester Arbeit bedeutet hat –, und das Ergebnis lässt sich sogar mit einigen wenigen Strichen zeichnen:

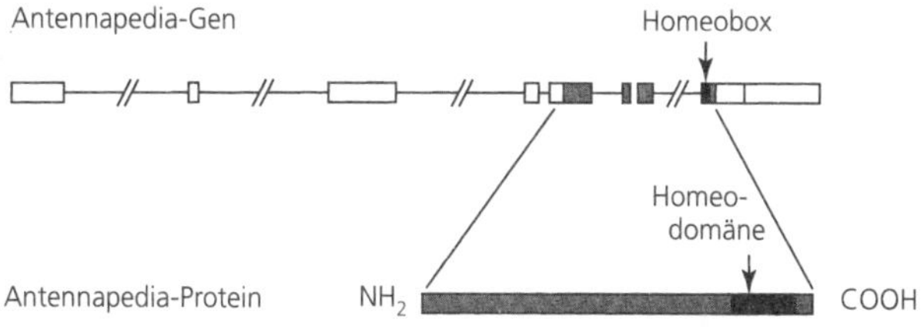

Abb. 50 Mit den modernen Methoden der Gentechnik, vielen Mitarbeitern, Geschick und Geduld ist es gelungen, das Antennapedia-Gen zu analysieren. Es besteht nicht aus einem Stück, sondern aus vielen Stücken. Es ist ein Mosaikgen, wie sie sich überwiegend in den Zellen von hoch entwickelten Organismen finden. Bei solchen Mosaikgenen werden Bereiche, deren genetische Information abgelesen wird, von Bereichen unterbrochen, die eine Zelle dabei übergeht. Insgesamt kann man acht genutzte (aktive) Bereiche zählen, von denen die letzten vier besondere Aufmerksamkeit verdienen. Aus ihnen baut sich die Zelle das Protein, das in die Entwicklung der Zelle eingreift und andere Aktivitäten in Gang setzt. Ganz am Ende sehen wir das im Text beschriebene Kästchen namens Homeobox, dessen 180 DNA-Bausteine in 60 Proteinbausteine (Aminosäuren) übersetzt werden und hier Homeodomäne heißen.

Gene zum Zweiten

Seit 1973 gibt es die Gentechnik. Das heißt, es wurde möglich, DNA-Moleküle aus verschiedenen Zellen erst zu isolieren, im Reagenzglas zu zerlegen, die Fragmente neu anzuordnen und abschließend die auf diese Weise neu zusammengestellte (rekombinierte) DNA in die Zellen zurückzubringen, wo sie biologisch wirksam werden kann. Dadurch ergaben sich zwar zunächst keine neuen Einsichten in das, was unter einem Gen zu verstehen ist. Die Gentechnik hat aber trotzdem - vor allem indirekt – geholfen, das Verständnis für das Gen zu verändern und voranzubringen, weil sich mit ihrer Hilfe DNA-Abschnitte so lange gezielt vermehren ließen, bis ihre Menge für eine biochemische Analyse ausreichte. Die Gentechnik stellt so etwas wie ein hoch auflösendes Mikroskop dar, mit dem sich Gene in den Blick nehmen lassen. Was dabei sichtbar wurde, überrascht die Genetiker bis heute und lässt einige ernsthaft über die Frage nachdenken, ob das Wort »Gen« überhaupt eine Zukunft hat. Wie sich nämlich herausstellte, unterscheiden sich die genetischen Ordnungen in Zellen mit und in Zellen ohne Zellkern massiv durch die DNA innerhalb der Gene. Während einzelne prokaryontische Gene *am Stück* – oder einige von ihnen als durchgängige Gruppe ohne Zwischenraum – vorhanden sind, liegen eukaryontische Gene *in Stücken* vor. Gene in den Zellen höher entwickelter Organismen lassen nicht nur eine zusammenhängende Struktur vermissen, sie verfügen auch nicht über einen festen Platz in der Zelle, und das Einzige, auf das sich ein Genetiker zurzeit verlassen kann, ist die gesamte Menge an DNA, über die eine Zelle verfügt und die Genom heißt. Damit ist der Begriff gefallen, der in Zukunft vielleicht besser geeignet ist, die Vererbungsabläufe zu fassen.

Wer heute ein typisches Gen zeichnen will, wie es in der Zelle eines eukaryontischen Organismus zu finden ist, muss neben dem Mosaik mit all seinen genetischen Steinchen noch andere Elemente berücksichtigen, die der Regulation dienen. Einige von ihnen sind in der Abbildung enthalten, ohne dass sie hier näher beschrieben werden. Darüber hinaus gibt es noch mehr DNA-Elemente, die sich auf ein Gen auswirken und daher vielleicht zu ihm gehören. Ein Beispiel stellen so genannte *enhancer* oder »Verstärker« dar. Die damit bezeichneten DNA-Sequenzen sorgen für die vermehrte Expression eines Gens, das nicht in der Nähe seines »Verstärkers« zu liegen braucht. Dabei ist anzunehmen, dass die Natur über die hier geschilderten Regulationsmöglichkeiten noch andere erfunden hat, die von der Wissenschaft erst noch entdeckt werden müssen.

Kurz nach der Einsicht in die zerstückelte Seinsweise der Gene bekamen die beobachteten Tatbestände zugleich wissenschaftlich klingende und einprägsame Namen: Eine kodierende Sequenz, die exprimiert wird, heißt aus diesem Grunde Exon; eine nicht-kodierende Sequenz heißt Intron, und das Gen, das sich als Exon-Intron-Folge darstellt, nennt man Mosaikgen.

Für den Weg von einem Mosaikgen zum Protein bzw. zu der dazugehörigen Polypeptidkette reichen jetzt nicht mehr die beiden Stufen der Transkription und Translation. Es gilt nun darüber hinaus, die Intronsequenzen zu entfernen, und dies geschieht nach Anfertigung eines primären Transkripts auf der Ebene der RNA-Moleküle in einem Vorgang, den die Biochemiker nach einer Vorgabe aus der Technik Spleißen nennen. Damit ist das Ausschneiden von Teilstücken gemeint, dem ein Zusammenschweißen der Teile zu einem Ganzen folgt. Dieses Ganze ist im Fall der Proteinsynthese die mRNA, die jetzt viel weniger Bausteine umfasst als die DNA, von der aus das Botenmolekül angefertigt worden ist.

Die Anatomie des Gens stellt auf den ersten Blick keine Überraschung dar. Es zeigt, was man von einem Gen in einem vielzelligen Organismus erwartet, nämlich ein Mosaik aus Abschnitten, deren Informationen beim Bau des dazugehörigen Proteins umgesetzt werden, und Bereichen, für die das nicht der Fall ist. Im ersten Fall spricht man von Exons – ihre Information wird exprimiert (ausgedrückt) – und im zweiten Fall von Introns, was sich als Gegenstück zum Exon selbst erklärt.

Die zerstückelte Anlage von Genen gibt den Molekularbiologen nach wir vor eine Menge Rätsel auf, die wir zunächst außer Acht lassen, um die Aufmerksamkeit auf das Geheimnis zu lenken, das in der Struktur homeotischer Gene gefunden wurde. Bislang kennen wir nur das eine, das oben gezeigt wurde, und in ihm fiel den Forschern ein Stück am Ende des Genkomplexes ins Auge. Es besteht aus den vier kodierenden Abschnitten (Exons), aus denen die Zellen das dazugehörige Protein anfertigen. Natürlich taucht sofort die Frage auf, was denn das Antennapedia-Protein macht, nachdem es hergestellt worden ist, aber die Antwort hierauf kommt erst später, da sie an dieser Stelle nur ablenken würde. An dieser Stelle ist erstens wichtig, dass die Genetiker sich zügig weitere homeotische Gene anschauen konnten – etwa das Bithorax-Gen – und ihnen dabei ein kleines Stück aus hundertachtzig Bausteinen (Basenpaaren) auffiel, das allen gemeinsam war und das sie Homeobox nannten. Wichtig ist, dass sie darüber hinaus bald einen unerwarteten Grund für die Annahme bekamen, dass ihnen mit der Auffindung von homeotischen Genen und ihren Erkennungsstücken mehr als nur die Ermittlung weiterer DNA-Sequenzen gelungen war.

Natürlich musste man ein geeignetes Gen erst einmal haben – in unserem Fall das Antennapedia-Gen – und darüber hinaus auf den (zunächst weder einleuchtenden noch selbstverständlichen) Gedanken kommen, dass das Gen der Fliege auch im Wurm stecken könnte. Man musste auch bereit sein, die dazugehörige analytische Arbeit zu tun (und dazu die Erlaubnis des Chefs einholen, der die Verantwortung für die Verwendung von Forschungsgeldern trug). Irgendwann waren all diese Hindernisse überwunden, das Experiment wurde durchgeführt – und das Ergebnis war sensationell. Nicht nur Insekten verfügten über eine Homeobox. Der entsprechende Genbereich konnte in Würmern, Fröschen, Mäusen und zuletzt auch im Menschen gefunden werden. Das Überraschende dabei war nicht nur, dass in der Entwicklung von Wirbeltieren und Wirbellosen ein gemeinsames Prinzip erkennbar wurde, sondern dass homeotische Gene auch dort funktionierten, wo sich – auf den ersten Blick – keine Körpersegmente erkennen ließen.

Wenn man genauer hinschaut, erkennt man natürlich, dass Menschen innerlich sehr wohl Segmente erkennen lassen, und zwar die berühmten Rippen, von denen wir zwölf auf jeder Seite haben. Dies trifft – trotz aller biblischen Hinweise – sowohl für Männer als auch für Frauen zu, die sich auch nicht in der Zahl der auffallend häufigen Fehlbildungen an dieser Stelle unterscheiden.

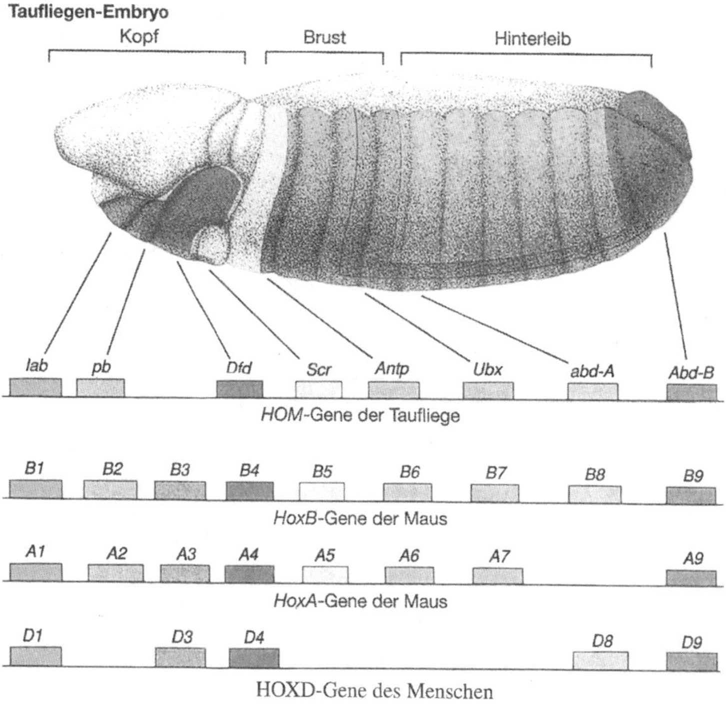

Abb. 51 Die Methoden der Gentechnik erlauben es, nach ähnlich gebauten Genen in verschiedenen Organismen (genauer: in deren Genomen) zu suchen. Bei den homeotischen Genen aus der Fliege ist man fündig geworden, und zwar in der Maus und beim Menschen (und in anderen Wirbellosen und Wirbeltieren). Das Bild zeigt nur einige der Homeobox-Gene, die der Wissenschaft inzwischen bekannt sind. Menschen haben insgesamt vier Gruppen (Cluster) von homeotischen Genen auf vier verschiedenen Chromosomen, wobei das Spannende darin liegt, dass in allen Anordnungen genau die Reihenfolge gefunden wird, die man von den verwandten Genen der Fruchtfliege her kennt. Wie bei *Drosophila* werden auch bei uns die ersten Gene für den Kopf und die letzten für das Körperende benötigt (was den anderen Raum für die Mitte lässt). Warum homeotische Gene so operieren und funktionieren, bleibt nach wie vor rätselhaft und eine Aufgabe für die Forschung. Mit ihrer Hilfe kann man aber verstehen, was die Biologen im 19. Jahrhundert so erstaunt hat, dass nämlich die Embryonalentwicklung in vielen Fällen sehr ähnlich verläuft.

Etwa einer von zehn Erwachsenen hat eine andere Rippenzahl, als die Anatomiebücher als Norm angeben, und das Muster, das zu ihrer Bildung führt, wird dadurch gestört, dass eines der homeotischen Gene des Menschen nicht funktioniert. Insgesamt zeigt sich, dass die Identität der menschlichen Wirbel (Vertebrae) in ähnlicher (wenn auch merklich komplizierterer) Form zustande kommt wie die der Körpersegmente in den Fliegen. Die homeotischen Gene fangen in den Embryonen früh mit ihrer Arbeit an, und die Wirbel formieren sich aus dem mesodermen Gewebe, in denen sich Untereinheiten (so genannte Somiten) erkennen lassen, in denen jeweils ein homeotisches Gen aktiv wird.

Seine besondere Spannung bekam der molekulare Einblick in dieses genetische Bauprinzip des Lebens durch die Homeobox. Sie kodiert ein Stück des Proteins, mit dessen Hilfe die (homeotischen) Gene zur Tat schreiten und die Körpersegmente identifizieren, in denen dann die geeigneten Organe anzulegen sind. Da Proteinstücke mit einer erkennbaren Herkunft von den Wissenschaftlern allgemein als Domäne bezeichnet werden, lautet die nächste Frage der Forscher: Welche Aufgabe übernimmt die Homeodomäne beispielsweise des Proteins, das von dem Antennapedia-Gen abstammt? Die Antwort darauf ist deshalb wichtig, weil die zahlreichen genetischen Analysen, die nach den ersten Hinweisen auf einen universellen Mechanismus viele homeotische Gene im Detail bekannt machten, die Einsicht mit sich brachten, dass Homeobox und Homeodomäne schon früh in der Geschichte des Lebens auf den Plan getreten sind und eine lange evolutionäre Entwicklung hinter sich haben. Die hundertachtzig Bausteine der Homeobox stellen wohl so etwas wie einen Zauberkasten der Evolution dar, mit dem es ihr gelingt, einen genetischen Bauplan in die Tat umsetzen, die wir als Lebewesen kennen lernen. Was geschieht dabei konkret? Welche Aufgabe bekommt das Protein, das aus einem homeotischen Gen entspringt? Welche Funktion übernimmt die Homeodomäne dabei im Detail? Verstehen wir wirklich etwas von der Bildung des Lebens, wenn wir diese Fragen beantworten können?

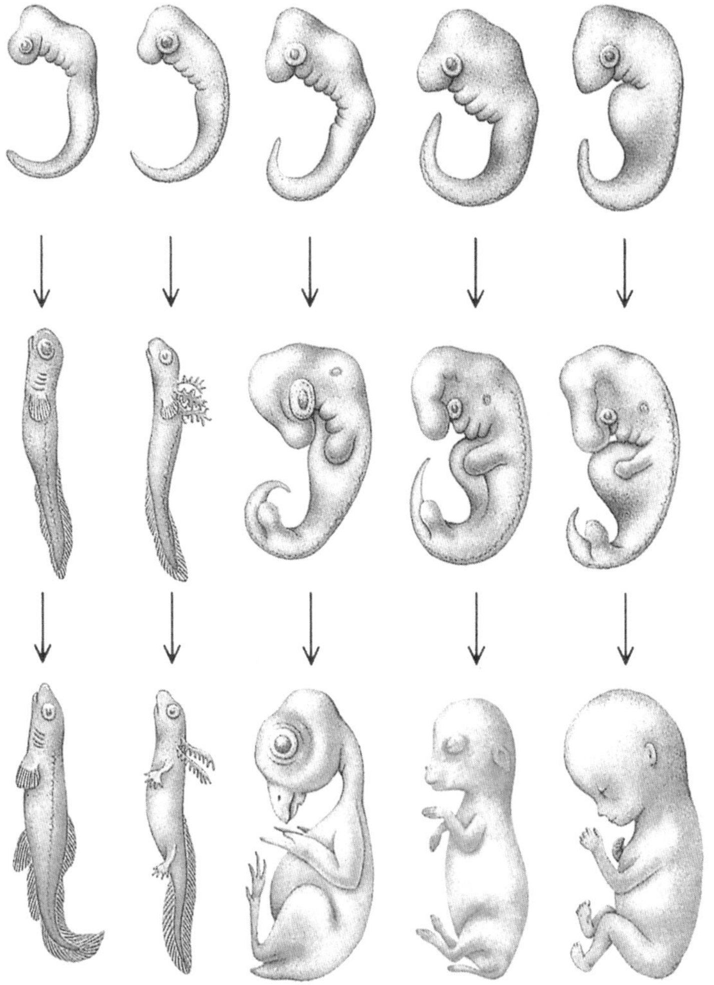

Abb. 52 Zu den bekannten Beobachtungen der Biologie des 19. Jahrhunderts gehört die Ähnlichkeit, die (von links) Fische, Salamander, Hühner, Kaninchen und Menschen im Verlauf ihrer Embryonalentwicklung zeigen. Mit der Entdeckung der Homeogene verfügt die Wissenschaft über ein erstes Instrument der Erklärung. Schließlich ist jetzt klar, dass Organismen für ihre Entwicklung sehr eng miteinander verwandte Gene benutzen, um die Ordnung ihrer Teile festzulegen. Wir sind von Kopf bis Fuß auf und durch homeotische Gene eingestellt, und das hat das ganze Spektrum des Lebens gemeinsam.

Die Universalität der homeotischen Gene

Inzwischen sind die ersten Molekularbiologen den homeotischen Genen auf die Schliche gekommen, die sich als nicht besonders originell herausgestellt haben. Sie enthalten die Information für Proteine, die in der Lage sind, Einfluss auf die Art und Weise zu nehmen, mit der (andere) Gene genutzt werden. Anders ausgedrückt, Proteine von homeotischen Genen dienen als molekulare Schalter und aktivieren oder deaktivieren andere Gene.

Dieser Übereinstimmung gesellt sich eine zweite hinzu, nämlich die Tatsache, dass alle homeotischen Gene als Block (Cluster) auftreten. Die Gene liegen aufgereiht auf einem Chromosom, und es gibt sogar eine Übereinstimmung zwischen der Ordnung, die sie im erwachsenen Leben bewirken, und der Ordnung, in der sie im genetischen Material zu finden sind. Bei Fliegen etwa kommen erst die für den Kopf zuständigen Gene, dann die für den Thorax, denen sich die Gene für das Körperende anschließen. Beim Menschen finden sich vier Cluster auf vier Chromosomen, aber in jedem Fall ist die Ordnung erhalten geblieben, die die Fliegen vorgemacht haben.

Noch stärker als mit den homeotischen Genen der Fliege stimmen unsere entsprechenden Gene mit denen des Rundwurms *C. elegans* überein, mit dem wir auch noch anders vergleichbar sind. Es gibt zum Beispiel Gene, die beim Menschen auf noch unbekannte Weise an der Entstehung der Alzheimer-Krankheit beteiligt sind und die in fast gleicher Form auch in ihm gefunden wurden.

Im Wurm werden sie benötigt, um das Legen der Eier zu steuern. Nun konnte gezeigt werden, dass die menschlichen Gene, wenn man sie in den Wurm überträgt, dort genau diese Aufgabe erfüllen. Da fällt einem unweigerlich ein, was Friedrich Nietzsche in *Also sprach Zarathustra* den Propheten sagen lässt: »Ihr habt den Weg vom Wurme zum Menschen gemacht, und vieles ist in euch noch Wurm.« Vieles ja, aber nicht alles, wie aus heutiger Sicht hinzuzufügen wäre.

Missbildungen bei Menschen

Sensationell an der Entdeckung der homeotischen Gene mit ihrer Homeobox ist die Einsicht in die Existenz eines allgegenwärtigen genetischen Systems, das nicht allein der Hervorbringung (Bildung) von neuem Leben dient, sondern mit dem sichergestellt wird, dass das neue Leben dem alten ähnlich sieht. Diese universelle genetische Konstruktion mit Zauberkasten findet sich tatsächlich fast überall – in Pflanzen und Tieren, und hier zum Beispiel in Tausendfüßlern, Würmern, Fliegen, Fischen, Fröschen, Mäusen und Menschen.

Sie sorgt auch für die gleichen Missbildungen – etwa beim Sehen. Es gibt eine Mutation in Fliegen, die verhindert, dass sich Augen bilden können. Menschen, die ohne das verwandte Gen auskommen müssen, während sie im Mutterleib heranwachsen, kommen ohne Iris zur Welt.

Diese Beobachtung wirft die Frage auf, warum bei uns nicht solche Fälle auftreten, wie sie am Anfang der Entdeckungsgeschichte bei den Fliegen aufgetaucht sind. Könnte es auch nicht bei uns zu Störungen kommen, wenn es um die Identifizierung der Segmente geht, die bei uns zwar nicht äußerlich in Erscheinung treten, von innen – von den Genen – her aber angelegt sind? Müsste es nicht ab und zu einmal vorkommen, dass Arme dort wachsen, wo Beine sein sollen, oder eine Nase dort entsteht, wo ein Ohr hingehört? Warum sehen wir keine menschlichen Äquivalente der Fliegen, deren Körperbau dramatisch umgestaltet worden ist?

Eine Antwort darauf steckt in dem Hinweis, dass die Embryonen in einem solchen Fall nicht lebensfähig sind und sterben, bevor wir etwas von ihnen zu sehen bekommen. Mindestens zehn Prozent der menschlichen Schwangerschaften enden durch eine spontane Fehlgeburt, und es besteht durchaus die Möglichkeit, dass sie mit Mutationen in homeotischen Genen belastet sind.

Die zweite Antwort schließt an die erste an, indem sie erkennt, dass es höchstens geringfügige Änderungen geben kann, die der Entwicklung bis zum erwachsenen Leben nicht im Weg stehen.

Mit »geringfügig« ist zum Beispiel gemeint, dass alles funktioniert, was die Festlegung der Segmente angeht, dass es dann aber bei der Ausformung des Organs, für das dieses Segment eingerichtet wurde, zu Unregelmäßigkeiten kommt. Ein Beispiel könnte der Verlust der Iris im Auge sein, das in der Medizin als *Aniridia* bekannt ist. Ein weiteres Beispiel könnte das Auftreten eines Zeigefingers sein, der um seinen zweiten Knochen verkürzt ist. Die Ärzte sprechen von Kurzfingrigkeit, und sie kennen noch ein zweites Problem mit den Händen, nämlich dann, wenn sich sechs Finger bilden. Vielleicht ist der Embryo beim Abzählen der dazu nötigen Segmente gestört worden. Wie wirken die homeotischen Gene mithilfe der von ihnen auf den Weg gebrachten Proteine auf der Ebene der Zellen?

Moleküle und Menschen

Zur Klärung der Fragen müssen wir auf die Ebene der Moleküle hinabsteigen, ohne zu vergessen, dass wir ja zum Menschen hinaufwollen – und zwar zweifach. Wir wollen verstehen, wie ein Mensch entsteht, und wir wollen Antworten geben, die ein Mensch versteht und die ihn zufrieden stellen. Dies ist nicht einfach dadurch garantiert, dass wir korrekt berichten, was Biochemiker über das Antennapedia-Protein wissen, dass es nämlich in der Lage ist, sich an ein Gen anzulagern, und zwar gerade mit der Homeodomäne. Und die Situation wird nicht besser, wenn wir zusätzlich darüber informiert werden, dass durch diesen Kontakt mit der Ziel-DNA ein Schaltmechanismus in Gang gesetzt wird, der dem anvisierten Gen eröffnet, welche Aktivität es entfalten, also welche Entwicklung es übernehmen soll.

So folgerichtig und detailreich die Antworten auch sind, sie geben nur isolierte Mechanismen wieder, ohne den Rahmen mitzuliefern, in dem das Bild Platz hat, das wir uns machen wollen. Dass Proteine und Gene in Wechselwirkung treten müssen, um Leben entstehen zu lassen, ist ebenso wenig überraschend wie der Befund, dass dabei Kaskaden in dem Sinne nötig werden, dass ein Gen für ein Protein sorgt, das dann ein Gen aktiviert, das erneut für ein Protein sorgt, das vielleicht wieder ein Gen ansteuert und dafür sorgt, dass ein drittes, viertes und fünftes Protein entsteht, das vielleicht sogar zurückwirken und die ganze Kette von Aktivierungen neu in Gang setzen kann.

Wir wissen immer genauer, welche Gene und Proteine beteiligt sind. Aber wissen wir, was tatsächlich passiert? Uns fehlt so etwas wie ein umfassendes Konzept, in dem all die einzelnen Schritte gebündelt werden können, und das Einzige, was sich sagen lässt, besteht in dem Hinweis, dass der bereits genannte Vorschlag, hier liefe ein genetisches Programm ab, tatsächlich wenig taugt, wenn man die molekularen bekannten Mechanismen anschaut. Der Begriff taucht auch nur aus der Vogelperspektive auf, aber selbst da macht er, wie dargestellt, wenig Sinn.

Wie können wir die Bildung des Fliegenlebens auf den Begriff bringen, wenn wir uns nur an der Festlegung der Körpersegmente versuchen, die am besten wissenschaftlich erforscht ist? Sie erfolgt insgesamt in vier Schritten, von denen wir bislang vor allem den vierten kennen gelernt haben, in dem die Identität der Segmente mithilfe der homeotischen Gene festgelegt wird. Die vorangehenden drei Schritte gehören mit zu dem großen Erfolg, den die Entwicklungsbiologen in den letzten Jahrzehnten verbuchen konnten – und für den einige ihrer Vertreter mit dem Nobelpreis ausgezeichnet wurden. Der erste Schritt besteht in der Aktivierung eines Gens mit der Herstellung seines Proteins, was nur am Kopfende des Eis passiert – und natürlich die Fragen aufwirft, wie sowohl diese Eiform als auch der Ort des molekularen Beginns zustande kommen, die wir nun außer Acht lassen.

Gen und Protein tragen beide den Namen *bicoid,* und ihre Existenz wurde mithilfe von Fliegenmutanten entdeckt, deren Embryo ohne Kopf und Thorax war und vor allem als Unterleib (Abdomen) existierte. Auch dabei handelt es sich also um Störungen bei der Ausbildung der Körpersegmente, und so überrascht es nicht, dass *bicoid* ein homeotisches Gen und sein entsprechendes Protein meint, das nun in einem zweiten Schritt durch den Fliegenembryo wandert (diffundiert). Wenn diese räumliche Verteilung ohne besondere Steuerung einfach nach physikalischen Regeln abläuft, müsste sich ein Konzentrationsgefälle einstellen, wie es sich bei einem Tintentropfen beobachten lässt, den man vorsichtig auf eine Wassersäule setzt. Tatsächlich bildet sich eine vom Kopf zum Schwanz hin abnehmende Häufigkeit des Proteins aus; eine solche räumliche Mengenverteilung wird als Gradient bezeichnet. In jedem Hörsaal, der seinen Eingang hinten hat, bildet sich ein solcher Gradient aus – in diesem Fall »ein Gefälle« von Studenten, von denen die meisten in den letzten Reihen sitzen bleiben und sich nur wenige bis ganz nach vorn vorwagen.

Gradienten sind also vertraute Wirklichkeiten, etwa als Nord-Süd-Gefälle. Im Fliegenembryo bildet sich eine solche Verteilung des Proteins namens *bicoid* aus, um den dritten Schritt der Gestaltbildung vorzubereiten, der auf spektakuläre Weise sichtbar gemacht werden kann. Die Folge der Wirkung von *bicoid* kann im Experiment durch das Auftreten von sieben Gürtelstreifen sichtbar gemacht werden, die schon so etwas wie das endgültige Muster der Körpersegmentierung darstellen. Die Streifen weisen auf das Vorhandensein eines Proteins hin, das den japanischen Namen *fushi tarazu* bekommen hat, was »nicht genug Segmente« bedeutet und damit deutlich beschreibt, was passiert, wenn dieses Protein nicht funktioniert.

Der Trick de Natur besteht darin, die Einschaltung (Aktivierung) von *fushi tarazu* von der Konzentration anhängig zu machen, mit der sein Aktivator *bicoid* anwesend ist. Der vierte Schritt besteht darin, das Antennapedia-Gen dort zu aktivieren, wo die Fliege später Antennen bekommen soll, und da auch das *fushi tarazu*-Protein von einem homeotischen Gen stammt, wird es das wie beschrieben können. Als Restproblem bleibt zu klären, wie es gelingt, die Einschaltung von Antennapedia auf das eine Segment zu begrenzen, das dafür vorgesehen ist. Und da die Antwort auf der Ebene der Moleküle fallen muss, bereitet sie im Prinzip keinerlei Schwierigkeiten – nämlich durch einen Zellbaustein, an dessen Vorhandensein abzulesen ist, an welcher Stelle des Embryos man sich befindet. Als Möglichkeit käme das *bicoid*-Protein infrage, das an jedem Ort des Fliegenembryos eine wohl definierte Konzentration aufweist, was umgekehrt heißt, dass die Ermittlung seiner Menge auf den Ort schließen lässt, an dem dies geschieht.

Kleiner Schalter oder großer Master?

Die Biologen haben genetische Bausteine und Mechanismen gefunden, die über die Artgrenzen hinaus wirken und von der Evolution seit Millionen von Jahren mit Erfolg zur Anfertigung von Leben eingesetzt werden. Was wir noch nicht gefunden haben, ist ein besonderes Konzept, um die homeotischen Gene und ihr Voranbringen der Entwicklung zu erfassen. Man kann alle Buchstaben in einem Text sehen und zählen – wenn man nichts von Wörtern und Sätzen weiß, bleibt die ganze Mühe vergebens. Und man kann alle Teile eines Gegenstands kennen: Nickeldraht, Glas und ein wenig Horn – wenn man die Idee einer »Brille« nicht hat, bleibt man unzufrieden.

In der Wissenschaft gehört es sich, schrittweise vorzugehen, und so versucht man zunächst die homeotischen Gene genauer zu fassen. In der Literatur sind verschiedene Namen für diese an der Entwicklung beteiligten Gene vorgeschlagen worden, zum Beispiel Mastergene, Schaltergene und Selektorgene. In der Tat beherrschen sie die Entwicklung, indem sie andere Gene einschalten und auswählen. Hier soll aber eine andere Konzeption vorgezogen werden, die auf den britischen Entwicklungsbiologen Enrico Coen zurückgeht, der ein Buch geschrieben, in dem er das vorstellt, was er *Die Kunst der Gene (The Art of Genes)* nennt. Seine Benennung homeotischer Gene knüpft zunächst an die Feststellung an, die weiter oben ohne großes Aufheben gemacht wurde, dass diese Gene für die Identifizierung eines Körpersegments sorgen können. Coen schlägt daher den Namen »Identitätsgen« vor. Die Aufgabe der Identifizierung gelingt, indem ein solches DNA-Stück in sein zugehöriges Protein umgewandelt wird, und Coens Idee besteht nun darin, diesem Molekül den Titel des Meisters anzuvertrauen. Er hat nämlich mit den Meister- oder Masterproteinen etwas im Sinn, wie wir gleich erfahren, nachdem wir sie ihren gewöhnlichen Gang in der Zelle gehen lassen, der bekanntlich darin besteht, andere Gene zu binden und zu regulieren.

Wenn der ganze Vorgang Sinn machen soll, müssen die von den Masterproteinen anvisierten Gene in der Lage sein, unterschiedlich auf die Sendboten, das heißt selektiv zu reagieren (was ihnen den Namen Selektorgene eingetragen hat). Die eher chemisch definierte Fähigkeit adelt Coen nun, indem er ihr den Rang einer Interpretation zugesteht, was sich aber begründen lässt.

Wer im Bereich der menschlichen Kommunikation eine Nachricht interpretiert, wählt zwischen zwei oder mehreren möglichen Bedeutungen aus, und er tut dies in einem festen Bezugsrahmen aufgrund von Kenntnissen, die im Laufe der Zeit (also historisch) erworben worden sind. Wer zum Beispiel den Satz hört, »Das Spiel beginnt«, wird ihm auf dem Fußballplatz eine andere Bedeutung zuweisen als in einem Kasino, wobei jedes einzelne Verstehen nur möglich ist aufgrund der Kenntnisse, die man von dem hat, was an den genannten Orten passiert. Mit »Interpretation« müssen nicht immer komplizierte Analysen poetischer Feinheiten gemeint sein. Es kann auch nur um alternative Lesarten von Anweisungen gehen, und dies ist bei den Genen der Fall, an die Masterproteine anbinden. Darum spricht Coen von Interpretationsgenen. Masterproteine geben also einen Bezugsrahmen ab, auf den homeotische Gene selektiv reagieren können. Das heißt, sie stellen die Information für ein Protein zur Verfügung oder halten sie zurück. Das auf diese Weise entstehende Muster der Expression – also die Entscheidung der Interpretationsgene – ist durch die historischen Ereignisse bedingt, die wir als Evolution kennen. In ihrem Verlauf und mit ihren Mechanismen konnten die nötigen Bindungsstellen auf den Genen entstehen, die das geschilderte Szenarium möglich machen.

Mit dieser Deutung gelangen wir zu dem Doppelspiel, das immer benötigt wird, wenn es um Bildung geht, die ja selbst ein Doppelspiel ist. Die Interpretationsgene interagieren nämlich nicht nur mit Masterproteinen, sie produzieren sie anschließend selbst, und dabei verfeinern sie das »Muster« an Aktivität, das im Embryo vor- und seiner Entwicklung zugrunde liegt. Gene können Masterproteine sowohl produzieren als auch interpretieren, und dieser kontinuierliche Vorgang kann zu den komplexen Strukturen führen, die wir im lebendigen Organismus vorfinden.Die geeignete Metapher zum Verständnis all der Abläufe in dem sich entwickelnden Leben ist darum weder ein fixes Männlein noch ein flexibles Programm, sondern unsere Fähigkeit zur kreativen Hervorbringung von Formen.[3] Es lohnt sich, den Gedanken ernst zu nehmen, dass es eine Kreativität des Genoms gibt, die als ein interaktiver Prozess auf der Ebene der Gene und Proteine verstanden wird und das Vorhandene erst identifiziert und interpretiert und dann nach historischen Vorgaben auf ihm aufbaut.

Die Kreativität des Genoms

Der Gedanke eines kreativen Genoms ist nicht neu und zum Beispiel von Barbara McClintock geäußert worden, als sie 1983 den Nobelpreis für Medizin entgegennehmen durfte. Mit dieser Auszeichnung wurden ihre Beiträge zum Verständnis der Genwirkungen vor allem in Pflanzen gewürdigt. Für McClintock konnte das genetische Material eines Organismus nur verstanden werden als »ein hoch sensitives Organ der Zelle, das zum einen die genomischen Aktivitäten überwacht und die gewöhnlichen Fehler korrigiert, und das zum anderen ungewohnte Ereignisse wahrnimmt und auf sie reagiert«.

Natürlich stellt sich an dieser Stelle sogleich die Frage, wie denn Kreativität gemeint ist und was dieser Vorschlag konkret bedeutet. Ein Hinweis findet sich in dem Wort »Muster« an Aktivität, das die Masterproteine mit sich bringen müssen; wir haben auch die Streifen erwähnt, mit denen die Wissenschaftler diese Muster sichtbar machen. Dies kommt auch bei Walter Gehring zum Ausdruck, der den Anlageplan auf dem Embryo als »aufgemalt« oder »aufgedruckt« bezeichnet, wenn er das mit technischen Mitteln nachgewiesene »Expressionsmuster« des *fushi tarazu*-Proteins beschreibt. Versuchen wir also im Folgenden, das Wachsen eines Embryos und die Entstehung seiner Formen durch einen Schöpfungsvorgang zu verstehen, wobei natürlich nicht die Kreativität eines Gottes, sondern nur die eines Künstlers gemeint sein kann. Vielleicht entstehen wir (und andere Lebensformen) dank der Gene so wie die Werke eines Malers. Jedenfalls ist dies Coens Vorschlag, mit dem sich erklärt, dass *Die Kunst der Gene* darin besteht, uns zu malen – wenigstens am Anfang, und zwar als Muster der Aktivität von Masterproteinen.

Dieses Bild eines Kunstwerks erinnert zum einen an die Vorstellungen der Romantik, und es macht zum andern deutlich, was der Genetik fehlt, wenn sie nur biologische Moleküle und chemische Gradienten im Auge hat, um das Leben zu entfalten. Gemeint ist das Zusammengehören von Plan und Ausführung, das die Kunstgeschichte aus dem Entstehen von Kunstwerken kennt. Die Tatsache, dass kein moderner Genetiker auf diese Verbindung aufmerksam wird, kann als Beleg für die Beobachtung von Gregory Bateson dienen, der in seinem Buch über *Geist und Natur* den »Verlust des Sinnes für ästhetische Einheit« beklagt und dies als »erkenntnistheoretischen Fehler« charakterisiert hat. Eben diesen Fehler begeht die moderne Genetik, die nur nach materiellen Einheiten schielt und meint, allein rational-analytisch das Gen als Kausalfaktor verstehen zu können, während es doch auch ein Formfaktor ist. Diese ästhetische Komponente des Gens erschließt sich über den Begriff der Form, mit dem sich sagen lässt, dass sowohl die Gene die Natur gestalten als auch die Natur die Gene. Gene bringen Menschen hervor, und Menschen bringen Gene im dem Sinne hervor, den Immanuel Kant formuliert hat, als er darauf hinwies, dass wir die Gesetze der Natur nicht in ihr finden, sondern ihr vorschreiben. Gene bilden und werden gebildet, und diese ästhetische Einheit der Bildung könnte als Grundlage für ein eleganteres Verständnis der Vorgänge dienen, mit denen das Leben sich selbst hervorbringt (eben bildet).

Warum lohnt es, den Gedanken ernst zu nehmen, dass die genetischen Formen der Natur so entstehen wie die artistischen Formen der Menschen? Beim Malen fängt der Prozess des Hervorbringens mit einer Vorstellung im Kopf des Künstlers an. Seine Fortführung hängt dann von den Ergebnissen ab, die im Laufe der Entstehung des Bildes auf der Leinwand sichtbar werden. Bei der Embryonalentwicklung fängt der Prozess mit genetischen Vorgaben im Kern der Zelle an, und seine Fortführung hängt von den Bildungen ab, die im Laufe der Zeit entstehen, von der Umwelt registriert werden und auf das sich bildende und gebildete Leben zurückwirken.

Die molekularen und biochemischen Details können hier keine große Rolle spielen, weil darüber viel zu wenig bekannt ist. Trotzdem darf an dieser Stelle der Hinweis auf eine Gruppe von Proteinen gegeben werden, die an der Oberfläche von Zellen – zum Beispiel von Neuronen – sitzen und sie so verkleben, wie Schokolade das auf der Haut tut. Man spricht von Zelladhäsionsproteinen *(cell adhesion molecules)*, abgekürzt CAM. Das Wundersame bzw. Wunderbare eines molekularen CAM-Klebers steckt in der Tatsache, dass die dazugehörige genetische Information so zerstückelt ist, dass aus dem Mosaikgen fast vierzigtausend Varianten gezaubert werden können. Damit entsteht der Eindruck, hier habe die Wissenschaft einen Zugriff auf die Anordnung von Genen gefunden, die während der Embryonalentwicklung bereit ist, auf das Erreichte und andere Informationen aus der Umwelt einzugehen, um anschließend mit ihrem besonderen Muster der Expression zu reagieren.

Ob dies nun die Grundlage für die metaphorisch benötigte Kreativität liefert oder nicht – wichtig ist folgender zentraler Punkt: Wer die Entstehung eines Bildes beschreibt und dabei den Machenden vom Gemachten trennt, geht an der Sache vorbei. Und genau dies gilt für die biologische Entwicklung. Bei ihrer Beschreibung sollte man nicht versuchen, das Bildende von dem Gebildeten zu trennen, weil die Gene und ihre Produkte in kontinuierlicher Wechselwirkung stehen.

Es ist übrigens dieses Zusammenspiel, das empfindlich gestört wird, wenn es zum Beispiel an das Klonen geht, vor dem alle Angst haben. Der Menschenklon muss ohne all die Kreativität auskommen, die das Leben im Verlauf der Evolution erwerben musste, um zu lernen, sich selbst hervorzubringen. Mit dem Klonen fallen wir hinter die Geschichte des Lebens zurück, und allein aus diesem Grund machen entsprechende und immer wieder in der Presse Aufmerksamkeit erregende Experimente wenig Sinn.

Gene spulen keine Programme ab, Gene agieren vielmehr kreativ. Die Gesamtheit der Gene – das Genom – verfügt über Kreativität. Es ist natürlich riskant, den Begriff der Kreativität in die Biologie einzuführen, aber es gibt an dieser Stelle sehr gute Gründe, dies zu tun. Sie stecken vor allem in den Formen, die Gene wirksam hervorbringen, denn sie gefallen uns und lassen uns von ihrer Schönheit sprechen, der Schönheit der Natur. Wenn Organismen sich selbst genetisch hervorbringen, entstehen keine organischen Reaktionsbehälter, die funktionieren, sondern lebendige Formen, die uns gefallen.

Natürlich erwartet man Kreativität weniger bei Genen und mehr bei Dichtern, wie zum Beispiel bei Vladimir Nabokov. Der Vater von Lolita hat nämlich einmal erzählt, dass nicht nur er selbst, sondern auch seine Frau und ihr gemeinsamer Sohn Farben hören können, und zwar hört der Sohn die Mischfarbe, die sich beim Malen mit den elterlichen Farbtönen ergeben würde – eine Tatsache, die Nabokov mit den Worten kommentiert: »So als ob die Gene Aquarellisten wären.«

Es sei nun hier vorgeschlagen, diese spielerisch klingende Idee ernst zu nehmen und sich vorzustellen, dass Gene malen und Farben produzieren können. Was sie malen, sind die Muster aus den Masterproteinen, die so heißen, weil die Herstellung anderer Proteine von ihnen abhängt.

Wenn zum Beispiel eine Pflanze heranwächst, lassen sich in den Zellen unterschiedliche Aktivitätsmuster von Masterproteinen finden. Mithilfe dieser – dem Auge ursprünglich nicht zugedachten, dank technischer Hilfe ihm inzwischen aber doch zugänglichen – Muster lässt sich zum Beispiel identifizieren, aus welcher Stelle eines frühen und zunächst noch unförmigen Zellverbands später ein Frucht- oder ein Blütenblatt herauswächst. Entsprechendes gilt für tierische Lebensformen wie zum Beispiel Fliegen, bei denen sich mit entsprechenden Mustern identifizieren lässt, welche Positionen in einem zunächst gestaltlosen Zellhaufen im Laufe der Entwicklung zu einem Auge oder einem Bein umgeformt werden.

Sämtliche Organismen verfügen über einen Vorrat an Masterproteinen (und den dazugehörigen Genen), die in der frühen Phase der Entwicklung in Erscheinung treten und durch ihr Aktivitätsmuster festlegen, was aus diesen so bestimmten Zellen wird. Zum andern lässt sich mit dem Vorrat an Masterproteinen ein Muster bilden, das man auch ein Gewebe nennen könnte und dessen Form im Verlauf des weiteren Wachsens nach und nach verfeinert und ausgearbeitet wird – so, wie es beim Malen einen Bildes passiert. Deshalb hat Enrico Coen den Vorschlag gemacht, sich die Masterproteine als verborgene (innere) Farben vorzustellen, mit denen das Gemälde des Lebens seinen Anfang nimmt.

Diese Farben bilden im Bild des Lebens so etwas wie eine unsichtbare Wirklichkeit unterhalb der sichtbaren Realität. Diese Idee ist in dem im Jahre 2002 erschienenen Buch *The Evolution of Developmental Pathways* (Die Evolution von entwicklungsbiologischen Abläufen) des amerikanischen Biologen Adam S. Wilkins aufgenommen und anders gewendet worden. Wilkins deutet die regulierenden Bahnen der Gene als molekulare Realität unter der Morphologie, die wir sehen und erklären wollen. Und er kommt zu dem Schluss, dass es in der Genetik wie in Platons Höhle zugeht und wir nur in der Lage sind, die Schatten der Gene zu sehen. Das Eigentliche bleibt unsichtbar.

Der entscheidende Punkt, der den Vergleich zwischen dem Malen und dem Wachsen ermöglicht, liegt dabei in der Wechselwirkung. Die Farben kommen von Genen und beeinflussen Gene. Entsprechend gilt, dass die Farben auf der Leinwand von einem Maler stammen und auf ihn zurückwirken. Kreativität steckt unter anderem in der Fähigkeit, auf Dinge zu reagieren, die zuvor geschehen sind. Und in beiden Fällen agieren die Akteure nicht beliebig, sondern unter historischen Vorgaben. Der Maler ist durch seine Zeit und Kultur geformt, und die Gene führen ihre evolutionäre Geschichte mit sich.

»Als ob die Gene Aquarellisten wären«

Nach diesem fantastischen Aufstieg können wir die molekularen Aspekte der Homeogene näher in den Blick nehmen. Ihre Entdeckung hat nämlich gezeigt, dass das eben vorgestellte Konzept der Farbmuster weit mehr als die bloß bildhafte Beschreibung eines komplexen biologischen Geschehens ist. Vielmehr hat sich gezeigt, dass Insekten, Wirbeltiere und Pflanzen eine solche »Farbkarte« gemeinsam haben, und inzwischen lässt sich sagen, dass diese Einheit des Bauplans seit über hundert Millionen Jahre vorliegt und erhalten geblieben ist. Von den Genen, die dazu beitragen, sind einige Abschnitte besonders stabil, die Homeoboxen, die es unter anderem in Fliegen, Mäusen und Menschen gibt. Sie bilden einen Teil der Gene, die für die Masterproteine verantwortlich sind. Genauer gesagt liefern sie das Stück, mit dem sie ihre Aufgabe konkret ausführen können, nämlich das Erkennen und Regulieren anderer Gene.

Natürlich zögert man zunächst bei dem Gedanken, die Tätigkeit eines Malers und das Treiben der Gene zu vergleichen. Doch etwa mit dem Konzept des Malstils kann deutlich gemacht werden, dass der kreative Künstler zum Beispiel nicht jede Freiheit verfügbar hat und ähnlich gebunden ist wie die Gene. Leonardo da Vinci war sicher ein kreativer Mensch, aber er hatte seinen Stil, und von dem kam er nicht ohne weiteres los. Bei seiner Arbeit an der Staffelei ist immer ein »da Vinci« und nie ein »Raffael« oder gar ein »Picasso« entstanden. Dem Malstil entsprechen die verborgenen Farben der Masterproteine. Sie sorgen auf ihre Weise dafür, dass uns aus einem Schwanenei immer nur ein Schwan und niemals eine Ente entgegenkommt.

Ich bin davon überzeugt, dass wir das Leben verschenken, wenn wir versuchen, es wie eine Maschine zu verstehen. Da läuft kein Programm ab, wenn Organismen sich selbst hervorbringen. Vielmehr agieren die Gene kreativ, um die Kunstwerke des Lebens zu schaffen, die uns oft so gefallen, dass wir sie zu lieben lernen. Wir müssen sowohl verstehen, wie die Formen des Lebens geschaffen werden, als auch warum sie immer auch ästhetische Qualitäten haben. Wie Nabokov gesagt hat: Es ist wirklich so, als ob die Gene Aquarellisten wären, und zwar sehr geschickte und gute. Könnte es nicht sein, dass wir von dem Augenblick an viel vorsichtiger mit ihnen umgehen würden, wenn wir sie so verstehen?

Der Bildungstrieb der Romantik

Der Vorschlag, die Entstehung des Lebens als Kunstwerk anzusehen, erinnert schon deshalb an die Welt der Romantik, weil ihre Vertreter insgesamt die Natur im Modell der Kunst verstehen wollten, nämlich als ein Etwas, dem Menschen Form geben. Das ist kein überholter Gedanke aus einer versunkenen Zeit, sondern ein Vorschlag, dessen Wirksamkeit sich gerade im 20. Jahrhundert erwiesen hat, zum Beispiel in der Physik der Atome, der Quantenmechanik. Ihre Vertreter wissen, dass es im Innersten der Welt keine dinglichen Wirklichkeiten, sondern nur noch imaginäre Möglichkeiten gibt, die wir durch ihre mathematische Form erfassen können und die natürlich auch das zeigen, was wir aus dem Alltag der Gestalten kennen: Symmetrien und andere Regelmäßigkeiten.

Natürlich gibt es aus dieser Zeit auch Vorschläge, die der traditionellen Wissenschaft nacheifern wie etwa der »Bildungstrieb« – *nisus formativus* –, mit dem der Göttinger Embryologe Johann Friedrich Blumenbach (1752–1840) das »Zeugungsgeschäft« erklären wollte, wobei seine Texte von 1790 schon so weit gingen, auch die Bildung neuer Arten zuzulassen. So kann die Kunst die Gedanken befreien, die bei Blumenbach noch an eine Kausalkette angebunden sind. Sein Bildungstrieb agiert kaum anders als die Gravitation Newtons, nämlich durch konstante Wirkung auf vorgefundene Materie. Wie die Schwerkraft bleibt die Herkunft des Bildungstriebs selbst im Dunkeln, wobei man damals für eine unbekannte Ursache den Ausdruck einer *qualia occulta* gebrauchte.

Wichtiger für unsere Zwecke ist nicht, was in der Naturforschung passiert ist, sondern eine Idee aus dem Bereich der Kunsttheorie. Ihre Vertreter entdeckten das Prinzip der inneren Form, demzufolge sich ein Kunstwerk nicht als Summe seiner sichtbaren Teilstücke (Linien, Farben) verstehen lässt, sondern nur dadurch, dass es von einer Mitte her gebildet wird, die zwar nicht sichtbar zu sein braucht, sich aber zu erkennen geben muss. Kunst entsteht aus diesem inneren Kern und folglich wie das Leben.

»Es wird ein Mensch gemacht«

In Goethes *Faust* gibt es eine Szene, in der nicht nur irgendein Leben, sondern menschliches Leben entsteht. Gemeint ist die Szene im Laboratorium, in der auch der Satz fällt: »Es wird ein Mensch gemacht.« Dieser Schritt vollzieht sich als zweite Szene im zweiten Akt in der »Tragödie zweiter Teil«, und zweifellos stellt diese Anhäufung der Zwei keinen Zufall dar, sondern gibt vielfach den Hinweis auf eine Zweiteilung – die Teilung, mit der das biologische Leben beginnt, und die Teilung, die jetzt vollzogen wird, indem es einen zweiten Weg gibt, das höchste Kunstwerk der Natur, den Menschen, zu schaffen, nämlich durch den Menschen selbst.

Der anschauende Goethe und die unanschaulichen Gene

Wenn von Goethe und Genen und deren Fähigkeit zur Zweiteilung die Rede ist, kommt einem die berühmte Zeile des Gedichts über den Ginkgo Baum in den Sinn, mit dem die Betrachtung seiner Blätter endet:

Dieses Baums Blatt, der von Osten
Meinem Garten anvertraut,
Giebt geheimen Sinn zu kosten
Wie's den Wissenden erbaut.

Ist es ein lebendig Wesen,
Das sich in sich selbst getrennt,
Sind es zwey die sich erlesen,
Dass man sie als Eines kennt.

Solche Frage zu erwiedern
Fand ich wohl den rechten Sinn,
Fühlst du nicht in meinen Liedern,
Dass ich Eins und doppelt bin?

Der Baum heißt »Ginkgo biloba«, und so sind auch die Verse selbst überschrieben, hinter denen eine spannende Liebesgeschichte steckt. Zwar müsste eine Interpretation des Gedichts von Liebe und Zuneigung handeln, aber das Blatt dieses Baumes mit seinem Vermögen, gleichzeitig »eins und doppelt« zu sein, erlaubt es zugleich, auf Genetik zu sprechen zu kommen. Das Blatt symbolisiert offenbar nicht nur die Liebe zwischen Menschen, sondern auch das Grundprinzip der Erbsubstanz, die als Molekül eins ist und doppelt wird.

Die Zweiteilung gehört zum Leben, und nachdem wir uns erst im Inneren des Lebens umgetan und uns das Urgebilde Gen als Urpflanze vorgestellt haben, das als Einheit doppelt ist – als geistige und materielle Struktur zugleich –, lassen wir anschließend den Schritt nach außen folgen, der zur sichtbaren Gestalt selbst führt. Wir tun dies nach einer Zwischenbemerkung, die erneut eine Zweiteilung betrifft. Es geht um das Gen als Teil sowohl der Ideenwelt als auch der materiellen Realität, was rechtfertigt, vom »Gen als Symbol« zu sprechen. Dieser Anspruch klingt vielleicht ungewöhnlich, dahinter verbirgt sich aber kein Geheimnis. Man muss sich nur verdeutlichen, dass ein Symbol die beiden Sphären verbindet, die im westlichen Denken traditionell als Geist und Körper getrennt sind. Eine Idee und ein Ding können gleich wirksam sein, aber sie sind nicht unbedingt gleich wirklich. Verbinden lassen sie sich aber über ein Drittes, das wir als Symbol kennen. Diese Funktion übernimmt ein Gen. Menschen kommen bekanntlich schon immer mit Symbolen gut zurecht.

Wenden wir uns der dem Auge sich darbietenden Gestalt zu. Als Goethe sich damit befasste, wurde ihm bei einem Spaziergang durch die Gartenanlagen von Palermo blitzartig klar, wie »die größte Mannigfaltigkeit« der Pflanzen aus der »Einfachheit« zustande kommt, nämlich aus der Einfachheit, die er in die Worte gekleidet hat: »Alles ist Blatt.«

Alles ist Blatt? Was ist mit diesem Rätselwort gemeint? Ist das eine klare wissenschaftliche Auskunft oder dunkles metaphysisches Geraune? Goethes Satz macht natürlich keinen Sinn, wenn »Blatt« das meint, was im Herbst vom Baum fällt. Auch nicht, wenn damit gesagt sein soll, dass die Teile von Pflanzen durch die Metamorphose von Blättern entstanden sind. Er macht vermutlich keinen Sinn, solange man – wie Goethe – annimmt, dass »Blatt« etwas meint, das als wahrnehmbare äußere Struktur einer Pflanze erscheint. Natürlich könnte man annehmen, dass hier ein Satz formuliert worden ist, bei dem es mehr auf den Wortlaut als auf die Einsicht ankam. Doch Goethe hat auf die drei Worte Wert gelegt. Er war sicher, hier etwas für die Gestaltbildung erkannt zu haben. Und überdies kann die moderne Genetik vielleicht analytisch erklären, was er intuitiv gesehen hat – allerdings erst dann, wenn sie seine Forderung nach unmittelbarer Anschaulichkeit aufgibt und ihr nur indirekt nachkommt. An dieser Stelle besteht Gelegenheit, erneut auf einen anderen bereits zitierten Satz Goethes einzugehen: »Die Metamorphose der Pflanzen widerspricht (...) unsren Sinnen«, hieß es da, was ja kein Wunder ist, da sie von den Genen her geleitet wird.

Goethes Blatt kann an die heutige Wissenschaft angekoppelt werden, wenn man bereit ist, die Entwicklung (Ontogenese) eines Lebewesens weniger als mechanische Anfertigung und mehr als kreative Hervorbringung zu sehen. Diese Idee sollte deshalb nachvollziehbar sein, weil die Gene zugleich hervorbringend und hervorgebracht sind. Bei ihrem Wirken macht es keinen Sinn, das Machen von dem Gemachten zu unterscheiden, und so ergeht es auch dem, der beschreiben will, was ein Maler tut. Dessen Arbeit beginnt mit einer Vorstellung im Kopf, die er auf die Leinwand überträgt, wobei der ausgeführte Farbauftrag immer stärker von dem abhängt, was bereits gemalt ist. Das Anfertigen eines Bildes und das Heranwachsen einer organischen Gestalt sind nicht bloße Ausführungen von gegebenen Plänen, sondern kreatives Hervorbringen von Formen, wobei natürlich der genetische Spielraum viel enger ist als die artistische Freiheit.

Ein Bild, das entsteht, beginnt mit ersten Farbmustern auf der Leinwand, die später ausgearbeitet und verfeinert werden. Und ein im Entstehen begriffener Organismus beginnt mit frühen Aktivitätsmustern von Proteinen, wie die moderne Entwicklungsbiologie nicht nur erkannt hat, sondern auch in farbigen Bildern demonstrieren kann. Es handelt sich dabei um die besonderen Proteine, die Masterproteine, die direkt mit Genen in Kontakt treten und genetisches Material binden und regulieren können. Die Gene, die zum Bau solcher Masterproteine anleiten, haben wir Identitätsgene genannt, weil sich mit ihrer

Hilfe ermitteln lässt, was aus dem Bereich eines wachsenden Zellklumpens wird, in dem sie aktiv sind. Aus dem gewebeartigen Muster der Masterproteine lässt sich zum Beispiel identifizieren, aus welcher Stelle eines noch unförmigen pflanzlichen Zellverbands ein Frucht- oder ein Blütenblatt herauswächst.

Die Entwicklungsbiologen haben in den letzten Jahrzehnten zwei wichtige Erkenntnisse gewonnen: 1. Sämtliche Organismen verfügen über einen Vorrat an Identitätsgenen, die in der frühen Phase der Entwicklung aktiv werden und festlegen, was aus diesen so bestimmten Zellen wird. 2. Dabei entsteht stets ein Muster (Gewebe) an Masterproteinen, das im Verlauf des weiteren Wachsens nach und nach verfeinert und ausgearbeitet wird – genauso wie beim Malen einen Bildes.

Bei einem gemalten Bild lassen sich zwei Strukturelemente erkennen. Da ist zum einen das dargebotene Thema – eine Landschaft oder ein Porträt –, und zum andern der Stil des Malers. Man sieht zum Beispiel leicht, ob eine Landschaft von Vincent van Gogh oder von Paul Cézanne stammt. Ein Malstil wird oft als implizites Thema eines Bildes verstanden, dessen Quelle allein im Kopf des Künstlers und nicht im Gegenstand liegt, und damit lässt sich Goethes Satz verstehen. Als er »Alles ist Blatt« schrieb, notierte er seine Feststellung, dass die sichtbaren Pflanzenorgane Variationen eines Themas waren. Dieses Thema, das ihm selbst unzugänglich blieb, kann ein Genetiker unserer Zeit interpretieren. Es ist das Farbmuster der Masterproteine. Anders formuliert: Goethe meinte mit Blatt das implizite Thema der Pflanzenorgane, das nur in den inneren (genetischen) Prozessen zu finden ist, die für die Entwicklung sorgen.

Der Augenmensch Goethe hat sicher gedacht, sein Blatt und die Urpflanze seien äußere Erscheinungen und damit sinnlich zugänglich. Die Genetik zeigt, was er in Wirklichkeit gefunden hat: innere Formen, die offensichtlich intuitiv zugänglich sind. Beide Bereiche gehören eng zusammen, denn wie es in dem berühmten *Epirrhema* heißt:

Müsset im Naturbetrachten
Immer eins wie alles achten;
Nichts ist drinnen, nichts ist draussen;
Denn was innen, das ist aussen.
So ergreifet ohne Säumnis
Heilig öffentlich Geheimnis.

Goethe hat oft behauptet, er sei auf seine wissenschaftlichen Bemühungen stolzer gewesen als auf seine Dichtungen. Zumindest muss er gespürt habe, dass beide nicht zu trennen sind. Goethe selbst war Blatt – nämlich eins und doppelt.

Goethe lässt bekanntlich einen Homunculus entstehen, dem er allerdings keinen Freiraum gibt und der sein Leben in einer Glaskugel verbringt, die zuletzt an einem Felsen zerschellt und so das Experiment beschließt. Doch vor seinem Ende hatte das künstliche Menschlein einen Anfang, und Goethe orientiert sich an den organisch-chemischen Fortschritten seiner Zeit. 1828 gelingt es Friedrich Wöhler, Harnstoff in einem Reagenzglas künstlich herzustellen, und viele Zeitgenossen sahen darin den ersten Schritt auf einem langen Weg, an dessen Ende die Wissenschaft einen Menschen würde machen können.

Bei Goethe vollziehen sich die dazugehörigen Verrichtungen zwar in einem dunklen, verrauchten Loch, und er lässt seine Helden im Rahmen der heute eher belächelten Alchemie handeln, wie das Vokabular des romantischen Menschenmachers im Drama zeigt, der mit »verlutieren« und »kohobieren« beschäftigt ist. Damit sind Rüttel- und Schüttelverfahren gemeint, die sich als vollkommen untauglich erwiesen haben, woraus aber nicht folgt, dass wir nichts von der Alchemie lernen können. Ganz im Gegenteil! Ihre Vertreter verfolgten ähnliche Ziele wie moderne Wissenschaftler, nämlich die Produktion wertvoller Materialien und Stoffe und die Verbesserung der Natur. Gott hatte die Natur nicht perfekt gemacht, und ihre Vervollkommnung wurde als die Aufgabe verstanden, die Gott den Menschen gestellt hatte. Bei ihrer Lösung gingen die Alchemisten unter der Annahme zu Werke, dass das Wertvolle schon im Inneren der Dinge – und ebenso im Inneren des Lebens – vorhanden sei und darauf warte, befreit zu werden.

Die Biotechnologen unserer Tage vertreten dezidiert eine andere Auffassung. Sie streben genetische Eingriffe von außen an; sie wollen das Innere nicht freisetzen, sondern darüber verfügen und es beherrschen. Die Frage, welche Weise des Vorgehens den Menschen angemessener ist, bleibt noch offen. Doch wer eine Antwort geben möchte, sollte sich an den Hinweis erinnern, dass Menschen nach Schönheit streben. Schönheit kann als Vollkommenheit in Freiheit interpretiert werden, wie dies Friedrich Schiller in seinen *Briefen zur ästhetischen Erziehung* unternimmt. Wer sich an diesem Vorschlag orientiert, erkennt ein Problem der Biotechnologie, dass die Alchemie nicht hatte. Mit genetischen Manipulationen wird Vollkommenheit in Unfreiheit geschaffen. Existierende Organismen sollen verbessert und auf einen Nutzen hin perfektioniert werden, und zwar durch Vorgaben von außen. Bei solchen Vorgängen wird nichts befreit (und verwandelt), sondern nur alles bestimmt. Vielleicht sollte die Biotechnologie von der Alchemie lernen, wie sie ihre Grundidee an den Menschen bringen kann. Das gehört mit zu seiner Bildung.

Goethe und die Gene

Wir wollen dieses Kapitel, in dem von der Gestaltbildung die Rede war, mit Hinweisen auf Goethes Versuche schließen, diesen Vorgang mit dem Blick eines Wissenschaftlers zu verstehen. Bekanntlich hat sich der Dichter vielfach mit Forschungsfragen befasst, und am besten bekannt sind seine Bemühungen um die Farben, die er als »Taten des Lichts« verstehen wollte. Viele Versuche sind unternommen worden, Goethes »sinnlich-sittliche« Betrachtung mit dem physikalischen Spektrum in Einklang zu bringen, in das Newton rund hundert Jahre zuvor das Sonnenlicht zerlegt hatte. Bis heute bleibt es spannend, die Ergebnisse von Goethes anschauendem Denken mit den Resultaten exakter Naturwissenschaft zu vergleichen, wobei sich in den letzten Jahren die moderne Genetik als besonders ergiebig erwiesen hat. Es lässt sich sogar eine eigenwillige Farbenlehre aufstellen – eigenwillig deshalb, weil sie von Farben handelt, die dem Auge verborgen bleiben.

Ausgangspunkt ist eine Wissenschaft, die lange Zeit hindurch eher beschreibend vorgegangen ist und nur wenig theoretische Fortschritte erzielen konnte. Es geht um die Lehre von der Gestaltbildung, deren wissenschaftlicher Name »Morphologie« auf Goethe zurückzuführen ist. Er trug diesen Ausdruck 1796 mit der Absicht in sein Tagebuch ein, der Entstehung der Gestalt bzw. ihrer wissenschaftlichen Untersuchung einen Namen zu geben, der Bezeichnungen wie »Physiologie« oder »Anatomie« ebenbürtig an die Seite gestellt werden konnte. Die Morphologie soll die »Bildung und Umbildung organischer Naturen« erforschen, wobei Goethe bescheiden beginnen will und der neuen Wissenschaft einfache methodische Grenzen verordnet. Die Morphologie – so legt er fest – könne und wolle zunächst »nur darstellen und nicht erklären«.

Natürlich wird sich kein Naturforscher – auch Goethe nicht – mit Beschreibungen seiner Gegenstände zufrieden geben, und längst versuchen zeitgenössische Entwicklungsbiologen und Genetiker zu *erklären,* wie organische Strukturen sich entfalten. Sie wollen *verstehen,* was in den Zellen passiert, wenn sich die Lebensformen selbst bilden und zum Beispiel eine Pflanze ihre Blätter oder eine Larve ihren Schmetterling hervorbringt.

Die modernen Erklärungen der Naturwissenschaft nutzen dabei die Idee des Gens bzw. setzen die Existenz von Genen und ihren Produkten, den Proteinen, voraus. Es ist nun nicht ohne Reiz, Goethes Versuche, die Gestaltbildung anschaulich zu beschreiben, mit den heutigen Bemühungen zu vergleichen, das heißt, die Morphogenese genetisch zu erklären. Was Goethe durch den Blick von *außen* zu verstehen suchte, will die Genetik von *inneren* Mechanismen her analysieren. Und wir können fragen, ob und wie sich beide Ansätze zu einem Bild fügen.

Goethe hat Metamorphose umfassender als wir heute verstanden, nämlich als das Bilden und Umbilden der lebendigen Körper, das überall in der Natur wahrnehmbar ist. Er hat hier ein dynamisches Einheitsprinzip gesehen und gemeint, dass wir genötigt sind, »die gesamte Natur als ein unendliches in ewiger Bildung und Umbildung begriffenes Ganzes zu denken«.

Aus seiner Grundüberzeugung heraus, die Natur unterliege einer kontinuierlichen Wandlung, zieht Goethe eine wichtige Konsequenz. Die Allgegenwart der Metamorphose begründet für ihn »die Notwendigkeit der genetischen Methode für alle Naturwissenschaft«, wie er mit Emphase schreibt.

Was hat die moderne Verwendung von »genetisch« mit der Bedeutung gemeinsam, die Goethe dem Wort gegeben hat? Stellt der derzeitige Gebrauch des Attributs »genetisch« einen Gewinn an Tiefe gegenüber Goethes Zeit oder einen Verlust an Weite dar? Oder können wir die doppelte Verwendung vielleicht in einen Erkenntnisgewinn ummünzen? Tatsächlich lassen sich die frühe und die neue Bedeutung abstimmen und dadurch steigern, wenn großzügiger über das Gen selbst gedacht wird.

Wie zu erwarten, hat Goethe es nicht bei der individuellen Beschreibung der Gestaltbildung belassen, sondern versucht, ein allgemeines Gesetz zu formulieren, mit dem die Bildung und Umbildung der Lebensformen zu erklären bzw. zu verstehen ist. »Verstehen« bedeutete zu Beginn des 19. Jahrhunderts – also im Rahmen einer romantisch angelegten Naturphilosophie –, das zu deutende Geschehen auf ein einfaches, einheitliches Prinzip zurückführen. Dafür benutzte man gerne den Begriff des »Urphänomens«.

Als Kind seiner Zeit hat auch Goethe nach der damit bezeichneten Grunderscheinung gesucht, wobei es nicht überrascht, dass er fündig geworden ist, und zwar gleich zweimal. Zuerst gibt Goethe eine abstrakte Beschreibung der Einheit als etwas, das zur Vielheit werden soll, und zwar durch Teilung. Wer sich seinen Wortlaut ansieht, kann leicht den Eindruck gewinnen, dass hier von der Replikation genetischer Moleküle im modernen Sinn die Rede sei. Bei Goethe heißt es: »Nun ist aber die einfachste Art der Teilung *die Teilung in zwei*, welche durch abermalige Teilung immer größere Vielheit hervorbringt, und so wird also der Begriff des Gegensatzes, welcher kein anderer ist, als der aus einer Einheit in gleichem Maß hervorgegangenen Zweiheit, vollkommen ausgesprochen.«

Man kann sich leicht an dem Begriff »Gegensatz« stoßen. Er ist nicht logisch, sondern dinglich gemeint und bedeutet so etwas wie ein Gegenstück. Hiermit wird deutlich, dass hinter Goethes genetischen Gedanken die Vorstellung steckt, dass jede Bildung als Teilung und in Gegensätzen erfolgt. Dieser Vorgang ist schon im Wort »Bildung« selbst impliziert, das doppeldeutig ist und nicht nur das bezeichnet, was hervorgebracht wird, sondern auch das Hervorbringen selbst. In der Naturphilosophie der Goethezeit hat man stets nach der Einheit gesucht, die ihr Gegenstück – ihren Gegensatz – herstellt, die also zugleich Form und Formprinzip ist.

Das Wunderbare der modernen Genetik besteht nun darin, dieses bildende Gebilde, das *die Teilung in zwei* beherrscht, konkret gefunden zu haben. Es heißt DNA und ist die bekannte Doppelhelix. Von dieser Struktur (Form) geht die umfassende Gestaltungskraft aus, die den Bau eines Organismus festlegt. Die DNA ist erschaffene und erschaffende Natur zugleich. Sie ist das Urphänomen im Zentrum des Lebens, und entsprechend ist das Gen das Urgebilde, das sich selbst hervorbringt, das immer zugleich etwas ist und sein Gegenstück werden lässt. Mit diesem so verstandenen Gen behält »genetisch« nicht nur die molekulare Bedeutung, es gewinnt sogar die romantische hinzu, die Goethe im Sinn hatte, als er von der »genetischen Methode« der Wissenschaft sprach.

Damit kann die Rede auf Goethes zweites Finden des Urphänomens gebracht werden, bei dem er weniger ein abstraktes Prinzip und mehr etwas konkret Anschauliches meinte. Goethe wollte die so bezeichnete Grunderfahrung unmittelbar vor sich sehen. Dieser Anspruch hat zu einem berühmten Konflikt mit Schiller geführt, wie oft beschrieben worden ist. Auf der Suche nach dem einheitlichen Bauplan von Pflanzen ist Goethe auf das gestoßen, was er die »Urpflanze« genannt hat. Dabei meinte er eine ganz bestimmte materielle Erscheinung, die er »sogar mit den Augen« gesehen habe, wie er wiederholt betonte. Für Schiller stimmte hier etwas nicht, denn »Urpflanze« als Grundstruktur aller Pflanzen machte für ihn nur als Idee Sinn, die mit keiner Erfahrung übereinstimmen konnte.

Die Genetik unseres Jahrhunderts erlaubt es, diesen Streit beizulegen, indem sie die DNA bzw. das Gen als Urpflanze deutet.

Damit ergänzen sich die Thesen von Goethe und Schiller. Denn wenn wir das Urgebilde Gen als Urpflanze verstehen, dann besitzt diese Einheit beides, eine geistige sowie eine materielle Struktur. Das Gen ist Idee und Erscheinung zugleich, weil es sowohl die Einheit der genetischen Information als auch eine konkrete Substanz ist. Goethe wird es verwinden, dass die DNA dem Auge nicht direkt zugänglich ist und erst präpariert werden muss, um anschaulich zu sein. Die Möglichkeit dazu hätte ihm gefallen.

Der Kopf auf dem Weg in die Welt

Der Weg in die Welt ist eng, und der Kopf darf nicht zu dick sein, wenn er ihn ohne Schaden für sich und die Mutter bewältigen will. Wenn eine Frau ihrem Kind das Leben schenkt, sagt der Volksmund auch: »Ein Mensch erblickt das Licht der Welt«, und dieser Satz stellt eine grundlegende Ermutigung dar, selbst wenn Eugen Roth sie anschließend fröhlich verdunkelt, indem er weiterreimt:

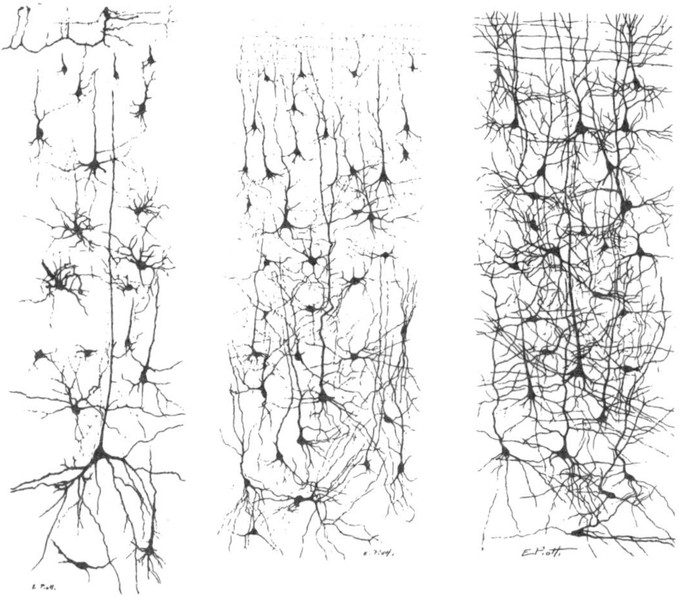

a) Neugeborenes b) drei Monate alt c) sechs Monate alt

Abb. 53 Die Abbildung erfasst das Nervenwachstum nach der Geburt, wie es sich in der Sehrinde nachweisen lässt. Die Zellen strecken sich und nehmen Verbindungen zu anderen Neuronen auf. Es leuchtet ein, dass man mit einem neugeborenen Gehirn (a) die Welt anders (unschärfer) sieht als drei (b) oder sechs (c) Monate später.

»Doch oft hat sich herausgestellt/Nach manchem trüb' verbrachten Jahr,/dass dies der einzige Lichtblick war.«

Immerhin gibt es einen Lichtblick auch im Gedicht: Mit der Geburt öffnet sich der Sehsinn und ermöglicht uns die Orientierung in der Welt. Die dafür vorgesehenen Nervenzellen in dem noch längst nicht ausgewachsenen Gehirn warten nur darauf, endlich von außen mit Signalen gereizt und informiert zu werden, und in den ersten Monaten des Lebens nimmt die Zahl der Verbindungen im visuellen Kortex auf eine erstaunliche Weise zu. Es entsteht der Eindruck, dass das Gehirn regelrecht auf die Welt und ihre Eindrücke wartet. Man könnte ihm so etwas wie eine Lust des Anfangens zuschreiben, und diese Bereitschaft, die Initiative zu ergreifen und Neugierde zu zeigen, lässt auch erkennen, warum es das Gehirn so eilig hat, seinen Träger möglichst früh das Licht der Welt erblicken zu lassen.

Die physiologische Frühgeburt

Als »physiologische Frühgeburt« wird der Mensch in den 1950er Jahren vom Basler Biologen Adolf Portmann beschrieben, als er »das neue Bild des Menschen« vorstellt, wie es die zoologische Wissenschaft zu entwickeln beginnt. Damit hat er zum Ausdruck gebracht, warum wir Menschen als hilflose Wesen auf die Welt kommen und auf andere angewiesen sind. Denn wenn wir mit der Geburt warten würden, bis das Hirn den Zustand erreicht hat, der uns mehr Selbstständigkeit gibt, wäre das Leben der Mutter zu stark gefährdet. Eine physiologische Frühgeburt zu sein, enthält eine gute und eine schlechte Nachricht. Die gute lautet, dass sich jemand um uns kümmern muss und wir Erziehung und Unterweisung brauchen. Die schlechte besteht darin, dass wir sie tatsächlich bekommen, obwohl niemand weiß, wie sie genau aussehen und was sie eigentlich bewirken soll. Natürlich hat die Zeit der Aufklärung mit ihren pädagogischen Bemühungen zu dem Gedanken geführt, dass es darauf ankommt, zur Selbstständigkeit zu erziehen. Damit muss man aber schon beginnen, wenn der Zögling sich noch nicht dafür entscheiden kann. Pädagogisch tätig werden kann also nur, wer annimmt, den richtigen Weg zu kennen. Niemand würde heute für sich in Anspruch nehmen, diesen Weg zu kennen, woraus wahrscheinlich folgt, dass Erziehung – Bildung – nur funktioniert, wenn man sich mit einbeziehen lässt. Die besten Eltern lernen von ihren Kindern. Bildung gelingt nur im Dialog.

Portmanns Entdeckung besteht darin, dass Menschen bei ihrer Geburt kaum ein Viertel der Hirnmasse (von rund 1500 Gramm) haben, über die sie als Erwachsene verfügen. Schimpansen bringen immerhin vierzig Prozent und Kälber gar hundert Prozent ihres Hirngewichts mit, wenn sie auf die Welt kommen. Da das Gehirn durch massive Schädelknochen geschützt ist, stellt die Kopfgröße den wesentlichen Risikofaktor bei der Geburt dar.

Der Ausdruck »Frühgeburt« setzt voraus, dass es so etwas wie den theoretisch richtigen Zeitpunkt des beginnenden Lebens gibt, und Portmann wagt es, sich hier ziemlich präzise festzulegen: »Nach einem Jahr erlangt der Mensch den Ausbildungsgrad, den ein seiner Art entsprechendes echtes Säugetier zur Zeit der Geburt verwirklichen müsste. Würde also dieser Zustand beim Menschen auf echte Säugerweise gebildet, so müsste unsere Schwangerschaft etwa um ein Jahr länger sein, als sie tatsächlich ist.« Und etwas später schreibt er: »Am Ende des ersten Lebensjahres liegt der Moment, der bei einem echten Säugetier von menschenartiger Organisation als Geburtszeit angenommen werden müsste.« Mit anderen Worten: Der Mensch unterscheidet sich durch »Daseinsart« und »Lebensform« von den Tieren, um Portmanns Worte zu verwenden, denen er eine klare Bestimmung folgen lässt: »Umweltgebunden und instinktgesichert – so können wir in vereinfachender Kürze das Verhalten des Tieres bezeichnen. Das des Menschen mag demgegenüber weltoffen und entscheidungsfrei genannt werden.«

Wie ist im Laufe der Evolution das größere Gehirn entstanden, das den Menschen auszeichnet? Welcher Selektionsdruck hat vor wenigen Millionen Jahren dafür gesorgt, dass ein in der Welt befindliches Denkorgan nach der Geburt sein Gewicht »plötzlich« vervierfachen kann, während andere Primaten kaum über eine Verdopplung hinauskommen?

Natürlich gibt es keine eindeutige und allgemein überzeugende Antwort, die allerdings nie ohne den Hinweis auf die Rolle der Nahrung gegeben werden sollte, da es ungeheuer viel Energie braucht, um den Stoffwechsel des Gehirns in Schwung zu halten. Das heranwachsende Kind wird natürlich vollständig von seiner Mutter versorgt, und auch das Neugeborene bezieht seine Hauptenergie gewöhnlich aus der Muttermilch, wenn das Gehirn in den ersten Wochen nach der Geburt seinen schnellsten Gewichtszuwachs erfährt.

Diese Abhängigkeit macht uns praktisch zu Nesthockern, obwohl die klassische vergleichende Entwicklungsbiologie, die Portmann vertritt, den Menschen theoretisch zu den Nestflüchtern zählt. So sind wir nicht nur physiologische Frühgeburten, sondern auch hilflose Nestflüchter. In einer feindlichen Umgebung – der Welt der Evolution und ihrer natürlichen Selektion – stellen Mutter und Kind nach der Geburt eine leichte Beute dar. Überlebt hat diese Einheit nur, wenn sie geschützt wurde, und zwar im Rahmen der Familie. Die Selektion hat gut daran getan, Frauen die Möglichkeit zu geben, von den vielen paarungswilligen Männchen diejenigen auszuwählen, die sich nach der Befruchtung nicht aus dem Staub machten. Mit anderen Worten, die Notwendigkeit der gemeinsamen Versorgung größer werdender Gehirne, hat den Trend zur Familie und sozialen Gemeinschaft gefördert. Eine physiologische Frühgeburt zu sein, hilft, wenn es darum geht, soziale Intelligenz und damit das Wachstum des Gehirns zu fördern. Wir kommen vielleicht hilf*los* zur Welt, aber nur, um hilf*reich* zu werden.

Fern und nah

In der Wissenschaft spricht man beim Sehen, Hören und Riechen von den Fernsinnen, weil kein direkter Kontakt mit dem wahrgenommenen Gegenstand oder Lebewesen nötig ist, um sich Kenntnisse von ihm anzueignen. Dieses Fernsehen bzw. Fernwahrnehmen wird ergänzt durch die nah wirkenden Körpersinne, die tastend und fühlend auf Wärme, Feuchtigkeit und Berührungen reagieren. Diese Wahrnehmungen setzen schon vor der Geburt ein, und den ersten Kontakt mit der Außenwelt bekommen Kinder mithilfe des Tastsinns. Etwa ab der siebten Schwangerschaftswoche nimmt der Fötus wahr, wenn jemand den Bauch der Mutter berührt.

Es ist zu vermuten, dass das kleine und sich nach und nach regende Lebewesen auch die Wärme seiner Höhle spürt und registriert, in welcher Lage es sich befindet. Erwiesen ist auf jeden Fall, dass im letzten Drittel der Schwangerschaft immer mehr Sinne ihre Tätigkeit aufnehmen und dass der Fötus etwas hören, riechen und schmecken kann. Er empfängt die Geräusche der Welt – ob es nun der Autolärm von der Hauptstraße oder Mozarts Klavierkonzerte vom CD-Player sind – durch die Bauchdecke der Mutter, deren Nahrung es auch ist, die ihm sein erstes Schmecken ermöglicht. Untersucht wurde diese Sinnlichkeit am Beispiel von Anis, das den Vorteil hat, sich gleichmäßig auf alle Körperflüssigkeiten zu verteilen. Als Kindern ein paar Stunden nach ihrer Geburt ein Wattebäuschchen mit etwa Anisöl unter die Nase gehalten wurde, lächelten vor allem die Säuglinge, deren Mütter während der Schwangerschaft das Gewürz gekostet hatten. Sie wurden eher zufrieden gestellt als der Nachwuchs jener Mütter, die auf Anis verzichtet hatten. Wer den Geschmack aus den Tagen vor der Geburt kannte, wandte sich ihm nach dem Eintritt in die Welt wieder zu.

Vom gemeinsamen Sinn

Wir öffnen also unsere Sinnestore bereits vorsichtig für die äußeren Reize, während wir noch im Schutz des Mutterleibs schweben, und wir öffnen die Augen, sobald wir abgenabelt werden, was mindestens zwei spannende Fragen an die Wissenschaft stellt: Was und wie gut können Neugeborene überhaupt sehen, und wie ändert sich ihre Sehfähigkeit im Laufe des Heranwachsens? Wie kommen denn die Sinne zusammen, die doch unterschiedlich begonnen haben und getrennt angelegt sind? Der Brei, den die Winzlinge auf die Finger bekommen, kann gesehen, gerochen, geschmeckt und gefühlt werden, und woher, wann und wie wissen die Knirpse, dass die vier Sinneseindrücke von einem Ding stammen, für das man ihnen später sogar einen Namen beibringt? Dabei sind der Brei oder einige Apfelstückchen noch eher einfach, denn die eigene Mutter kann man sogar über fünf Kanäle empfangen, nämlich hören, sehen, riechen, fühlen und schmecken, wenn diese Aufzählung überhaupt reicht.

Es ist erwiesen, was Eltern längst wissen, dass Babys etwas sehen können und ihre Aufmerksamkeit am liebsten menschlichen Gesichtern zuwenden. Allerdings sehen sie – im Verständnis von Erwachsenen – die Welt eher verschwommen, und zwar können nur Gegenstände, die weniger als dreißig Zentimeter von ihren Augen entfernt sind, mehr oder weniger scharf wahrgenommen werden. Der Abstand macht Sinn, da er etwa die Entfernung bis zum Gesicht der Mutter ausmacht, die ihr Kind im Arm hält. Die Welt, die Babys in den ersten Monaten nach der Geburt vor ihren Augen haben, kann man sich – der Psychologin Alison Gopnik zufolge – wie eine Gemäldegalerie vorstellen, in der Porträts etwa von Rembrandt hängen und die nur sehr schwach von einer kleinen, an ihrem Rahmen angebrachten Lampe beleuchtet sind. Das ergibt einen Raum voller Gesichter vor einem verschwommenen Dunkel als Hintergrund, und mit diesem Bild stellt sich uns vermutlich die Welt zum ersten Mal vor. (So stellen wir uns das auf jeden Fall vor.)

Die Frage nach der Konvergenz aller Sinne auf den einen Gegenstand, von dem alle Reize ausgehen, ist alt und immer noch ungelöst. Sie wurde Ende des 17. Jahrhunderts von dem Iren William Molyneux erstmals gestellt, der im Jahre 1689 vom englischen Philosophen John Locke (1632–1704) wissen wollte, ob die Verbindung zwischen den Sinnen angeboren sei oder erlernt werde. Gehört die Fähigkeit, die verschiedenen Reizungen, die von einem Objekt ausgehen, zu einem Gemeinsinn verknüpfen zu können, mit zum Geschenk des Lebens, das jemand unverdient empfängt? Oder sind Menschen deshalb dazu in der Lage, weil sie die entsprechenden Erfahrungen machen und lernen?

Molyneux setzte damit das bis heute immer wieder erörterte und nach ihm benannte Molyneux-Problem in die Welt. Wir nehmen einmal an – so trat der Ire an Locke heran –, jemand wird zwar blind geboren, erlangt aber plötzlich als Erwachsener das Augenlicht und kann sehen. Nun zeigt man ihm eine Kugel und einen Würfel, die er natürlich mit dem Tastsinn gut ausmachen kann, jetzt aber nicht berühren darf. Wüsste die früher blinde und nun sehfähige Person nur durch Hinschauen, welcher Gegenstand rund und welcher eckig ist?

Das Molyneux-Problem spaltet die Wissenschaftler in zwei Lager, solange das entscheidende Experiment dazu nicht unternommen worden ist. Wer mit Ja antwortet, ist der Meinung, dass die Koordination der Sinne angeboren, also durch genetische Vorgaben, bedingt ist. Und wer Nein sagt, ist überzeugt, dass die Verknüpfung der Wahrnehmungen allein durch die Erfahrung möglich wird. Wer auf die Erfahrung setzt, gilt als Empirist, und wer an die Gabe der Geburt glaubt, wird als Nativist angesehen – ein Meinungsstreit, der bis heute noch andauert.

Nativist leitet sich übrigens vom lateinischen Wort *natus* ab, das eine Geburt meint. Und die Gegenpartei verdankt ihre Bezeichnung den *empirici* (vom Griechischen *empeiria* abgeleitet) womit Ärzte gemeint sind, die ihre Behandlungsmethoden auf Erfahrung stützen, was in der Antike als abwertend galt. Ein guter Philosoph brauchte keine Empirie, um die Welt zu verstehen. Ihm reichte die Anschauung, die *theoria.* Inzwischen verstehen wir aber unter einer Theorie eher so etwas wie eine unbewiesene Lehre, die noch mit Erfahrung gefüttert werden muss. Wie stellt sich diese Lage beim Molyneux-Problem dar?

Gibt es denn Experimente, mit deren Hilfe zwischen beiden Lagern eine Entscheidung herbeigeführt werden könnte? Seit wenigen Jahrzehnten gibt es eine Methode, unauffällig Babys und Kleinkinder zu beobachten: die Videoaufzeichnung: Mit den Camcorders hat in der wissenschaftlichen Erkundung des kindlichen Begreifens und Bildens eine neue Epoche begonnen.

»In den letzten dreißig Jahren haben wir mehr über das gelernt, was Babys und Kleinkinder wissen, als in den letzten 2500 Jahren«, wie die Psychologen Alison Gopnik, Patricia Kuhl und Andrew Meltzoff in dem Buch schreiben, in dem sie darlegen, wie sich der *Forschergeist in Windeln* entwickelt. Mütter und Väter wissen seit jeher, dass ihr Nachwuchs schon früh Gesichtsausdrücke nachahmt und die Zunge herausstreckt. Aber der wissenschaftliche Zugriff erlaubt es, hinter die Phänomene zu schauen und zum Beispiel zu erkunden, woher die Neugeborenen wissen, dass sie ihre Zunge ausstrecken, was sie ja nicht sehen und nur fühlen können. Dies erinnert uns an das Molyneux-Problem, dem wir uns gleich wieder zuwenden wollen, nachdem wir noch den Hinweis gegeben haben, dass die Videotechnik nicht nur alte Fähigkeiten besser beleuchtet, sondern auch neue an den Tag gebracht hat. So konnte mit ihrer Hilfe festgestellt werden, dass schon einmonatige Säuglinge Gesichtsausdrücke imitieren und sechs Monate alte Babys von den Lauten her zwischen zwei Sprachen unterscheiden können – Schwedisch und Englisch zum Beispiel –, was auf eine sehr frühe Differenzierung des auditiven Vermögens schließen lässt.

Die Videotechnik liefert vor allem die Möglichkeit, zu prüfen, wie Säuglinge ihre Aufmerksamkeit verteilen. Wenden sie sich mehr einem neuen Gegenstand zu, der in ihr Blickfeld rückt, oder bleiben sie lieber an vertrauten Objekten hängen? Die Psychologen machten bei ihren Untersuchungen unter anderem die Erfahrung, dass die Lust auf das Neue nicht eindeutig auszumachen ist, wenn man den Babys viele Dinge zu sehen gibt und mehrere Sinne beteiligt sind. Wenn man strampelnden Probanden beispielsweise erst eine Kugel zeigt und dann eine Kugel zusammen mit einem Stab, lenken sie ihren Blick mehr dem Stab zu.

Mit diesen Kenntnissen können wir uns an eine erste Klärung des Molyneux-Problems heranwagen: In einem entsprechenden Experiment ist es mühelos möglich, Kleinkinder so in eine Trage zu setzen, dass sie ihre Hände unter einem Tisch halten und folglich nicht sehen können. In dieser Situation bekommen sie zunächst unter dem Tisch einige Klötzchen zum Anfassen, mit denen sie spielen können, bis sie sie fallen lassen. Anschließend zeigt man ihnen ein Bild mit diesen Bausteinen und anderen ähnlichen Gegenständen – etwa Stäbe oder Ringe – und prüft, in welche Richtung sie ihren Blick länger richten. Die Antwort fällt erst klar aus: »Sehr kleine Kinder begucken lieber ein neues Objekt und nicht ein bekanntes, auch wenn sie das bekannte vorher nur anfassen durften und nie gesehen haben«, wie die Kinderpsychologin Arlette Streri berichtet. Ihre Beobachtungen machen deutlich, dass sich die Sinnessysteme innen austauschen und ihre Verbindungen den Babys helfen, »Anforderungen der Umwelt schnell und effektiv zu begegnen«, wie sie weiter ausführt. Sie sieht darin »die Basis des Lernens«, wobei der oben zitierte Satz möglicherweise zu weit geht. Schließlich sind die Experimente nur mit deutlich unterscheidbaren Elementarformen (rund und länglich oder rund und eckig) vorgenommen worden, und man müsste zum einen fragen, ob es da nicht Formen des Sehens und Greifens gibt, die aufgrund geometrischer Einfachheit bevorzugt werden. Zum andern wäre zu fragen, ob das Neue noch empfunden wird, wenn etwa eine Holzkugel und ein runder Apfel als Konkurrenten um die kindliche Neugierde gegeneinander antreten.

Wie dem auch sei – die Lust auf das Neue ist nicht einfach eine fest erlernte Reaktion, wie sich an der Tatsache zeigt, dass sich die oben geschilderte Präferenz nach ein paar Monaten wieder verliert. Ältere Säuglinge reagieren nämlich auf die beiden gezeigten Objekte gleich stark. Es bleibt unklar, was sie dazu veranlasst, wobei man vermuten könnte, dass ihr Gehirn sich nach der Grobererkennung mehr den Details zuwenden möchte, die dem Auge zugänglich und auf beiden Gegenständen zu finden sind. Selbst der schlichteste Klotz hat seine Feinheiten, wenn man nur lange genug hinschaut – und erst recht, wenn er häufig in Gebrauch war. Das sinnvolle Sehen entwickelt sich tatsächlich im ersten Lebensjahr, in dem die Kleinkinder auch lernen, Bilder und Töne so zu verknüpfen, dass sie beim Hören einer traurigen Stimme ihre Augen dem traurig blickenden Gesicht zuwenden, das vor ihnen aufgemalt ist. In ganzen jungen Monaten gelingt ihnen diese Zuordnung noch nicht.

Angeboren oder erfahren?

Gibt es die Alternative »Angeboren oder erfahren« überhaupt in der Form, in der wir von ihr reden? In den letzten Jahren hat man oft in der Presse gelesen, dass etwa bestimmte Formen der Intelligenz zu 45,3 Prozent (oder so ähnlich) durch die Umwelt und zu 54,7 Prozent durch die Gene (oder umgekehrt) bestimmt würden.

Wer solche Informationen in die Welt setzt, übersieht selbst die banalste Einsicht der Biologie – die Einsicht nämlich, dass wir nur mit den Sinnen und anderen Organen auf die Umwelt reagieren können, die uns dank der Hilfe von Genen geliefert worden sind. Und diese Gene sind im Laufe der Evolution entstanden und dabei durch die Umwelt beeinflusst worden, in der sich unser Leben abgespielt hat. Die Alternative »Gene oder Umwelt« ist also praktisch wie prinzipiell sinnlos – und zwar so sinnlos wie die berühmte Frage, wer zuerst da war, das Ei oder die Henne. Da die Henne das Ei produziert, aus dem eine Henne werden kann, und da die Umwelt die Gene auswählt, deren Träger sich dann auf diese Umwelt einlassen, liegt wieder der bereits geäußerte Gedanke nahe, dass es nicht die Dinge sind, mit denen alles angefangen hat, sondern deren Bildung, und zwar als der doppelte Prozess, den wir kennen gelernt haben.

Zwillinge

Bei Zwillingen unterscheidet man in der Medizin zwischen solchen, die aus der Verdopplung einer befruchteten Eizelle hervorgehen – man nennt sie mit einem etwas breiigen Wort eineiig –, und solchen, bei denen zwei verschiedene Eizellen (von zwei verschiedenen Samenzellen) befruchtet worden sind und nun zwar getrennt, aber in einem Leib heranwachsen. Spannend für die Wissenschaft sind natürlich die eineiigen Zwillinge, denn offenbar hat die Natur sie mit den gleichen Genen ausgestattet. An ihnen müsste sich erkennen lassen, was diese DNA-Moleküle bewirken und was der Umwelt zu tun bleibt.

Mit den EZ (eineiigen Zwillingen) haben wir so etwas wie natürliche Klone vor uns, wenn man darunter Organismen versteht, die von einer Zelle aus gebildet worden sind. Natürlich meint ein Klon (wörtlich) mehr einen ganzen Haufen von genetisch gleichen Wesen, aber die Quantität allein macht nicht den wesentlichen Unterschied aus. Das bedeutet, dass man sehr umsichtig vorgehen muss, wenn man sich abfällig über das Klonen äußert. Zwillinge gehören schließlich dazu, und sie sind Menschen wie alle anderen auch.

Natürlich sind EZ außergewöhnliche Menschen, denn sie können tatsächlich jemandem begegnen, der ihnen zum Verwechseln ähnlich sieht, und jeder von ihnen muss sich die Frage stellen, ob sein Gegenüber nicht nur äußerlich, sondern auch innerlich so ist, wie er selbst, was bedeutet, dass er die eigenen Gedanken kennen und haben kann. Ist das möglich? Können genetisch identische Geschwister perfekt übereinstimmende Gehirne haben? Oder lässt sich genau angeben, wie ich mich von meinem Klon unterscheide?

Eine einfache Antwort könnte lauten, dass nur einer der beiden EZ dieses (oder ein anderes) Buch liest oder seinen Autor kennt, dann hätte man zumindest einen Unterschied, dem sich ganz rasch sehr viele andere hinzufügen lassen. Identisch agieren EZ also nur, wenn sie das wollen und versuchen, möglichst übereinstimmende Erfahrungen zu machen und mit ihnen zu leben.

Eine zweite einfache Antwort weist auf die Billionen von Verknüpfungen (Synapsen) zwischen Milliarden Nervenzellen hin, um es für unvorstellbar zu erklären, dass sie alle gleichgeschaltet sind. Als empirische Evidenz für diese Ungleichheit lässt sich ein Experiment mit Wasserflöhen anführen, bei dem sich die Weibchen ohne Männchen durch Jungfernzeugung vermehren (Parthenogenese), was bei Menschen nur einmal funktioniert hat (mit den bekannten Folgen für das Abendland und die ganze Welt). Es gibt also in jeder Generation lauter genetisch identische Flöhe. Sie verfügen auch alle über dieselbe Anzahl von Nervenzel-

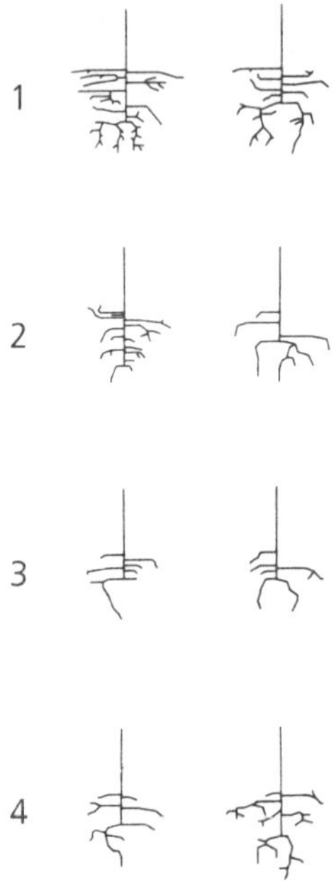

Abb. 54 Wasserflöhe sind symmetrische Tierchen, und ihr Nervensystem ist auch symmetrisch angelegt. Wenn man nun ein Neuron herausgreift und nach der Übereinstimmung mit einem symmetrischen Partner fragt, findet man trotz der genetischen Identität der Wasserflöhe deutliche Unterschiede bei den Verzweigungen, die von den Nervenzellen eingegangen werden. Die Zeichnung zeigt das Ergebnis von vier Flöhen.

len, die zudem noch nach nur einem Grundmuster verbunden werden. Das Feinmuster der Endverzweigungen beginnt aber schon zu variieren. Mit zunehmender Komplexität der Organismen – vom Floh zum Menschen – nimmt der Spielraum zu, den der genetische Rahmen für individuelle anatomische Variabilität lässt.

Diese Variabilität zeigen auch die Menschen, die EZ sind, wie David Lykken betont, der in den 1980er Jahren an den vielfach zitierten Zwillingsstudien beteiligt war, die im Bewusstsein der Öffentlichkeit gerade das Gegenteil zu zeigen schienen. Bei Lykken heißt es ausdrücklich: »Wer aber je mit leibhaftigen Zwillingen gearbeitet hat, weiß, wie komplex und individuell sie trotz aller Ähnlichkeit sind. Man muss sich ja vergegenwärtigen, dass die Zwillinge in dem großen genetischen Kartenspiel zwar identische Karten erhalten, dass es aber auch sehr viele sind, reich an Möglichkeiten, von denen die meisten im normalen Leben nur wenig Verwirklichung finden. Die meisten eineiigen Zwillinge sind so ähnlich, weil die Lebensumstände den meisten von uns gestatten, unsere Karten in der nahe liegenden Art auszuspielen. Aber wenn sie mit sehr verschiedenen Herausforderungen und Gelegenheiten konfrontiert werden, machen sogar eineiige Zwillingen von verschiedenen Aspekten ihres gemeinsamen Erbes Gebrauch und werden so auf signifikante Weise verschieden.«

Wir können nicht ohne die Hilfe der Gene agieren und uns entwickeln, aber das macht uns nicht zu ihren Marionetten, wie vielfach zu lesen war, als besondere Beispiele es auf die Titelseiten der Magazine brachten – etwa die beiden eineiigen Jims, die zwar nach der Geburt getrennt wurden, aber trotzdem auffallend ähnliche Verhaltensweisen zeigten. Sie haben Frauen mit gleichem Vornamen am gleichen Tag geheiratet, zur gleichen Zeit einen Sohn gezeugt, dem sie den gleichen Vornamen gegeben haben; beide haben sich einen ähnlichen Hund angeschafft und in ihrem Garten eine weiße Rundbank gebaut. Zwar riskierte niemand die Behauptung, es gebe »Gene-für-die-Vorliebe-für-Hundenamen« oder dergleichen, aber heimlich eingenistet haben sich solche Gedanken schon bei den Leuten, die aus der Tatsache, dass es genetisch bedingte Voraussetzungen des Lebens gibt, die Befürchtung ableiten, es bleibe einem keine Freiheit mehr.

Zwillinge und ihre Übereinstimmungen waren in den 1980er Jahren lange Zeit ein Thema, das sehr in Mode war und vor allem von der Regenbogenpresse aufgegriffen wurde, weil es da irre Identitäten gab –

Jucken an denselben Hautstellen, gleiche Zahl von Ringen am gleichen Finger und mehr. Inzwischen ist der Verdacht nicht mehr ganz von der Hand zu weisen, dass einige der Eigenschaften in gemeinsamer Absprache übertrieben worden waren – aus zwei Ringen wurden vier oder fünf –, um die Aufmerksamkeit der Medien zu bekommen, nur dass darüber nicht mehr so lautstark berichtet wurde und die Fachmagazine wieder an die Reihe kamen. Da schweigt der bunten Blätter Höflichkeit, obwohl doch eine neue Übereinstimmung zwischen den Zwillingen zutage getreten war – die Mediengeilheit nämlich. Aber vielleicht findet sich diese Qualität auch bei Menschen, die keine Zwillinge sind.

Zum Glück scheint sich langsam der Gedanke durchzusetzen, dass es sich lohnt, die ausschließende Logik eines Entweder-Oder durch die flexible Wechselbeziehung eines Sowohl-als-Auch zu ersetzen und die Aufmerksamkeit von der Stabilität der Gene und Umwelt auf deren Dynamik zu richten. Auf die alte Frage »Gene oder Erfahrung?«, die in Shakespeares Sprache und der fabelhaften Formulierung des Barden »Nature or Nurture?« (Natur oder Umwelt?) heißt, gibt es tatsächlich inzwischen die neue Antwort: »Nature via Nurture«, also »Natur mittels Umwelt« oder »Die Bildung der Natur durch die Umwelt«.

In der deutschen Sprache ist dabei zu beachten, dass »nurture« viele Bedeutungen hat, die von »Ernährung« über »Erziehung« bis zu »Bildung« reichen. Vermutlich ist es kein Zufall, dass all diese Wörter ein und dieselbe Endung haben. Sie zeigt, dass es bei den Begriffen sowohl um etwas Fertiges als auch um das Fertigen selbst geht, und man kann von den Genen zweifellos sagen, dass sie diese Doppelrolle gut beherrschen – etwas Fertiges zu sein, das weiter anfertigt.

An dieser Stelle sei ein besonders einleuchtendes Beispiel für die Kooperation der Gene mit der Erfahrung angeführt, das mit einer vertrauten Schreckreaktion beginnt. Die meisten Menschen fürchten sich vor Schlangen und meinen, diese Angst sei uns angeboren und somit in den Genen verankert und festgelegt. Wer diese Frage in einem wissenschaftlichen Kontext klären und durch ein Experiment beantworten will, muss sich vom Menschen ab und anderen Primaten zuwenden.

Auch Affen zeigen Angst vor Schlangen, aber sie ist ihnen nicht angeboren, wie man spätestens seit der Mitte der sechziger Jahre weiß, als zum ersten Mal auffiel, dass Affen, die in einem Zoo oder im Rahmen eines Primatenlabors aufwachsen, nicht in Panik geraten, wenn ihnen eine Schlange gezeigt wird. Sie benehmen sich ganz anders als ihre Artgenossen, die ihr Leben in der Wildnis verbracht haben und dabei tatsächlich Schlangen begegnen konnten.

Nun bleiben die meisten Affen auch in ihrer angestammten Umgebung von der Gefahr verschont, die in der Begegnung mit Schlangen steckt, und dies hat die Biologin Susan Mineka zu einem Experiment veranlasst. Sie fragte sich – zum ersten Mal bereits in den 1980er Jahren –, woher frei lebende Affen wissen, dass sie von den am Boden kriechenden Tieren bedroht werden. Ihre Hypothese lautete, dass dies passiert, weil sie sehen, wie andere Affen vor Schreck die Flucht ergreifen. Sie dachte sich ein Experiment aus, um ihre Vermutung (und eine weitere) zu testen. Sie zeigte den nicht reagierenden Laboraffen ein Video, auf dem ein Artgenosse in Panik vor einer Schlange Reißaus nahm, und tatsächlich – anschließend imitierten die Versuchstiere, was sie gesehen hatten, und ließen von nun an ihre Furcht vor Schlangen erkennen.

Natürlich hätte Susan Mineka den Versuch auch ohne Video machen können, indem sie die von ihr aufgezogenen Affen eine Zeit lang mit anderen zusammenleben ließ, die auf die Schlangen reagierten. Der Trick mit dem Video eröffnete eine wunderbare weitere Fragemöglichkeit. Durch Manipulation des Bandes konnte das Reptil nämlich durch eine Blume ersetzt werden, und die Versuchstiere schauten damit einem Artgenossen zu, der vor einer Blume zurückschreckte.

Die spannende Frage lautete nun, ob auch dieses (unsinnige) Verhalten von den Affen imitiert würde, was eindeutig verneint werden konnte. Was lernt man daraus über das Lernen vor allem in Hinblick auf das Verständnis, das wir für die Rollen entwickelt haben, mit denen die Gene und Erfahrung – *nature or nurture* – dazu beitragen können? Auf welche Weise wird überhaupt das Verhalten von Organismen bestimmt? Hat die Natur – repräsentiert vor allem durch die Gene (das Genom) eines Organismus – den Vorrang, oder sind es mehr die Umwelt und die Erfahrungen, die ein Lebewesen in ihr machen kann?

Offensichtlich können die Primaten in den Versuchen etwas lernen, was für ihr Leben sinnvoll ist, und natürlich ist ihnen diese Fähigkeit mithilfe der Gene gegeben worden. Ihr Genom beherrscht die Organismen deshalb aber nicht. Es wartet vielmehr auf ihre Erfahrungen, um reagieren zu können.

Zwar ist den Affen (und sicher auch den Menschen) sowohl die Möglichkeit zu einer Fluchtreaktion von Natur aus gegeben als auch die Fähigkeit, in der Anwesenheit von Schlangen eine Gefahr wahrzunehmen. Aber die Verbindung zwischen beiden muss gelernt werden, und sie kann nicht in jede beliebige Richtung geknüpft werden. Davor bewahren uns die Gene.

Das Lernen kann jetzt als Instinkt betrachtet werden, der einen Auslösemechanismus benötigt, um in Gang zu kommen, und auf diese Weise ein Wechselspiel von Natur und Umwelt zeigt. Die Umwelt stellt sich dabei nicht gegen die Natur. Sie forciert sie vielmehr. Und die Natur kann nur durch die Umwelt agieren (wirken). Die Gene sind also die Agenten der Umwelt. Sie fesseln uns nicht, sie geben uns vielmehr unsere Möglichkeiten, zum Beispiel die des Lernens, und dabei läuft das raffinierte oben erwähnte Doppelspiel ab. Gene sind daher nicht nur Ursachen; sie zeigen auch Wirkungen, und zwar zum Vorteil ihrer Träger. Schließlich lernen die Affen nur, sich vor Schlangen zu fürchten und nicht vor Blumen. Mit anderen Worten, die Gene sorgen dafür, dass wir nur die Kultur annehmen, die unserer Natur nicht widerspricht, und es bleibt schleierhaft, wie jemals die Idee aufkommen konnte, dass wir Marionetten der Gene sind.

Unabhängig davon bleibt es unerklärlich, wie sich dieser Gedanke wieder aus den Köpfen vertreiben lässt, der leider auch sein literarisches Manifest in der *Brave New World (Schöne neue Welt)* des Aldous Huxley gefunden zu haben scheint. Der 1932 geschriebene Roman erzählt, wie systematisch versucht wird, durch ein merkwürdiges Züchtungsverfahren hoch- und minderwertige

Menschen herzustellen (zu klonen) – und an dieser Stelle hören die meisten mit dem Lesen auf und verkünden die Gewissheit, dass allein die Gene darüber entscheiden. Der Schriftsteller legt die Sache aber völlig anders dar. Die »schöne neue Welt« bzw. der neue Mensch in ihr kommt erst nach dieser genetischen Vorbereitung zustande, und zwar durch Gehirnwäsche und alle möglichen Arten der Konditionierung. So werden Kleinkinder darauf dressiert, Angst vor Blumen zu bekommen, aber gerade das geht nicht, wie oben geschildert wurde. Die Hölle, die Huxley schildert, kann es nicht geben, wie die Wissenschaftlerin Mineka bewiesen hat, denn es ist nicht die Wissenschaft, die uns eine Hölle bereitet. Es ist die Forschung, die uns die Angst davor nimmt.

Zur Freude an der Imitation

Affen imitieren, Kleinkinder imitieren, und sie tun dies zu ihrem Vorteil und in Einklang mit der Natur. Imitieren weist also auf eine sinnvolle und nützliche Handlungsweise hin. Dieser Satz klingt überraschend für den, der das Wort nur im Alltag benutzt und bei dem Wort »Imitation« an die schlechte und billige Nachahmung eines teuren Originals denkt. Tatsächlich sagen wir ja auch, dass uns jemand nachäfft, wenn er nachmacht, was wir treiben bzw. vormachen, und der Hinweis auf unsere evolutionären Vorfahren ist sicher nicht ermutigend gemeint. Trotzdem: Imitieren stellt eine wichtige Eigenschaft von Lebewesen dar, die sich auch bei Delphinen und Papageien findet, die bekanntlich gut im Nachplappern sind. Diese oft nur belustigend wahrgenommene Form der Geschwätzigkeit eines bunten Vogels gibt aber einen wichtigen Hinweis auf die Frage, wie Kleinkinder Sprache erlernen – nämlich durch Nachsprechen, durch Imitation. Wenn wir etwa als Erstgeborene dauernd gefragt werden, ob wir mehr wollen, lernen wir »mehr« zu sagen. Und wenn Eltern sich bei ihrem zweitgeborenen Kind wiederholt erkundigen, ob es auch etwas trinken will, lernt es »auch« zu sagen.

Das Wunderbare der Wissenschaft besteht nun darin, Neuronen gefunden zu haben, die für das Imitieren zuständig sein könnten – jedenfalls spricht viel dafür. Sie heißen Spiegelneuronen, wobei das Wort ausdrückt, dass sie nicht nur aktiv sind, wenn wir etwas tun – etwa einen Ball werfen –, sondern auch wenn wir sehen, wie andere dies tun. Die Spiegelneuronen scheinen darüber hinaus sogar Impulse zu feuern, wenn wir uns nur vorstellen, die Handlung zu vollziehen, also den Ball zu werfen. Spiegelneuronen spielen sicher beim menschlichen Spracherwerb eine Rolle. Sie finden sich aber auch im Gehirn von Schimpansen, und daraus ziehen Neurobiologen einen Schluss. Nicht nur ein Mensch, sondern auch ein Affe kann – dank der Spiegelneuronen und seiner Imitationsfähigkeit – wissen, was ein anderer, von ihm beobachteter Affe empfindet, denn er macht ja im Kopf das Gleiche, ohne es in Wirklichkeit umzusetzen. In der Fachsprache heißt es, dass Schimpansen bereits eine *theory of mind* haben, was man nicht einfach wörtlich übersetzen kann. Jemand hat eine *theory of mind*, wenn er über die intuitive Fähigkeit verfügt, sich vorzustellen, dass jemand anders eine andere Sicht der Dinge hat als man selbst. Abschließend sei noch festgehalten, dass große Dinge wie die *theory of mind* in kleinen Schritten erreicht werden können, die mit dem Imitieren beginnen, und dass es nun eine wissenschaftliche Erklärung für das gibt, was im Volksmund immer schon bekannt war. Die beste Erziehung kommt dadurch zustande, dass Eltern als Vorbilder dienen. Natürlich kann man Pech haben und ein schlechtes Vorbild sein. Aber dann muss man sich selbst ein besseres wählen. Imitieren können wir auch noch als Erwachsene.

Wenn Kinder die Welt ansehen

Nun aber zurück zu den Genen. Während wir heranwachsen, versorgen sie uns reichlich mit Nervenzellen. Diese Neuronen bilden dabei eine Art dichtes Netz, indem sie alle miteinander verbunden werden, was Signale in alle Richtungen laufen lässt. Auf diese Weise

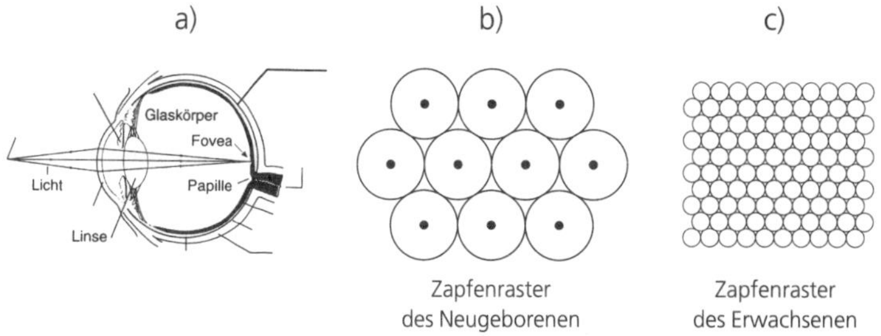

Abb. 55 Die Fovea ist die Stelle auf der Netzhaut, auf die wir als Erwachsene scharf einstellen (fokussieren) können (a). Dies gelingt nicht nur, weil der optische Nerv jetzt geeignet angelegt ist (die Zellen haben ihre Myelinschicht bekommen). Es gelingt auch, weil die lichtempfindlichen Zellen – die Zapfen – schlanker geworden sind und dichter gepackt werden können (c). Bei Neugeborenen (b) nehmen Zapfen noch mehr Platz ein, und das Raster ihrer Anordnung bleibt grob gestrickt.

können Babys zwar die Welt ansehen, aber in ihr nicht wirklich etwas scharf erkennen, und es wird jedem auffallen, dass sie kaum einen Gegenstand länger ins Auge fassen. Vielmehr wandert ihr Kopf – und damit ihre Blickrichtung – häufig hin und her, was aber nicht bedeutet, dass sie nicht doch ab und zu einmal innehalten und etwas länger anblicken. Wenn sie das tun, gilt ihre Aufmerksamkeit zumeist einem Gesicht – bevorzugt dem der Mutter. Sie betrachten aber ein Gesicht nicht so fokussiert, wie wir dies als Erwachsene tun, weil in der Netzhaut ihrer Augen die Zone noch fehlt, die als Fovea bekannt und ziemlich zentral angeordnet ist.

Wenn man einer etwa gleich großen Person gegenübersteht, fällt das Licht von ihrem Gesicht direkt auf die Fovea, in der sich die größte Dichte an lichtempfindlichen Zellen befindet. Wer einer Person im normalen Tischabstand gegenübersitzt und ihr in die Augen schaut, wird bemerken, dass nur das Gesicht tatsächlich scharf erscheint, während alles Übrige eher diffus wirkt. Beim Betrachten der Welt unterscheiden wir, den Psychologen zufolge, Figur und Medium (wobei dieser Ausdruck den alten Hintergrund abgelöst hat), und das können Kleinkinder noch nicht. Für sie ist alles Medium, eine unscharfe Welt, die sich erst allmählich in Komponenten auftrennt, die sich gezielt betrachten lassen. Dazu muss sich nicht nur die Fovea ausbilden – was konkret eine Anforderung an die Struktur der dort angelegten Sehzellen mit sich bringt –, dazu müssen auch die sich anschließenden Neuronen geeignet verschaltet und isoliert sein, wobei alle drei Verfeinerungen des für die Wahrnehmung zuständigen Apparates geeignet koordiniert ablaufen. Es scheint so, als ob die Gene die Ausbildung der Neuronen so lange verzögern, bis die sinnliche Erfahrung ausreicht, um die nötigen Entscheidungen zu treffen, welche Neuronen verschaltet und welche nicht gebraucht werden.

Trotz des unklaren Eindrucks scheinen Säuglinge im ersten Lebensjahr schon so etwas wie zählen zu können, wenn sie um sich blicken, da sie in der Lage sind, Bilder mit mehreren Einzelteilen voneinander zu unterscheiden – zwei Linien von einer Linie oder drei Punkte von vier Punkten. Bei dieser Zahl ist allerdings Schluss, was uns zwingt, die Frage nach dem Aufkommen des Zahlensinns auf die spätere Entwicklung zu verlegen.

Der Blick in die Gesichter

Unabhängig vom unklaren Erkennen, nicht zuletzt dank eines unfertigen Nervensystems, weckt eine Komponente schon früh die Aufmerksamkeit der Kleinen, und das sind Gesichter. Tatsächlich reagieren bereits Neugeborene auf Gesichter, und zwar schon dann, wenn sie nur vierzig Minuten (!) alt sind. Übrigens zeigen sich bereits in diesem zarten Alter Geschlechtsunterschiede, denn Mädchen schauen etwas länger hin als Jungen, die mehr herumzappeln und erst gleichziehen, wenn es etwas zu tun gibt, wenn es nach einem Monat etwa darum geht, Gesichtsausdrücke zu imitieren und die Zunge so herauszustrecken, wie einem das vorgemacht wird.

Die Fähigkeit, Gesichter von anderen erst zu sehen und später in ihnen zu lesen – vom achtzehnten Lebensmonat an verstehen Kinder durch ein entsprechendes Minenspiel, dass andere Menschen andere Wünsche als sie haben können –, kann man einem klar auszumachenden Areal des Gehirns zuschreiben, in dem einige Forscher sogar ganz spezifische »Gesichter-Neuronen« ausgemacht haben wollen. Was beim ersten Hören so klar klingt, bringt mindestens zwei Fragen mit sich: Was sehen die Kinder anfänglich (naiv), und was ändert sich später durch das Kennenlernen vieler Gesichter? Wie kann man (wenn überhaupt) einem einzelnen Neuron (oder einer Gruppe in einem Areal) beibringen, dem Gehirn »Gesicht« zu melden?

Zur ersten Frage gibt es elegante Experimente, die deutlich machen, was man zunächst nur ahnt, wenn man über die Erkennung von Gesichtern nachzudenken beginnt. In einem ersten Schritt – wenn die Netzhaut und die Sinnesnerven noch nicht fertig eingerichtet sind und ein unscharfes Bild der Welt liefern – kommt so etwas wie eine allgemeine Wahrnehmung »Gesicht« zustande, die jeder auch leicht malen kann: Punkt-Punkt-Komma-Strich, fertig ist das Mondgesicht, wie es zu Hause oder im Kindergarten hieß, wobei die anschließend auf das Papier gebrachten und höchst geometrischen Konfigurationen einige bereits dargestellte Empfangsfelder des visuellen Systems erkennen lassen. Sie wirken früh im kindlichen Leben und offenbar auch schon lange in der Evolution. Babys unterscheiden nämlich zu diesem Zeitpunkt nicht Menschen- von Affengesichtern und merken auch nicht, ob sie auf umgedrehte Gesichter (mit dem Kinn oben und der Stirn unten) oder richtig herum orientierte (Kinn unten und Stirn oben) blicken. Erst sehen sie nur »Gesicht«, dann lernen sie, die Formen genauer zu betrachten, die in ihrer Umgebung auftauchen, und zuletzt sind sie schließlich in der Lage, zwischen diesen Gesichtern genau zu unterscheiden, während andere Menschen anfangen, gleich auszusehen.

Dieser Effekt ist bekannt in dem Sinne, dass ein Europäer Mühe hat, individuelle Besonderheiten in Gesichtern von Japanern oder Chinesen auszumachen. Und umgekehrt verhält es sich ebenso, wie der Wunsch des ersten japanischen Botschafters in London zeigt, von seinem Posten abberufen zu werden, denn er könne nicht in einem Land leben, in dem alle Menschen gleich aussehen.

Durch unsere Erfahrungen wird vor dem für Gesichter offenen

Fenster der Wahrnehmung ein Gitter angebracht, durch das unser Blickfeld aber nicht nur verengt wird. Denn wir bekommen etwas als Kompensation. In den verbleibenden Öffnungen stellt uns die Natur ein (im Detail unbekanntes) Instrument zur Verfügung, mit dem wir dann in der Lage sind, bestimmte Typen – etwa die in Mitteleuropa zu findenden – ganz genau zu unterscheiden. Wie erstaunlich tatsächlich ist, was die Gesichtswahrnehmung für uns später zu leisten vermag, kann man sich verdeutlichen, wenn man sich einen Spaziergang durch die Fußgängerzone einer Großstadt vorstellt, die etwa an einem Samstag in der Vorweihnachtszeit gedrängt voll Menschen ist, die ihren Kopf vor der Kälte schützen. Trotzdem erkennen wir unter den Tausenden, die uns entgegenkommen, sofort ein bekanntes Gesicht, auch wenn wir es nur ganz kurz von der Seite und mit Mütze sehen. Oft hat unsere Wahrnehmung schon Kenntnis von ihm, bevor uns bewusst wird, dass einem da ein Freund entgegenkommt, dessen Name uns gleich einfällt.

Zerebrale Hermeneutik – Die Wissenschaft im Kopf

Unser Gehirn erreicht seine hier vielfach angedeutete und uns aus dem Alltag weitgehend bekannte Leistungsfähigkeit dank eines bereits erwähnten Areals, wobei diese Auskunft nur bedeutet, dass die dort zu findenden Neuronen aktiv feuern, wenn wir unsere Augen auf ein Gesicht richten. Wir wissen nicht, wie sie dazu in die Lage versetzt werden. Wie müssen Neuronen mit anderen Nervenzellen und den Sinnesorganen verbunden werden, um ein Gesicht zu erkennen? Wie extrahieren sie die Information »Gesicht«? Welche Merkmale (außer Punkt, Komma und Strich) müssen kombiniert werden, um die Wahrnehmung »Gesicht« zu erreichen, die ja beliebig zu verfeinern sein muss – vom Gesicht einer Europäerin über das einer jungen Deutschen bis hin zu dem meiner Tochter, in dem ich auch noch erkennen will, ob sie gut oder schlecht gelaunt ist?

Mona Lisas Lächeln

Zu den immer wieder gestellten und spannenden Fragen der Menschheit gehört die nach dem Grund des Lächelns der Mona Lisa, dem wohl bekanntesten Gemälde der Welt. Das Gesicht der vornehmen Florentinerin, das Leonardo da Vinci vor einem halben Jahrtausend gemalt hat, fasziniert die Menschen aus aller Welt und in jeder Epoche, woraus man schließen muss, dass die Bewunderung für das Porträt – das Gesicht – universal ist und möglicherweise eine biologische – also im Leben selbst – begründete Erklärung hat.

Wer wissen will, warum Mona Lisa lächelt, sollte sich zuerst klar machen, dass Lächeln nicht leicht und nur den Organismen möglich ist, denen eine durchgehende und im Oberkiefer verankerte Oberlippe gegeben ist. Diese Eigenschaft hat die Evolution nur den Primaten vermacht, die eine komplexe soziale Organisation und in ihr Warnsignale (durch den Gesichtsausdruck) entwickelt haben, um erfolgreich Gefahren bewältigen zu können. Andere Säugetiere – wie Hunde oder Katzen – haben andere Strategien entwickelt (oder keine benötigt) und weisen gespaltene Oberlippen auf.

Mona Lisa kann also lächeln, weil sie ein Mensch ist, und die Frage, warum sie es tut, kann jetzt auf den Betrachter abgewälzt werden. Denn die Entwicklung der Fähigkeit, bestimmte Gesichtsausdrücke zu zeigen, macht ja nur Sinn, wenn sie wahrgenommen und korrekt gedeutet werden können. Das Geheimnis der Gioconda liegt also im Betrachter bzw. in seiner visuellen Fähigkeit. Der Kunsthistoriker Ernst Gombrich versichert in seiner *Geschichte der Kunst,* dass Leonardo »mehr als irgend jemand vor ihm von der Art und Weise, wie das Sehen zustande kam«, wusste. Und er wusste vor allem, dass Sehen kein passives Ablichten, sondern ein aktives Wahrnehmen ist. »Der Künstler muss etwas dem Betrachter überlassen: Wir sind gewohnt, zu ergänzen, was wir nicht sehen, und gerade dieses Ergänzenmüssen erhöht den Eindruck der Lebendigkeit. Wenn der Maler darum die Umrisse nicht ganz fest zieht, wenn er Formen ein wenig unbestimmt lässt, wenn Licht und Schatten ineinander verschwimmen, dann kann der Eindruck von Trockenheit nicht entstehen. Hierin liegt das Wesen von Leonardos berühmter Erfindung, das die Italiener ›Sfumato‹ nennen, die etwas verwischten Konturen und verschleierten Farben, die unserer Phantasie einen gewissen Spielraum überlassen.«

In der Tat hat Leonardo gerade die Passagen in den Mund- und Augenwinkeln absichtlich undeutlich gehalten, in denen über den Ausdruck entschieden wird, den ein Gesicht hat. Daher wissen wir auch nicht, ob Mona Lisa uns tatsächlich ansieht. Wir wissen nur, dass sie in jedem Betrachter neu gebildet wird. Und es ist zu vermuten, dass sie deswegen lächelt.

Der Gedanke des »Gesichter-Neurons« macht in Hinblick auf die rezeptiven Felder in Form von Kanten- und Streifen Sinn, die wir bereits als Detektoren von Merkmalen kennen gelernt haben. Die Grundidee sieht die visuelle Wahrnehmung als einen Vorgang an, bei dem nach diesen direkt erkennbaren Mustern gesucht wird und dann stufenweise Abstraktionen vorgenommen werden. Dafür muss das Gehirn etwas zahlen, denn durch diesen Prozess werden Schritt für Schritt Informationen vernichtet. Nur so kann man dem gesehenen Bild nach und nach seine Bedeutung entnehmen und zusammenhängende Muster erkennen. Man stellt sich eine Hierarchie von einzelnen Neuronen vor, die mehr und mehr abstrakte – also immer bedeutungsvollere – Informationen signalisieren sollte. Das zuletzt angeregte Neuron würde schließlich das Erkennen ermöglichen, seine Aktivität wäre dann die Wahrnehmung.

Für jedes erkennbare Objekt müsste es eine solche letzte Nervenzelle geben, also auch für das individuelle Gesicht meiner Großmutter. Darum sprach man bei diesem Modell des Sehens vom Konzept der Großmutterzelle, und noch in den 1990er Jahren wurde wenigstens die Existenz von »Gesichts-Neuronen« reklamiert, wobei als Besonderheit im Detail versucht wird, eine einzelne Zelle durch ein Ensemble von miteinander gekoppelten Neuronen zu ersetzen und schwingen zu lassen.

Das klingt zunächst zwar einleuchtend, kann aber beim genaueren Hinschauen nicht einmal das schlicht scheinende Problem lösen, was und wie wir den so genannten Necker-Würfel erkennen, der von dem Schweizer Naturforscher gleichen Namens im 19. Jahrhundert in die Wissenschaft eingeführt wurde. Es geht um ein dreidimensionales Objekt – einen Würfel –, dessen zeichneri-

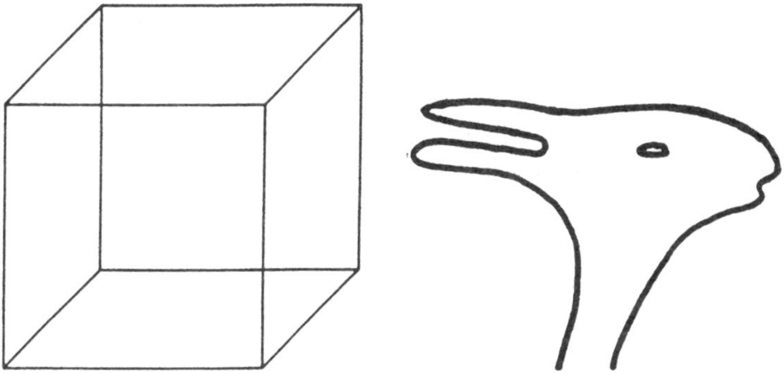

a) b)

Abb. 56 a + b Der Necker-Würfel (a), bei dem ein räumliches Gebilde auf einer Fläche dargestellt wird. Der Betrachter hat zwei Möglichkeiten, einen Würfel zu erkennen (konstruieren). Er kann das »links unten« gezeichnete Quadrat als vorne liegend betrachten. Dann ist das »rechts oben« erkennbare Quadrat hinten. Man kann sich auch das umgekehrte Bild machen. Wer beide Möglichkeiten erkannt hat und sehen kann, wird merken, dass die Wahrnehmung der Zeichnung sich nicht nach unserem Willen richtet, sondern hin und her springt – immer etwa drei Sekunden bei einer Einstellung verharrend. Dies trifft auch für andere Kippfiguren zu (b), etwa der Linienführung mit kleinem Kreis, die als Kaninchen (schaut nach rechts) oder Ente (blickt nach links) verstanden werden kann.

sche Darstellung, die auf einem Blatt Papier notwendigerweise nur zwei Dimensionen haben kann, sich auf zwei Weisen deuten lässt.

Indem das Gehirn die Striche auf dem Papier in einen Würfel in der Wirklichkeit umdeutet, erkennen wir ein Grundprinzip des Sehens (und anderer sinnlicher Erfassungen der Welt). Wir beginnen nicht bei Null, sondern mit Vorwissen. Es besteht in diesem Fall darin, dass die Welt räumlich ist und folglich ihre Gegenstände drei Dimensionen einnehmen. Was die Augen dann liefern, fügt der Vorgabe neues (oft konkretes) Wissen hinzu, mit der Folge, dass ich beim nächsten Hinschauen ein anderes Vorwissen mitbringe. Ich sehe einen Gegenstand beim zweiten Mal tatsächlich anders, obwohl die Informationen, die vom einfallenden Licht geliefert werden, unverändert bleiben.

Damit sind wir einen Schritt weiter gegangen, als die reine Wahrnehmung – sinnliche Aufnahme – der Szenen vor meinem Auge erfassen kann. Wir verstehen »sehen« jetzt als einen Deutungsvorgang. Biologisch macht dieser Vorgang mehr Sinn, denn in der Evolution kam es weniger darauf an, ein korrektes Bild der Wirklichkeit zu bekommen, sondern vielmehr seine Bedeutung zu erfassen. Es war nicht wichtig, das genaue Aussehen des Steins zu erkunden und die Geschwindigkeit präzise festzustellen, mit der er auf mich zurollte. Viel wichtiger war, sofort zu erkennen, dass Gefahr im Anzug und eine Fluchtreaktion dringend nötig war.

Wie gelingt es dem Nervensystem unter der Schädeldecke, der explizit zugänglichen Information (Stein, rollt) die nur implizit erkennbare Bedeutung (Lebensgefahr) zu geben, auf die es maßgeblich ankommt?

Die Ausdrücke »explizit« und »implizit« stammen dabei aus der Sprachwissenschaft. Selbst in einem einfachen Satz wie »Ich fahre von Konstanz nach München« stecken eine explizite (ausdrückliche) und eine implizite (eingeschlossene und also zu erschließende) Information, wobei seltsamerweise die zweite mehr Auskünfte liefert. In dem zitierten Satz wird ausdrücklich (explizit) nur gesagt, dass ich von Konstanz aus Richtung München aufbreche und nicht zu Fuß gehe. Das Wort »fahren« kann sich auf ein Fahrrad, ein Moped, ein Auto, einen Bus, die Eisenbahn und andere Möglichkeiten der Fortbewegung beziehen. In ihm steckt viel implizite Bedeutung, die erkannt wird, wenn man den Kontext kennt und mit beachtet. An einem Bahnhof bedeutet »fahren«, dass ich die Eisenbahn nehme, und an einer Tankstelle ist damit meist das »Auto« gemeint. Da es beim Sehen – und den anderen tätigen Sinnen – offenbar darauf ankommt, implizite Bedeutung zu erfassen, kann man sagen, dass die eigentliche Aufgabe des Gehirns darin besteht, die Informationen, die für den Betrachter einer visuell erfassbaren Szene implizit gegeben sind, explizit zu machen. Wer einen Stein auf sich zurollen sieht, interessiert sich nicht so sehr für dessen Kanten und Linien, sondern dafür, dass es gefährlich wird.

Es kann nun zwar relativ leicht gesagt werden, dass die explizite Information als Erregungsmuster in der Sehrinde entsteht. Aber wo extrahiert man ihre Bedeutung, die so wichtig ist? Die Wissenschaft kann Orte (Areale) angeben, an denen etwa die Unterscheidung fällt, ob ein senkrechter Strich, den wir zu Gesicht bekommen, eine 1 oder ein I bedeutet. Was es ist, steckt implizit in der Linie, wobei sich der verborgene Sinn aus dem Kontext ergibt, der zum Beispiel eine 2 oder ein A sein kann. Dabei zeigt sich, dass das Gesehene nicht da, wo man es explizit sieht, seine Bedeutung bekommt, sondern an anderer Stelle weiter vorne im Gehirn. Wie diese Extraktion der impliziten Bedeutung tatsächlich gelingt, bleibt völlig offen. Beim Betrachten der elektrischen Hirnaktivität von mehreren Versuchspersonen bekommt man den Eindruck, dass jeder Einzelne dabei auf seine Weise vorgeht. Jeder erkennt nach seiner eigenen Methode, obwohl alle zum gleichen Ergebnis kommen.

Dass jeder sich wenigstens zu Beginn des Sehvorgangs sein eigenes Bild der Welt macht, hatten wir schon durch den Hinweis auf das Vorwissen erwähnt, das nötig ist, um etwas sehend zu erkennen. Dieser Gedanke ist schon bei Goethe in der Formulierung »Man sieht nur, was man weiß« zu finden, die einmal als Werbung für Reiseführer gedient hat. Tatsächlich übersieht der uninformierte Tourist viele Prachtstücke der Kultur, aber trotzdem ist das »Man sieht nur, was man weiß« mehr vertrackt als hilfreich. Das Dumme ist nämlich, dass man nur etwas wissen kann, wenn man hinsieht. Und nun sagt uns der kluge Spruch, dass wir gar nicht sehen können, wenn wir nichts wissen. Offenbar rutscht man in einen bösartigen Zirkel, wenn man nicht aufpasst. Aber was kann man machen?

Man kann sich der Geisteswissenschaft bedienen. Sie kennt den eben betretenen Kreisschluss als hermeneutischen Zirkel, wobei sich das Attribut von dem Götterboten Hermes ableitet. Ihm war die Aufgabe übertragen, den Sterblichen die Botschaften der Unsterblichen auszulegen, mit denen ja kein direkter Kontakt bestand. Den hatte auch niemand zu den Autoren der heiligen Texte, bei deren Lektüre man allein war und die daher ein jeder selbst auslegen musste. Im Laufe der Jahrhunderte ist aus dieser Tätigkeit des Deutens eine nach dem Götterboten benannte Wissenschaft entstanden, die sich Hermeneutik nennt. Heute versteht man darunter die Deutung eines Texts aus ihm allein heraus, wobei man davon ausgeht, dass in ihm Informationen verborgen sind, die der Schreiber nicht explizit erwähnt hat, unter anderem deshalb, weil sie zu seiner Zeit und in seinem Lebensrahmen selbstverständlich waren. Wer etwa früher sagte, er verschicke eine Nachricht, fügte nicht ausdrücklich hinzu, dass er dazu den Postweg benutzte und vorher mit einem Füllfederhalter oder einem ähnlichen Schreibgerät ein weißes Blatt Papier beschrieb. Wer heute eine Nachricht auf diese Weise versendet, merkt dies hingegen explizit an und erwähnt hingegen nicht, dass er einen PC für eine E-Mail oder ein Handy für eine SMS benutzt hat.

Wenn aber ein Text mehr enthält, als er ausdrücklich an Informationen zu erkennen gibt, beginnt der hermeneutische Zirkel. Denn ich kann die verborgenen Einzelheiten erst verstehen, wenn ich den ganzen Text kenne. Umgekehrt verändert sich mein Verständnis des Geschriebenen, wenn ich lerne, implizite Bedeutungen hinzuzufügen. Auf jeden Fall bringt jeder Leser eines Textes – jeder Betrachter einer visuellen Szene – ein Vorverständnis mit, das ihm eine erste Aufschlüsselung des Gelesenen gestattet. Da dieser Beitrag des Subjekts unbedingt gebraucht wird, kann Hermeneutik keine so objektive Wissenschaft sein, wie es zum Beispiel die Physik über viele Jahrhunderte sein wollte und sein zu können hoffte.

Wer das Gehirn erforscht, ist eher mit Hermeneutik als mit Physik beschäftigt, und zwar aus zwei Gründen mit einem gemeinsamen Nenner. Der eine Grund liegt darin, dass all die Zellen und Nervenknoten, die in einem Kopf agieren, ihre evolutionäre Geschichte haben, die in das Vorverständnis des Forschers eingeht, der ihre Funktion erkundet. Wer rein auf Physik aus ist und etwa eine rollende Kugel eine schiefe Ebene hinunterlaufen lässt, um gesetzlich festliegende Abhängigkeiten zwischen Dauer und Geschwindigkeit zu ermitteln, braucht für seine Betrachtungen weniger Voraussetzungen als der Beobachter von Nervenimpulsen, die von einem Sinnesorgan ausgehend höheren Hirnregionen zustreben oder zugeführt werden.

Der zweite Grund wurde schon genannt, denn das Gehirn selbst geht mit einem Vorverständnis an die betrachtete Szene heran, und nur sie erlaubt es ihm, seinem Besitzer die maßgebliche (implizite) Information unmittelbar zugänglich zu machen. Der gemeinsame Nenner ist die evolutionäre Geschichte, ohne die tatsächlich nichts in der Biologie einen Sinn ergibt. Im Umkehrschluss heißt dies, dass es in der Biologie – folglich im Gehirn – nicht nur kausale Faktoren gibt, die von einer geeigneten Biophysik verstanden und geklärt werden, sondern auch historische Einflüsse und Auswirkungen, die nach einer hermeneutischen Erörterung verlangen. Eine Neurowissenschaft, die sich nicht mit dem Erfassen physikalisch-chemischer Abläufe in den Neuronen und ihren Verbindungen zufrieden gibt und dem Licht nicht nur auf dem Weg zum Sehen, sondern weiter zum Erkennen folgen möchte, muss eine zerebrale Hermeneutik werden.

Die Erfahrung, dass die Physik an ihre Grenzen stößt, wenn sie in den Bereich des sinnvollen Lebens gelangt, in dem es nicht nur um Erklärungen von Molekülen und Signalen sowie ihrer Leitungen geht, sondern in dem Verstehen und Deuten gefragt sind, hat die oft als Naturwissenschaft verstandene Erkundung des Unbewussten machen müssen, die von ihrem Begründer Sigmund Freud (1856–1939) ursprünglich als eine Physik der Seele angelegt war. Freud ging es darum, den klassischen Satz von der Erhaltung der physikalischen Energie, die unter anderem als Wärme und Bewegung vorliegen kann, von der Außen- auf die Innenwelt anzuwenden und einen Satz von der Erhaltung der psychischen Energie zu formulieren. Die Psychoanalyse ist aber keine Physik der Seele. Sie ist bestenfalls die Hermeneutik der Seele, also ihre Auslegungs- und Erklärungskunst. Der Analytiker versucht im Gespräch mit dem Klienten, die verborgen bleibende (weil unbewusst vorliegende) Information in der Geschichte zu finden, die ihm erzählt wird.

Die Hermeneutik des Gehirns hat sich mit den Fortschritten der Wissenschaft geändert. Als die Neuronen der Großhirnrinde entdeckt wurden, die auf Kanten und Streifen reagieren, interpretierte die Forschergemeinde sie als Merkmalsdetektor, was zu der nicht funktionierenden Idee einer Großmutterzelle oder von Gesichtsneuronen führte.

Eine neuere Fassung der Hermeneutik geht von zwei einfachen, leicht verifizierbaren Tatsachen aus. Zum einen vermittelt die Zeichnung einer Szene, die nur aus Linien besteht, die gleiche Gesamtinformation wie die Situation selbst. Wir erkennen bekannte Gesichter zum Beispiel oft an ganz wenigen Strichen, und da wir schon früher vermutet haben, dass das Gehirn die Welt malt, die wir sehen, klingt es in diesem Zusammenhang plausibel, wenn wir dem Gehirn zubilligen, wie ein Künstler an die Sache Welt heranzugehen und zuerst einmal eine Skizze anzufertigen. Die Idee mit der Zeichnung liegt allein deshalb nahe, weil wir die Netzhaut als zweidimensionales Gebilde ansehen, und auf ihr kommt das erste Bild der Welt zu liegen (in doppelter Ausführung, eins rechts und eins links). Zum andern können die Kantendetektoren gerade diese Aufgabe erfüllen, nämlich den Verlauf der Stellen angeben (oder nachzeichnen), an denen deutliche Wechsel von Hell zu Dunkel erfolgen. Man kann sich einen solchen Übergang in einem Schaubild als ansteigende (oder abfallende) Kurve der Lichtintensität aufzeichnen und damit zufrieden sein, doch dann verpasst man die wirkliche Qualität der Neuronen, die unserem Gehirn zur Verfügung stehen. Wir wollen nämlich genau erkennen, an welcher Stelle das Gesicht beginnt oder endet, das wir betrachten, und wir können das auch, wie der Blick auf Leonardos Mona Lisa mit dem verschwommenen Spiel von Licht und Schatten zeigt.

In einem verwischten Übergang von Licht zu Schatten macht unser Gehirn einen klar definierten Punkt aus, und die Frage an die Wissenschaft lautet: Wie gelingt das? Die Antwort haben wir früher in der Schule kennen gelernt, wenn auch nicht im Kunst-, sondern im Mathematikunterricht, wobei natürlich weder der Mathematik- noch der Kunstlehrer wussten, dass sie sich gegenseitig etwas zu sagen hatten und gemeinsam den Schülerinnen und Schülern etwas fürs Leben beibringen konnten. Die Antwort heißt »zweite Ableitung«, was bedeutet, dass sie in zwei Schritten gegeben werden kann. Um eine Messkurve – zum Beispiel den Verlauf der Lichtintensität um ein Gesicht herum – analysieren zu können, schauen Ingenieure oft nicht nur nach, wie der Verlauf aussieht, sondern wie er sich ändert. Wenn man diese Änderungen in ein Schaubild einträgt, erhält man die erste Ableitung der Mess-

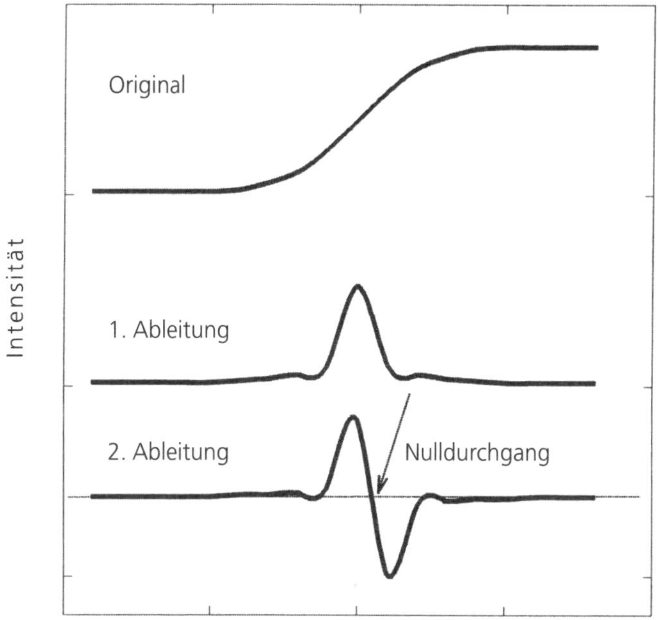

Abb. 57 Wir nehmen einmal an, die Intensität von Licht ändert sich so, wie es in der Originalkurve gezeigt wirdt – sie steigt von links nach rechts langsam und stetig an. Wir setzen darüber hinaus voraus, dass das Auge (mit allem Zubehör) eine empfindliche Messapparatur ist, die den Lichtverlauf genau registrieren kann – und wir müssen annehmen, dass unser Kopf über analytische Qualitäten verfügt. Selbst einfache technische Analysegeräte sind in der Lage, bei einer gegebenen Kurve (Original) anzugeben, an welchen Stellen sie sich ändert – am Anfang kaum, dann stärker, dann wieder weniger und zuletzt wieder kaum (von links nach rechts). Wenn man die dazugehörigen Daten aufträgt, erhält man die erste Ableitung, deren Änderungen man wieder analysieren kann. Man erhält die in Fachkreisen berühmte zweite Ableitung, die da durch Null geht, wo die erste Ableitung ihr Maximum hat. Auf dem Höhepunkt – und nur hier – ändert sich die erste Ableitung nicht, da sie vorher gestiegen ist und nachher fallen wird. Der Nulldurchgang ist genau zu ermitteln und daher ein beliebter Punkt der Ingenieure. Es ist anzunehmen, dass die Natur diesen Trick auch kennt und etwa zum Sehen ausgenutzt hat.

kurve, die eine Stelle erkennen lässt, an der die ursprünglich anvisierte Helligkeit am steilsten ansteigt. Es ist nun dieser Punkt des Maximums, für den sich das erkennen wollende Gehirn interessiert, da an ihm das Gesicht – oder irgendein anderer betrachteter Gegenstand – beginnt und sich vom Hintergrund (Medium) trennt.

Der unschlagbare Vorteil der zweiten Ableitung besteht darin, dass sie an dem Punkt verschwindet – den Wert Null annimmt –, den das Gehirn wissen will, nämlich da, wo die tatsächliche Lichtintensität ihre größte Veränderung erfährt und deren erste Ableitung ein Maximum erreicht. Der Vorteil des Nulldurchgangs liegt darin, dass sich immer leicht feststellen lässt, ob etwas fehlt (Null ist) oder nicht (von Null abweicht), während es schwierig sein kann, zu ermitteln, wie viel von einer Sache vorhanden ist. Genauso agieren die Kantendetektoren der Sehrinde. Sie suchen nach der zweiten Ableitung der ins Auge einfallenden Lichtintensitäten, und nachdem sie gefunden sind, kann das Gehirn die erste Skizze des Gesehenen anfertigen. Die Welt ist jetzt als erstes Bild im Kopf. Das heißt genauer, dass die Welt als Mosaik aus unterschiedlichen Lichtintensitäten vorliegt – man spricht von ihrem Graumuster –

Abb. 58 Ein Teddybär als primäre Skizze, wie sie unser visuelles System anfertigen könnte.

und dass sich das Gehirn seiner neuen Aufgabe zuwenden kann. Sie besteht darin, das eben skizzierte Bild zu beschreiben und seinem Träger zu sagen: Das ist ein Kopf – zum Beispiel der eines Teddybären.

Der alte Ansatz des Großmutter- oder Gesichtsneurons würde im gegeben Ableitungsmuster nach Bereichen suchen, die in spezifischen Objekten Bedeutung haben können. Um dies an einem sehr einfachen Beispiel zu demonstrieren, stellen wir uns den Blick auf einen Hammer vor, der sich zum Beispiel dadurch identifizieren lässt, dass ein dunkles Rechteck versuchsweise als sein Kopf gedeutet wird, was unser Nervensystem veranlasst, in seiner Nähe nach visuellen Eindrücken zu suchen, die wie ein Griff aussehen. Anders kann es nicht gehen, und damit geht es überhaupt nicht, denn wir müssen bereits an dieser Stelle der Wahrnehmung zu viele Kenntnisse aus der Schatzkammer des Wissens hervorholen und in den Prozess einfügen, und der hermeneutische Zirkel schnappt fest zu: Nach dem Griff des Hammers kann ich nur suchen, wenn ich den Hammer schon erkannt habe. Aber dann brauche ich nicht mehr zu suchen.

Der neue Ansatz versucht nun, Vorwissen erst ganz zum Schluss einzusetzen, was bedeutet, dass man zunächst versuchen muss, aus dem Graumuster alle möglichen Bedeutungen herauszupressen, die wir uns als primäre Skizze vorstellen können – und unter diesem Namen erscheint sie in der Fachliteratur. Im Normalfall führen sowohl die betrachtete Figur als auch ihr Hintergrund zu ähnlichen Musterbildungen; eine Aufgabe des Gehirns könnte darin liegen, erst einmal zu entscheiden, welche Linien den Umriss des betrachteten Gegenstands – sein Gesicht – ausmachen.

Ihre Lösung wird vorstellbar, da wir die Welt mit zwei Augen anblicken, die zwei leicht verschiedene Informationsmengen über den einen Gegenstand liefern. Wenn sie Punkt für Punkt verglichen werden, sollten sich vor allem Abweichungen bei den Punkten zeigen, die zum Gesicht als Figur gehören, während der Hintergrund eher zweimal sehr ähnlich vorliegt. Tatsächlich lässt sich ein Zuordnungs- und Rechenverfahren angeben, das zuerst mithilfe der primären Skizze in der Lage ist, die beiden Punkte im

Kopf zu finden, die von einem in der Welt stammen, der dann deren Abstände misst, um daraus schließlich eine Sicht des Objekts zu konstruieren, die dem Betrachter einen ersten räumlichen Eindruck gibt. Dies geschieht zunächst nur von dem einen Standpunkt aus, den der Betrachter einnimmt, kann aber geeignet weitergeführt werden, um vom Beobachter- zum Objektstandpunkt zu kommen. Und an dieser Stelle endlich kommt das Vorwissen ins Spiel. Denn jetzt muss das Gehirn versuchen, eine Beschreibung des anvisierten Gegenstands zu geben, die den Betrachter in die Lage versetzt, ihn als etwas wieder zu erkennen, das er schon einmal gesehen hat. Man sieht ja – wie gesagt – nur, was man weiß.

Nun stellt sich mehr als eine wissenschaftliche bzw. neurobiologische Frage. Denn zum einen weiß niemand, wie die theoretischen Vorstellungen, die wir bis hierher beschrieben haben, im Gehirn verankert sind, wie sie in den Aktivitäten von Nervenzellen zu implantieren und nachzuweisen sind. Und zum andern geht es jetzt ja ganz allgemein um die Frage, wie sich eine bestimmte Gestalt systematisieren und in Komponenten zerlegen lässt. Da drängt sich der Verdacht auf, dass Kunstexperten sich hier besser auskennen würden als Hirnforscher. Leider hat man sie aber nicht um Rat gefragt, und so haben die Neurowissenschaftler allein die Zerlegung des Körpers vorgenommen und sich dabei den Bedürfnissen der Computerexperten gebeugt. Das ist einerseits vernünftig, denn das Gehirn verrechnet vor allem an dieser Stelle die Sinneseingaben. Andererseits ist es ungeschickt, denn wenn die tatsächliche Vielfalt der Lebensformen in berechenbare Objekte zerlegt wird, verpassen wir gerade, was uns am meisten Spaß macht, nämlich das, was sich der Berechung entzieht.

Trotzdem gilt festzuhalten, dass die angekündigte Art der Zerlegung möglich ist, was eine wunderbare Leistung der Wissenschaft ist, auch wenn sie ästhetisch empfindsame Menschen wenig in Entzücken ausbrechen lässt. Die Zerlegung beginnt mit der Zuordnung einer festen Orientierungsachse und greift auf Figuren zurück, die durch ein solches Zentralelement zu erfassen sind. Die Mathematiker sprechen von »generalisierten Kegeln«. Sie verstehen darunter Oberflächen, die durch die Bewegung einer geschlosse-

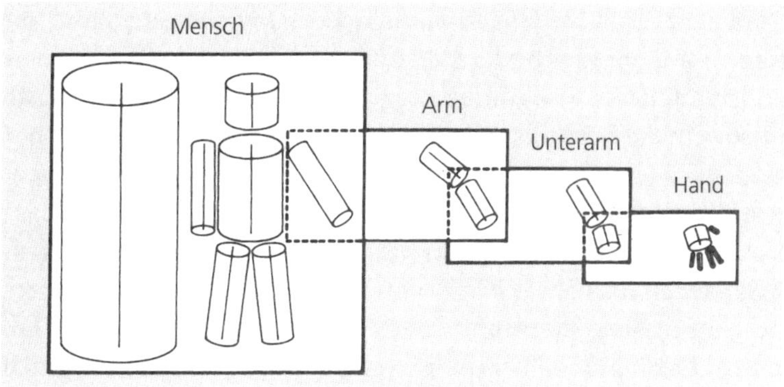

Abb. 59 Die mögliche Zerlegung einer menschlichen Figur (Gestalt) in generalisierte Kegel.

nen Linie entlang einer Achse entstehen, wobei die Linie ihre Form behält und sich nicht sprunghaft ändert. Auf diese Weise lässt sich alles erfassen, was von Natur aus wächst, und auch alles, was von Menschen gebaut wird.

Niemand wird behaupten, dass die Kegel elegant wirken und etwa der menschlichen Gestalt adäquat Rechnung tragen. Aber der Versuch, die Wirklichkeit in geometrische Einheiten aufzulösen, um sie dadurch zu erkennen, ist aus der Geschichte der Malerei bekannt und hier als Kubismus bezeichnet worden. In kunsthistorischen Darstellungen ist zu lesen, dass im frühen 20. Jahrhundert zum Beispiel Pablo Picasso im Stil des analytischen Kubismus malte. Das bedeutet im Sinne der zitierten Wissenschaft, dass das Darzustellende einer formalen Analyse unterzogen wird und die gezeigten Figuren und Gegenstände sich aus geometrischen Einzelkörpern zusammensetzen. Wieder scheinen die Maler nachzuschaffen, was das Gehirn vorführt bzw. vorlegt, sodass man annehmen könnte, Kunstwerke gefallen uns dann, wenn sie einer Verarbeitungsstufe der visuellen Information entsprechen und sie insofern wörtlich ihren Platz haben, auf den sie in unserem Inneren fallen können. Hier scheint sich in der Tat ein Durchgang aufzutun, mit dessen Hilfe die Erkenntnisse der Kunst und der Wissenschaft zu einem Weltbild verbunden werden können.

An dieser Stelle begnügen wir uns jedoch mit den generalisierten Kegeln und ihren Oberflächen und nehmen um der Einfachheit willen an, dass es mit ihnen möglich wird, die ins Auge gefasste Gestalt in das besondere Objekt zu verwandeln, das sich rechnerisch systematisch erfassen lässt. Dann können wir genau sagen, wie Vorwissen benutzt werden kann, was auch heißt, wie es angelegt sein muss. Es könnte zum Beispiel in Form eines Katalogs im Kopf sitzen, in dem die bekannten Objekte entsprechend ihrer möglichen Aufgliederung in generalisierte Kegel aufgeführt sind. Dieser Katalog kann hierarchisch angelegt sein, um einen zugleich raschen und spezifischen Zugriff zu erlauben. Durch Auffinden eines Postens in diesem Katalog, durch den das mühsam angefertigte dreidimensionale Bild des betrachteten Gegenstands identifiziert wird, kann das Gehirn endlich eine Beschreibung der Welt liefern, die Bedeutung für den Betrachter hat. Damit wären wir – wenigstens theoretisch – am Ziel, denn aus einfallendem Licht ist einleuchtendes Sehen geworden.

Natürlich kann jeder sich von der vorgeführten Theorie des Sehens mit dem Hinweis abwenden, es sei doch noch längst nicht nachgewiesen, dass dies in den neurophysiologischen Netzen aus Nervenzellen und Synapsen verwirklicht sei. Doch die Überlegungen sollten wenigstens einen Eindruck davon vermitteln, welche Ebenen im Gehirn beteiligt sein müssen, um das Ganze sowohl wirksam funktionieren zu lassen als auch geeignet beschreiben zu können. Man benötigt zunächst das schon erwähnte Geflecht aus Neuronen und ihren Kontaktstellen. Dann muss man wissen, wie diese Elemente »rechnen« können, wie sie Signale und Informationen integrieren, etwa durch addieren und multiplizieren. Diese Ebene könnte man als die Ebene der Rechenkunst bezeichnen, für die es den alten Namen Algorithmus gibt. Auf einer dritten Stufe muss eine Berechnung (Computation) möglich sein, bei der ausschließlich Ergebnisse in drei Dimensionen zugelassen sind. Und zuletzt muss noch geklärt werden, wie sich daraus der Schluss auf das Objekt ziehen lässt, wie wir etwa erkennen, dass die Darstellung in Abb. 56 einen Würfel zeigt, obwohl doch nur Linien zu sehen sind.

Die Naturwissenschaft hält sich schon länger zwischen der ersten und zweiten Stufe auf, und sie findet nur mühsam da heraus, obwohl ihr natürlich klar ist, dass erst alle vier Ebenen zusammen eine Brücke ins Land des Verstehens ergeben. Was hier vorgestellt wurde, erlaubt es sicher, Bilder mit Achsen richtig zu konstruieren – Bleistifte und Finger ebenso wie Gesichter (wobei dies natürlich schwieriger wird). Was passieren muss, damit wir weitläufige Landschaften mit glitzernden Seeoberflächen anschauen können, bleibt ebenso rätselhaft wie die Antwort auf die Frage, was der skizzierte Algorithmus liefert, wenn wir ein Gesicht im Profil sehen (und es vielleicht noch auf einem Foto betrachten). Wie wissen wir dann immer noch, dass es dieselbe Person ist, die wir schon von vorn gesehen haben? Mit den Rechenoperationen kann Sehen simuliert werden, aber vom Simulieren bis zum Verstehen bleibt ein weiter Weg – sowohl in der Theorie als auch in der Praxis.

Das Erwachen der Intelligenz

Genauso wie die äußerlich sichtbaren Strukturen des Gehirns müssen sich auch die inneren Strukturen des Denkens nach und nach herausbilden. Seit dem letzten Jahrhundert befasst sich damit die Entwicklungs- oder Kognitionspsychologie. Sie geht zurück auf den Schweizer Jean Piaget (1896–1980), der schon früh in seinem Studium die Überzeugung gewann, »dass man auf allen Ebenen (derjenigen der Zelle, des Organismus, der Art, der Begriffe, der logischen Prinzipien usw.) dasselbe Problem der Beziehungen zwischen dem Teil und dem Ganzen wieder findet«.

Piaget träumte von einer Psychologie, die eine »enge Verbindung zwischen der Philosophie und der Biologie« herstellt, die also nicht nur das Werden der organischen Formen, sondern auch das Werden der Denkmuster (Kategorien) erkundet, also *Das Erwachen der Intelligenz*, wie einer seiner Buchtitel lautet. Für ihn stellte das Leben selbst einen kreativen Prozess dar, auf den man sich einlassen muss.

Bei der Suche nach einem geeigneten Einstieg für eine solche genetische Wissenschaft des Erkennens stieß Piaget auf die Intelligenztests, mit denen Psychologen in den frühen Jahrzehnten des 20. Jahrhunderts ihre Erforschung des kindlichen Geistes begonnen hatten. Als Piaget gebeten wurde, die entsprechenden Fragebögen für französische Schulkinder zu standardisieren, wurde seine Aufmerksamkeit mehr von den »falschen« als von den »richtigen« Antworten der Kinder gefesselt, denn er bemerkte, dass die »Fehler« nicht zufällig zustande kamen. Vielmehr hatte er den Eindruck, dass in verschiedenen Altersstufen typische Fehler auftreten, und er interpretierte sie als Ausdruck einer allen Kindern gemeinsamen Entwicklung bzw. Strategie zur Entfaltung ihrer Denkmöglichkeiten. Piaget entdeckte zum Beispiel, dass Kinder bis ins neunte oder zehnte Lebensjahr hinein den Unterschied nicht verstehen, der zwischen Sätzen wie »Alle meine Blumen sind rot« und »Einige meiner Blumen sind rot« besteht. Sie begreifen offenbar nicht, dass ein Strauß Blumen nicht völlig rot ist, wenn (nur) einzelne Teile von ihm diese Farbe haben. Und als er eine Menge Münzen so anordnete, dass sie in zwei Reihen paarweise gegenüber zu liegen kamen, bemerkte er, dass Kinder im Alter von vier bis fünf Jahren zwar auf Nachfrage erklären, dass in beiden Reihen gleich viele Münzen liegen, dass sie aber auch meinen, die Zahl der Münzen ändere sich, wenn man die Paarbildung aufhebt. Wenn eine der beiden Reihen auseinander gezogen wird, teilen Kinder noch im sechsten Lebensjahr dem das Experiment durchführenden Psychologen mit, die längere Reihe enthalte mehr Münzen. Piaget zog daraus den Schluss, dass Kinder in diesem Alter noch keinen geeigneten »Zahlensinn« haben. Sie schienen in ihrem Kopf das Konzept der »Mengeninvarianz« noch nicht entwickelt zu haben, mit dem sich erkennen lässt, dass die Zahl von Objekten sich nicht ändert, wenn man sie weiter verbreitet und ihnen mehr Platz einräumt. Das Wort »Zahlensinn« wählte Piaget, weil er der Meinung war, bei der Beurteilung der Frage – mehr oder weniger Münzen? – würden die Kinder zwei Sinneseindrücke vergleichen, nämlich die Menge und die Verteilung der Geldstücke.

Auf dem Weg zum Zahlensinn

Natürlich können auch Experten irren, und möglicherweise lassen sich große Forscher dadurch charakterisieren, dass ihnen nicht nur große Entdeckungen gelungen, sondern auch große Fehler unterlaufen sind. Und was den Zahlensinn angeht, so hat sich Piaget tatsächlich schwer geirrt, wie zum Beispiel der psychologisch orientierte französische Mathematiker Stanislas Dehaene in seinem jüngst erschienenen Buch über den *Zahlensinn* darlegt. Dehaene weist darauf hin, dass der Experimentator mit vier- bis fünfjährigen Kindern arbeitet, die in dem Alter bereits die Fähigkeit entwickelt haben, sich in die Gedanken eines anderen Menschen zu versetzen. Außerdem haben sie die Erfahrung gemacht, dass Erwachsene souverän und klug sind, und für den mächtigen Versuchsleiter vor ihnen trifft dies erst recht zu.

Nun stellt diese dominierende Person zuerst gleich viele Gläser und Flaschen in zwei Reihen auf und fragt, in welcher Reihe mehr Dinge sind. Dann stellt er die Gläser um und wiederholt seine Frage. In dem Fall – so Dehaene – könnte folgende Gedankenkette in den Kindern ablaufen: »Wenn diese Erwachsenen mir ein zweites Mal die gleiche Frage stellen, muss das daran liegen, dass sie eine andere Antwort erwarten. Aber das Einzige, das sich gegenüber früher verändert hat, ist die Länge der beiden Reihen. Deshalb muss die neue Frage etwas mit der Länge der Reihen zu tun haben, obwohl es so aussieht, als ob sie sich auf die Anzahl bezöge. Ich sollte also wohl besser aufgrund der Reihenfolge antworten als aufgrund ihrer Anzahl.«

Der angelsächsische Mathematiker Keith Devlin hat sich auch in die Situation der Kinder in Piagets Versuch versetzt. Und er stellt sich ihren Gedankengang wie folgt vor: »Hmm. Diese Frage hat er mir doch gerade erst gestellt. Erwachsene sind ja nun nicht blöd, und dieser hier scheint mir ganz besonders schlau zu sein. Dass die Zahl der Gegenstände unverändert ist, sieht ja wohl ein Blinder. Ich muss also vorher die Frage falsch verstanden haben. Ich dachte, er fragte mich nach der Anzahl der Gegenstände, doch tatsächlich wollte er ja wohl etwas über die Länge der beiden Reihen wissen, denn die genau hat er ja verändert.«

Und dann geben die Kinder die Antwort, von der sie annehmen, dass sie erwartet wird, wobei sie sich sicher freuen, wenn sie nach der Auskunft erleben, wie sich der Psychologe freut, der im Geiste schon den Titel der Arbeit formuliert, in der er seine Beobachtungen publiziert. Bevor man zu sehr über ihn lächelt, sollte man bedenken, dass es für die Antworten der Herren Devlin und Dehaene keinerlei Beweise gibt, obwohl sie so plausibel klingen. Insgesamt zeigt sich, wie viele Parameter es zu beachten gilt und um wie viele Ecken sich das Denken davonschleichen kann, bevor es von einem schlichten wissenschaftlichen Netz gefangen werden kann, auch wenn dies noch so lässig ausgeworfen worden ist.

Die kindliche Goldmine[1]

Wir werden zum Zahlensinn und der Frage, wann wir das Operieren mit Zahlen – Addition, Multiplikation – lernen, zurückkehren, nachdem wir einige der grundlegenden Einsichten Piagets vorgestellt haben, von der er sich »eine Art Embryologie der Intelligenz« versprach. Der Psychologe wollte im Detail verstehen, wie die Kategorien des Denkens hervorgebracht werden, und er ging von der Voraussetzung aus, dass dies durch die Wechselwirkung von Innen und Außen geschieht. Für ihn konnte der Geist kein passiver Apparat sein, der die Sinnesdaten aufnimmt, die nach einem feststehenden Muster einströmen und über die Außenwelt informieren.

In Piagets Ansatz wird menschliche Intelligenz als Strategie betrachtet, mit deren Hilfe die wahrgenommene Wirklichkeit aktiv rekonstruiert wird. Das Gehirn bzw. der Geist ist auf der Suche nach Signalen und transformiert das von ihm Empfangene mithilfe seiner genetisch verständlichen Vorgaben.

Piaget vermied das Studium affektgeladener Komponenten des Erkennens und konzentrierte sich ausschließlich auf die kognitiven Fähigkeiten und die Entwicklung, die sie im Laufe der Ontogenese erfahren. Diese Idee fand spätestens in den siebziger Jahren eine große Gefolgschaft, denn »dieser Forschungsansatz erschließt der erkenntnistheoretischen Erkundung eine Goldmine, welche die Philosophen seit Jahrtausenden übersehen haben. Die Philosophie hat traditionell nur das Wissen und die Wahrheit diskutiert, die der erwachsene Geist des Menschen besitzt, ohne darauf zu achten, dass deren Ursprünge im kindlichen Geist liegen. In der ersten Hälfte des 18. Jahrhunderts hatte zwar Jean Jacques Rousseau erkannt, dass die Natur es will, dass Kinder Kinder sind, bevor sie zu Erwachsenen werden, und dass die Kindheit ihr eigenes Sehen, Denken und Fühlen hat.

Aber es dauerte noch bis zum Beginn unseres Jahrhunderts (gemeint ist das 20.), bevor Psychologen – vor allem James Baldwin – damit begannen, systematisch die kognitiven Fähigkeiten des kindlichen Verstandes auszuwerten und die Stufen zu bestimmen, auf denen er erwachsen wird. Doch nachdem Piaget seinen Forschungsweg eingeschlagen hatte, musste noch ein weiteres Vierteljahrhundert vergehen, bevor seine Ergebnisse eine deutliche Wirkung im erkenntnistheoretischen Denken zeigten.« So hat es einmal Max Delbrück (1906–1981) formuliert, der als Wegbereiter der Molekularbiologie 1969 mit dem Nobelpreis für Medizin ausgezeichnet wurde.

Piaget konzentrierte seine Arbeiten zunächst auf die sprachliche Entwicklung von drei- bis vierjährigen Kindern; es gelang ihm dabei, das zu ordnen, was vorher den Eindruck eines Durcheinanders erweckte, nämlich die kindliche Mentalität. Bei fünf- bis sechsjährigen Kindern erkannte er, dass Kinder Schwierigkeiten haben, den Standpunkt zu wechseln. Diejenigen, die eine Schwester oder einen Bruder haben, begreifen nicht ohne weiteres, dass sie selber dann auch Bruder oder Schwester sind. Sie bleiben in einem Egozentrismus stecken, der sie zum Mittelpunkt der Welt macht.

Die ergriffene Welt

Piaget deutet also das Erwachen der Intelligenz nicht als (passive) Entfaltung angeborener Anlagen und auch nicht als (ebenso passive) Prägung durch Wirkungen aus der Umwelt. Die geistige Entwicklung wird in seinen Augen durch einen inneren Antrieb (den Impetus) des Kindes ausgelöst, das bemüht ist, die Welt (aktiv) zu ergreifen. Angeborene Wahrnehmungs- und Handlungsabläufe werden bei ganz alltäglichen Dingen praktiziert, die auf diese Weise eingeordnet (assimiliert) werden und denen wir uns auf die gleiche Weise zuwenden, das heißt, die wir akkommodieren. Wenn wir beispielsweise durch unseren angeborenen Greifreflex einen neuen Gegenstand – etwa einen Schuh – zu fassen bekommen, fügen wir zum einen den Schuh in die Kategorie »greifbare Gegenstände« ein, und zum andern passen wir bei dieser Gelegenheit unsere Greiftechnik den Besonderheiten der Schuhform an.

Ein Kind führt also zunächst konkrete Operationen aus, es *ergreift* die Gegenstände und mit ihnen seine Welt. Nach und nach lässt mit zunehmendem Alter die geistige Verarbeitung dieser Handlungen und ihrer Resultate ein formales Operieren zu, mit dem ein Kind die Gegenstände schließlich *begreift*. Wer griffige Formulierungen liebt, könnte den berühmten Satz von Karl Marx abwandeln, demzufolge das Sein das Bewusstsein bestimmt. Diese Formulierung bezieht sich nur auf Erwachsene und bedeutet in poetischer Präzision, dass erst das Fressen kommt und dann die Moral. Wir haben hier mit Kindern zu tun, und die Entwicklungspsychologie stellt bei ihnen fest: Das Sein bedeutet nichts, das Handeln aber bestimmt das Bewusst*werden.*

Die kognitiven Stufen

Jahrzehntelang haben Piaget und seine Mitarbeiter Beobachtung an Beobachtung gefügt und dabei die Überzeugung gewonnen und immer mehr gefestigt, dass Kinder stufenweise die Kategorien der Erwachsenen erreichen. Die frühen psychologischen Untersuchungen haben vier Phasen der Intelligenz erkennen lassen, die wir durchlaufen müssen und die mit dem Lebensalter zusammenhängen. Piaget hat sie in dieser Form vor allem in seinem Werk *Psychologie der Intelligenz* beschrieben, das 1947 erstmals erschienen ist.

Am Anfang – in den ersten zwei Lebensjahren – zeigt sich eine so genannte sensomotorische Intelligenz. Alles Denken realisiert sich im Tun des Kindes. Dabei werden diese ersten Handlungen schon verinnerlicht und zu einer Art von Vorbegriffen gewandelt, die das anschauliche Denken ausmachen. Vermutlich steckt in dieser frühen Phase schon der Ursprung einer Eigenart unseres Denkens, die man als Dinghaftigkeit bezeichnen kann. In dieser sensomotorischen Phase bildet sich das Konzept eines Gegenstandes heraus. Die krabbelnden Kleinkinder lernen, dass ein Gegenstand von Dauer ist. Gemeint ist damit, dass auch dann, wenn etwa ein Kamm aus meinem Blickfeld verschwindet und anschließend unter einem Tuch wieder auftaucht, es doch derselbe Gegenstand bleibt. Es gibt den Kamm selbst dann noch, wenn ich ihn gerade nicht sehe. Dies ist überhaupt nicht selbstverständlich, und die Kinder wissen dies nicht von vornherein. Der Kamm, der unter einer Decke verborgen liegt, existiert für sie nicht mehr. Jedenfalls sucht kein Kind in diesem Alter danach, was entweder bedeutet, dass es seine motorischen Fähigkeiten nicht ausreichend koordinieren kann, wie heute vielfach geäußert wird, oder dass ihm gar nicht die Idee dazu kommt, wie Piaget annahm. Für ihn begreifen die Kinder die Permanenz der Objekte erst am Ende der sensomotorischen Phase. Dann halten sie aber an ihr fest, und nun haben wir die Idee fürs Leben.

Wer Kinder beobachtet, erkennt ihre unbewusste Fähigkeit, Objekte als dauerhaft zu verstehen, etwa durch die Tatsache, dass sie anfangen, systematisch nach versteckten Objekten (z. B. einem Ball hinter einer Tür) zu suchen. Der Ball bleibt jetzt auch da, wenn er nicht gesehen wird. Der Eindruck der Sinne wird dabei zum ersten Mal etwas zurückgedrängt. Das Denken und seine Strukturen schieben sich mehr und mehr in den Vordergrund. Die Wahrnehmung bleibt aber bei schwierigeren Situationen jetzt immer noch maßgebend, wie auf der nächsten Stufe erkennbar wird, die Piaget als Phase des symbolischen und anschaulichen Denkens bezeichnet.

Die anderen Dinge

Offenbar lernen wir an unserem intellektuellen Anfang nicht nur die dauerhafte Präsenz von Objekten kennen, wir entwickeln dabei vermutlich gleichzeitig und etwas voreilig die Vorstellung, dass alle Objekte, die wir noch nicht gesehen haben, genau solche Dinge sein können wie die, die wir kennen. So wie eine Kugel, die ich nicht mehr sehe, ein Ding bleibt, so kann auch ein Atom, das ich noch nicht gesehen habe, ein Ding sein, eine kleine Kugel zum Beispiel.

Was wir beispielsweise auch als Erwachsene nicht mit den eigenen Augen sehen können, sind Energie, Gene oder Atome. Dennoch denkt unser gesunder Menschenverstand, dass es sich hierbei um Dinge handelt, die im Prinzip so funktionieren und miteinander in Wechselwirkung geraten, wie alltägliche Gegenstände es tun. Aber Atome bestehen gerade nicht aus winzigen Kügelchen, die einander umkreisen, und selbst wenn man für Energie bezahlen muss, so kann man sie doch nicht in die Tasche stecken oder anstreichen. Energie ist eben kein Ding, sondern ein Konzept, und selbst wenn ich sie präzise messen kann, weiß ich noch nicht zu sagen, was sie ist. Die Idee der Energie wurde im 19. Jahrhundert für die Physik (und den Betrieb von Maschinen) entwickelt, hat aber spätestens in unseren Tagen das öffentliche Bewusstsein erreicht. Jetzt erst traut man ihr eine konkrete Existenz und damit die übliche Dinghaftigkeit zu. Die Trägheit unserer Seele bewahrt sich allzu gerne solche Haltepunkte in der Welt der Erkenntnis, und man sollte – bzw. muss – Verständnis dafür haben.

Die konstante Menge

Der sensomotorischen Phase folgt im Alter von drei bis sieben Jahren die Stufe, auf der die Kinder lernen, mit Symbolen zu hantieren und anschaulich zu denken. Sie können nach und nach mit dem Gedächtnis argumentieren und Analogien verwenden. Das symbolische Denken beginnt oft mit einer Imitation, die dann mehr und mehr nach innen verlagert wird.

Auf dieser Stufe kann die Sinneserfahrung immer noch das Denken besiegen, wie mithilfe eines berühmten Versuchs demonstriert werden kann, der zuerst von Piaget durchgeführt worden ist. Es geht dabei um Flüssigkeiten, die von einem Gefäß in ein anderes geschüttet werden. Dass dabei (von den üblichen winzigen Verlusten abgesehen) die Mengen erhalten bleiben, ist zwar für einen Erwachsenen selbstverständlich, aber die Kinder auf dieser Entwicklungsstufe müssen diese Invarianz der Menge erst noch lernen. Im Alter von vier oder fünf Jahren lassen sie sich leicht von der Höhe des Flüssigkeitsspiegels – dies ist der vorherrschende Sinneseindruck – täuschen. Gießt man den Inhalt eines schlankeren Glases in ein breiteres Gefäß, denken Kinder in diesem Alter noch, es gebe nun weniger Flüssigkeit als vorher. Ein bis zwei Jahre später – immer noch in der Phase des symbolischen Denkens – erkennen die Kinder die Konstanz der Menge nur dann noch nicht, wenn sich mehr als ein durch die Sinne aufdrängender Parameter ändert.

Die invariante Substanz

Auf der nächsten Stufe besiegt das Denken den sinnlichen Eindruck endgültig. Die Kinder wissen nun, dass die Menge erhalten bleibt. Sie haben das Konzept der Mengenkonstanz entwickelt, und zwar ohne dass jemand es ihnen erklärt oder vorgeführt hat. In diesem Alter befinden sich die Kinder auf der dritten Stufe der kognitiven Leiter, die Piaget aufgestellt hat. Diese Sprosse trägt den Namen der konkret-operationalen Periode. Sie währt über das zehnte Lebensjahr hinaus und ermöglicht es den Kindern, Reihenfolgen zu konstruieren und Ordnungen zu begreifen. Sie verstehen die Gleichwertigkeit von Mengen und eignen sich so das Konzept der Zahl an. Damit wird es auch möglich, die Erhaltung kontinuierlicher Eigenschaften zu erfassen, also etwa Gewicht und Volumen.

Charakteristisch für diese Phase des Erwachens ist die Beobachtung, dass die Kinder nun mehr oder weniger anfangen, sich spontan an Fragen der Physik heranzutasten. Ihre Erkundung der Welt lässt sie als kleine wissenschaftliche Experimentatoren erscheinen, die sich – etwas überspitzt ausgedrückt – auf den Weg zum Atom machen. Auf jeden Fall lernen sie nach und nach die Idee von der invarianten Substanz kennen, und der Zucker, der sich im Teeglas auflöst und auch nicht wieder sichtbar in Erscheinung tritt, bleibt in ihrem Denken doch vorhanden.

Die Idee von der Invarianz der Substanz hat Piaget mithilfe von Tonkugeln experimentell in den Griff bekommen. Den Kindern werden zwei gleich große Tonkugeln gezeigt, und sie können sich davon überzeugen, dass in beiden die gleiche Menge Ton enthalten ist. Eine dieser Kugeln wird dann entweder in einen Zylinder oder in eine Scheibe oder auch in mehrere kleinere Kugeln umgeformt. Wie oben erwähnt, verstehen die Kinder auf der dritten Stufe, dass die *Menge* invariant bleibt und durch die Neuformung nicht verändert wird. Sie verstehen aber zunächst noch nicht, dass dies auch für das *Gewicht* gilt. Erst im Alter von neun bis zehn Jahren begreifen sie, dass das Gewicht unabhängig von der Form und ihrer Veränderung ist. Noch länger brauchen sie, um zu verstehen, dass trotz allen Modellierens das von der Tonsubstanz eingenommene *Volumen* erhalten bleibt, also forminvariant ist.

Eine einfache Deutung dieser Unterschiede kann sich wieder auf den Sinneseindruck stützen. Eine Menge ist viel anschaulicher als ein Gewicht. Aber auch ein Gewicht kann ich – etwa durch meine Muskelkraft – erfahren. Mit dem Volumen dagegen ist das schwieriger, denn da muss schon ein Überlaufgefäß zu Hilfe genommen werden, und dieses zeigt das Volumen mehr oder weniger nur indirekt an.

Die Kinder im Alter zwischen zehn und elf stellen sich aber vor allem deshalb vor, dass das Volumen von der Form abhängt, weil sie meinen, dass die Änderung der Tonform auch eine Änderung seiner Festigkeit und »Gepacktheit« mit sich bringt. Mit diesem Wort bezeichnen Kinder oft die Dichte der Stoffe. Zunächst scheint ihnen die Materie noch elastisch zu sein, ein lang gestreckter Zylinder aus Ton scheint einfach mehr Platz zu brauchen als eine Kugel. Der durch die auffallende Länge einer solchen Tonrolle gegebene Sinneseindruck verführt die Kinder nicht dazu, ein größeres Volumen zu vermuten – sie sind nicht mehr in dem Alter, in dem sie das annehmen könnten, wie der Versuch mit den Flüssigkeiten zeigt.

Um die Invarianz des Volumens zu erkennen, müssen die Kinder schon Vorstellungen vom Bau der Materie Ton haben, die da geknetet und umgestaltet wird. Sie müssen sich so etwas wie kleine Dinge – Teilchen oder Partikel – ausmalen, mit denen der Stoff komponiert worden ist, an dem sie herumhantieren. Dass Kinder tatsächlich spontan ein atomistisches Bild von der Dichte einer Substanz vor Augen haben, zeigt sich in einem einfachen Experiment. Die Kinder bekommen ein kleines Stück Eisen und ein zwar größeres, aber leichteres Stück Kork. Werden sie nun gefragt, warum das kleinere Stück schwerer ist, dann geben sie mit zwölf Jahren die Antwort, die auf eine atomistische Konzeption hinweist. Sie behaupten, das Stück Metall sei »voller ausgefüllt« oder »dichter gepackt«.

Die aufgelöste Materie

Der Ball hinter dem Sofa konnte zurückgeholt und der Tonzylinder wieder zur Kugel werden. Wenn sich aber Zucker im Tee auflöst, kommt er gewöhnlich nicht wieder.

Zwar lernt schon das zweijährige Kind, dass auch die aus dem Blickfeld verschwundenen Gegenstände von Dauer sind, aber beim aufgelösten Zucker fehlt die Möglichkeit, ihn durch eine einfache räumliche Operation wieder zu finden. Die chemische Auflösung des Zuckers stellt eine wesentlich kompliziertere Operation dar, die für Kinder erst später nachvollziehbar wird. Noch zu Beginn der dritten Stufe – sie wird durch die Fähigkeit zum konkret operationalen Denken charakterisiert – glauben die Kinder, der nicht mehr sichtbare Zucker sei einfach verschwunden. Im Alter von acht bis neun Jahren gewinnen sie spontan die Überzeugung, der Zucker bleibe doch da, er existiere nun in Form von winzig kleinen Zuckerteilchen. Diese Gebilde haben aber weder Gewicht noch Volumen. Es dauert wieder bis zum zwölften Lebensjahr, bis die Kinder auch bei dem aufgelösten Zucker sicher sind, dass weder sein Gewicht noch sein Volumen verschwinden oder geringer werden.

Die erste Parallele

Die Kinder werden beim Zucker natürlich auch deshalb leicht von der Invarianz der aufgelösten Substanz überzeugt, weil sie am Geschmack des Tees merken, dass der Zucker noch vorhanden sein muss. Aus diesem Grund fangen sie tatsächlich schon früh an, sich unter rein qualitativen Gesichtspunkten zu überlegen, wie der verschwundene Zucker aussieht. Sie nehmen sich dazu Bilder aus dem Alltag. Sie vermuten, der Zucker sei wie Staub oder wie Krümel. Aber daneben tauchen auch andere Bilder auf, zum Beispiel das des Schmelzens. Der Zucker verflüssigt sich dann im Kopf der Kinder.

Es ist nun von größtem Interesse, dass diese beiden Vorstellungen vom Bau der Materie, die sich parallel in den Kindern entwickeln können, auch in der Geschichte der Wissenschaften nebeneinander bestanden haben. Gemeint sind dabei das atomistische Bild der Materie, das vor allem durch Demokrit geprägt worden ist, und das Modell des kontinuierlichen Übergangs zwischen Substanzen, das vor allem Aristoteles vertreten hat. Für Demokrit gab es nur die Atome und den leeren Raum, für Aristoteles gab es weder die Atome noch den leeren Raum.

Das Modell der Verflüssigung tritt bei den Kindern rasch in den Hintergrund, und die von Demokrit entwickelte Vorstellung einer Welt voller kleiner Krümel setzt sich bis zum zwölften Lebensjahr durch. Sie ist einfach anschaulicher als die Idee von Aristoteles, die ja auch im Verlauf der Wissenschaftsgeschichte bald an Anziehungskraft verloren hat.

Hier deutet sich zum ersten Mal so etwas wie eine Parallelität der intellektuellen Entwicklung an. In dem beschriebenen Fall sieht es so aus, als ob es zu der Leiter, die das Individuum in seiner Reifung erklettern muss, eine parallele Stufenfolge gebe, die die Menschheit in ihrer Entwicklung erklimmen muss und nicht einfach überspringen kann.

Diese (dem gesunden Menschenverstand einleuchtende) Parallelität zwischen dem Leben eines Einzelnen und dem der Menschheit hat übrigens schon Giambattista Vico vermutet. Bei der Herkunft der Völker entdeckte er ebenso drei »Zeitalter« wie bei den Menschen. So schreibt er in der *Scienza Nuova:* »Zuerst empfinden die Menschen, ohne wahrzunehmen; dann merken sie auf mit überraschter und bewegter Seele; zuletzt reflektieren sie mit klarem Geiste.«

Wenn wir uns nun an die Definition des *senso comune* erinnern und sie auf das Piagetsche Schema übertragen, sind wir schließlich in der Lage, den *common sense* ganz genau zu definieren: Unter dem gesunden Menschenverstand verstehen wir leicht durchführbare, konkrete mentale Operationen. Diese konkreten Operationen sind Teil unseres biologischen Erbes und im Rahmen der Evolution entstanden.

Die letzten Stufen

Nun muss noch auf die vierte und (Piaget zufolge) letzte Stufe der kognitiven Reifung hingewiesen werden. Sie geht als Phase der formalen Operationen über den *common sense* hinaus. Nach dem zwölften Lebensjahr stellen die Kinder fest, dass die sie umgebende

Welt nur eine von vielen möglichen ist. Die Jugendlichen lernen, mit Annahmen und Behauptungen zu argumentieren. Auch mit ausschließlich hypothetischen Voraussetzungen können sie nun unter Anwendung deduktiver Regeln Schlussfolgerungen ziehen. Damit lernen sie, das Wirkliche vom Möglichen zu unterscheiden.

Nach und nach wird es von diesem Stadium an möglich, die Trägheit der Seele zu überwinden und wissenschaftlich zu denken. Aber nun sind auch die kleinsten Schritte nicht mehr automatisch von der Natur vorgesehen. Von diesem Zeitpunkt an müssen wir die Entwicklung mehr oder weniger selbst vorantreiben. Auch vorher war zwar nichts einfach gegeben, und alles musste eigens konstruiert werden. Doch immerhin gab es eine biologische Vorgabe. Sie fällt jetzt weg. Die Konstruktion wird frei. Und es hat Jahrhunderte gedauert, bis dieser Prozess richtig in Schwung kam.

Dass die kognitive Entwicklung mit vier Schritten am Ziel ist, galt zwar durch Piagets Arbeiten lange Zeit als unumstößliche Gewissheit, aber die Psychologen glauben inzwischen einen weiteren Schritt identifiziert zu haben, der den Übergang in das Erwachsenenalter begleitet. Sie erkennen eine intellektuelle Entwicklung auch über das sechzehnte Lebensjahr hinaus. In diesem Alter liegt Piaget zufolge der erwachsene Geist bereits vor (und fest). Die fünfte Stufe zeigt aber, dass uns die Natur offenbar noch eine gewisse Flexibilität mit auf den Weg gibt, bevor sie uns in die Freiheit der Forschung entlässt.

Ausgangspunkt der Untersuchung, die diese Phase ans Licht gebracht hat, war eine Frage, die sich eigentlich ganz natürlich ergibt, wenn man an die Fähigkeit zur Bildung von Hypothesen denkt, die auf der vierten Stufe erworben wird. Wie und wann entscheiden Kinder, welche von zwei unterschiedlichen Vermutungen oder Erklärungen zutrifft und welche nicht? Wenn jemand gut und erfolgreich Tennis oder Klavier spielt, liegt das an seinem harten Training oder an seinem Talent? Und wie ist die Welt entstanden? Gibt es einen Schöpfer, oder gab es einfach einen Urknall?

Wer auf solche Alternativen erst einmal aufmerksam geworden ist und sich umsieht, stellt dabei fest, dass wir uns laufend in einer solchen Situation befinden: Zwei Hypothesen stehen sich gegenüber und wollen gegeneinander abgewogen werden. Eine Entscheidung ist vor allem dann gefragt, wenn es erforderlich ist zu handeln (auch wenn es nur darum geht, bei Wahlen ein Kreuz zu machen). Als aufgeklärte Erwachsene ist uns bewusst, dass in beiden Alternativen ein Teil der Wahrheit durchschimmert – Erfolg kostet natürlich Arbeit, er braucht aber auch Talent. Aber wie reagieren Kinder auf die konkurrierenden Ansichten? Bis zur dritten Stufe ihrer Entwicklung betrachten sie die verschiedenen Theorien nebeneinander. Eine halten sie für richtig, die andere für falsch. Sie entscheiden sich mehr oder weniger spontan und sind eindeutig von außen beeinflusst, also durch die Meinung ihrer Eltern oder Freunde. Auf der vierten Stufe fällt ihnen dann allerdings auf, dass keine der angebotenen Erklärungen vollständig ist. Sie bemerken dies, wenn sie die Deutungen verneinen: Offenbar nützt das größte Talent nichts, wenn man nicht übt. Und man kann so viel trainieren, wie man will, ohne Begabung wird man keine Meisterschaft erringen.

Von nun an versuchen die Kinder, die beiden Theorien – Talent oder Training, Schöpfung oder Urknall – zusammenzubringen. Und welche Verbindungen sie auch immer hier finden, sie begründen alle Relationen von innen heraus, also mit eigenen Vorstellungen. Sie suchen nach einer umfassenden Theorie, in der sich die gegensätzlichen Standpunkte ergänzen. Vom sechzehnten Lebensjahr an ist es für die Kinder ganz selbstverständlich, dass zwei oder auch mehr Ansichten beziehungsweise Erklärungen möglich sind.

Auf dem Weg zu dieser gedanklichen Höhe mussten sie eine Phase der Ungewissheit aushalten. Die Kinder haben sozusagen etwas fürs Leben gelernt: Sie haben gelernt, dass die ersten Ansichten nicht immer die letzten bleiben müssen. Sie können falsch sein und müssen überprüft werden. Ungewissheit schreckt sie nicht mehr, im Gegenteil. Gerade sie geht doch offenbar der Einsicht voraus. Die wissenschaftliche Eroberung der Welt kann damit beginnen.

Die vorgestellte Kraft

Die hier vorgetragene Grundidee besteht darin, dass wissenschaftliche Erkenntnis unter anderem mit der Überwindung des gesunden Menschenverstandes vorankommt. Dieses Vorbeiziehen wird verständlich und erleichtert, wenn wir zeigen können, dass die Entwicklung der Wissenschaft in der gleichen Art fortschreitet wie die Intelligenz von Kindern. Bleibt das Fortschreiten der Wissenschaften prinzipiell an den gleichen Hindernissen hängen, gegen die auch die aufsteigende Intelligenz der Kinder anrennt? Wie die Parallelität der beiden historischen Abläufe aussehen könnte, zeigt sich zum Beispiel beim Studium der Bewegung und des Impetus, das Piaget selbst betrieben hat. Ein genauer Vergleich zwischen Kindermund und Wissenschaft stößt natürlich auf die fundamentale Schwierigkeit, dass in beiden Fällen andere Wörter benutzt werden. Kinder reden etwa von einem »Schwungstoß«, sie benutzen also einen Begriff, den die Physiker gar nicht kennen beziehungsweise nie für den wissenschaftlichen Gebrauch definiert haben.

Bei der erwähnten Parallelität geht es aber nicht um eine Behauptung der bekannten Art, dass die biologische Entwicklung eines Individuums (Ontogenese) die evolutionären Schritte seiner Abstammung (Phylogenese) wiederholt. Dieses zuerst von Erich Haeckel formulierte »biogenetische Grundgesetz« – es trifft übrigens in der gegebenen Form bestenfalls mit vielen Einschränkungen und Ergänzungen zu – bleibt natürlich nur ein sinnloses Spiel mit Worten, wenn es keinen handfesten Mechanismus der Vererbung gibt. Denn die biologische Evolution einer Art findet ihren Niederschlag (oder ihre Niederschrift) in den Genen beziehungsweise in den molekularen Strukturen, die ihnen zugrunde liegen. Und mit deren Information wird dann auch die individuelle Entwicklung gesteuert und ausgeführt. Ideen werden nun bekanntlich nicht vererbt. Daher kann ein heranwachsendes Individuum zwar die körperlichen Formen, nicht aber die körperlosen Ideen seiner Vorfahren durchlaufen. Kinder wiederholen auf keinen Fall (wie manchmal zu lesen ist) die Entwicklung der Wissenschaft. Wenn überhaupt, dann ist es umgekehrt – dann wiederholt die Wissenschaft die Entwicklung der Kinder, das heißt, beide stoßen auf vergleichbare Schwierigkeiten.

Diesen Zusammenhang kann man problemlos erkennen, wenn man sich Folgendes klar macht: Die Erfahrung von Kindern steht immer vor den Erfahrungen von Erwachsenen, weil auch die größten Geister zuerst einmal klein waren. Wenn wir also sagen, die geistige Entwicklung verläuft in beiden Fällen parallel, dann behaupten wir damit nur eine prinzipielle Übereinstimmung kognitiver Entwicklungen, die aber auf ganz verschiedenen Ebenen des Denkens stattfinden. Diese parallele Entfaltung setzt implizit offenbar voraus, dass der Geist – salopp formuliert – seine Strukturen hat, an denen man entlang klettern muss, um ihn sehen zu können.

Wie sah dieser Aufstieg im Einzelnen bei der Analyse von Bewegungen aus? Historisch lassen wir die Mechanik mit Aristoteles beginnen. Er stellte sich seltsamerweise zwei Ursachen vor, die auf einen bewegten Gegenstand einwirken, und zwar eine äußere und eine innere Kraft. So überraschend dies auf den ersten Blick ist, so einleuchtend wirkt dieser Ansatz, wenn man sich verdeutlicht, dass uns eine innere Kraft schon als Kind vertraut ist. Schließlich bringen wir sie selbst auf, wenn wir einen Arm heben und einen Stein werfen wollen. Aristoteles traut auch unbelebten Objekten eine solche innere Kraft zu. Er hat offenbar ein organisches Bild von der Welt und verbindet daher auch jede Bewegung mit einem Ziel. (Im Grunde interpretiert Aristoteles die Kraft wie das Leben, bei dem er die äußere Materie und ein inneres Formprinzip, *eidos*, unterscheidet.)

Diese Vorstellung einer inneren Kraft findet sich analog bei Kindern in der ersten Phase ihrer Bewegungsanalyse. Sie spüren zum Beispiel einen Wind und erklären ihn durch einen konkreten Ausgangspunkt. Sie sagen etwa, der Wind werde von den Bäumen hervorgebracht. Und von denen nehmen die Kinder an, dass sie aus eigener Kraft hin und her schwanken. In der Tat konstruieren sich Kinder ein aristotelisches Bild der Physik, das heißt der Bewegung und der Kraft.

Eine weitere Verwandtschaft zwischen dieser Phase des kindlichen Denkens und den Vorstellungen des Aristoteles zeigt sich an seinem Konzept des natürlichen Ortes, mit dem er unter anderem erklärt, wie Bewegungen zu ihrem Ende kommen, nämlich dann, wenn die Objekte an ihrem angestrebten natürlichen Ort eingetroffen sind. Damit haben Kinder selbstverständlich überhaupt keine Probleme. Für sie ist es völlig klar, dass der Ort für Kieselsteine auf dem Boden ist und der Ort für Rauch in der Luft liegt. Der Luft selbst wird dabei kein Gewicht zugestanden, und die Schwierigkeit, einen Auftrieb zu verstehen, bleibt ihnen fremd.

Um die zweite Stufe der Bewegungsanalyse erkennen zu können, betrachten wir eine einfache Anordnung von Kugeln, die sich elastisch stoßen können. Eine Kugel wird auf einer Schiene befestigt. Sie dient als unbewegliches Zwischenglied und soll nur den Impuls übertragen, den eine einlaufende Kugel mitbringt und der letztendlich an eine auf der gegenüberliegenden Seite ruhende Kugel weitergegeben wird. Wie lässt sich diese Übertragung deuten? Wie erklären sich Kinder, was passiert, wenn eine einlaufende Kugel nach dem Aufprall liegen bleibt und die ruhende (unbefestigte) Kugel dafür anfängt, sich zu bewegen?

In der ersten Phase sagen die Kinder noch, dies geschehe durch eine Art von »Ansteckung« – ein sehr lebendiges Bild. Wenn die letzte Kugel angesteckt ist, setzt sie sich (und zwar immer noch aus eigener Kraft) in Bewegung. In der dritten Phase werden die Kinder erklären, die auslösende Kugel habe einen Schwung weitergegeben, der erst durch das Zwischenglied läuft und anschließend die ruhende Kugel antreibt. Hier wird ganz deutlich ein zwischengeschalteter »Impetus« unterschieden, der an die Stelle der inneren Kraft tritt. Der Weg zu dieser Konzeption führt über eine Periode – dies ist die zweite Phase –, in der sich die Kinder zwar schon nicht mehr mithilfe der Vorstellung einer inneren Kraft orientieren, in der sie aber noch keinen Impetus von einer äußeren Kraft unterscheiden.

Die Kinder legen mit diesen beiden Schritten den Weg zurück, der, historisch gesehen, von Aristoteles über seinen Kommentator, den im 6. Jahrhundert lebenden griechischen Gelehrten Johannes

Philoponos, genannt Grammatikos, bis zu dem französischen Philosophen Jean Buridan führte, der im 14. Jahrhundert über den Impetus nachdachte.

Zusammenfassend lässt sich sagen: Wenn man diese geistige Parallele ursächlich fassen und verbinden. will, dann ist die Ontogenese der Grund für die Wissenschaftsentwicklung – das Werden der kindlichen Kategorien geht dem Werden des wissenschaftlichen Wissens auf jeden Fall voraus. Wer Ursache und Wirkung verwechselt, stolpert keineswegs über eine triviale Unterscheidung, wie sich deutlich zeigt, wenn wir weiterverfolgen, wie Kinder lernen, eine Bewegung zu verstehen. Denn in der dritten Phase der Entwicklung gilt bei ihnen der Schwung noch als Ursache der Bewegung. Diese Vorstellung kehrt sich erst in der vierten Phase um, in der endlich verstanden wird, dass der Schwung die Folge einer äußeren Kraft ist. In diesem Zusammenhang wird auch die Beschleunigung entdeckt und damit schließlich der Newtonsche Standard erreicht. Aber es ist nicht leicht, ihn zu halten. Die Kinder können zwar nun den Schwung von einer einfachen (unbeschleunigten) Bewegung unterscheiden, es fällt ihnen (und wahrscheinlich auch noch den meisten Erwachsenen) viel leichter, an Geschwindigkeiten zu denken und Bewegungen durch diese gleichmäßige Größe zu charakterisieren. Genau dies tut eben der gesunde Menschenverstand.

Während sich also in der Psychogenese der Schwung zur Beschleunigung mausert, macht in der historischen Entwicklung der Impetus dieselbe mühsame Karriere. Aber dennoch schaffen wir es nicht ohne immer neue Anstrengungen, am Ende unseres intellektuellen Erwachens wie ein klassischer Physiker zu denken. Wenn wir uns als Erwachsene in der Welt umsehen, erkennen wir nur unscharf das Bild, das Newton von ihr entworfen hat. Wir erkennen aber genau das Bild, das Euklid von der Welt – genauer: von ihrer Geometrie – entworfen hat. Es ist also nicht verwunderlich, wenn wir es für richtig halten. Und noch weniger verwunderlich ist es, wenn wir schockiert sind, wenn wir (beim Studium der Physik) erleben müssen, wie falsch es ist.

Die erwachsene Welt

Kinder lernen zuerst, was Objekte sind, nämlich Gegenstände von Dauer und unabhängig von ihrer Position. Dies ist im doppelten Sinn gemeint. Kinder erkennen, dass die Gegenstände unabhängig von ihrer Beobachtung und unabhängig vom Ort existieren, an dem sie sich befinden. Das heißt, nicht mehr sichtbare Objekte sind nicht verschwunden, sie sind nur an einem anderen Ort. Selbst wenn eine Murmel zuerst in eine Dose und diese Dose dann unter eine Decke gelegt wird, verlieren die zweijährigen Jungen und Mädchen die Murmel nicht aus dem (geistigen) Auge und suchen sie nach entsprechender Aufforderung sofort an der richtigen Stelle.

Diese sehr früh erfolgende Konsolidierung eines permanenten Objekts, das selbst unsichtbar ist, hat vermutlich zur Folge, dass auch die von vornherein unsichtbaren Gegenstände des Denkens – Atome, Energie, chemische Bindung – als Dinge im konkreten Sinn verstanden werden. Dies macht es uns dann später sehr schwer zu verstehen, dass Atome und erst recht ihre Bausteine, wie etwa die Elektronen, keine Dinge sind.

Die Ausweitung der Idee von Dingen in den mikroskopischen Bereich hinein ist ein Problem des Objektkonzepts, das dem gesunden Menschenverstand zu schaffen macht. Ein anderes Problem steckt in der Tatsache, dass das erste Objekt, mit dem wir zu tun haben, unsere Mutter ist – und die lebt. Unsere Entwicklung fängt also mit dem Blick auf ein anderes Leben an, und wir halten dann zunächst alles für belebt. Daraus leitet sich ein lebendiges Bild von der Wirklichkeit ab, das auch bei vielen frühen Kulturen vorkommt. Sowohl bei den Griechen (Aristoteles) als auch im Taoismus und im Hinduismus wird die Natur als ein harmonischer *Organismus* verstanden, dessen Teile und Bewegungen durch geeignete Proportionen aufeinander abgestimmt sind. Dieses organische Paradigma versucht die (nicht vertrauten) anorganischen Vorgänge durch (vertraute) physiologische Funktionen zu erklären. (Das organische Bild der Natur taucht zu Beginn des 19. Jahrhunderts wieder auf, als vor allem in Deutschland die Natur als ein durch Geist beseelter und gesteuerter Organismus verstanden wird. Der Gedanke, dass die Regelmäßigkeit der natürlichen Welt auf irgendeine Instanz zurückzuführen sei, kommt dem gesunden Menschenverstand gelegen. Er ist sehr bequem.)

Unabhängig vom Konzept eines Objekts entstehen unsere kognitiven Fähigkeiten, den Raum mit geometrischen Größen zu analysieren. Die natürliche Geometrie des Kindes – so auch der Titel eines Buches von Jean Piaget, das er gemeinsam mit Bärbel Inhelder verfasst hat – entwickelt sich dabei offenbar so, dass wir uns der sichtbaren räumlichen Umgebung anpassen. Wir sind von zumeist starren Körpern umgeben, deren feste Formen durch geradlinig verlaufendes Licht deutlich werden. Welche Eigenschaften wir dem uns umgebenden Raum aufgrund unserer Erfahrungen zuschreiben, sieht man am besten am Beispiel der Frage, wie groß die Summe der Winkel in einem Dreieck ist. Den Kindern werden zusammengesetzte Dreiecke gezeigt, deren Winkel sie verlegen können. Sie können sie zu einem Halbkreis anordnen und damit direkt sehen, dass die Winkelsumme 180 Grad beträgt. Wenn die Kinder älter als sechs Jahre sind, verstehen sie es, mit den Bausteinen des Dreiecks umzugehen, und man kann ihnen zeigen, dass dabei ein Halbkreis entsteht. Zunächst fällt es ihnen noch schwer einzusehen, dass der Halbkreis auch vorhanden bleibt, wenn zwei Teile – also zwei Winkel – vertauscht werden. Aber selbst wenn sie sich daran gewöhnt haben, glauben sie nicht, dass die Winkel eines anderen Dreiecks wieder einen Halbkreis ergeben.

Die entsprechende Induktion beobachtet man erst bei sieben- bis achtjährigen Kindern. Nun fangen sie an zu verstehen, dass ein Winkel kleiner wird, wenn ein anderer zunimmt. Dieser Schluss fällt ihnen leichter, wenn die Dreiecke gleich groß sind. Durch Nachdenken erkennen sie, dass ein Winkel sich nicht verändert, wenn die Seiten länger werden, und wenn sie knapp zehn Jahre alt sind, vollenden sie den generalisierenden Schritt. Nun sind die Kinder davon überzeugt, dass sich »immer« ein Halbkreis ergibt, wenn man die Winkel eines Dreiecks zusammenlegt.

Damit ist die Entwicklung aber noch nicht zu Ende. Piaget hat beobachtet, wie nach dem zehnten Lebensjahr ein noch stärkerer

Schluss auftaucht. Die Kinder bekommen nun sogar ein Gefühl der Zwangsläufigkeit. Es ergibt sich nicht nur »immer« ein Halbkreis, er entsteht sogar »zwangsläufig«, wie sie sagen. Für sie ist jetzt klar, dass man kein Dreieck konstruieren kann, in dem zwei rechte Winkel sind. In einem solchen Fall bekommt man stattdessen zwei parallele Linien, die sich nie schneiden, weil es zwischen ihnen einfach keinen Winkel mehr geben kann.

Genauso sieht die Geometrie aus, die der Grieche Euklid vor mehr als zweitausend Jahren aufgeschrieben und gelehrt hat. Mit anderen Worten, unsere biologische Entwicklung lässt uns eine Welt betreten, die wir für vollkommen euklidisch halten. Das heißt, wir denken, die Wirklichkeit ist so, wie Euklid sie dargestellt hat. Wir haben die gelernten Erfahrungen – zum Beispiel, dass es unmöglich ist, ein Dreieck aus drei Winkeln zu konstruieren, deren Summe einen Halbkreis übersteigt – zu felsenfesten Überzeugungen verfestigt. Die Welt kann gar nicht anders sein.

Die nichteuklidische Wirklichkeit

Auf einen ähnlichen Zusammenhang hat schon Immanuel Kant hingewiesen. Bei der Lektüre seiner Schriften zur Erkenntnistheorie muss man beachten, dass Kant immer nur das Gehirn eines Erwachsenen vor Augen hatte. Was er sagt, bezieht sich also bestenfalls auf Kinder am Ende ihrer kognitiven Entwicklung, an der – wie wir gesehen haben – das Bild einer euklidischen Welt entstanden ist. In seiner *Kritik der reinen Vernunft* stellt sich Kant die Frage, woher die euklidische Geometrie ihre Gültigkeit bezieht. Ihm scheint, dass die damit gegebene Beschreibung der Welt sich nicht auf Beobachtungen gründet, sondern dass sie unsere räumliche Intuition ist. Die euklidische Geometrie – so argumentiert Kant – basiert auf unserem intuitiven Verständnis von räumlichen Beziehungen. Sie ist die »reine« Anschauung des Raumes.

Wer dies so akzeptiert, hat dabei stillschweigend angenommen, dass dies zugleich heißt, die euklidische Geometrie ist wahr, denn sie beschreibt die Welt doch richtig. So gesehen ist es natürlich überhaupt nicht verwunderlich, dass die Aufregung riesengroß war, als die moderne Physik im Gefolge der Arbeiten von Albert Einstein zeigen konnte, dass die euklidische Geometrie nicht für die Realität zuständig ist und die geometrischen Verhältnisse der Welt unanschaulich sind. Unser Kosmos ist nichteuklidisch und gekrümmt. (Auf diese Möglichkeit hatte übrigens bereits im 19. Jahrhundert der Mathematiker Bernhard Riemann hingewiesen.)

Der gesunde Menschenverstand wehrt sich natürlich gegen den ihm zugemuteten krummen Raum, und er sucht nach Argumenten, um diese für ihn absurde Vorstellung zu widerlegen. Was zu diesem Zweck konkret vorgeschlagen wurde, zeigt aber nur eine andere Schwäche des gesunden Menschenverstands auf.

Ein (von philosophischer Seite vorgetragenes) Argument lautete, dass wir selbst dafür sorgen, dass die Dinge eine euklidische Geometrie zeigen. Wer zum Beispiel versucht, eine vollkommen ebene Platte anzufertigen, wird zunächst einige Scheiben herstellen, die ungefähr eben sind. Diese Platten wird er aufeinander legen und so lange bearbeiten, bis sich zwei von ihnen in allen Punkten gleichzeitig berühren. Auf diese Weise stellen wir selbst Flächen her, auf denen jedes Dreieck eine Winkelsumme von 180 Grad aufweist. Wir sorgen also selbst dafür, dass eine euklidische Geometrie gilt.

So hübsch sich dieses Argument auch anhört, es scheitert daran, dass kein Material absolut starr ist (wie sich das der gesunde Menschenverstand denkt). Immer sind Deformationen möglich. Die Verbiegungen sind zwar klein, aber doch groß genug, um die vorausgesagten Abweichungen von der euklidischen Geometrie zu verdecken. Außerdem wird man bei genauer Analyse des Vorschlags feststellen, dass das Wort »Berührung« irgendwann gar keinen Sinn mehr hat. Und zwar dann, wenn man es ganz genau definieren will, und dazu benötigt man Atome. Atome aber sind keine Dinge, die sich berühren, so wie der gesunde Menschenverstand das Wort versteht (und auch nur verstehen kann).

Die vergehende Zeit

Nach diesem Exkurs kehren wir zu den Kategorien zurück, und zwar zu der Zeit. Ihre Entwicklung ist sehr schwierig zu verfolgen, und ganz gelingt es noch immer nicht. Das liegt einmal daran, dass die Zeit offenbar keine unmittelbar sinnlich wahrnehmbare Erfahrung ist. Wir sehen den uns umgebenden Raum, aber nicht die vergehende Zeit. Und selbst wenn wir auf eine Uhr blicken, sehen wir nur die räumlichen Positionen der Zeiger (oder auch nur von wechselnden Ziffern). Zeit ist darum eine uns räumlich vermittelte Größe. Was wir vor allem als Kinder unmittelbar beobachten, sind Bewegungen von Gegenständen und damit deren Geschwindigkeit. Kinder können zunächst – so stellten Piaget und seine Nachfolger fest – Raum und Zeit nicht differenzieren und verwechseln oft die ablaufende Zeit mit der Geschwindigkeit eines bewegten Gegenstandes.

Eine weitere Schwierigkeit für die Analyse der Zeit wird offenkundig, wenn man sich vor Augen hält, dass die physikalische Zeit – sie kommt in der Gleichzeitigkeit oder in der Folge von Ereignissen zum Ausdruck – etwas ganz anderes ist als die erlebte Zeit, die sich als Wartezeit oder als Lebensalter niederschlägt. Und was die kognitive Psychologie untersucht, ist eigentlich wieder etwas anderes, nämlich die operative Zeit, also die Zeit, die aus Beziehungen zwischen Ereignisfolge und -dauer konstruiert wird und sich auf Operationen gründet.

Weitere Untersuchungen zur Psychologie der Zeit machen deutlich, dass die Geschwindigkeit die intuitive Kategorie ist, die primär erfasst wird. Hieraus konstruieren Kinder getrennt Weg und Zeit – bis zum Alter von sieben Jahren noch ganz linear. Das heißt zum Beispiel, dass sie in dieser Phase den Effekt einer Geschwindigkeitserhöhung unabhängig von der zurückzulegenden Strecke einschätzen. Für sie ist die Zeit noch die Differenz zwischen Weg und Geschwindigkeit. Dass Zeit sich als der Quotient der beiden Größen ergibt, verstehen Kinder intuitiv erst nach dem zehnten Lebensjahr.

Diese Untersuchungen bestätigen unabhängig von neueren und veränderten Details Piagets fundamentale Beobachtung, dass Zeit und Geschwindigkeit zunächst als separate Größen in unseren Köpfen beginnen und nach und nach zusammenwachsen. Im Grunde bleiben sie nun untrennbar verbunden, und damit konstruiert sich der gesunde Menschenverstand eine mehr oder weniger private Zeit, und zwar für jede Folge von Ereignissen. Von der universellen Zeit der klassischen Physik ist er noch meilenweit entfernt.

Die begründete Folge

Wenn wir hier von Zeit reden, sagen wir nichts über das eigentliche Geheimnis dieses unzerstörbaren Grundgewebes, in dem wir uns alle aufhalten und das die Voraussetzung für jegliche Existenz ist. Im Grunde meinen wir nur die räumlich-zeitliche Koordination von Bewegungen, also die Idee der Kausalität. Diese beiden Ideen müssen aber genau unterschieden werden.

Das Konzept Kausalität hat zwei Wurzeln. Die erste Wurzel lernen Kinder schon sehr früh als eine Verbindung zwischen ihrem Willen und dem gewünschten Ergebnis kennen. Sie haben Hunger und wollen essen. Nun schreien sie, und bald nimmt die Mutter sie an die Brust. Die Verbindung Wunsch-Handlung-Erfolg produziert vermutlich das diffuse Gefühl für ein Wirkungsgefüge, das in eine Vorstellung von Kausalität mündet. Die zweite Wurzel dieser Idee steckt in der zeitlich wiederkehrenden Reihenfolge von Ereignissen. Die Mutter öffnet ihr Kleid, und Nahrung wird verfügbar.

Diese Formen der kindlichen Kausalität sind Konzepte ohne sprachliche Hilfe; sie müssen von der Denkfigur der erwachsenen Kausalität unterschieden werden, die wir bei Erklärungen zu Hilfe nehmen. Beiden gemeinsam ist allerdings ihre Geradlinigkeit. Da wird immer nur eins aus dem anderen folgen, und jede seitliche Aufspaltung der Kausalketten bleibt uns intuitiv unverständlich.

An der Idee, dass der Wille eine Ursache ist, halten wir mindestens fest, bis wir in die Schule kommen. Wenn man Kinder in diesem Alter fragt, wodurch die Wolken am Himmel bewegt werden, schreiben sie dies oft einem Willen (und dann natürlich einem Befehl) zu. Er kann von überall herkommen, von dem Bruder, dem Mond oder auch von einem selbst. Wenn wir mit unserem gesunden Menschenverstand an dieser Vorstellung der Kausalität bis in das Erwachsenenalter festhalten, dann erhalten wir die Vorstellung eines Universums, das von einem zentralen Willen – also von einem Schöpfer – gelenkt wird.

Auf jeden Fall wurzelt der Begriff der Ursache im Gefühl der eigenen Aktivität. Und somit sind von vornherein die Konzepte Kausalität und Finalität verbunden. Es bedarf einer besonderen Anstrengung (die wir dem gesunden Menschenverstand nicht zutrauen können), um beide zu trennen und nicht hinter jedem natürlichen Vorgang einen göttlichen Plan zu vermuten. Auf diese Frage werden wir noch einmal stoßen, wenn wir die Ursache der biologischen Evolution ins Auge fassen.

Bei der Entwicklung der Kausalität hat Piaget noch auf eine andere kritische Phase aufmerksam gemacht. Offenbar reichen die Wurzeln dieser Konzeption weiter zurück (und darum vielleicht auch tiefer) als das Gefühl von einem Ich. Wenn ein Kind die Brust der Mutter findet, ist das Ziel »trinken« erreicht. Das Ziel lautet nicht »ich will trinken«. Selbstbewusstsein ist hier nicht vorhanden. Noch besteht die Welt nur aus Objekten, und nur ein erwachsener Beobachter sieht, dass die Hände, die sich vor den Augen des Kindes bewegen, dem Kind selbst gehören, das die Bewegung ausführt. Das Kind selbst sieht seine Hände genauso wie alles andere als Objekte an.

Dies ändert sich mit der beschriebenen Konsolidierung des Objektkonzepts. Kurz vor Vollendung des zweiten Lebensjahres vollziehen Kinder dann sozusagen eine persönliche kopernikanische Wende. Die Welt teilt sich in Subjekt und Objekte auf. Die Kinder fangen an zu verstehen, dass sie selbst Ursprung und Beherrscher der eigenen Bewegungen sind.

Die übertragene Energie

Die Kausalität als erfahrene Verknüpfung zwischen Wille und Ergebnis kommt natürlich ohne eine physikalische Verbindung aus und ähnelt auf diese Weise ein wenig der Magie. Ein Zauberer versucht ja gerade dem Zuschauer die wirkliche Kette der Ereignisse vorzuenthalten. Trotzdem sind wir sicher, dass in einem Varieté alles mit rechten Dingen zugeht, das heißt, wir sind sicher, dass es immer Ursachen für die Wirkungen gibt, die der Magier uns vorführt. Aber was heißt das? Wie kann man nachweisen, dass ein Glied einer Ereigniskette die Ursache für ein anderes Glied ist? Der englische Philosoph David Hume (1711–1776) hat einmal behauptet, dass dies unmöglich sei. Ihm zufolge können wir die regelmäßige Abfolge von Vorgängen bloß registrieren, und unsere Überraschung bei einem Zaubertrick zeigt nur, dass wir uns an einige Abläufe gewöhnt haben und an einige andere nicht.

Genauso sieht der gesunde Menschenverstand die Kausalität einfach als Nexus zwischen zeitlich aufeinander folgenden Ereignissen. Wer dieses Konzept unvernünftig und unverändert bis ins hohe Alter beibehält, gewinnt den Eindruck eines völlig deterministischen Universums, denn zeitlich ist gar nichts anderes möglich, als dass immer eins aufs andere folgt. Humes kritische Stellungnahme stieß auf fruchtbaren Boden und veranlasste viele Philosophen und Physiker, nicht mehr nach Ursachen zu suchen. Warum wurde nicht mehr gefragt, warum schien das Wie noch von Interesse?

Kann man wirklich nicht unterscheiden zwischen gleichförmigen zeitlichen Abfolgen – wie etwa bei Tag und Nacht – und kausalen Beziehungen –, wenn etwa ein Steinwurf eine Fensterscheibe zerstört? Die Antwort ist »man kann«. Sie wurde 1941 von Konrad Lorenz gegeben durch die Feststellung, »dass die Wirkung von der Ursache her in irgendeiner Form Energie bezieht«. Es donnert also nicht, weil es geblitzt hat. Es donnert aus demselben Grund, aus dem es blitzt, weil nämlich eine elektrische Entladung zwischen Himmel und Erde erfolgt, und die liefert die Energie, deren Übertragung die kausale Verbindung herstellt.

Warum wurde dieser Grund der Kausalität so lange übersehen, warum ist man ihm eigentlich bis heute kaum nachgegangen? Vermutlich wirkt sich hier die Eigenschaft der Sprache aus, den Unterschied zwischen kausalen *(propter hoc)* und zeitlichen *(post hoc)* Verbindungen zu verwischen. Hier besteht jedenfalls nur noch eine logische Verbindung zwischen zwei Ereignissen A und B, und die heißt auch immer gleich, nämlich »wenn A, dann B«. Wenn es blitzt, dann donnert es. Und wenn ein Stein auf Glas trifft, dann kracht es.

Mit diesen Überlegungen haben wir die Entwicklung des Denkens allmählich verlassen und wenden uns nun langsam seiner Geschichte zu.

Zurück zum Zahlensinn

Die Geschichte des Denkens wird durch viele rote Fäden gekennzeichnet; dazu gehört leider auch die Unterschätzung der kindlichen Fähigkeiten. Als Piaget seine Experimente mit den Vier- bis Fünfjährigen machte und feststellte, dass sie noch keinen echten Zahlensinn hatten, wunderten sich Laien sowie Experten deshalb nicht, weil sie mit diesem Ergebnis gerechnet hatten. Kinder sind eben dumm, wie vielfach heute noch gemeint wird, und wenn sich ein Psychologe an eine experimentelle Überprüfung der Hypothese wagt, dass schon Zweijährige mit einem guten Zahlensinn ausgestattet sind, würde man zweifellos vermuten, dass dies nur schief gehen kann.

Doch das Gegenteil ist der Fall. Zweijährige können mit Zahlen hantieren, wie ein »atemberaubend einfaches« Experiment zeigt, das ohne sprachliche Verständigung auskommen muss und von Devlin wie folgt dargestellt wird: »Anstatt Flaschen und Gläser verwendeten die Psychologen [Jacques Mehler und Tom Bever aus Boston] Schokoladenbonbons, die sie ebenfalls in zwei Reihen anordneten. Die erste Reihe enthielt aber jetzt vier Bonbons, die andere sechs, und die Bonbons beider Reihen wurden jeweils unterschiedlich weit auseinander gelegt, sodass die Reihen verschieden lang waren. Anstatt zu fragen, welche der beiden Reihen mehr Bonbons enthielten, wurden die Kinder einfach nur aufgefordert, eine der beiden Reihen zu nehmen und die Bonbons aufzuessen. Das Ergebnis war genau so, wie es jeder Vater und jede Mutter vorhergesagt hätte: Alle Kinder nahmen stets die Reihe mit den sechs Bonbons – völlig unabhängig von der Länge der Reihen. Allen war völlig klar, welche Reihe aus mehr Bonbons bestand, und darüber hinaus, dass die Anzahl unabhängig von der Anordnung war. Dieses Ergebnis zeigt sich ebenso konstant bei den Zwei- wie bei den Vierjährigen.«

In Anschluss an solche Ergebnisse stellt sich die Frage, ob der Zahlensinn angeboren oder durch Beobachten erworben ist. Inzwischen haben die Psychologen eine Antwort hierauf gefunden. Sie haben zuerst getestet, ob Säuglinge im Alter zwischen vier und sieben Monaten in der Lage sind, zwischen zwei und drei Punkten unterscheiden zu können, und dann sogar nachgewiesen, dass Babys schon wenige Tage nach der Geburt über diese Fähigkeit verfügen. Das Experiment besteht darin, dass die Kleinkinder auf dem Schoß der Mutter sitzen und vor beiden eine Leinwand steht, auf die zwei oder drei Punkte projiziert werden. Ausgenutzt wird die offenbar von allem Anfang an voraussetzungslos gegebene und unbedingt zu uns gehörende Eigenschaft, dass wir eher Ausschau nach Neuem halten als auf Altes blicken. Als Messgröße in allen Versuchen figuriert die Zeit, die Kinder einer Punktekombination zugestehen, und tatsächlich betrachten sie lieber zwei Punkte, wenn sie schon drei kennen und umgekehrt. Sie hören auch gespannter hin, wenn nach einer Reihe von dreisilbigen Lauten ohne tiefen Sinn – »Matuda« ein kürzerer Klang mit der gleichen Qualität – »Doma« ans Ohr dringt und Einlass begehrt.

Niemand wird behaupten, hierbei zeige sich ein bewusster Umgang mit Zahlen. Es kann höchstens vermutet werden, dass die jeweiligen Signale unterschiedliche Verbindungen zwischen Nervenzellen oder -knoten im Gehirn (Schaltkreise) anstoßen, deren Aktivität es dann erlaubt, sich unterschiedliche Größen (Anzahlen) von Mengen vorzustellen. Unabhängig von der richtigen

Deutung dessen, was sich im Kopf der Kinder abspielt, kann experimentell die Antwort auf die Frage gesucht werden, ob Babys nicht nur Zahlen kennen, sondern auch damit rechnen können.

Wenn Psychologen dies wissen wollen, besteht ihr Hauptproblem darin, die geeignete Versuchsidee zu entwickeln. Beim Nachdenken über dieses Thema kommt ihnen eine Beobachtung zustatten, die Eltern wahrscheinlich auch schon gemacht haben, selbst wenn sie daraus keine Konsequenzen gezogen haben. Gemeint ist die Beobachtung, dass Kleinkinder irritiert reagieren, wenn sie etwas beobachten, das es eigentlich nicht gibt, das also »den Gesetzen der Physik widerspricht«. So wie Erwachsene erstaunt blicken, wenn ein Zauberkünstler scheinbar die Kausalität der Welt überwindet oder ohne sie auskommt, so wundern sich auch Kinder, wenn sie eine Kugel durch ein Zimmer schweben sehen – und nicht die dünne Schnur bemerken, an der sie aufgehängt ist. Sie starren die Kugel länger an als irgendeinen Gegenstand, der sich an die Gesetze hält und somit keine Verwunderung auslöst.

Wenn Kinder etwas anschauen, haben sie also Erwartungen, wie das aussehen kann, und sie lassen erkennen, wenn sie etwas sehen, mit dem sie nicht gerechnet haben. Rechnen ist das Stichwort, und die Versuchsidee besteht darin, die Kinder bei einem Puppenspiel zuschauen zu lassen. Dabei treten zwei Figuren auf, die hinter einem Schirm verschwinden, der dann weggezogen wird und entweder den Blick auf eine oder zwei Puppen freigibt. Wenn die Babys rechnen können, müssten sie länger auf die einzelne Puppe schauen, was sie tatsächlich auch tun. Sie schauen auch länger hin – eine volle Sekunde –, wenn im gleichen Versuch mit gleichem Spiel drei statt zwei Puppen auftauchen, woraus die Wissenschaft den Schluss zieht, dass Kinder wissen, dass eins plus eins zwei ergibt.

In ähnlichen Experimenten kann man auch nachweisen, dass Kinder nicht nur addieren, sondern auch subtrahieren können, wobei auch da der Zahlenhorizont beschränkt bleibt und nur die Rechenoperation 2–1=1 ausgeführt wird. Inzwischen neigen die Psychologen sogar zu der Ansicht, dass das kindliche Gehirn sich vornehmlich an den Zahlen orientiert, wenn es sinnlichen Halt in der Welt sucht. Denn als in einem Experiment – in einem Kasperletheater – zwei Puppen hinter dem Schirm gegen zwei Bälle ausgetauscht wurden, regte das die Kinder nicht auf. Erst als aus den beiden Figuren ein Ball wurde, steigerte sich ihre Aufmerksamkeit, was der von Piaget eingeführten Idee der Mengeninvarianz eine besondere Rolle zuweist. Offenbar ist die feste Zahl – die Anzahl von Gegenständen – in den ersten Lebensjahren wichtiger als die Gegenstände – ihre Form, ihre Farbe, ihre Ausschmückung – selbst. Dabei darf man allerdings nicht zu viele zeigen, denn vor dem ersten Geburtstag interessieren sich Kinder nur für Zahlen, die kleiner als vier sind. Was größer als drei ist, lernen sie erst später – und bei diesem Schritt muss es spannend zugehen, denn nun wird eine Grenze überschritten, an der Tiere Halt machen.

Der Wissenschaft zufolge ist nur die Spezies *Homo sapiens sapiens* in der Lage, aus dem Zahlensinn mehr zu machen, als sich in den Fähigkeiten von Säuglingen und Schimpansen zeigt, die an dieser Stelle vergleichbar gut sind. Aber wie erfolgt das? Welche Eigenschaft hilft dabei?

Zahlen im Kopf

Die Fähigkeit der Kleinen, eine Puppe von zwei Bällen unterscheiden zu können, bedeutet noch nicht, dass sie so etwas wie Zahlen oder Zahlwörter im Kopf haben. Um über die nahe liegende Frage, ab wann dies der Fall ist, etwas sagen zu können, haben die Psychologen erst einmal erkundet, wie wir als Erwachsene Zahlen im Kopf verwalten und anordnen. Was sich vielleicht sehr einfach anhört, wird dadurch sofort kompliziert, dass wir heute bei dem Wort »Zahlen« erst einmal an Darstellungen wie 1870 oder 4711 und die Ziffern von 0 bis 9 denken. Diese Symbole haben aber ganz sicher nicht am Anfang der Entwicklung gestanden, mit denen der »dritte Schimpanse«, wie der Mensch aufgrund seiner evolutionären Abstammung gelegentlich genannt wird, gelernt hat, weiter als drei zu zählen. Möglicherweise zeigt sich die geistige Enge der Jahre vor der Ausdehnung des Zahlensinns in der Redensart: »Der kann ja nicht einmal bis drei zählen«, die wir benutzen, um auf den beschränkten Horizont eines Menschen hinzuweisen.

Wir wissen nicht, wie wir das Zählen über drei hinaus gelernt haben, um das Viele zu bändigen, das in »eins, zwei, drei, ganz viele« zum Ausdruck kommt. Wir können aber annehmen, dass die Finger dabei geholfen haben, die im Laufe der Evolution langsam in unser Blickfeld gerückt sind. Nur der kann lernen, mit seinen Fingern zu rechnen, der seine Hände sehen kann, und für diesen Vorgang benötigen die Kinder bis heute geraume Zeit. Wenn sie so weit sind, können sie die Finger gern zu Hilfe nehmen, wenn es etwas abzuzählen oder auszurechen gibt. Diese Hilfsmittel setzen wir manchmal auch noch als Erwachsene ein. Als Hinweis für die Bedeutung der Finger kann das lateinische Wort *digitus* dienen, das sich in unserem Ausdruck »digital« wieder findet. Digitale Uhren etwa zeigen die Zeit mit Zahlen und nicht mittels der Position von zwei Zeigern an. Darüber hinaus haben die jüngsten Analysen der Hirnforscher erwiesen, dass wir beim Rechnen im Gehirn dieselbe Region aktiv werden lassen, die der Koordination der Fingerbewegungen dient.

Menschen fangen vermutlich das Zählen mit den Fingern an, und irgendwann entstehen auch verschiedene Arten und Systeme, um das Ergebnis auszudrücken und aufzuschreiben. Dabei ist das Entscheidende, dass es die Menschheit an dieser Stelle in einer großen Anstrengung offenbar geschafft hat, eine Schreibweise hervorzubringen, die universal funktioniert: das »arabische Zahlensystem«, das nicht mit zehn Fingern, dafür aber mit zehn Ziffern funktioniert. Es ist mehr als tausend Jahre lang vor allem in Indien entwickelt und uns in der Form überliefert worden, wie es arabische (islamische) Mathematiker im 7. Jahrhundert unserer Zeitrechnung aufgeschrieben haben. Wirklich heimisch wurden die Zahlen in Europa um 1200, und zwar durch den Italiener Fibonacci, der auch zum ersten Mal die Schreibweise benutzte, die wir heute alle kennen, nämlich 0, 1, 2, 3, 4, 5, 6, 7, 8 und 9.

Damit können wir endlich zu der Frage zurückkehren, wie Zahlen im Kopf angelegt sind, denn die gesuchte Ordnung lässt sich nur mit diesen Zahlen erkunden. Ihr sind Psychologen durch einfache Experimente auf die Spur gekommen, etwa indem sie Testpersonen zwei Zahlen vorgelegt und nach der größeren gefragt haben: Ist 3 größer als 2? Ist 8 größer als 9?

Wer dies tut und misst, wie lange Probanden brauchen, um diese kinderleichte Aufgabe zu lösen, stellt fest, dass sie für die Antwort länger brauchen, wenn die Ziffern größer werden. Man kann die Fragen verkomplizieren und 72 mit 69 oder 79 mit 63 vergleichen lassen oder andere Varianten einführen und auf diese Weise eine Menge Experimente durchführen. Als sie alle abgeschlossen waren, konnte man aus ihnen den Schluss ziehen, dass Menschen über einen »inneren Zahlenstrahl« verfügen, an dem sie sich entlang hangeln. Wir haben die Zahlen so im Kopf, wie wir sie auf einem Lineal oder auf einem Zollstock sehen, was hier nur deshalb so ausführlich beschrieben wird, weil die Richtung des Strahls – von links nach rechts – der Richtung entspricht, in der wir schreiben und lesen. Das wirft sofort die Frage auf, ob das zufällig so ist oder auf einen tieferen Zusammenhang hinweist.

Die zweite Vermutung scheint überraschenderweise der Wahrheit näher zu kommen. In den entsprechenden Experimenten wurde ermittelt, dass Menschen, die von rechts nach links schreiben – wie dies etwa in den arabischen Sprachen der Fall ist –, auch den inneren Zahlenstrahl in diese Richtung laufen lassen. Zählen und Erzählen hängen also nicht nur vom Wortklang her zusammen, und der Verdacht ist nicht mehr von der Hand zu weisen, dass die Muttersprache und die Grundfähigkeit der Mathematik zusammenhängen – zumindest wenn wir beides lernen.

Dass die Lösung von Rechenaufgaben mit dem Sprachvermögen zusammenhängt, haben Experimente mit zweisprachigen Testpersonen gezeigt – zum Beispiel Russisch und Englisch –, denen einfache Rechenaufgaben vorgelegt wurden – einmal in der Sprache, in der die Probanden unterrichtet worden waren, und einmal in der anderen. Im Fall der unterschiedlichen Sprachen dauerte es länger, bis die Probanden die Antwort gaben, aber nur dann, wenn sie exakt sein musste. Wenn eine Abschätzung des Ergebnisses ausreichte, zeigte sich kein sprachlicher Einfluss auf die Zeit bis zur Lösung. Der Schluss, der daraus gezogen wird, sieht primär einen angeborenen Zahlensinn der Menschen am Werk, der ohne Hilfe von Sprache ohne exakte Zahlenangaben zu seinen Abschätzungen kommt. Bei steigendem Bedarf an Genauigkeit greift er auf das Sprachvermögen – das zählen und erzählen kann – zurück, um das präzise Endergebnis auszurechnen. In der Tat zeigt sich mit den neuen Einblicksmöglichkeiten in das Gehirn, dass die zuletzt genannten Antworten eine Aktivität in dem Teil des Nervengewebes erfordern – im Bereich des Stirnlappens –, von dem aus Sprache kontrolliert und ins Werk gesetzt wird.

Wenn diese Idee zutrifft, dann darf die Hypothese riskiert werden, dass die Muttersprache, in der ich aufwachse, Einfluss auf meine frühen Rechenfähigkeiten hat. Anders und konkreter gefragt: Gibt es Sprachen, die es Kindern erleichtern, mit dem ungeliebten kleinen und großen Einmaleins in der Schule fertig zu werden? Darauf kann man eine bejahende Antwort geben: Im Vorteil sind chinesische und japanische Kinder, die bekanntlich in internationalen vergleichenden Rechentests durchweg besser als ihre kleinen Konkurrenten aus Westeuropa oder Amerika abschneiden. Der Grund dafür liegt darin, dass sich in westeuropäischen Sprachen oft ziemlich komplizierte Wörter für Zahlen finden – im Deutschen elf und zwölf statt zehn-eins und zehn-zwei, wie 11 und 12 in den genannten asiatischen Sprachen gebildet werden. Überhaupt passen sich die chinesischen Zahlwörter sehr eng an die Struktur des arabischen Zahlensystems an. Die Zahl 25 zum Beispiel – umgedreht *twenty-five* auf Englisch – wird im Chinesischen durch »zwei zehn fünf« ausgedrückt und kommt ohne einen neuen Begriff (zwanzig, twenty) aus, wobei wir die höchst komplizierte Weise der Franzosen, ihre Zahlen zwischen 70 und 99 zu bilden, gar nicht erst in Betracht ziehen wollen (97 heißt da wörtlich »vier-zwanzig-siebzehn«, *quatre-vingt-dix-sept*).

Aus all dem kann man schließen, dass unsere Fähigkeit zu sprechen hilft, einfache Rechenaufgaben genau zu lösen, ohne dass wir damit sagen könnten, dass auch der Aufstieg vom operativen Umgang mit Zahlen zum höheren Vergnügen der mathematischen Beweisführung vornehmlich mithilfe der Sprache gelingen kann.

Vom Zählen zum Erzählen

Einen Hinweis auf einen gemeinsamen Ursprung von Sprache und Zahl steckt auch in der zunächst nur wie ein Wortspiel wirkenden Ähnlichkeit von Zählen und Erzählen. Die Verwandtschaft zeigt sich nicht nur in der deutschen, sondern auch in der englischen Sprache, wo in »to tell« (erzählen) das althochdeutsche »tellen« (plattdeutsch vertellen) sichtbar wird, das auf Teilen bzw. Verteilen hinweist. Im Französischen erkennt man in »raconter« (erzählen) das Wort »compter« (zählen), und selbst im lateinischen Hauptwort »numerus« (Zahl) tritt uns »nomen« entgegen, also das Benennen bzw. das Benannte. »Erzählen« heißt dann wohl, die Vergangenheit so zeitlich auszubreiten, dass sie wie eine Folge (aus Zahlen) erscheint. In einer Erzählung folgen die Episoden des Lebens wie Zahlen in einer Folge aufeinander.

Zählen zu können gehört zu den Grundbedingungen aller Schüler und Erzählen zu den großen Gaben, die uns Vergnügen bereiten. Mit dem Zählen einigt man sich über Dinge, und mit dem Erzählen kann man Dingen Bedeutung verleihen, was offenbar von der Evolution mit höherer Priorität versehen wurde. Jedenfalls hat sie den Spracherwerb fester in die genetische Hand genommen als die Ausbildung der Rechenkünste und uns damit eine große Hilfe geliefert und zugleich ein großes Problem gestellt. Die Hilfe besteht darin, dafür gesorgt zu haben, dass Kinder selbst dann lernen, richtig zu sprechen, wenn sie falsch gebildete Sätze zu hören bekommen. Das Problem liegt darin, dass es nun extrem schwierig geworden ist herauszufinden, was dabei im kindlichen Kopf passiert. Dass es der Evolution wichtig war, uns mit Sprache zu versehen, zeigt sich an der Tatsache, dass es höchst riskant war, einem Lebewesen die Fähigkeit zur Artikulation zu geben. Sie entsteht beim Menschen erst nach seiner Geburt, während die Voraussetzungen für die Aufnahme von Schall bereits im Mutterleib gegeben sind. Wer einer hochschwangeren Frau eine Geschichte vorliest, hat zwei Zuhörer, die sicher unterschiedlich verstehen, was die Stimme erzählt. Klar ist, dass die Kinder etwas wahrnehmen und behalten, denn Neugeborene erkennen Geschichten wieder, die sie gehört haben, bevor sie dem Licht und den Lauten der Welt ausgesetzt wurden. Im Experiment zeigt sich, dass sie mehr Aufmerksamkeit an den Tag legen, wenn sie den vorgelesenen Text schon kennen (was immer mit diesem Wort an dieser Stelle gemeint sein könnte).

So gut ein Neugeborenes hört, so wenig ist es in der Lage zu sprechen. Sein Kehlkopf sitzt noch hoch im Rachen, was den Vorteil hat, dass das Baby gleichzeitig atmen und schlucken – und sich also nicht verschlucken – kann. Die Nahrung kann seitlich am Kehlkopf vorbei in die Speiseröhre gelangen, aber nur solange der ganze Trakt nicht umgebaut wird. Das passiert noch im ersten Lebensjahr – etwa indem der Kehlkopf tiefer zu liegen kommt –, und der Preis für die Fähigkeit zur Schallproduktion ist die Gefahr des Erstickens, die nicht unbeträchtlich ist, wie ein Blick in die Lokalnachrichten jeder Zeitung zeigt. Merkwürdigerweise stellen die Kinder im Moment der Gefahr fest, dass ihre Laute etwas bedeuten können. Sie beginnen tatsächlich, aus Schall Sprache zu generieren.

Spracherwerb

Der Erwerb der Sprache lässt sich leicht quantifizieren. Es dauert etwa achtzehn Monate, bis Babys die ersten Worte von sich geben – Mama, Papa, da, mehr. Ein halbes Jahr später lassen sich rund fünfzig Wörter zählen, und dieser Wortschatz wächst bis zum dritten Geburtstag auf gut tausend Wörter an. Nun beginnen Kinder auch, einfache Sätze zu bilden – meist um etwas zu bekommen. Diese ersten Sätze klingen stets grammatikalisch korrekt, was man einfach dadurch merkt, dass erwachsene Zuhörer die Sätze als richtig gebildet akzeptieren.

In den folgenden drei Jahren explodiert die Sprachfähigkeit, und an seinem sechsten Geburtstag verfügt ein Kind über mehr als zehntausend Wörter, die es auf unterschiedliche Weise anwenden kann – um jemandem etwas zu sagen, um etwas zu wünschen, um Wut auszudrücken und so weiter. Im Laufe eines Lebens legt sich ein normal begabter Mensch einen passiven Wortschatz von etwa sechzigtausend

Wörtern zu, was heißt, dass er so viele Ausdrücke beim Hören oder Lesen versteht, ohne sie selbst aktiv beim Sprechen einzusetzen. Tatsächlich werden die meisten Wörter in der Alltagssprache nicht benötigt, deren Haupteinsatzgebiet sich inzwischen genau angeben lässt – es ist der Klatsch, für den die meisten von uns ihre Sprachfähigkeit vor allem gebrauchen.

Um auf die Konsequenzen dieser Tatsache eingehen zu können, müssen wir das Quantifizieren aufgeben und nach der Bedeutung fragen. Das müssen die Kinder auch tun, wenn sie den Lauten, die sie hören oder von sich geben, eine Bedeutung zuweisen. Sie schaffen diesen Sprung in ihrer Entwicklung am Ende des ersten Lebensjahres, wie der Sprachwissenschaftler Roman Jakobson im Zweiten Weltkrieg erkannt hat. Aus den Babbellauten werden nun *Phoneme,* wie er die akustisch erkennbaren Elemente der Sprache nennt, die dadurch definiert sind, dass sich mit ihnen Bedeutungen unterscheiden lassen – etwa zwischen »Licht« und »nicht« bzw. zwischen »doch« und »Dach« oder »noch«. Jakobson wies nach, dass die Phoneme von allen Kindern in gleicher Zeitfolge gelernt werden, die im Detail vom Sprechapparat abhängen. Leicht lernen alle Kinder Vokale (im Deutschen a, e, i, o, u ohne die Umlaute) und als erstes konsonantisches Phonem das Ausstoßen des P-Lauts, den wir aus Papa, Pepe, Pipi und Popo kennen.

In der Hitliste der frühen Wörter finden sich neben Papa und Mama auch Ball und Baby, und natürlich lernen die Kinder auf die Erwachsenen zu antworten, die fragen, ob sie »Saft« trinken wollen, die einem etwas »weg«nehmen, die so oft »ja, ja, ja« oder »nein, nein, nein« sagen oder fragen, ob das Kind mit der »Puppe« oder dem »Teddy« spielen will.

Das Rätsel des Spracherwerbs steckt aber nicht so sehr in den Wörtern, sondern in der Verknüpfung der Wörter zu sinnvollen (vom Hörer akzeptierten) Sätzen, die man Grammatik nennt. Zweijährige Kinder, die noch in der so genannten Einwortphase sind, können als Zuhörer tatsächlich schon zwischen Sätzen unterscheiden, die grammatikalisch korrekt oder inkorrekt gebildet sind. Sie merken, dass es in einem Nebensatz nicht »wenn Peter holt Wasser«, sondern »wenn Peter Wasser holt« heißen muss, und sie reagieren auch ungehalten, wenn man Sätze umdreht, bei denen das nicht geht. »Maria sieht Manfred« kann man umkehren, »Maria trinkt Milch« macht nur in einer Richtung Sinn.

Wenn Kinder nur ein oder zwei Worte sagen, verfügen sie bereits über ihr eigenes grammatikalisches Wissen, und das setzt eine hohe Hürde für eine Antwort auf die Frage, wie diese Qualität erworben wird. Wie lernt ein Kind, dass es entgegen den naiven Erwartungen nicht nur auf (explizite) Wortfolgen ankommt, sondern dass es (implizite) Regeln gibt, nach denen sich die Bedeutung erschließt? Die dazugehörigen Theorien werden in zwei Gruppen eingeteilt: Die Vertreter der einen beginnen außen, beim Input, und die anderen innen, und zu ihnen gehört der namhafteste Sprachforscher unserer Zeit, Noam Chomsky. Er ist von einem angeborenen Sprachwissen überzeugt, das er als »Universalgrammatik« bezeichnet. Sie legt den Zustand der Sprachfähigkeit vor jeder sprachlichen Erfahrung fest. Was Chomsky konkret als angeboren festlegt, ist teils verständlich, teils aber auch erstaunlich: Es beginnt mit der Fähigkeit, den Lautstrom zu unterteilen, und setzt sich über die Kenntnis von Kategorien fort – die Natur stellt uns demnach die Unterscheidung von »Hauptwort« und »Tätigkeitswort« genetisch zur Verfügung –, und es schließt auch die Fähigkeit zur Satzbildung ein.

»Das ist starker Tobak – und ist auch immer wieder als solcher kritisiert worden«, schreibt dazu der Sprachwissenschaftler Jürgen Dittmann und fragt dann, ob »ausgerechnet die menschliche Grammatik, das, was den Menschen auszeichnet, (...) den Status eines ›Instinkts‹ haben« soll.

Natürlich spricht einiges für eine »Universalgrammatik« – wenn ein in Deutschland geborener Säugling in Japan aufwächst, lernt es die dort gesprochene Sprache so wie er zu Hause Deutsch gelernt hätte, und der Vorgang vollzieht sich scheinbar mühelos und schnell. Aber es gibt auch Hinweise dafür, dass Chomskys Konstruktion nicht ausreicht. So verwenden Kinder oft eine Zeit lang korrekte und inkorrekte Formen nebeneinander, und irgendwie wehrt sich unser Gehirn gegen die Vorstellung, dass sprachliche Äußerungen, die wir hören, nur der Auslöser für einen Schritt sein sollen, der sich dann von selbst vollzieht und dem Kind allein die Rolle zubilligt, passiver Ort der Entwicklung zu sein.

Wahrscheinlich liegt wie so oft die Wahrheit in der Mitte, und beim Spracherwerb sind vermutlich sowohl innere (genetische) als auch äußere (soziale) Mechanismen beteiligt, die sich im heranwachsenden Kind treffen. Eine Rolle der Gene ist allein deshalb nötig, um der Evolution die Chance zu geben, die Sprachfähigkeit zu verankern, was zu der Frage zurückführt, was sie damit im Sinn hatte. Wir bevorzugen an dieser Stelle eine einfache Antwort, die auf der Tatsache basiert, dass zwei Drittel aller Gespräche, die Menschen führen, von anderen Menschen und deren Beziehungen handeln. Selbst in den politischen Gesprächen reden wir lieber über Personen, selbst wenn die Politiker noch so betonen, dass es auf die Sachfragen ankommt. Wir wählen den Politiker, über den wir am besten reden, wenn wir uns in Cafés oder Kneipen unterhalten. Der eigentliche Vorteil der Sprache besteht also darin, von sich selbst abzusehen und mit anderen über andere zu sprechen. Genau das geht ohne Grammatik nicht. Mit ihr sind wir in der Lage, Aussagen über die Welt zu machen. Wir treten ihr gegenüber – und wollen etwas von ihr wissen. Die Entwicklung der Wissenschaft kann beginnen – wenn es auch noch dauert.

Der Mensch im Spiegel

Wer spricht, muss wissen, dass er in der Welt nicht allein ist, dass es neben dem Ich noch ein Du gibt. Dass die Kinder dieses Du in dem Moment in ihre Handlungen einbeziehen, in dem sie das Sprechen lernen, zeigt sich an einer kleinen Beobachtung, die der Entwicklungspsychologin Fabia Franco zu verdanken ist.

Wenn man Kindern etwas Merkwürdiges und Auffälliges vorsetzt – etwa eine riesige Spielzeugspinne, die an einem Faden hängt –, deuten sie mit der Hand auf das unbekannte Objekt und machen auch ein Geräusch dazu. Diese Aktion stellt keine Besonderheit dar, und Kinder zeigen sie im Alter sowohl von neun als auch von achtzehn Monaten. Der Unterschied besteht darin, dass die neunmonatigen Babys die Geste ausführen, ohne die Mutter anzublicken, während die achtzehnmonatigen Kinder sich erst einmal vergewissern, dass die Mutter sie beachtet. Mit anderen Worten, das Kind merkt, dass da etwas in der Welt getrennt ist. Kinder können die Unterscheidung zwischen Ich und Du vornehmen, und es macht Sinn, dass diese Fähigkeit auftritt, wenn sie die ersten Wörter lernen. Sie können dem Du jetzt etwas sagen.

In diesem gleichen Zeitraum – etwa in der Mitte des zweiten Lebensjahres – vollzieht sich ein weiterer Reifungsschritt, und zwar von innen heraus und offenbar völlig unabhängig davon, ob ihn jemand von außen behindert oder fördert. Gemeint ist der Blick in den Spiegel, den Kinder vor dem achtzehnten Monat meist zu vermeiden suchen, vermutlich weil sie darin einen eher langweiligen Spielkameraden vorfinden, der immer nur nachmacht, was sie selbst tun. Doch plötzlich ist es »nicht mehr länger ein anderes Kind, das da aus der Scheibe schaut«, wie der Psychologe Norbert Bischof im *Kraftfeld der Mythen* schreibt:

»Mit spätestens zwanzig Monaten erkennt das Kind unwiderruflich, dass es eine sichtbare Außenseite hat. Die anfängliche Scheu vor dem Spiegelbild macht von da an allmählich einem experimentellen Interesse Platz. Die Kinder beginnen, Manipulationen am eigenen Körper vor dem Spiegel auszuführen. Sie schmücken sich mit Schleiern oder Hüten und betrachten den Effekt. Oder es fällt ihnen irgendwo beim Spielen plötzlich ein, eine Grimasse zu schneiden, worauf sie diese mimisch festhalten und zum Spiegel laufen, um zu schauen, wie das aussieht. Malt man ihnen diskret einen dunklen Fleck auf die Wange, so fällt ihnen beim Blick in den Spiegel die Veränderung auf, und sie greifen an die betreffende Stelle im *eigenen* Gesicht.«

Das Wunderbare an der Fähigkeit, das Gesicht, das einem aus dem Spiegel entgegenschaut, als das eigene zu erkennen, steckt in einer weiteren zeitlichen Kopplung, die von der Entwicklungspsychologin Doris Bischof-Köhler[2] eindeutig nachgewiesen werden konnte und die Empathie heißt. Mit diesem Ausdruck ist die Fähigkeit zum Mitgefühl mit anderen gemeint, und das Duo aus *Spiegelbild und Empathie,* so die dazugehörige Schrift von Frau Bischof-Köhler aus dem Jahr 1989, erlaubt es, die »Anfänge der sozialen Kognition« zu verstehen, wie es im Untertitel heißt.

Die dazugehörigen Experimente liefen so ab, dass Kinder – in Anwesenheit der Mutter – mit einer Studentin spielten, der dann ein vorbereitetes Unglück zustieß. Einem Teddybären fiel plötzlich der Arm ab, was die Studentin in Tränen ausbrechen ließ. Die Reaktionen der Kinder waren zweigeteilt. Diejenigen, die sich im

Spiegel erkennen konnten, zeigten sich betroffen und boten zum Beispiel das eigene Spielgerät als Ersatz an. Diejenigen, die ihr Spiegelbild für eine Fremdperson hielten, reagierten meist teilnahmslos und fingen an, sich anderen Spielmöglichkeiten zuzuwenden. Empathie ist also die Fähigkeit, sich in die Gefühlslage eines Mitmenschen zu versetzen, zu unterscheiden von dem Vorgang, bei dem man sich von Gefühlen oder Stimmungen anderer Menschen anstecken lässt – etwa durch die Bierlaune in einem Bierzelt oder die Euphorie einer Fangruppe, deren Mannschaft ein Spiel gewonnen hat. Diese Gefühlsansteckung, die uns schon ganz früh betreffen kann und für die wir auch noch als Erwachsene anfällig sind, hat deshalb wenig mit Empathie zu tun, weil man oft nicht weiß, worüber die anderen lachen oder trauern, und weil man auch merkt, dass das Gefühl, von dem man plötzlich ergriffen wird, das von anderen ist. Bei der Empathie geht es aber genau darum, mit dem Betroffenen zu empfinden.

»Von Natur aus anders«

Die gezeigte Empathie ist eine knifflige Verhaltensweise, zu der mehr gehört als nur die Fähigkeit, andere Personen und ihre Situation wahrzunehmen. Man muss sich auch in die andere Person hineinversetzen und ihren Schmerz nachfühlen können. Die Kinder fangen mit diesem Vermögen an, das zu entwickeln, was seit etwa einem Vierteljahrhundert in der Entwicklungspsychologie *theory of mind* heißt. Wie bereits erwähnt, versteht man unter *theory of mind* keine wissenschaftliche Theorie des Geistes, sondern eine Fähigkeit, die sich erst im Alter von vier bis fünf Jahren zeigt und dem Kind die Erkenntnis erlaubt, dass jemand im Angesicht gleicher Tatsachen ein anderes Bild als es selbst von der Wirklichkeit haben kann. Im Theater wird oft damit gespielt, dass der Zuschauer mehr weiß als ein Schauspieler – man denke an versteckte Personen hinter einem Vorhang oder an die Verwechslungen in Shakespeares *Komödie der Irrungen* –, aber die Einsicht, dass ein anderes Gehirn – das Gehirn eines anderen Menschen – die gleiche Szene anders als man selbst versteht und deutet, müssen Kinder erst entwickeln. Wenn sie dies tun, haben sie im Sprachgebrauch der Wissenschaft eine *theory of mind* – eine Vorstellung vom anderen Denken in anderen Köpfen.

Auf dem Weg in den Kopf von anderen lernen sie, dass man einen Gegenstand, einen Vorfall oder eine Person unter einer anderen Blickrichtung als der eigenen sehen kann. Die Übernahme dieser Perspektive vollzieht sich nach Einsicht der Psychologen vornehmlich mit dem Verstand, was bedeutet, dass die zur Empathie gehörenden Emotionen weniger wichtig werden. Mit anderen Worten – im Alter von vier bis fünf Jahren können Kinder sich zum ersten Mal zwischen zwei Arten entscheiden, ihren Mitmenschen zu begegnen. Bei einer gehen sie rational vor und stellen sich auf den Standpunkt von anderen, bei der zweiten verfahren sie emotional und lassen sich auf deren Gefühle ein.

Wo immer eine solche Zweiteilung auftaucht, fragt die Wissenschaft, ob sich denn an dieser Stelle nicht auch ein Unterschied zwischen den beiden Geschlechtern zeigt. In der Tat – wenn man Vorschulkinder mit dem Missgeschick eines anderen Kindes konfrontierte, das hingefallen war und sich verletzt hatte, reagierten Jungen und Mädchen zwar beide hilfreich, aber sie taten dies jeweils auf ihre eigene Weise. Die Jungen versetzten sich nüchtern in die Perspektive des Verletzten, dachten an seine *körperlichen* Wunden und schlugen vor, den Krankenwagen zu rufen. Die Mädchen begannen stattdessen erst einmal, den Verunglückten zu trösten. Sie dachten mehr an das *seelische* Wohlbefinden und empfanden voller Empathie mit dem Betroffenen. Wohlgemerkt – geholfen haben sowohl Jungen als auch Mädchen, aber Besorgtheit und Fürsorge war nur bei den Trägerinnen von zwei X-Chromosomen zu spüren, wie im Detail in dem Buch *Von Natur aus anders* nachzulesen ist, das Doris Bischof-Köhler über die Psychologie der Geschlechtsunterschiede geschrieben hat.

Damit können wir auf einen bislang stiefmütterlich behandelten Aspekt der Bildung des Menschen zu sprechen kommen, auf die Unterschiede, die bei der Entstehung von Mann und Frau eine

Rolle spielen und die letztlich zu erklären helfen, *Warum Männer nicht zuhören und Frauen nicht rückwärts einparken können.* So lautet der Titel eines Longsellers, in dem das Psychologenehepaar Pease oft sehr witzige und durchgehend biologisch orientierte (wenn auch manchmal allzu direkte und eher schlichte) Erklärungen für sonst unerklärliche Unterschiede im Verhalten von Männern und Frauen gibt.

Wer Geschlechter unterscheiden will, ist gut beraten, unten anzufangen und mit den Chromosomen zu beginnen. Das genetische Geschlecht steht früh fest und ist wenig kontrovers. Frauen haben also zwei X-Chromosomen und Männer neben dem einen X-Chromosom als zweites ein so genanntes Y-Chromosom. Eine befruchtete Eizelle hat nur dieses genetische Geschlecht, das aber nicht weiter differenziert wird und keine bekannten Auswirkungen zeigt, bis etwa um die siebte Woche der Schwangerschaft herum das kleine Y-Chromosom aktiv wird und einige Zellen mit dem Signal versorgt, das die Bildung der Geschlechtsorgane einleitet. Mit der beginnenden Entwicklung der Hoden sprechen die Wissenschaftler von dem gonadalen Geschlecht, wobei sich dieses Wort von »Gonaden« ableitet, das für Keimdrüsen steht, wie es die Hoden sind.

Die Keimdrüsen übernehmen nun das Kommando, indem sie die berühmten Botenstoffe anfertigen, die wir als Hormone beziehungsweise als Geschlechtshormone kennen. Da es mehrere männliche Geschlechtshormone gibt, hat man den Oberbegriff der Androgene eingeführt, dessen bekanntestes Testosteron heißt.

Die »weiblichen« Embryonen – die mit den XX-Zellen – warten etwa eine Woche länger auf ihre »männlichen« Gegenparts – die mit den XY-Zellen, bevor sie ihre Keimdrüsen namens Eierstöcke (Ovarien) anlegen und hier die weiblichen Hormone bilden, das Östrogen und das Progesteron. Die weiblichen Sexualhormone entstehen übrigens auch in den genetisch männlichen Embryonen, wenngleich in sehr kleinen Mengen, und das Testosteron taucht ebenso in den genetisch weiblichen Embryonen auf, gleichfalls in winzigen Mengen.

Während also die Trennung der genetischen Geschlechter einigermaßen unzweideutig ist, fangen die Hormone an, die Grenzen zu verwischen – gemeint sind die Grenzen, die Wissenschaftler errichtet haben, indem sie das Östrogen zum Beispiel erst als eindeutig weibliches Geschlechtshormon bezeichnet haben, um jetzt einzuräumen, dass es auch eine nicht unwichtige Rolle bei der männlichen Entwicklung übernimmt, indem es offenbar für die sexuelle Orientierung eines Mannes sorgt.

Wer weiter die Herausbildung der verschiedenen Geschlechtsmerkmale beschreiben will, tut gut daran, von nun an die Formung der Geschlechtsorgane von der Gestaltung der unterschiedlichen Hirnstrukturen zu unterscheiden. Man trennt dabei das morphologische Geschlecht vom zerebralen, auf das wir näher eingehen wollen. Das Interesse gilt dabei vor allem dem Hirngewebe, in dem die Fähigkeiten angelegt sind, die Männer und Frauen in ihren Verhaltensweisen unterschiedlich machen.

Um wenigstens einen Überblick über die Sexualhormone vom Gehirn aus zu bekommen, sei erwähnt, dass die Hypophyse mit den Gonaden chemisch kommuniziert und die Ingangsetzung der dazugehörigen Botenstoffe – der Gonadotropine – unter der Oberaufsicht des Hypothalamus steht, dessen Aktivität bei beiden Geschlechtern unterschiedlich verläuft, wie sich am deutlichsten an der monatlichen Regel der Frauen erkennen lässt.

Wenn sich der Fötus entwickelt, üben die Androgene ihren Einfluss auf die Entstehung der Hirnstrukturen aus, und die Psychologie, die sich an der Neurophysiologie orientiert, sieht hier die Grundlegung der verschiedenen Verhaltensmuster, die sich im Alltag beobachten lassen. Tatsächlich lässt sich inzwischen gut zeigen, dass Männer und Frauen für die Lösung gleicher Aufgaben unterschiedliche Areale des Gehirns benutzen. Spannend ist insbesondere die Entdeckung, dass Männer ihre beiden Hirnhälften strikter trennen als Frauen, die beim Sprechen sich nicht mit der Tätigkeit der linken Hemisphäre begnügen, sondern ihren ganzen Kopf dabei benutzen. Wer daraus den Schluss zieht, dass Frauen anders denken, wenn sie sprechen, könnte auch in dem Sinne Recht haben, dass Frauen an etwas anderes denken, wenn sie sprechen – die Männer natürlich auch.

Gene für die Umwelt

Die erste geschlechtsspezifische Tat in dem sich entwickelnden Embryo ist eine »männliche« Aktivität, da sie vom Y-Chromosom ausgeht. Dort sitzt ein Gen mit Namen SRY, das eine Kaskade von molekularen Ereignissen in Gang setzt, um dem sich entwickelnden Leben ein maskulines Erscheinungsbild zu geben. Die Tatsache, dass das Fehlen von SRY zu einem weiblichen Körper führt, hat dazu geführt, dass einige das weibliche Geschlecht als das natürliche ansehen (wobei sie übersehen, dass es dann auch zu den molekular schon gegebenen Grundtugenden des Mannes gehört, die Sache in die Hand zu nehmen).

SRY sorgt nicht nur für einen männlichen Körper, sondern auch für männliches Verhalten, was einige Wissenschaftler zu der Frage veranlasste, ob sich eine Variante seiner Aktivität ermitteln lässt, die Einfluss auf die sexuelle Präferenz hat. Eine merkwürdige Beobachtung schien die Möglichkeit zu bieten, diese Frage zu klären. Sie besteht darin, dass homosexuelle Männer auffällig mehr ältere Brüder haben als heterosexuelle Männer (während die Zahl der Schwestern keine Korrelation zeigt). Man vermutet, dass die Mutter dabei mitwirkt, indem sie die Wirkung eines Gens schwächt, das zusätzlich bei der Entwicklung des Mannes nötig ist und dem Faktor SRY an die Seite treten muss. Diese bislang nur schwach anvisierte Erbanlage wird PCDH222 genannt und bringt ein Protein hervor, das bei der Vernetzung der Synapsen hilft. Wenn eine auch nur schwache immunologische Abwehrreaktion der Mutter diese Tätigkeit von Kind zu Kind erschwert, wächst mit höherer Wahrscheinlichkeit ein Gehirn heran, das anders verdrahtet wird als im Normalfall, und das dann auch zu einer Person gehört, die anders ist.

Diese allgemeine und eher vage Spekulation macht nur Sinn, wenn man sich weiter vorstellen kann, dass solche Wirkungen nur begrenzte Zeit hindurch spürbar werden, denn das Gehirn soll ja nur ein wenig anders und nicht völlig verschieden von den übrigen werden. Man kann nun zeigen, dass es genetische Mechanismen gibt, mit deren Hilfe erkundet wird, welche äußeren Einflüsse – auch wenn sie nur die kurze Entfernung von der Mutter her zurückgelegt haben – das sich entwickelnde Gehirn betreffen können. Dabei können Gene tätig werden, mit deren Hilfe die Reifung des Gehirns so lange hinausgezögert wird, bis die nötigen Erfahrungen vorhanden sind. Diese Gene zeigen genau die Qualität, die Barbara McClintock vorhergesagt hat, indem sie Informationen aus der Umgebung extrahieren und erst dann ihre Anweisungen geben. Diese Gene können als Mechanismus der Erfahrung bezeichnet werden, und mit ihrer Entdeckung schleicht sich ein Verdacht ein.

Gene, die auf die Umwelt warten

BDNF kürzt den englischen Ausdruck *brain derived neurotrophic factor* ab und meint einen Faktor in Form eines Moleküls, welches das Wachstum von Neuronen anregt und aus dem Gehirn stammt. Leider haben die Wissenschaftler ihm noch keinen hübschen Namen gegeben – etwa Nervenantreiber –, und so müssen wir weiterhin die vier Buchstaben BDNF benutzen. Die Abkürzung steht für ein Protein, was bedeutet, dass zu ihm ein Gen gehört. Unterschiedliche Menschen können unterschiedliche Sequenzen in ihren BDNF-Genen haben – mit unterschiedlichen Folgen. Es stellte sich nämlich heraus, dass sich einige Varianten mit einem eher störenden Verhalten in Verbindung bringen lassen, das mit dem unfreundlichen Wort »neurotisch« belegt wird. Kleine Verschiebungen in der Folge der genetischen Bausteine des Nervenfaktors bringen oft gar nicht so kleine Unterschiede in der Veranlagung zu Depression oder seelischer Verletzlichkeit mit sich.

Nicht nur bei Menschen funktioniert ein solcher Faktor BDNF. Er operiert – mit angemessenen Abweichungen – auch in Mäusen, und mit diesen Geschöpfen können Genetiker schon länger gut experimentieren. Sie können Zellen von Mäusen zum Beispiel mehr BDNF-Gene einsetzen, als sie gewöhnlich tragen, oder dafür sorgen, dass die Gene mehr von dem Wachstumsfaktor in Umlauf bringen, als von der Natur vorgesehen und normal ist. Was würde mit den Mäusen geschehen, in denen das Gehirn vielleicht mehr Impulse zur Bildung von Neuronen enthält, als ihm gut tun kann?

Die erste Beobachtung der Wissenschaftler betraf die kritische Phase beim Lernprozess des Sehens, also die Zeit, in der das Nervensystem seine Verschaltungen (Synapsenbildungen) in Abhängigkeit von den einlaufenden Signalen durchführt. Die in den 1960er Jahren von David Hubel und Torsten Wiesen beschriebene Plastizität des Gehirns zeigt, dass zelluläre Aktivität von Erfahrungen abhängt, und es bestand immer die Hoffnung, die Verbindung von Außen (Wahrnehmung) und Innen (Nervenverschaltung) bis zu den Genen hin führen zu können. Vielleicht gab es Gene, die gewissermaßen auf die Erfahrungen warteten, die zu ihrer Aktivität nötig waren. Und vielleicht bot die Wirkung von BDNF die Möglichkeit, hier konkret fündig zu werden, da sein Vorhandensein im Überfluss – dies die erste Beobachtung – dafür sorgte, dass die Mäuse die kritische Phase beim Sehen rascher durchliefen und die Phase ihrer Plastizität um eine Woche verkürzten.

Wenn man normal ausgestattete Mäuse in den ersten drei Wochen ihres Lebens ohne Licht aufwachsen ließ, blieben sie für den Rest ihres Lebens praktisch blind. Ihr visuelles System braucht Erfahrungen, um reifen zu können. Gehirne benötigen sowohl Gene als auch Umwelt – *nurture as well as nature.* Die eigentliche Überraschung der Experimente bestand nun in der Entdeckung – dies die zweite Beobachtung –, dass der Überschuss an BDNF die fehlende Erfahrung ersetzen konnte. Die entsprechend manipulierten Mäuse konnten auch dann etwas sehen, wenn sie in der kritischen Phase im Dunkel eines Laboratoriums gehalten wurden. Der Schluss liegt nahe, dass zum einen ein Gen – das für den Wachstumsfaktor zuständige BDNF – die Rolle der Erfahrung übernehmen bzw. ersetzen kann, und dass zum andern die Rolle der Erfahrung darin besteht, das BDNF-Gen einzuschalten.

Die Umwelt wirkt durch die Gene, und die Alternative »Gene oder Umwelt?« löst sich im konkreten Experiment in Luft auf. Es gibt Gene, die auf die Umwelt warten. Sie wirken erst durch sie.

Sollte die Psychologin Judith R. Harris Recht gehabt haben, als sie 1995 – Jahrzehnte nach dem Abschluss ihres Studiums in Harvard – als unbeschäftigte Großmutter mit vielen theoretischen Kenntnissen und noch mehr praktischen Erfahrungen in der hoch angesehenen Zeitschrift *Psychological Review* einen Beitrag über die Sozialisierung von Kindern publizierte und nach dem Einfluss der Eltern auf die Entwicklung ihrer Sprösslinge fragte. Da sich in Amerika die Lehren von Sigmund Freud trotz aller aufgedeckten Ungereimtheiten ungebrochen einer großen Anhängerschaft erfreuen, erwarteten viele Leser, dass dem Elternhaus eine überragende Bedeutung zugewiesen würde. Doch der Essay von Judith R. Harris – der Versuch der alten Dame – begann wie folgt: »Haben Eltern irgendwelche wichtigen langfristigen Auswirkungen auf die Entwicklung der Persönlichkeit ihrer Kinder? Dieser Beitrag untersucht die Evidenz und kommt zu dem Schluss, dass die Antwort Nein heißt.«

Wer macht mich denn, wenn es nicht meine Eltern sind? Machen mich doch meine Gene? Oder mache ich mich selbst? Wer bin ich? Ich bin, was ich geworden bin? Aber wie werde ich?

Teenager

Zu den großen Themen der professionellen Erzieher und der zuständigen Laien namens Eltern gehört die Zeit, die wir als Teenager verbringen. Aus Kindern, die etwa ein Dutzend Jahre brav und adrett waren, in der Schule glänzten und pünktlich zum Klavierunterricht gingen, werden plötzlich Nervensägen, die rebellisch werden, ihre Kleidung verstreuen, nach Zigaretten greifen und zu rülpsen anfangen. Was bislang entweder verzweifelt als Problem der Erziehung gedeutet oder als hormonal bedingte Dysfunktion zur Kenntnis genommen wurde, bekommt mit neuen technischen Entwicklungen der Wissenschaft eine zusätzliche Dimension. Wie sich nämlich herausstellt, wird bei den Teenagern das Gehirn umgebaut, und zwar massiv. Zwar bleibt die Masse mehr oder weniger unverändert – Schüler und Lehrer bzw. Kinder und Eltern stehen sich mit gleich dicken Sturköpfen gegenüber –, aber der Blick auf die Quantität verdeckt, was sich in der Qualität ändert.

Es kommt zu einem beträchtlichen Umbau auf der Ebene der Nervenfasern und der dazugehörigen Verschaltungen. Der Ort dieser neuen Weichenstellungen liegt ganz vorn im so genannten Frontallappen, in dem die Wissenschaftler unsere humanen Fähigkeiten vermuten – Selbstkontrolle, Urteilsvermögen, Gehemmtheit, Neugierde und mehr. Hier nimmt zwischen dem elften und dem dreizehnten Lebensjahr die graue Substanz der Hirnrinde etwas zu, wie unter anderem mithilfe von Magnetresonanzuntersuchungen ermittelt wurde, die auch zeigen, dass einige Nerven mehr verknüpft und andere Verbindungen unterbrochen werden. Der Vorgang setzt bei Mädchen etwas eher als bei den Jungen ein.

Natürlich wächst auch das Gehirn bei Kleinkindern (sogar etwas mehr), und ebenso werden bereits vor dem Erreichen der Teenagerphase Nervenverknüpfungen selektiv verstärkt oder aufgegeben. Aber es gibt einen Unterschied zwischen damals (»kleine Kinder, kleine Sorgen«) und jetzt (»große Kinder, große Sorgen«), und der könnte deutlicher und größer nicht sein. Bei zwei- bis dreijährigen Kindern richtet sich das nervöse Zurechtstutzen des Gehirns vor allem nach den Reizen, die von den Eltern – also von außen – vorgegeben werden. Teenager hingegen sorgen selbst – von innen her – für die besondere Festlegung der neuronalen Kontakte. Sie setzen ihre Schwerpunkte von sich aus – nicht mehr die Eltern entscheiden, ob ihr Kind Klavier oder Fußball spielt, das tun die Teenanger selbst. Wie kommt dieser Wechsel von außen nach innen zustande, und warum muss es dabei oft lebensgefährlich drunter und drüber gehen?

Eine einfache Antwort liegt in der Tatsache, dass sich irgendwann der Wechsel vom abhängigen zum selbstständig agierenden Kind vollziehen muss und die Teenager in dem Alter leben, in dem er sich vollzieht. Menschliches Leben beginnt in der Sicherheit, die von anderen (im Inneren der Familie) geliefert wird, und strebt nach der Autonomie, die man (in der Außenwelt) benötigt, um später anderen die gleiche Sicherheit geben zu können. Und in der Mitte ist man bei dieser Umpolung hin und her gerissen, was entsprechende psychische Spannungen bedingt.

Eine zweite Antwort könnte darauf hinweisen, dass das Streben nach Autonomie nicht meint, dass man allein sein will. Vielmehr sucht man einen Partner, und den kann man nur finden, wenn man aus sich herausgeht und etwas zustande bringt. Teenager riskieren deshalb viel mehr, als ihren Eltern lieb sein kann, wie schon in dem Filmklassiker *Denn sie wissen nicht, was sie tun* zu sehen war, mit dem James Dean eine legendäre Figur wurde. Der deutsche Titel des Films drückt aus, was die Wissenschaft heute nachweisen kann, die Tatsache nämlich, dass Teenager nicht rational, sondern aus dem Bauch heraus entscheiden. Während sich ihr frontaler Kortex umbaut, lassen sie ihn mit

Rückfragen in Ruhe. Für ihre Entscheidungen nutzen sie stattdessen bevorzugt ein Areal im Gehirn, das Amygdala oder Mandelkern heißt und weit weg vom Frontallappen in der Tiefe des Limbischen Systems liegt. Mit seiner Hilfe können Teenager so impulsiv reagieren, wie sie es tun, und deshalb kümmern sie sich auch zu wenig um die möglichen Risiken ihres Tuns.

Sie nehmen auch die Signale nicht wahr, die ihnen helfen wollen. Wenn Erwachsenen Bilder mit Gesichtern gezeigt werden, die Wut oder Entsetzen ausdrücken, erkennen sie das mithilfe des frontalen Kortex. Genau den bauen die Teenager gerade um, und so leiten sie die Analyse des Gesehenen in den Mandelkern um, der viel weniger erkennt und gröber urteilt, als es die Hirnrinde tut. Vielleicht würden die wilden Jungen und Mädchen ja gerne verstehen, was das erzürnte oder verzweifelte Gesicht der Mutter ihnen sagen will, aber sie können es einfach nicht. Während sie außen schon anfangen, erwachsen auszusehen, sind sie es innen noch nicht. Die Natur hat etwas anderes mit ihnen vor. Die Eltern können dabei nur zusehen – und helfen, das Schlimmste zu vermeiden. Ihre Kinder lieben sie, auch wenn es eine schlimme Zeit lang nicht so aussieht.

Zu Bewusstsein kommen

Auf die Frage »Wer bin ich?« hat schon früh der Kirchenvater Augustinus (354–430) eine Antwort zu geben versucht: Man ist nicht, sondern wird und bildet sich. »Ich bin mein Erinnern«, heißt es in seinen Worten, die zugleich andeuten, wie ich werde, was ich bin, nämlich dadurch, dass ich ein Gedächtnis erst anlege und dann nutze. Gedächtnis und Erinnern – das sind die Themen, um die es an dieser Stelle geht.

Der früheste abendländische Text, der über diese wunderbare Leistungsfähigkeit unseres Gehirns Auskunft gibt, die beiden Qualitäten zusammen nennt, sie nebeneinander stellt und zusammenführt ist eine Schrift von Aristoteles (384–322 v. Chr.), deren lateinischer Titel *De Memoria et Reminiscentia* lautet. Dort stellt der Philosoph fest, dass das Gedächtnis mit vergangenen Ereignissen umgeht, die der Vorgang des Erinnerns in die erlebte Gegenwart holt. Diese Hinzufügung oder Bewusstwerdung erfolgt so, dass wir die durch das Gedächtnis vermittelten und entstehenden Eindrücke nicht mit denen verwechseln, die gerade auf uns zukommen und von uns sinnlich erfahren werden. Aristoteles weist in dem Zusammenhang auch auf die bis heute eher zu wenig beachtete Tatsache hin, dass es nicht ohne einen winzigen Verbrauch von Zeit abgeht, um etwas, das wir im (abgelegten, passiven) Gedächtnis haben, zu der (herbeigeholten, aktiven) Erinnerung zu machen, an der wir interessiert sind. Er wundert sich zudem, wie es uns im Normalfall stets zuverlässig gelingt zu wissen, welche von den Ereignissen, die sich in dem jeweils als Gegenwart empfundenen Zeitpunkt in unserem Bewusstsein befinden, sich in der historischen Wirklichkeit früher oder später abgespielt haben.

Das »Erinnern« und die »Erinnerung« müssen übrigens genau genommen getrennt werden. Sie unterscheiden sich dadurch, dass das Hauptwort nicht nur den Vorgang des Erinnerns und das Verfügbarmachen eines Gedächtnisinhalts meint – etwa das verzweifelte Suchen nach einem Namen oder einem Argument, das man früher gehört hat. Erinnerung impliziert auch den Inhalt meines Bewusstseins, mit dem ich jetzt hantieren und auftreten kann. Erinnerung umfasst sowohl das Erinnern als auch das Erinnerte, bedeutet Suchen im Gedächtnis und gleichzeitig auch das dort Gefundene, und diese Bildung stellt die eigentliche Leistung unseres Wissensvorrats dar.

Ein Lob des Gedächtnisses

Gedächtnis ist mehr als die Fähigkeit, Telefonnummern oder Fußballergesichter im Kopf zu speichern oder Gedichte auswendig zu lernen (wobei der Hinweis gestattet ist, dass die moderne Neurobiologie die Frage, wie und wo das geschieht, nicht überzeugend beantworten kann, was nicht nur dadurch zu erklären ist, dass sie Wichtigeres zu tun hat). Ohne Gedächtnis wären wir nicht einmal in der Lage, einen einfachen Satz zu lesen, denn um zu verstehen, was in ihm steckt, muss man in der Lage sein, sich an dessen Anfang zu erinnern. Unser Denken und Verstehen hängen von dem ab, was wir in unserem Gedächtnis verfügbar haben und als Wissen bezeichnen können. Auch das hat bereits Augustinus notiert, in dessen Sicht das Denken mit dem gelingt und von dem geformt wird, was uns im Kopf vorliegt. Beim Denken – so der Kirchenvater – verknüpfen wir das, was im Gedächtnis ist, mit dem, was wir innen schauen und außen gezielt wollen.

Auf die »unterschätzte Bedeutung des Gedächtnisses für das menschliche Denken« hat in jüngster Zeit (unter anderem) der Münchener Psychologe Franz Weinert aufmerksam gemacht, der bei der Herstellung einer Verbindung zwischen »Wissen und Denken« auch die Möglichkeit nutzt, auf die berühmte Unterscheidung zwischen dem Kurzzeit- und dem Langzeitgedächtnis einzugehen. So müssen wir noch den Anfang eines Satzes in Erinnerung haben, um insgesamt zu verstehen, was seine Worte ausdrücken wollen. Aber schon beim nächsten Satz benötigen wir diese Detailinformation, müssen uns dafür aber nun etwas anderes merken, nämlich die Bedeutung des bislang Gesagten (von der wir einfach annehmen, dass wir sie zuvor extrahiert haben). Am Ende einer Rede oder eines Textes geht es dann vor allem um die umfassende »Botschaft«, die ein Redner oder Schriftsteller vermitteln wollte und die man vielleicht gern länger im Gedächtnis behalten würde.

Die Hirnforscher unterscheiden bei den hier anfallenden Leistungen heute nicht nur zwischen dem Kurzzeit- und dem Langzeitgedächtnis – das erste währt einige Sekunden und das zweite hält ein Leben lang –, sie gehen zudem von einem übergeordneten »sensorischen Speicher« aus, der im Millisekundenbereich operiert und so etwas wie blitzartige Nachbilder (Echos) des Wahrgenommenen enthält und zur Verfügung stellt. Und sie argumentieren zudem noch mit dem Konzept eines Arbeitsgedächtnisses, wofür sich zwei Zuständigkeiten angeben lassen. Ein Teil des Arbeitsgedächtnisses ist für Worte und Begrifflichkeiten zuständig – über die so genannte artikulatorische Schleife –, und der zweite für die sinnlich erfolgten Wahrnehmungen der Wirklichkeit in Raum und Zeit, festgehalten in einem entsprechenden »Notizblock«.

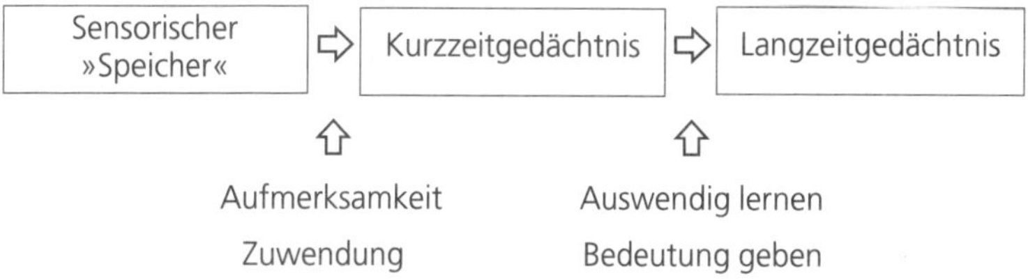

Die einfache Annahme, der zufolge das, was durch die Sinne aufgenommen worden ist (Wahrnehmung), je nach der Aufmerksamkeit des aktiven Menschen in sein Kurzzeitgedächtnis wandert (oder nicht), von dem aus dann die Möglichkeit besteht, das Langzeitgedächtnis einzurichten, wird heute oft anders gesehen (und durch andere Instanzen ergänzt. Es gibt kaum Hinweise darauf, wo und wie die hier und in Abb. 60 genannten Funktionen organisch, zellulär oder molekular verankert sind.

Abb. 60 Der amerikanische Hirnforscher A. D. Baddeley hat in seinem 1990 erschienenen Buch *Human Memory* die Vorstellung eines Arbeitsgedächtnisses eingeführt, bei dem es einen Teil gibt, der für Worte und Begrifflichkeiten zuständig ist (rechts), und einen Teil, der die sinnlich gemachten Wahrnehmungen in Raum und Zeit festhält (links). Beide Einheiten ergeben zusammen, was man früher Kurzzeitgedächtnis nannte. Die beiden genannten Bereiche des Erinnerns werden in einer zentralen Exekutive koordiniert.

Die Schleife und der Notizblock bilden zusammen, was man früher als Kurzzeitgedächtnis zusammengefasst hat, zu dessen Aktivierung jetzt eine koordinierende Aktivität des Gehirns kommen muss, die einer »zentralen Exekutive« zugewiesen wird. Sie ist für den Vorgang des Erinnerns zuständig – jedenfalls in dieser Vorstellung des gesamten Gedächtnisses, zu dem jetzt auch das gerade vorgestellte Modell gehört.

Dieses Modell ist nicht nur von, sondern auch für Menschen gemacht, was bedeutet, dass es für unser Gedächtnis entworfen worden ist. Natürlich verfügen auch Tiere über ein Erinnerungsvermögen, und jeder wird Geschichten über das legendäre Gedächtnis von Elefanten gehört haben. Bei Fliegen kann man zudem schon länger zwischen einem Kurzeit- und einem Langzeitgedächtnis für Gerüche unterscheiden, die sich im Experiment sogar eindeutig trennen lassen, und zwar durch den unterschiedlichen Einfluss, den Betäubungsmittel mit sich bringen. Während das (olfaktorische) Kurzzeitgedächtnis unbehelligt bleibt, schwindet das Langzeitgedächtnis, das aber andere Stärken hat. Wenn es nämlich durch Training konsolidiert wird – die Fliegen lernen durch Geruchswahrnehmung unangenehmen Situationen auszuweichen, was sie mehr oder weniger gut behalten –, sorgt es für das

Verschwinden des Kurzzeitgedächtnisses. Dies weist auf ein merkwürdiges Wechselspiel hin, das man im menschlichen Gehirn bislang nicht kennt, bei dem beiden Arten des Erinnerns getrennte Mechanismen zugestanden werden, die nebeneinander koexistieren können. Dabei könnte man sich gut vorstellen, dass das Langzeitgedächtnis der Kurzzeitform den Weg bereitet, denn warum sollte uns nicht die Erfahrung Hinweise auf das geben, was sich für den Augenblick zu behalten lohnt?

Die Unterscheidung zwischen einem Kurzzeit- und einem Langzeitgedächtnis geht auf den Psychologen Hermann Ebbinghaus zurück, der sie bereits 1885 in seinem Buch *Über das Gedächtnis* vorgestellt hat. Ebbinghaus hatte mit Folgen von drei Buchstabenfolgen – etwa HTZ, LAQ, VRE oder JXI – experimentiert, die seinen Zeitgenossen augenfällig sinnlos vorkommen mussten (was heute anders sein kann, da wir uns inzwischen alle möglichen Dreierkombinationen als Abkürzungen wie ARD, ZDF, DFB oder RTL merken müssen und vielleicht bereitwilliger nach geeigneten Bedeutungen selbst in den albernsten Tripletts suchen). Im Experiment stellte er fest, dass Probanden eine einmal gesehene Liste beim zweiten Mal schneller behielten, allerdings nur, wenn man nicht zu lange mit der Durchführung der neuen Fragenrunde wartete. Der Psychologe wunderte sich – und wir mit ihm bis heute –, was sich im Kopf ändert, wenn wir uns etwas entweder kurz oder auf Dauer merken, und er fragte sich, wie viel Platz das Langzeitgedächtnis hat. Wenn er sich vorstellte, was im Laufe eines Lebens alles passieren und in Erinnerung behalten werden kann, schien ihm keine Mengengrenze nennbar zu sein. Die modernen Forscher geben ihm ebenso Recht wie diejenigen, die sich seit Jahrzehnten Fußballspiele im Fernsehen anschauen und sich an jeden Torschuss erinnern können. In einem Versuch aus den 1970er Jahren wurden Probanden Zehntausende von Bildern ohne Worte jeweils fünf Sekunden lang gezeigt; zwei Tage später wurde die ganze Prozedur wiederholt. Die Aufgabe bestand darin, zu sagen, welches Bild schon einmal gezeigt worden war, und sie konnte spielend leicht mit beliebig großen Zahlen wiederholt werden. Es scheint keine einfache Obergrenze für die Gedächtniskapazität zu geben, und die Fußballfans können ruhig ein Spiel nach dem anderen anschauen. Sie alle haben noch Platz im Gedächtnis.

Daraus folgt übrigens, dass beim Auswendiglernen von Texten kein Platz im Gedächtnis verschwendet wird, wie viele der progressiven Pädagogen meinten, die seit den 1960er Jahren das Sagen in Sachen Erziehung haben. Sie wollten dem Gehirn mehr Platz zum Denken einräumen, was es offenbar nicht kann, wenn es nichts hat, mit dem es anfangen soll. Offenbar braucht Bildung mehr Lust als Platz, und Lust beginnt mit Anreizen, wie sie etwa von erlesenen Texten ausgehen, die man problemlos dem Gedächtnis anvertrauen kann. Vom Anfang der menschlichen Entwicklung an war das Gedächtnis das wichtigste Instrument zum Erwerb von Bildung, das nach und nach erst von der Schrift im Allgemeinen und später vom Buchdruck abgelöst wurde. Die Kapazität unseres Gedächtnisses ist unvermindert groß, nur gilt es, seine Vitalität wieder zu fördern und zu reizen.

Anmerkungen zum Vergessen

Während es früher hieß, man weiß nur, was man auswendig weiß, gilt seit der Erfindung des Buchdrucks das Gegenteil. »Auswendigwissen heißt nicht wissen«, wie der französische Philosoph Michel Montaigne (1533–1592) einmal geschrieben hat: »Savoir par coeur n'est pas savoir.« Natürlich kann man sich alles Mögliche eingetrichtert haben, ohne einen Funken Verständnis für den Stoff aufzubringen, aber daraus folgt nicht, dass man viel versteht, wenn man nichts im Kopf hat. Zwar kokettierte Albert Einstein gern mit seiner Unkenntnis von Fakten – etwa dem genauen Wert für die Geschwindigkeit des Lichts im Vakuum –, aber vergessen hat er sie nicht, wenn er sie erst einmal zur Kenntnis genommen hat.

Nachdem Bücher seit Jahrhunderten unser Gedächtnis entlasten, werden wir heute mit neuen Speichereinrichtungen konfrontiert, die in der Lage sind, mehr aufzunehmen als das, was wir jemals gebrauchen können. Die Rede ist vom Computer, der für die Frage, was Menschen ihrem Gedächtnis anvertrauen sollen, eine ganz neue Bedingung geschaffen hat. Der Sprachwissenschaftler Harald Weinrich hat auf den merkwürdigen Tatbestand hingewiesen, »dass ungefähr gleichzeitig mit der Ausbreitung der Gedächtnismaschinen in unserer Gesellschaft, seit den 1980er Jahren also, eine neue Ausdrucksweise in der deutschen Sprache aufgetreten ist und sich überraschend schnell ausgebreitet hat«. Gemeint ist die Redensart, »Das kannst du vergessen«, die nach dem angelsächsischen Vorbild *Forget it!* gebildet ist. Für Weinrich kündigt sich hier eine »hohe Vergessenstoleranz« unserer Gesellschaft an, die offenbar nicht gern an die Fehler, die sie in der Vergangenheit gemacht hat, erinnert wird und deshalb dauernd den Blick nach vorn empfiehlt. »Was geht mich mein Geschwätz von gestern an?« Mit diesem Satz hat schon der erste deutsche Bundeskanzler den »Typus des fröhlichen Vergessers« eingeführt, der heute Konjunktur hat.

Wie kann man Vergessen entweder gezielt fördern oder verhindern? Eine systematische Erforschung des Vergessens unter Laborbedingungen hat bislang wenig auf sich aufmerksam gemacht, und die medizinische Erkundung von Amnesien etwa durch Kopfverletzungen oder Kriegserlebnisse hat mehr narrative Spuren als biochemische Eindrücke hinterlassen, weshalb wir das Vergessen hier vergessen und Kulturhistorikern und Literaturwissenschaftlern überlassen. Sie kennen sich schon länger mit dem Verlauf aus, dem Lethe, der Strom des Vergessens, durch die Landschaft des Gedächtnisses folgt. Die Naturforscher können an dieser Stelle höchsten von Zerfallsprozessen oder Blockaden sprechen, die es schwer oder unmöglich machen, der Gedächtnisspur zu folgen.

Das Vergessen vergessen

Es steht außer Frage – manche peinlichen und blamablen Dinge würden wir gern vergessen, und es kann ebenso nicht bezweifelt werden, dass es Künstler des Vergessens gibt, etwa Politiker, die vor Untersuchungsausschüssen aussagen und sich beim besten Willen nicht daran erinnern können, den Koffer mit dem Geld gesehen zu haben.

Das Thema der unerwünschten Erinnerung hat auch Sigmund Freud beschäftigt, der es sogar für möglich hielt, dass es einen eigenen Prozess namens Verdrängung gibt, der unser Gedächtnis leert und dafür das Reservoir namens Unbewußtes füllt. In einem Test mit Wortpaaren und mithilfe einer aufwendigen Technik (Kernspintomographie), die einen Einblick in das arbeitende Gehirn ermöglicht, haben amerikanische Psychologen nun versucht, den Ort zu finden, an dem die Verdrängung stattfindet (*Science* 303, 2004, S. 232). Probanden wurden gebeten, sich erst bildhafte Wortpaare wie Kiefer-Bonbon oder Dampf-Zug zu merken. Dann zeigte man ihnen das erste Wort und forderte sie auf, das zweite zu vergessen. War dies gelungen (fiel es den Probanden beim nachfolgenden Versuch schlechter ein), hatten dazu Aktivitäten im vorderen Hirnbereich (Frontallappen) und im Hippocampus beigetragen. Es scheint also tatsächlich ein kleines Nervensystem im großen ZNS zu geben, das unerwünschtes Wissen ausmustert. Ob dies aber der ersehnte Akt der psychischen Hygiene ist, mit dem die Psychoanalyse die Welt reinigen wollte, bleibt unklar.

Zwar gibt es zahlreiche furchtbare Erinnerungen, von deren Last Menschen gern befreit würden – das 20. Jahrhundert kennt eine Menge solcher Ereignisse mit vielen Betroffenen –, doch die meisten von uns würden gern wissen, wie sie ihr Gedächtnis verbessern und ihre Vergesslichkeit verringern könnten (und sei es nur, um in einer Quizshow zu glänzen). Leider hat es sich in unserer Gesellschaft eingebürgert, nicht zu trainieren, wenn man etwas erreichen will, sondern eine Pille dafür zu verlangen.

Dieses Bedürfnis befriedigt zurzeit die in den Medien heftig propagierte Idee des aus Wien stammenden und mit dem Nobelpreis ausgezeichneten Neurologen Eric Kandel. Er verspricht dem staunenden Publikum tatsächlich eine Pille gegen das Vergessen und besitzt die Dreistigkeit, seinen Stoff als »Viagra fürs Gehirn« anzupreisen. Im Rahmen seiner Forschungen hat Kandel dank einer Nacktschnecke namens *Aplysia* konkrete biochemische Zusammenhänge an Synapsen erkundet, die es diesem Lebewesen erlauben, sich an Reize zu gewöhnen und somit etwas zu lernen. Es ist ihm darüber hinaus auch gelungen, die molekularen und zellulären Vorgänge im Weichtierhirn bei Säugetieren wieder zu finden. Und da ist er auf das System des zweiten Boten gestoßen, das offenbar grundlegend unseren Körper – und somit auch unser Nervensystem – in Form hält.

Wenn unser Gehirn Erfahrungen in biochemische Spuren umwandeln will, setzt es ein Protein namens CREB ein, wobei in der Abkürzung ein alter Bekannter versteckt ist. Von den vier Buchstaben CREB steht C für das cAMP, das wir als nahezu universellen zweiten Boten *(second messenger)* kennen gelernt haben. R steht für *response* (Antwort), E für Element und B für *binding*, (Bindung). CREB ist also ein Protein, das den zweiten Boten bindet und im Anschluss daran seine Botschaft verbreitet bzw. seine Wirkung vermittelt (siehe dazu »Der Tanz um das wirbelnde CREB«). Es tut dies zum Beispiel durch Kontaktaufnahme mit dem genetische Material und durch Aktivierung von Genen, deren Produkte nun einer Synapse helfen können, die Übertragung eines Nervensignals zu erleichtern oder zu garantieren.

Natürlich kann man auf diese Weise feststellen, wie eine vorüberhuschende molekulare Strömung ihren Platz im Gehirn verteidigen kann. Und es lässt sich leicht erraten, wovon reduktionistisch denkende Biologen träumen, nämlich von einem CREB-Verstärker, der es etwa älteren Menschen erlaubt, ihr Gedächtnis zu verbessern. Aber man kannn ebenso leicht erkennen, dass sich dieser grundlegende Mechanismus in viele andere Richtungen und im ganzen Menschen auswirkt. Mit anderen Worten: Bei Vorschlägen für Gedächtnispillen ist selbst dann Vorsicht geboten, wenn sie von Nobelpreisträgern kommen. Selbst sie wissen nur bruchstückhaft, was auf dem Weg von den Molekülen zur Memoria passieren kann, die mehr als nur ein aktiviertes Protein braucht. Kandel selbst will seine Pillen auch gar nicht nehmen: »Ich brauche das nicht«, sagt er. Das sollten wir nicht vergessen.

Alzheimer

»Wer weiß, dass es eine Erkrankung des Gehirns gibt, die Alzheimer heißt, hat sie nicht.« Dieser Witz zirkuliert schon länger unter Medizinern, die dem Morbus Alzheimer – benannt nach dem Arzt Alois Alzheimer – schon länger eher hilflos gegenüberstehen. Es handelt sich um eine Krankheit, die das Hirn angreift und es schrumpfen lässt. Zellen sterben ab, und nutzlose Proteine breiten sich aus. Konzentrationsverlust ist die erste Folge, der das Verschwinden der Fähigkeit folgt, zusammenhängende Sätze zu bilden. Anschließend kommt das, was medizinisch mit »Zerfall der Persönlichkeit« korrekt beschrieben wird. Der Alzheimer-Patient gleitet in ein Dunkel ab, verliert das Gefühl für die Zeit und beginnt, kindischen Unsinn zu murmeln. Dabei bleibt der Gezeichnete die ganze Zeit liebenswert und sanftmütig. Außenstehende können die Macht der Veränderung nur erahnen, die mit dem Auslöschen des Erinnerungsvermögens einhergeht, wodurch aber nicht notwendig auch die Liebe zwischen Menschen verloren geht, wie viele Berichte zeigen, die von der Pflege von Alzheimer-Patienten erzählen – etwa die *Elegie für Iris,* die John Bayley geschrieben hat, nachdem seine Frau, die Schriftstellerin Iris Murdoch, an der Alzheimer-Krankheit gestorben war.

Die Alzheimer-Krankheit macht sich im Alter bemerkbar, was schon mit sechzig oder erst mit neunzig Jahren heißen kann. Einen Suchstrahl richten Forschungsarbeiten auf ein Protein, das zu einer Klasse von Proteinen gehört, die zum Fettstoffwechsel beitragen. Es handelt sich um das Apoliprotein, Apo)abgekürzt. Bei Alzheimer ist die Apo E wichtig, womit ein Protein bezeichnet wird, das hilft, Cholesterin aus dem Blut zu entfernen. Das Gen für Apo E liegt in drei Varianten vor, die ε2, ε3 und ε4 heißen und Folgen haben. Wer die ε4-Variante trägt, hat einen hohen Cholesterinspiegel, er bekommt häufiger eine Herzkrankheit und leidet mit höherer Wahrscheinlichkeit früher unter der Alzheimer-Krankheit.

Die Bioforscher vermuten, dass die ε4-Variante des Proteins nicht in der Lage sei, die Beschädigungen von Nervenzellen zu reparieren, die gewöhnlich zusammen mit hohen Blutzuckerwerten auftreten. Die ε2-Variante bringt Schutz vor diesen Gefahren, und die ε3-Variante wirkt sich neutral aus – wobei die detaillierten Mechanismen ungeklärt bleiben.

Wie genetische Analysen (Gentests) ergaben, überwiegt in Menschen, die in westlichen Gesellschaften leben, die ε3-Variante; leider findet sich ε4 auch oft; und nur ε2 tritt immer seltener auf. Natürlich lassen sich Menschen und ihre Krankheiten nicht allein von den Erbmolekülen her verstehen. Es gilt aber nicht nur, deren Einbettung in das lebendige Geschehen einer Person zu bedenken, sondern auch deren evolutionäre Geschichte zu beachten. Wer Krankheiten genetisch erklären – und heilen – will, wird nämlich auf die Frage stoßen, warum es überhaupt Gene mit Krankheitswert gibt, die der Selektion durch die Evolution entkommen sind – etwa Gene für die Alzheimer-

Krankheit. Man muss den aktuell gegebenen Ursachen die historisch gewachsenen an die Seite stellen, und diese kennen wir zumeist nicht. Die Antwort auf die Frage nach den evolutionären Gründen einer Krankheit könnte lauten, dass die dazugehörenden Gene uns in einer Weise nützen, die der Wissenschaft bislang entgangen ist. Die Gene für die Alzheimer-Krankheit könnten zum Beispiel benötigt werden, um die Entwicklung des Nervensystems in jungen Jahren zu befördern. Hierfür hat sie die Evolution ausgewählt, die sich nicht um das kümmern kann, was Gene tun, nachdem sich der sie tragende Organismus vermehrt hat und alt geworden ist. Was uns in der Jugend nützt, wählt die Evolution aus. Sie übersieht, was uns im Alter schadet.

Stufen zum Gedächtnis

Vieles von dem, was bereits Aristoteles über das Gedächtnis festgehalten hat – zum Beispiel dass seine Inhalte nicht nur zeitlich, sondern auch räumlich und inhaltlich geordnet sind –, findet bis heute das Interesse der Gehirnforschung, obwohl der griechische Philosoph dem dichten Gewebe in unserem Kopf diese Aufgabe gar nicht zutrauen wollte. Für Aristoteles diente unser höchstgelegenes Organ eher zur Kühlung des Körpers, und das Denken wollte er lieber dem Herzen überlassen. Beide Ideen haben sicher eine gewisse Richtigkeit (und vielleicht auch unsere große Sympathie), aber die anatomischen Ansichten des Aristoteles wurden hier vor allem angeführt, um zu zeigen, dass Irrtümer auf einer Ebene der Wissenschaft – gemeint ist in diesem Fall die Ebene der Organe mit der Zuständigkeit der Anatomie – nicht automatisch Fehler auf einer anderen Ebene nach sich ziehen. Wer nichts über Moleküle weiß und auch die Lage und Funktionen von Organen verwechselt, kann sehr wohl etwas von Menschen und ihren Fähigkeiten verstehen, wie jeder Philosoph gern bestätigt, wobei wir den weiten Sprung über alle Schichten hinweg gemacht haben, um den Unterschied zwischen Gedächtnis und Erinnerung etwas genauer bestimmen zu können.

Tatsächlich lässt sich eine Anwendung des Ausdrucks Gedächtnis auf mehreren Ebenen finden, die bis zu der Eigenschaft reichen, die man als kollektives Gedächtnis eines Volkes bezeichnet. Auf der unteren Stufe der Genetik spricht man zum Beispiel gern vom Gedächtnis der Gene. Dies soll zum Ausdruck bringen, dass im genetischen Material die Informationen gesammelt und gespeichert werden, die dem Leben im Laufe seiner Evolution zugeflossen sind und von ihm aufbewahrt werden müssen, um heil in die nächste Generation zu kommen und dort auf die Ereignisse oder Bedingungen vorbereitet zu sein, die es zu bewältigen gilt.

Eine Schicht höher in der Hierarchie ist oft vom Gedächtnis der Zellen die Rede, womit ganz verschiedene Dinge angesprochen sind. So weiß man zum Beispiel seit den 1960er Jahren durch Beobachtungen des Amerikaners Leonard Hayflick, dass sich Zellen, die im Labor in Kulturen gezüchtet werden, nicht beliebig of teilen – es sei denn, sie sind zu Krebszellen entartet –, sondern nach etwa fünfzig Runden damit aufhören. Bald konnte auch der materielle Grund für dieses »Hayflick-Limit« gefunden werden. Er steckt in den Chromosomen bzw. deren Endstücken, den Telomeren. Sie werden von Teilung zu Teilung kürzer – was einfache biochemische Ursachen hat –, sodass sich sagen lässt, in der Länge der Telomere (der Chromosomenendstücke) steckt das Gedächtnis der Zelle, das über die Zahl der durchgeführten Teilungen Auskunft gibt.

Altern

Wer das Altern untersucht, trifft zunächst einmal auf ein molekulares Paradox. Es besteht darin, dass zwei Stoffe, die von den Biochemikern als lebenswichtig erkannt worden sind -Zucker in Gestalt von Glukose und Sauerstoff –, auch zu den Prozessen beitragen, die Zellen altern lassen. Vor allem der Sauerstoff kann in einer chemisch radikalen Form – als Radikal – große Schäden verursachen. Radikale sind Molekülfragmente mit vagabundierenden Elektronen, die sich auf andere Moleküle – die Proteine oder ihre DNA – stürzen und sie so verändern können, dass sie ihre alte Funktionstüchtigkeit verlieren. Zu den Radikalen gehört das Stickstoffoxid NO, das aber auch lebenswichtige Funktionen als Signalmolekül übernehmen kann, was uns wieder eine paradoxe (doppeldeutige) Situation des Lebens zeigt.

In der Altersforschung, die schon seit dem 19. Jahrhundert betrieben wird, hat sich vor allem August Weismann mit einer Schrift aus dem Jahre 1882 hervorgetan. In *Über die Dauer des Lebens* heißt es an einer Stelle: »Ich habe versucht, den Tod auf eine beschränkte Vermehrungsfähigkeit der somatischen Zellen zurückzuführen.« Diese Versuche wurden 1912 von Alexis Carell weitergeführt, der als sein Ergebnis verkündete: »Somatische Zellen sind in Kulturschalen unbegrenzt teilungsfähig.« Diese Behauptung fand lange Zeit hindurch große Aufmerksamkeit, sie ist aber falsch, wie Leonard Hayflick 1960 feststellte, als er zuerst am Beispiel von menschlichen Fibroblasten (Zellen aus dem Bindegewebe) beobachtete, dass es eine begrenzte Teilungsfähigkeit gibt. Die Fibroblasten teilen sich in Kultur nur rund fünfzig Mal und hören dann auf.

Was Hayflick gefunden hatte, gilt allgemein für normale Körperzellen, die gewöhnlich sterblich sind. Es gilt nicht für Zellen, die potentiell unsterblich sind, und zwar Zellen aus der Keimbahn und aus Tumoren. In der Wissenschaft berühmt sind die HeLa-Zellen, die von Henrietta Lacks aus Baltimore stammen – genauer stammen sie aus einem Tumor, von dem die Frau befallen war – und sich inzwischen in vielen Labors auf der ganzen Welt immer wieder teilen. Die Eigenschaft von Krebszellen, sich unbegrenzt vermehren zu können, lässt sich als Paradox formulieren, denn immerhin führt jetzt die Unsterblichkeit eines Teils zum Tod des Ganzen.

Die Unsterblichkeit der embryonalen und der krebsartig entarteten Zellen kann auf die Wirkung eines Enzyms zurückgeführt werden, das nach jeder Zellteilung dafür sorgt, dass die Chromosomen ihre Länge behalten. Da das Enzym die Endstücke (Telomere) von Chromosomen bearbeitet, heißt es Telomerase. Aus noch ungeklärten Gründen agiert die Telomerase in normal wachsenden Körperzellen nicht, und so verlieren sie nach und nach ihre Teilungsfähigkeit. Diese Beobachtung bringt natürlich den Gedanken mit sich, dass die Telomerase eine Art Unsterblichkeitsenzym darstellt, das als Medikament verabreicht für die ewige Regenerationsfähigkeit von Zellen sorgt (wobei man natürlich darauf achten muss, kein Krebswachstum zu provozieren).

Unabhängig von molekularen Details kann man die Frage stellen, ob Altern eine Unzulänglichkeit der Natur und durch das Versagen der biologischen Reparaturmechanismen bedingt ist, oder ob es ein Ergebnis der Evolution ist, mit dem sichergestellt wird, dass immer Platz für neues Leben vorhanden ist, was man paradox formulieren kann: »Ohne Tod kein Leben.«

Die Biologie kennt sehr viele Theorien des Alterns, von denen hier drei skizziert werden sollen. Der britische Immunbiologe Peter Medawar hat um 1950 darauf hingewiesen, dass die Evolution keine natürliche Selektion von Genen kennt, die sich erst spät im Leben (postreproduktiv) negativ auswirken – sie sind dann schon in der nächsten Generation. Für ihn kommt es deshalb zum Sterben, weil uns die Evolution im Alter im Stich lässt und nichts für uns tun kann. Einen ähnlichen Standpunkt vertrat auch George Williams, der das Argument um 1960 erweiterte. Williams zufolge legt die natürliche Selektion Wert auf Vorteile in jungen Jahren, wenn sie etwa für die Verkalkung von Knochen sorgen muss, und sie tut dies unabhängig von Auswirkungen im Alter, wenn es auch zu der Verkalkung von Arterien kommen kann.

Eine moderne Theorie des Alterns entwickelt Tom Kirkwood seit 1970. Er geht von folgendem Gedanken aus: Ein Organismus hat nur ein begrenztes Energiebudget zur Verfügung, das er zwischen der Reproduktion und dem Stoffwechsel aufteilen muss. Kirkwood schlägt vor, von dem Gedanken eines *disposable somas* auszugehen. Damit ist Folgendes gemeint: Das somatische Gewebe ist für die normale Lebensdauer in der Wildnis angelegt – in der Tat findet man in der freien Natur nur sehr selten alte Tiere – und eine Investition für längere Zeiträume lohnt nicht.

Energie wird verbraucht, wenn Nachkommen produziert werden, sowie wenn man möglichst lange überleben und leben will. Welche ist die bessere Überlebensstrategie für Organismen und Arten? Wer darüber nachdenkt, wird plötzlich verstehen, dass Sexualität und Tod – Eros und Thanatos – genauso eng zusammengehören, wie es unsere Vorfahren vor der naturwissenschaftlichen Erforschung schon vermutet haben.

Das Suchtgedächtnis

In der Neurowissenschaft taucht wiederholt der Ausdruck des Suchtgedächtnisses auf, wenn von den Spuren die Rede ist, die nicht nur Rauschgifte wie Kokain sondern auch Alkohol und Nikotin im Gehirn hinterlassen. Im Volksmund spricht man von der Abhängigkeit, die weiteren Drogenkonsum erzwingt und zur Sucht führt. Jede Sucht beginnt mit einer Lust, und das Suchtgedächtnis besteht aus Änderungen entlang den neuronalen Bahnen, deren Aktivierung zu Lustgefühlen führt. Die Wissenschaft spricht lieber neutral vom Belohnungssystem unseres Gehirns, und sie kann die Stationen genau angeben. Sie heißen *area tegmentalis ventralis* (ATV) und *nucleus accumbens* (NAC) und schließen den Mandelkern mit ein, der auch Amygdala heißt und von den Teenagern her bekannt ist. In den Nervenzellen, die die genannten Regionen verbinden, agieren mehrere Botenstoffe, von denen der Transmitter namens Dopamin der wichtigste ist. Rauschmittel führen nämlich immer dazu, dass mehr Dopamin auf die Reise geht und sich im NAC ansammelt. Diese Information gelangt auch zum Mandelkern, der in der Lage ist, die Güte des auslösenden Erlebnisses zu bewerten und das Verhalten zu beeinflussen, indem er entscheidet, ob eine Handlung wiederholt wird oder nicht. Wenn ein Schluck Wein schmeckt, greifen wir auch dann nach dem Glas, wenn wir gar keinen Durst haben. Vom NAC verlaufen weitere Nervenverbindungen in den Hippocampus, der allgemein zum Gedächtnis beiträgt und sich also auch die Lusteindrücke merkt. So wird ein Organismus die Aktivitäten in guter Erinnerung behalten, die sich lohnen.

So angenehm das alles klingt, so schrecklich sind einige Folgen, wenn man durch Kokain oder Heroin das NAC-Gebiet mit Dopamin überschwemmt. Der Körper reagiert mit Eigenschaften, die Toleranz und Abhängigkeit genannt werden und in beiden Fällen etwas mit einem Gedächtnis zu tun haben. Toleranz heißt, dass ein Körper im Laufe der Zeit weniger merkt, wenn ihm die gleiche Drogenmenge zugeführt wird, und Abhängigkeit stellt die physiologische Anpassung an den jeweiligen Konsum dar.

Die Frage, wie das durch die Evolution eingerichtete Belohnungssystem sich gegen die Dopamin-Überschwemmung auswirkt, hat die Wissenschaft auf die Ebene der Proteine und Gene geführt. Es wurde ein Protein gefunden, das CREB genannt wurde und das dann auftaucht, wenn das dazugehörige Gen namens CRE aktiviert wird. Nachdem dies passiert ist, sorgt CREB dafür, andere (opiatähnliche) Moleküle entstehen zu lassen, die die Zellen daran hindern, weiter Dopamin auszusenden. Leider ist dies unangenehm für den Körper, der mit Verlangen nach der Droge reagiert. Er wird abhängig, was mit zunehmender Toleranz zum chronischen Drogenmissbrauch führt.

Der Tanz um das wirbelnde CREB

Das Protein mit dem merkwürdig abstoßend klingenden Namen CREB erweist sich beim näheren Hinschauen als höchst attraktiv.

Geeignete Neurotransmitter sind in der Lage, in den von ihnen anvisierten Zellen das für CREB zuständige Gen zu aktivieren, mit der langfristigen Folge, dass mehr von dem Protein namens BDNF *(brain derived neurotrophic factor)* in Umlauf kommt, das für das Wachstum von Neuronen sorgt. CREB triggert aber nicht nur die Bildung von Neuronen (Neurogenesis), das Protein greift dank der umfassenden Wirksamkeit des zweiten Boten cAMP auch in die Lernfähigkeit (das Gedächtnis) ein, wie bei Fliegen nachgewiesen wurde, die zwar etwas lernen können, zugleich aber unfähig sind, sich das trainierte Verhalten zu merken, wenn sie ohne CREB-Protein auskommen müssen. Genauer konnte man zeigen, dass die mutierten Fliegen ein Gedächtnis anlegen, aber nichts aus ihm abrufen können (wobei anzunehmen ist, dass diese beiden Vorgänge auch beim Menschen verschiedene Mechanismen einschließen). CREB geht dabei nicht spezifisch vor, es greift eher umfassend in die Lebensvorgänge ein, die einen Körper mit Energie versorgen, und ein Mangel daran kann beim Menschen nicht nur körperliche Nachteile, sondern auch schwere seelische Folgen mit sich bringen. Jedenfalls sieht das CREB-Gen in einer Vielzahl von Menschen, die an schweren Depressionen leiden, anders aus als in Personen, die wir als seelisch gesund einstufen.

Was weiß man über das Protein namens CREB in uns? Die Antwort ist leicht und auch leicht enttäuschend. Nachdem das bei uns auf Chromosom 1 sitzende Gen für CREB aktiv wurde, geht das Produkt auf andere (mehr als ein Dutzend) Gene zu, um mit ihnen dasselbe zu tun, was mit ihm passiert ist, sie also zu aktivieren. Eine Kaskade kommt ins Rollen, die noch niemand im Detail verfolgt hat, was Gelegenheit gibt, auf den eigentlichen Punkt hinzuweisen. Er besteht darin, dass die ganze Genschar sich erst einschalten kann, nachdem sie ein Startsignal bekommen hat. Dieses Zeichen kommt aber nicht von innen, sondern von außen. Es benötigt eine Erfahrung, um Gene zu aktivieren, die somit unmittelbar in Wechselwirkung mit der Umwelt treten. Da das CREB-System selbst Handlungen in Gang setzt, kann man seinen doppelten Charakter erkennen, zugleich Ursache und Folge von Verhalten zu sein. Das hat massive Nachteile im Fall der Drogen. Es wird von uns aber benötigt, um lernfähig zu sein. Mit dem CREB-System ist so etwas wie eine erste molekulare Verankerung der Memoria gelungen. Deshalb kann man hoffen, auf dieser Ebene auch dem Vergessen auf die Sprünge zu helfen.

Noch mehr Bedeutung bekommt der Begriff des Gedächtnisses, wenn man die Zellen betrachtet, die zum Immunsystem des Menschen gehören und mithelfen, unsere Körperabwehr gegen pathogene Eindringlinge zu bilden. Wir alle wissen, dass wir durch Impfen vor Krankheitserregern geschützt werden können. Das Ziel einer Impfung besteht darin, die Zellen des Immunsystems auf die infektiösen Agentien wie Viren vorzubereiten. Anders ausgedrückt: Infolge einer Impfung werden vom Immunsystem »Gedächtniszellen« angelegt, mit deren Hilfe die Körperabwehr im Idealfall schnell genug auf die Erreger reagieren kann, um sie nicht zur Wirkung kommen zu lassen und den Zustand der Gesundheit zu bewahren.

Zum Immunsystem

Man sagt, jemand ist immun, wenn er unempfänglich ist – zum Beispiel unempfänglich für Krankheiten, was genauer heißt, er kann sich gegen die dazugehörigen Erreger wehren oder sie ignorieren. Um diese Aufgabe zu erfüllen, hat die Evolution unseren Körper mit einem Immunsystem versehen, das auf zwei Ebenen operiert, auf der Ebene der

Zelle und der Moleküle. Zu den Immunzellen gehören vor allem die weißen Blutkörperchen, die auch als Lymphozyten bekannt sind und nach ihrem eigenen biologischen Bildungsgang genauer unterschieden werden können. In der Literatur ist von B- und T-Lymphozyten die Rede, wobei die Buchstaben für die Organe stehen, in denen die Zellen ihre Besonderheit bekommen. Das T weist auf unser Organ namens Thymus hin, und das B kürzt ein zur Immunabwehr beitragendes Organ von Vögeln – die *bursa Fabricii* – ab. Eine der vielen Aufgaben der Immunzellen besteht darin, unter den im Blut zirkulierenden Stoffen diejenigen, die zum eigenen Körper gehören (»selbst«), von denen zu unterscheiden, für die dies nicht der Fall ist (»fremd«). Den T-Lymphozyten gelingt dieses Erkennen – diese Erkennung – mithilfe von raffinierten Proteinen an der Oberfläche, die als T-Zell-Rezeptoren bekannt sind. Wir beschränken uns hier auf den allgemeinen Aspekt des immunologischen Gedächtnisses, das sich darin zeigt, dass unser Immunsystem zwischen Erkennen und Wiedererkennen unterscheiden kann. Es kann sich merken, welche Eindringlinge es schon einmal versucht haben, und die Hilfestellung dazu liefern seine Gedächtniszellen.

Wenn fremde Stoffe in unsere Blutbahn eindringen, reagiert unser Körper mit dem, was in der Wissenschaft seine »primäre Immunantwort« heißt. Sie besteht in der Bildung von zwei Zelltypen, die anschaulich als Effektor- und Gedächtniszellen bezeichnet werden. Nur die ersten sind zunächst gegen die Eindringlinge aktiv, während die anderen auf einen erneuten Angriff warten. Wenn er kommt, erlauben die Gedächtniszellen dem Immunsystem, mit höchster Geschwindigkeit sehr viele Effektorzellen zu produzieren, wodurch die Immunität zustande kommt, die wir alle so schätzen. Das Impfen dient dazu, Gedächtniszellen aufzubauen, und oft gelingt es auf diese Weise, einen Menschen lebenslang vor den entsprechenden Infektionen zu schützen – etwa vor Windpocken.

Eine seit den Anfangstagen der Immunbiologie spannende Frage lautet, was bei der Bildung von Gedächtniszellen passiert und wie sie ihre Aufgabe beim zweiten Angriff von außen erfüllen. Insgesamt stehen dem Leben mehr Mechanismen zur Verfügung, als wir hier vorstellen können, darum beschränken wir uns auf zwei Schritte: In einem ersten Schritt gelingt es den Zellen, mit der Vielfalt der Außenwelt umzugehen, und in einem zweiten schaffen sie es, die Abwehrmoleküle in den Blutstrom zu entlassen.

Die Proteine, die in der Immunabwehr eine wichtige Rolle spielen, heißen Antikörper. Sie haben diesen Namen, weil sie gegen die Fremdstoffe gebildet werden, die in einen Körper eindringen und ihm Schaden zufügen können. Eines der zahlreichen Rätsel in der Biologie bestand darin, wie es ein Organismus im Rahmen seiner Immunabwehr schaffen kann, der ungeheuren Vielfalt der möglichen Fremdkörper, die unglücklicherweise Antigene heißen (und nichts mit Genen zu tun haben), zu begegnen. Es ließ sich leicht abschätzen, wie viel Antigene die Umwelt verfügbar hat, und ebenso leicht ausrechnen, wie viel genetisches Material benötigt wurde, um für jedes Antigen einen Antikörper als Abwehrprotein herzustellen. Die Rechnung ergab, dass die vorhandene Menge an DNA in einer Zelle des Immunsystems nicht ausreichte, um seine Reaktionsvielfalt zu erklären, und so kamen schon

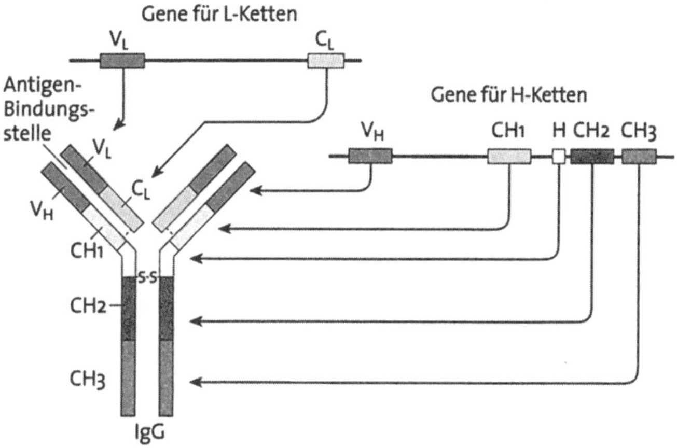

Abb.61 Der Bau eines Antikörpers mit leichten und schweren Ketten und die genetische Herkunft seiner Teile. Leichte Ketten (L für *light*) bestehen aus zwei Teilen, die in allen Antikörpern gleich (C für *constant*) oder jeweils verschieden (V für *variable*) sind. Schwere (H für *heavy*) Ketten bestehen aus vier Teilen, von denen drei konstant (C) sind, was einen variabel sein lässt (V). Ein als Funktionseinheit erkennbares Stück eines Proteins nennt man eine Domäne. Für sie gibt es festliegende Genbereiche, wobei noch auffällt, dass die Einheit des Proteins sich nicht in der Einheit eines dazugehörigen Gens spiegelt. Hier findet man nur Stückwerk, das von der Zelle zusammengefügt werden muss.

in den 1960er Jahren im Hintergrund aller genetischen und molekularbiologischen Fortschritte Zweifel an der Hypothese auf, dass es für jedes Protein (bzw. für jede Polypeptidkette) ein Gen geben musste – zumindest beim Immunsystem konnte dies nicht der Fall sein.

Solange es die Gentechnik noch nicht gab und somit kein direkter Zugriff auf die Gene selbst möglich war, konzentrierten sich viele Biochemiker auf die Proteine selbst, und so kam nach und nach immer deutlicher deren Struktur zum Vorschein. Es zeigt sich ein Gebilde, das wie ein Y aussieht, wobei sich vier Polypeptidketten ausmachen lassen, zwei kurze und zwei lange, die von den Immunologen als leichte und schwere Ketten bezeichnet wurden. Wenn wir uns auf die leichten Ketten konzentrieren, finden wir wieder zwei Teile. Da gibt es einen, der konstant ist, was heißt, dass er in allen Antikörpern zu finden ist und keine Besonderheit erkennen lässt, die mit dem Fremdkörper (Antigen) zu tun hat, das eingefangen werden soll. Und es gibt einen zweiten, der variabel ist, was heißt, dass seine Zusammensetzung von Antikörper zu Antikörper variiert und ihm die Spezifität verleiht, die er benötigt, um das anvisierte Antigen zu binden und unschädlich zu machen.

Statt zwei lassen die schweren Ketten vier Bereiche unterscheiden, für die sich auch jeweils eine Funktion finden ließ, und die grundlegende Beobachtung konnte auch bei anderen Proteinen gemacht werden. In einer einheitlichen Struktur konnten besondere Bereiche unterschieden werden, die durch ihre besondere Funktion charakterisierbar werden, und für sie wurde die Bezeichnung Domäne vorgeschlagen. Was zunächst eher vorsichtig benutzt wurde, bekam die genetische Weihe mit der Entdeckung der Mosaikstruktur von Genen. Wie sich durch Vergleiche im Detail bald herausstellte, enthält ein Exon die Information für eine Domäne. Aus dem ursprünglich so übersichtlichen Grundgedanken, dass ein Gen ein Protein macht, ist heute die feinere Einsicht geworden, das ein Genstück ein Proteinteil macht – ein Exon kodiert eine Domäne (wobei darauf hingewiesen werden muss, dass dies viele Gentechniker auf die Idee brachte, sich im Design von Proteinen zu üben – man versucht seitdem über den genetischen Umweg, die Domänen zusammenzufügen, die ein Protein nach dem Wissen seiner Hersteller haben soll).

Ein Exon – eine Domäne. Und was tut ein Intron? Auf diese Frage gibt es bislang keine befriedigende Antwort, wobei diese stummen

Zwischenstücke auf jeden Fall mit dem Gen gerechnet werden müssen, das wir uns als funktionierende Einheit in dem jetzt gar nicht mehr so einfachen Zellgeschehen vorstellen. Wie sich bald herausstellte, führen nämlich auch Mutationen in Intronsequenzen zu mangelhaft operierenden oder fehlenden Proteinen. Sie werden also nicht nur ausgeschnitten und weggeworfen. Vielmehr müssen sie etwas können und nicht nur stumm vorhanden sein. Sie müssen beeinflussen, was aus den Exonsequenzen und den dazugehörigen Proteinen wird, wie im Einzelnen noch aktuell erforscht wird.

Die Entdeckung der Mosaikstruktur von Genen lenkte die Aufmerksamkeit der Immunbiologen wieder auf ihre Frage, wie es die Zellen schaffen, mit ihrem genetischen Material der Vielfalt der Antigene zu begegnen, die aus Natur und Umwelt in einen Organismus eindringen können. Es war klar, dass es nicht für jedes der Antikörperproteine ein Gen geben konnte – dazu gab es zu wenig DNA –, aber nun bestand ja die Möglichkeit, dass aus einem Gen mehrere Proteine – genauer: mehrere Polypeptidketten – angefertigt werden konnten. Und genau dies konnte man bei den Antikörpern nachweisen. In einfachster Form lässt sich dieser Vorgang, der zum ersten Mal 1965 wagemutig vorgeschlagen, aber erst zehn Jahre später überprüfbar und dann als korrekt nachgewiesen wurde, so ausdrücken, dass es getrennte Gene für die variablen (V) und die konstanten (C) Regionen der Antikörper gibt. Während die Information für die C-Regionen in einem Gen steckt, finden sich für die V-Regionen viele tausend Genstücke, die im Verlauf der Entwicklung oder Reifung geeignet zusammengebracht und kombiniert werden.

In der Tat ließ sich bald zeigen, dass die Gene für die variablen und die konstanten Regionen in Zellen aus dem embryonalen Gewebe noch sehr weit voneinander entfernt sind, und erst später in einer Zelle nebeneinander liegen, die jetzt auch Antikörper produzieren kann. Bevor die beiden Genstücke durch eine geeignete Rekombination in eine funktionale Nachbarschaft gebracht werden – also im Zustand des Embryos – können keine Abwehrproteine hergestellt werden, was man auch so ausdrücken kann, dass es vorher keine Gene für sie gibt.

Die eben geschilderte Beobachtung hat eine Menge Konsequenzen für die Frage, inwieweit das genetische Material von Zellen eines Körpers identisch ist. Offenbar unterscheidet sich die Anlage der Genstücke – und damit die Qualität der DNA – in embryonalen Zellen von

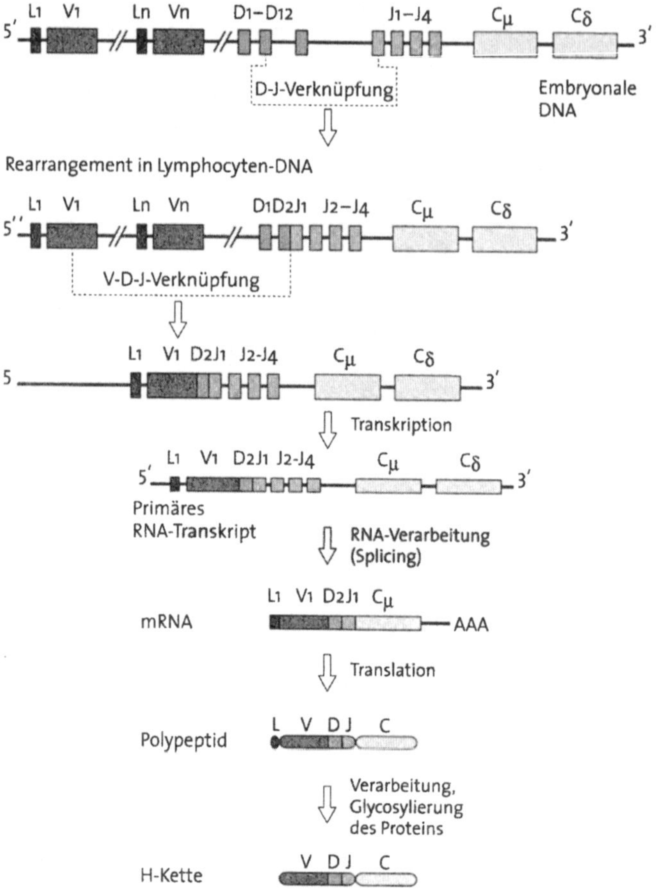

Abb. 62 Umgruppierung von Antikörpergenen während der Entwicklung von Embryonalzellen zu Zellen des Immunsystems. Die Gengymnastik als Ganzes ist eindrucksvoll und erlaubt eine paradox klingende Formulierung, die sich dem Rahmen des komplementären Denkens fügt. Es ist nämlich die hier skizzierte Beweglichkeit (Dynamik) der Gene, die uns gesundheitlich stabil hält.

der in erwachsenen Zellen, die zum Immunsystem gehören, und wer weiß, welche Umgruppierungen erfolgen müssen, um etwa Herzmuskelzellen oder gar die vielen Nervenzellen herzustellen, die das Gehirn ausmachen und funktionieren lassen. Die Beobachtung mit den bewegten Genstücken der Antikörperketten zeigt aber vor allem, dass ein Embryo noch nicht über alle Gene verfügt. Anders ausgedrückt: Gene sind keine Einheiten, die fix und fertig mit der Geburt geliefert werden. Sie sind nicht notwendigerweise etwas wirklich Vorhandenes in einer Zelle, vielmehr sind sie etwas Mögliches, das im Verlauf des Lebens werden – und vielleicht auch vergehen – kann.

Die Beobachtungen von Umgruppierungen und Neuarrangements von Genstücken nahm in der Mitte der 1960er Jahre stark zu und machten es immer schwieriger, das traditionelle Bild des Gens aufrechtzuerhalten. Die Vielzahl an leichten Ketten für einen Antikörper wird nicht nur dadurch möglich, dass C-Regionen und V-Regionen zusammengebracht werden. Sie wird dadurch zusätzlich erhöht, dass vor jeder C-Region ein Haufen (*cluster*) von so genannten J-Regionen liegt, die nicht identisch sind. Das J steht dabei als Abkürzung für den englischen Ausdruck *joining*, was so viel wie »sich anschließen« heißt. Ein V-Gen kann sich über ein J-Gen an ein C-Gen anschließen (lassen), und es hat dabei eine große Auswahl (wobei unerklärlich bleibt, von wo aus und wie dies alles gesteuert und koordiniert werden kann).

J-Regionen der beschriebenen Art finden sich auch vor den Genen für die konstanten Abschnitte der schweren Ketten, für deren Herstellung aber noch ein weiteres Element benutzt wird, wie weitere Experimente zeigten. Es läuft unter der Bezeichnung D, was für *diversity*, Vielfalt, steht. Das Vorhandensein mehrerer D-Elemente, von denen jedes in das funktionsfähige Gen für eine schwere Kette eingebaut werden kann, vergrößert die Zahl der möglichen Ketten mit unterschiedlicher Spezifität. Die mit ihrer Hilfe produzierbare Vielfalt macht biologisch Sinn, weshalb man dann nicht weiter überrascht war, als sich herausstellte, dass sich sowohl die von J-Elementen als auch die von D-Regionen kodierten Aminosäuren in dem jeweiligen Antikörper zu der Struktur der Stelle beitragen, mit deren Hilfe ein Antigen gefasst wird.

Neben dem jetzt gelösten Rätsel, wie mit so wenigen Genen so viele verschiedene Antikörper mit all den variablen Sequenzen hergestellt werden, gab es noch die Frage, wie eine Zelle zugleich zwei unterschiedlich schwere Ketten mit gleichen variablen Regionen herstellen kann. Die Antwort steckt in dem Vorgang, der Spleißen genannt worden ist und der auf verschiedene Weisen erfolgen kann, wie bald nachgewiesen werden konnte. Nachdem eine Immunzelle die V-Region, die J-Region und zwei verschiedene C-Regionen so zusammengestellt hat, dass sie hintereinander liegen, kann sie bei der Herstellung der mRNA für die schwere Kette das primär transkribierte RNA-Molekül unterschiedlich spleißen, und zwar wird entweder die eine oder die zweite C-Region entfernt. Durch den an diesem Beispiel entdeckten Vorgang des alternativen Spleißens können zwei verschiedene reife – in ein Protein überführbare – mRNA-Moleküle entstehen, wobei die Zelle ihre Wahl sicher in Abhängigkeit von äußeren Signalen (aus dem Milieu des Körpers) trifft.

Inzwischen hat sich gezeigt, dass dieser Mechanismus zur Erzeugung von Vielfalt nicht auf das Immunsystem beschränkt bleibt, sondern weit verbreitet im Leben der Zellen komplexer Organismen ist. Dabei wandelt sich das alte, eher stabile Gen zu einer dynamischen Einheit, die sicher wunderbare Wirkungen erzielt, aber deswegen nicht leicht in eine starre Definition gepresst werden kann. Aus dem ursprünglich festen Stück DNA ist ein dynamisches Mosaik geworden, das sich in immer neuen Kombinationen zeigt. Die Frage, was ein Gen ist – im Sinne des unveränderlichen Vorhandenseins eines greifbaren Objekts in einer Zelle –, muss wieder von Grund auf bedacht werden, wobei es nötig wird, alle Bewegungs- und Veränderungsmöglichkeiten einzubeziehen.

Inzwischen gibt es viele Biologen, die das Immunsystem als zweites Gehirn des Körpers bezeichnen, was auch dadurch gerechtfertigt ist, dass zu ihm insgesamt mehr als 10^{12} Zellen gehören, die alle zusammen etwa ein Kilogramm wiegen würden, was dem Nervengewebe im Schädel ziemlich nahe kommt. Wer Immunbiologen zuhört, hat oft den Eindruck, dass sie von Funktionen reden, die wir im Alltag dem Träger eines Gehirns zubilligen. Die Moleküle oder Zellen des Immunsystems »erkennen« Proteine, die nicht vom eigenen Körper stammen. Sie »erinnern« sich an die eigenen Produkte und »lernen«, »selbst« und »fremd« zu unterscheiden und sicher noch einiges mehr. Offenbar stellen die genannten Qualitäten – allen voran das Gedächtnis – keine Luxusausstattung eines hoch entwickelten Lebewesens namens Mensch dar. Vielmehr gehören sie zu einer Art Grundausstattung, was auf jeden Fall den Gedanken nahe legen sollte, dass keine banale (mechanische) Erklärung ausreichen wird, um sie zu verstehen.

Definitionsversuche

»Gedächtnis ist die Eigenschaft, die uns dazu befähigt, das Wissen, das wir erwerben, anzuhäufen und für künftige Anwendungen zu bewahren.« So lautet die einleuchtende Definition von *memory*, die im frühen 19. Jahrhundert von dem Briten Dugald Stewart vorgeschlagen und in Europa weitgehend akzeptiert und verwendet wurde. Es macht ebenso wenig Mühe, sie auf das Immunsystem zu übertragen, wie die Konzeption des badischen Edelmanns Gregor von Feinaigle, der 1812 ein Buch über *Die neue [!] Kunst des Gedächtnisses* geschrieben und darin das Gedächtnis mit einem Warenlager verglichen hat. Wichtig an einem solchen Lager sei die methodisch geeignet durchgeführte Anordnung der Einzelteile, mit deren Hilfe der rasche Zugriff auf die Ware garantiert werde.

Die Metapher des Warenlagers hat sich bis heute erhalten, auch wenn sie oft durch den Vergleich mit einer Bibliothek abgewandelt wird. Das lange Leben des Speicherraums ist allein deshalb nicht verwunderlich, weil er ein bequemes Verstehen vorgaukelt. Die Benutzer der Metapher finden sofort Verständnis bei ihren Zuhörern, ohne zu merken, dass die Vorstellung von Regalen mit Produkten nicht taugen kann. Der Grund dafür ist einfach einzusehen. Schließlich ist es der Erinnernde selbst, der das Warenlager kennen muss. Er kann ja nur in sich selbst suchen. Wenn er aber das Objekt seiner Begierde bereits kennt, braucht er es nicht mehr zu suchen. Im Modell des Warenlagers oder der Bibliothek gibt es zwar ein Gedächtnis, aber kein Erinnern, und das ist es doch vor allem, was Menschen interessiert und ausmacht.

Gedächtnis ist also das, was die Bio- und die Neurowissenschaften mit ihren Methoden erkunden und vermessen können. Und Erinnerung ist das, was ein Subjekt aus dem macht bzw. holt, was in seinem Gedächtnis steckt. Wir behalten nicht alles, was man uns sagt und was uns passiert, und wir können in der Erinnerung einige Passagen betonen und andere übergehen. Am Ende, so hat es der Schriftsteller Max Frisch einmal formuliert, erfinden wir die Biografie, die wir dann für unser Leben halten. Welche Freiheiten gibt es denn dabei tatsächlich?

Der Ort des Gedächtnisses

Wir leben inzwischen in einer Welt, in der es weniger von Büchern und mehr von Computern wimmelt, und damit hat die Bestimmung, was das Gedächtnis ist, sich leicht verschoben. Während das Gedächtnis früher eine Bibliothek war – was es nie sein konnte, wie oben dargelegt –, speichert es heute Daten wie eine Festplatte oder eine CD-ROM. Das Erinnerungsvermögen wird in diesem Bild als ein Suchprogramm verstanden, wie es jeder PC anbietet. In diesem Zusammenhang haben sich auch viele Forscher und Autoren angewöhnt, Gedächtnisleistungen in den Einheiten anzugeben, die aus der Nachrichtentechnik stammen. Sie heißen Bits oder Bytes, und in den 1970er Jahren galt es als schick, auszurechnen, wie viele Neuronen im Gehirn benötigt würden, um ein Bit an Information aufzunehmen. Die Speicherkapazität der gesamten menschlichen Hirnrinde wurde mit 3×10^8 Bits angegeben, wobei man sogar so weit ging zu ermitteln, wie viele Bits jemand in einer Sekunde aufnimmt, der in aller Ruhe diesen Text liest. Die Antwort lautet »etwa vierzig«.

Diese Konzeption hat der Konstanzer Neurobiologe Ernst Florey einmal wie folgt kommentiert: »So verbreitet heute diese Ansicht unter Hirnforschern, Neurowissenschaftlern und Anhängern der Künstlichen Intelligenz (KI) noch immer ist, so scheint sie doch absurd. Scheitert sie nicht schon daran, dass – um beim Beispiel des Lesens zu bleiben – die Zahl der Buchstaben kein Maß für die Bedeutung der aus ihnen gebildeten Wörter ist? Im Computer ist der Speicherplatz für das Wort ›Gott‹ viel kleiner als der für das Wort ›Staubkorn‹. Das aufmerksame Lesen ist aber kein einfacher Vorgang, denn wir werden uns dabei der Bedeutung der gelesenen Buchstaben und Wörter bewusst, das heißt, wir belasten sozusagen jedes erkannte Wort mit einem aus dem Gedächtnis geholten Inhalt, der dann dem Wort seinen besonderen Sinn gibt, ihm Bedeutung verleiht.«

In der Tat kann nicht deutlich genug betont werden, dass Gehirne weniger mit Informationen und mehr mit Bedeutungen arbeiten, über die seitens der Naturwissenschaften leider nur wenig zu sagen ist. Klar ist nur, dass Gedächtnisleistungen durch die Fähigkeit gesteigert werden können, verfügbaren Daten Bedeutungen zuzuweisen. Eine Zahlenkolonne wie 1801194726101946 zu behalten, wird vielen Menschen vermutlich einige Mühe bereiten. Für den Autor dieses Buches stellt sie überhaupt kein Problem dar, weil sie seinen Geburtstag und den seiner Frau enthält.

Wichtig an dem Aspekt der Bedeutung ist auch, dass diese Dimension variieren kann, während die Information selbst unverändert bleibt. Tatsächlich gehört es zum Wesen des Erinnerns, das Gedächtnis zu beeinflussen. Die dort versammelten Inhalte werden nicht einfach aus irgendeinem Lager oder Speicher abgerufen und nach Gebrauch unverändert zurückgestellt. Vielmehr sollte man sich vorstellen, dass unsere Erinnerungen jedes Mal erneuert werden, wenn wir das Gedächtnis nutzen.

Die beiden Vorstellungen der Bibliothek und des Computerspeichers haben trotz ihrer Unsinnigkeit noch einen Punkt, in dem sie sich treffen und dem gesunden Menschenverstand gefallen. Sie finden sich in der Überzeugung zusammen, dass es einen Ort gibt, wo sich die Bücher oder die Disketten befinden, und so macht man sich immer wieder auf die Suche nach ihm – ohne allerdings konkret fündig geworden zu sein. Zwar hat man in früheren Zeiten zu wissen geglaubt, wo die Erinnerung, die *memoria*, ihren Platz in unserem Schädel hat, aber die modernen Hirnforscher haben die Hoffnung längst aufgeben, diese Stelle punktge-

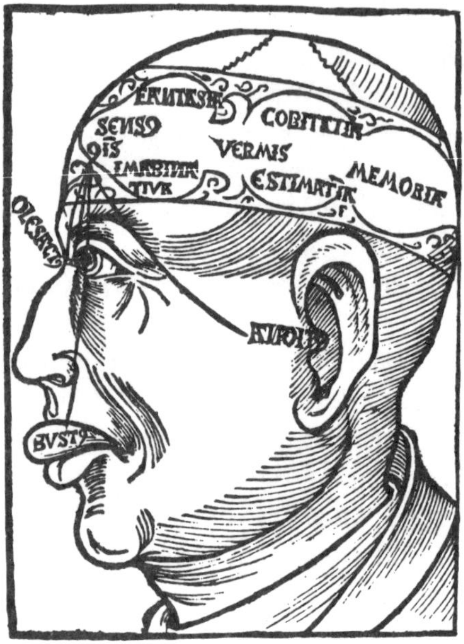

Abb. 63 Der Ort der *memoria* im 16. Jahrhundert. In dem Stich sind die frühen Versuche von Hirn forschenden Kirchenvätern festgehalten, Seelenfunktionen anzuordnen. Man erkennt zum Beispiel die Stellen der *fantasia* und der *imaginativa,* und am Ende des Kopfes die *memoria*.

nau auszumachen. Sie glauben auch schon längst nicht mehr an die Metaphern mit den Büchern und den Computern und neigen eher dazu, sich Rat bei den Schriftstellern zu holen. Die Erinnerung ist wie ein Hund, der sich hinlegt, wo er will, wie es etwa bei dem holländischen Schriftsteller Cees Nooteboom heißt *(Rituale)*. Oder »das Gedächtnis arbeitet wie eine Näherin, die ihre Nadel ein- und aussticht, rauf und runter führt und hin und her bewegt«, wie Virginia Woolf es darstellt, wenn sie *Die Fahrt hinaus* beschreibt. (»a seamstress, who runs her needle in and out, up and down, hither and thither«).

Natürlich hat die kognitive Leistung, die wir Gedächtnis nennen, eine materielle Basis, und es besteht kein Zweifel an der Überzeugung, dass es Moleküle, Zellen und Hirnregionen gibt, in denen auf biochemische oder biophysikalische Weise der Hirnzustand repräsentiert wird, der zu einer konkreten Erinnerung gehört – etwa an die letzten Skiferien oder an einen Film. Aber wenn man diesen Gedanken weiterspinnt, merkt man bald, dass auch die eben skizzierten Kenntnisse des Gehirns zu meinem Gedächtnis gehören. Das Organ des Denkens hat also einen Ort im Gedächtnis, woraus folgt, dass das Gedächtnis keinen Ort im Gehirn haben kann.

»Das Thema ›Gedächtnis‹ gehört zum Schwierigsten, was dem menschlichen Verstande aufgeben ist«, schrieb Florey und fügte hinzu: »seine Problematik ergibt sich schon daraus, dass es sämtliche Bereiche der Wissenschaften und der Philosophie berührt«, was sich unmittelbar dadurch zeigt, dass ein Sprechen über das Gedächtnis kaum möglich ist, ohne Begriffe wie Bewusstsein und Wissen zu verwenden und mit der Dimension der Zeit zu spielen. Denn das Gedächtnis verschafft mir in der Gegenwart Zugang zum Vergangenen.

Dass sich Erinnerungen nicht lokalisieren lassen, wissen erfahrene Neurobiologen schon sehr lange, wie Florey zu berichten wusste, der zwei Pioniere der Neurochirurgie – die in Montreal tätigen Wilder Penfield und Herbert Jasper – persönlich kannte. In den 1950er Jahren versuchten die beiden Ärzte Patienten, die unter schweren epileptischen Anfällen litten, dadurch zu helfen, dass sie ihnen die eng umgrenzten Bezirke der Hirnrinde entfernten, in denen die qualvollen Erregungen einsetzten. Bei der Vorbereitung der nötigen Operation prüften Penfield und Jasper zunächst, welche Eigenschaften in dem anvisierten Nervengewebe zu finden waren, und oft stießen sie dabei auf die Vergegenwärtigung von früheren Erlebnissen. Im Versuch aktivierten sie die Neuronen vor Ort mit winzigen Stromimpulsen, und dabei kam es vor, dass sich die Patienten in vergangene Zeiten zurückversetzt sahen, was sie als wirkliches Erleben empfanden. Ein Mann sah sich zum Beispiel durch die Reizung seiner gefährdeten Neuronen in eine Hütte versetzt, die er vor Jahren bewohnt hatte. Ein Freund trat ein, noch mit Schnee bedeckt, und eiskalte Luft wehte von ihm herüber. Alles, was passierte, war dem Patienten vertraut, der genau zu wissen meinte, in welchem Zimmer er sich befand – obwohl er in der Wirklichkeit auf einem Operationstisch lag und zwei Ärzte ihn beobachteten.

Reizungen verschiedener Areale des Gehirns (genauer: seiner Großhirnrinde) erzeugten verschiedene Erlebnisse, so als zapften die Elektroden verschiedene Gedächtnisspeicher an, wenn man diese beliebte Vorstellung beibehalten will. Trotzdem kann man nicht sagen, dass auf diese Weise die Erinnerung lokalisiert wird, denn sie tauchte nach dem Eingriff – nach der Entfernung der gereizten Region – wieder auf, aber an anderer Stelle. Aus diesen und anderen Beobachtungen kann also der Schluss gezogen werden, dass das Gehirn ein durchgängiger (»ganzheitlicher«) Verwalter des Wissens ist. Anders ausgedrückt – alle Erfahrung kann gleichzeitig überall sein. Das ganze Gehirn ist das Gedächtnis.

Die Dauer der Erinnerung und ihre Formen

Es wird nicht überraschen, wenn nach dem Verschwinden einer genauen Ortsangabe des Gedächtnisses auch kein präziser Zeitpunkt zu erkennen sein wird, an dem wir uns erinnern, was ja eine Vergegenwärtigung von früheren Erlebnissen sein kann. Dass im Gedächtnis die drei Einteilungen der Zeit, für die wir manchmal nur zwei Wörter benutzen – einst, jetzt –, zusammenfinden, hat bereits Augustinus festgehalten, der im 11. Kapitel seiner *Bekenntnisse* schreibt: »Weder die Zukunft, noch die Vergangenheit ist, vielmehr sollte man sagen, der Zeiten sind drei: eine Gegenwart von Vergangenem, eine Gegenwart von Gegenwärtigem, eine Gegenwart von Zukünftigem. Denn es sind diese Zeiten als eine Art Dreiheit in der Seele, und anderswo sehe ich sie nicht; und zwar ist da Gegenwart von Vergangenem, nämlich Erinnerung; Gegenwärtigem, nämlich Augenschein; Gegenwart von Künftigem, nämlich Erwartung.«

Mit dieser Einteilung macht Augustinus deutlich, welchen zeitlichen Umfang unser bewusstes Gedächtnis hat, wobei der umständliche Ausdruck des Umfangs besser als Dauer ausgedrückt werden kann. Von der Dauer – *durée* - der im Bewusstsein präsenten Gegenwart hat besonders deutlich der französische Philosoph Henri Bergson in seinem Buch *Materie und Gedächtnis* gesprochen.

Dieser Vorschlag ist insofern von besonderem Interesse, als er in der modernen Hirnforschung eine ungewöhnliche Präzisierung durch den Psychologen Ernst Pöppel erfahren hat. In seinem Buch über die *Grenzen des Bewusstseins* ist nachzulesen, wie lang die als gegenwärtig erlebte Zeitspanne dauert, nämlich drei Sekunden (wobei die Drei an dieser Stelle zufällig auftritt und nichts mit der Dreiteilung der Zeit und noch weniger mit der christlichen Trinität zu tun hat). Wie Pöppel zeigt, lassen sich so unter anderem die Länge gereimter Verse oder die Dauer musikalischer Phrasen (etwa die launische Forelle in dem entsprechenden Quintett von Franz Schubert) verstehen. Die Versuche weisen »auf eine obere zeitliche Grenze der subjektiven Gegenwart« hin, die wir mit dem uns gegebenen Gehirn nicht überschreiten können.

Drei Sekunden

In seinem 1985 erschienenen Buch *Grenzen des Bewusstseins* versucht der Psychologe Ernst Pöppel zu verstehen, was zu einem »Jetzt« gehört und also das dazugehörige Gefühl von Gegenwart ausmacht. Er bezeichnet das »Jetztgefühl« als eine subjektive Realität, die sich Dichter bekanntlich zu eigen machen – etwa Cees Nooteboom, der *Die folgende Geschichte* nutzt, um das Jetzt eines Tages und »das andere Jetzt vom Abend zuvor« zusammenzubringen und die fünf Buchstaben als »dieses unmögliche Wort« bezeichnet, »das uns immer den Teppich unter dem Boden wegzieht«. Pöppel sucht und findet aber festen Stand, indem er zeigt, »dass aufeinander folgende Ereignisse bis zu einer Einheit von drei Sekunden zusammengeschweißt werden«. Er führt auch vor, »dass ein Bewusstseinsinhalt nur eine Überlebenschance von drei Sekunden hat (…) und dass es innerhalb dieser Dauer immer nur *einen* Bewusstseinsinhalt gibt«. Und schließlich können Informationen »nur bis etwa drei Sekunden als Ganzes erfasst werden«. Daraus zieht Pöppel den Schluss, »dass unser Gehirn einen

Integrationsmechanismus bereitstellt, der das, was aufeinander folgt, zu einer geschlossenen Gestalt formt«, wobei die obere Grenze dieser Integration bei drei Sekunden liegt.

Das Wunderbare an diesem Drei-Sekunden-Jetzt des Gehirns und seiner subjektiven Gegenwart besteht darin, dass sich damit ein Aspekt der Dichtkunst erfassen lässt. Wie Pöppel nachweist bzw. nachzählt, findet sich nicht nur in Gedichten der deutschen Sprache, sondern in allen Sprachen »eine bemerkenswerte Bevorzugung des Drei-Sekunden-Verses«, der damit ein universelles Phänomen darstellt. Mit anderen Worten, die zeitliche Struktur des Gedächtnisses wirkt sich im kreativen Schöpfungsakt aus. Uns gefällt die Kultur am besten, die es unserer Natur nicht zu schwer macht.

Mit den oben erwähnten Gedächtnisleistungen gelingt es, etwas, das wir wissen, gezielt zu reproduzieren – wir können eine Melodie von Schubert pfeifen oder summen – etwa den Anfang des zweiten Satzes seines Es-Dur-Trios – oder eine Gedichtzeile etwa von Goethe auswendig aufsagen (»Vom Eise befreit sind Strom und Bäche durch des Frühlings holden, belebenden Blick«). Die Hirnforscher sprechen in diesen Fällen von einem *deklarativen* Gedächtnis, und sie führen dieses Attribut ein, um deutlich zu machen, dass es auch andere Formen gibt. Dabei sind sie sich inzwischen einig, dass es insgesamt vier Arten des Umgangs mit dem gibt, was wir im Kopf bewahren.

Neben dem sich deklamierend äußernden Gedächtnis kennen die Psychologen noch das prozedurale Gedächtnis, das uns etwa die Fähigkeit verleiht, Fahrrad zu fahren, Ski zu laufen oder Golf zu spielen.[1] Wir beherrschen den dazugehörigen Bewegungsablauf ganz automatisch, nachdem wir ihn einmal gelernt haben. Ein wichtiger Unterschied zwischen diesem sich im Können des Körpers zeigenden Gedächtnis und dem Faktenwissen bzw. Versekennen kann durch die Begriffe »unbewusst« und »bewusst« gekennzeichnet werden. Wenn wir etwas hersagen, benötigt dies ausdrücklich (explizit) unser Zutun; wenn wir aufs Rad steigen, geht das auch, während wir an etwas anderes denken. Zum unbewusst vorhandenen und wirkenden (impliziten) Gedächtnis zählen die Hirnforscher auch Grundkenntnisse, die aus der sinnlichen Erfahrung stammen und in Sätzen der Art ausdrückt werden: »Meerwasser ist salzig«, »Eis ist kalt«, »Blätter hängen an Bäumen«, »Katzen miauen«. Wir merken nur auf, wenn wir etwas anderes wahrnehmen (bellende Katzen oder süßes Meerwasser), das mit dem gemeinen Grundanstrich der Welt und früher wahrgenommenen Situationen (Reizmustern) in Konflikt gerät.

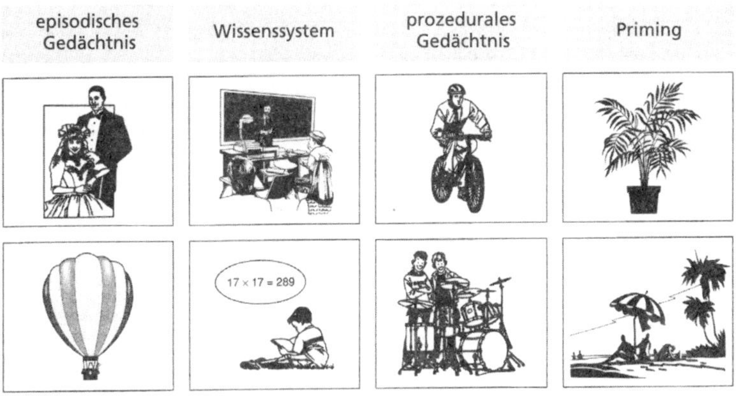

Abb. 64 Die heutige Hirnforschung ist sich einig in der Unterscheidung von vier Formen der Erinnerung. Man kennt das episodische Gedächtnis, mit dem man sich an wichtige Ereignisse aus dem eigenen Leben erinnert – an eine Hochzeit oder einen Ballonflug –, und in beiden Fällen weiß man noch, wie das Wetter war. Das episodische Gedächtnis benötigt mehrere Teile des Gehirns (vom Limbischen System bis zum Kortex), um angelegt, festgehalten und abgerufen zu werden. Das Wissenssystem schwärmt ebenso weit aus, und dafür liefert es uns die Kenntnisse von der Welt, mit denen wir Prüfungen bestehen, Rechenaufgaben lösen oder Sätze richtig konstruieren. Das prozedurale Gedächtnis erlaubt den Erwerb von motorischen Fertigkeiten und mechanischen Handlungsabläufen, und es verwendet dazu die Zellen, die sich im Kleinhirn finden und Basalganglien heißen. Sie tragen auch zu der Fähigkeit des *priming* bei, die es uns als vierte Form des Erinnerns erlaubt, mit schon bekannten Reizmustern oder ähnlich ablaufenden Erfahrungen (das Eintreffen in einem Hotelzimmer oder das Ankommen an einem Strand) problemlos zurechtzukommen.

Nach Ansicht der Hirnforscher ist für das erleichterte Erinnern ein angelsächsische Wort – *priming* – besser geeignet, was dem Autor nicht unbedingt einleuchtet. *Priming* klingt zwar ähnlich wie *timing*, das in den deutschen Wortschatz eingegangen ist und zeitlich gut aufeinander passende Verhaltensformen und Ereignisse meint. Das Wort für die eben beschriebene Art des Gedächtnisses von unbewussten Wahrnehmungen hat sicher den Ehrgeiz, es seinem Klangkollegen nachzutun, aber hier wird die Prognose riskiert, dass sich für *priming* kein Platz im kollektiven Gedächtnis der Alltagssprache finden wird.

Wie bei der Liebe der Wissenschaft zur Symmetrie nicht anders zu erwarten ist, wird nach dem zweiten unbewussten Gedächtnis ein zweites bewusstes gestellt. Es handelt von den persönlichen Erlebnissen – Einschulung, Konfirmation, Partybesuche und mehr – und den dazugehörigen Gefühlen und heißt aus nahe liegenden Gründen das episodische Gedächtnis. Wie die Medizin zu berichten weiß, können all die genannten Formen ausfallen. Und wenn dies passiert, dann werden wir ein anderer Mensch bzw. stehen vor einem anderen Menschen. Denn wir sind unser Erinnern, und wir werden anders, wenn sich dies verändert.

Ganz anders wird uns übrigens manchmal, wenn wir in einer Situation das Gefühl entwickeln, alles schon einmal gesehen zu haben. Die Wissenschaft spricht dann von einem Déjà-vu-Erlebnis, das mit einem merkwürdigen Eindruck von Vertrautheit einhergeht, die uns zugleich beunruhigt, da wir den Grund für diese emotionale Bewertung nicht finden.

Das allen bekannte Phänomen – irgendwie kommt einem eine Person oder eine Umgebung vertraut vor, und mit den Versuchen, die passende Erinnerung zu der gerade erlebten Episode zu finden, stellt sich zugleich das Gefühl ein, dass das Gefühl nicht angemessen ist und uns in die Irre führt – war schon dem Kirchenvater Augustinus bekannt, der es als *falsae memoriae* bezeichnete.

Auf dem Weg von der lateinischen zur französischen Bezeichnung gab es Versuche, das Déjà-vu-Erlebnis mit dem Phänomen von Vertrautheit in einer neuen Situation mit deutschen Begriffen zu beschreiben – zum Beispiel mit Erinnerungstäuschung, Erinnerungsfälschung oder Wiedererkennungstäuschung –, ohne damit aber dem paradoxen Erleben auf die Spur gekommen zu sein. Klar ist nur, dass es nicht um eine klinisch zu behandelnde Störung geht und mit der Lenkung der eigenen Aufmerksamkeit zu tun hat. Wir finden zwar nicht heraus, was die Quelle der Vertrautheit ist, können aber durch Erkunden des episodischen Gedächtnisses feststellen, dass wir einer Täuschung unterliegen. Das Déjà-vu-Erlebnis endet, wenn wir durch einen Vergleich der Gedächtnisinhalte klären, dass nicht sein kann, was uns bewegt. Das Ergebnis der bewussten Prüfung – wenn sie gezielt und bemüht genug durchgeführt wird – setzt sich zuletzt an die Stelle des spontanen Eindrucks.

Die Gedächtnisspur

Was auch immer das Erinnern auf der Ebene unseres eigenen Lebens leistet – wenn Naturwissenschaftler heute anfangen, sich im Detail um die dazugehörigen Wirkungsabläufe und Kausalitäten zu kümmern, beginnen sie, in Zellen nach Molekülen zu suchen. Wenn Hirnforscher sagen, sie verstehen die Mechanismen der Erinnerung, dann meinen sie, sie kennen Wechselwirkungen zwischen Molekülen, die dazu beitragen und die sie sowohl mit genetischer als auch mit chemischer Hilfe analysieren können. Heute sind in der Tat zahlreiche Komponenten des gesamten Spektrums der zellulären Bausteine bekannt, die einem Nervensystem die Fähigkeit geben, etwas zu behalten; deren Schlüsselbegriffe heißen Synapse, Transmitter und Langzeitpotenzierung. Hinter all diesen Bemühungen steckt die Vorstellung, dass »Aufbau eines Gedächtnisses« heißt, eine Spur durch das Gehirn anzulegen, die sich mit biochemischen oder anderen Mitteln nachvollziehen lässt. Die Vorstellung einer Gedächtnisspur, die uns im Alltag vertraut erscheint, da wir oft und gern unseren Erinnerungen nachgehen – *walking down memory lane* –, geht auf den nunmehr hundert Jahre alten Vorschlag von Richard Semon zurück. 1904 ist sein Buch *Die*

Mneme als erhaltendes Prinzip im Wechsel des organischen Geschehens erschienen, in dem der deutsche Physiologe die Idee eines Engramms – einer Gedächtnisspur – einführte, worunter er die bleibenden Veränderungen in einem Nervengewebe meinte, die durch äußere Reize bedingt sind. Was wir erinnern, ist unserem Gehirn »eingeschrieben«, wie Semon auch schrieb, und so einleuchtend seine Metapher klingt, sie ist etwas riskant, setzt sie doch einen Schreiber im Kopf voraus, der von uns selbst verschieden ist.

Semon kam es darauf an zu erklären, wie Menschen etwas lernen können, was heißt, wie sie es fertig bringen, die Reaktion auf einen Reiz zu trainieren (zu verbessern). Seine Antwort lautete: Die Nervensignale müssen leichter ihren Weg durch das Gestrüpp im Gehirn finden, und dies gelingt entlang einer der zahlreichen Gedächtnisspuren, deren Gesamtheit er als Mneme bezeichnete, was nichts weiter als das griechische Wort für »Gedächtnis« ist.

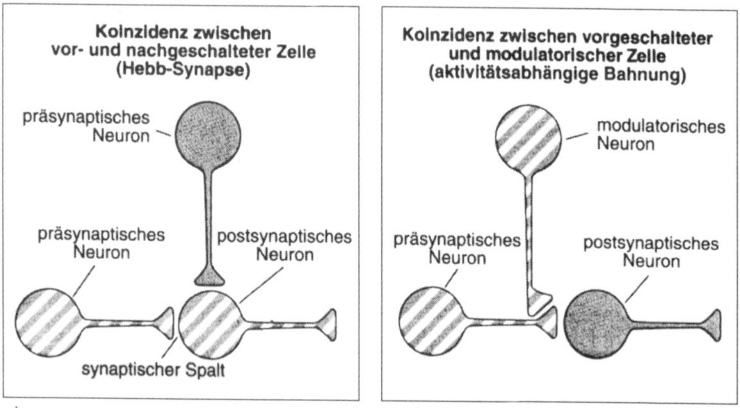

a) b)

Abb. 65 a + b 1949 legte der kanadische Psychologe Donald Hebb eine Publikation vor, derzufolge es möglich sein sollte, die Synapse zwischen zwei Neuronen so zu ändern (durch Erfahrungen oder beim Lernen), dass sie möglichst synchron aktiv sein können (a). Der Weg über die verstärkt wirkende Synapse wäre dann ein Teil der Gedächtnisspur. Hebbs Gedanke bleibt nach wie vor zutreffend, doch neuere Ergebnisse der Neurobiologie zeigen, dass die Bahnung des Nervensignals auch mithilfe von Neuronen vor dem synaptischen Spalt gelingen kann. Man spricht von modulatorischen Neuronen und kennt auch Transmitter, mit denen sie operieren (Serotonin).

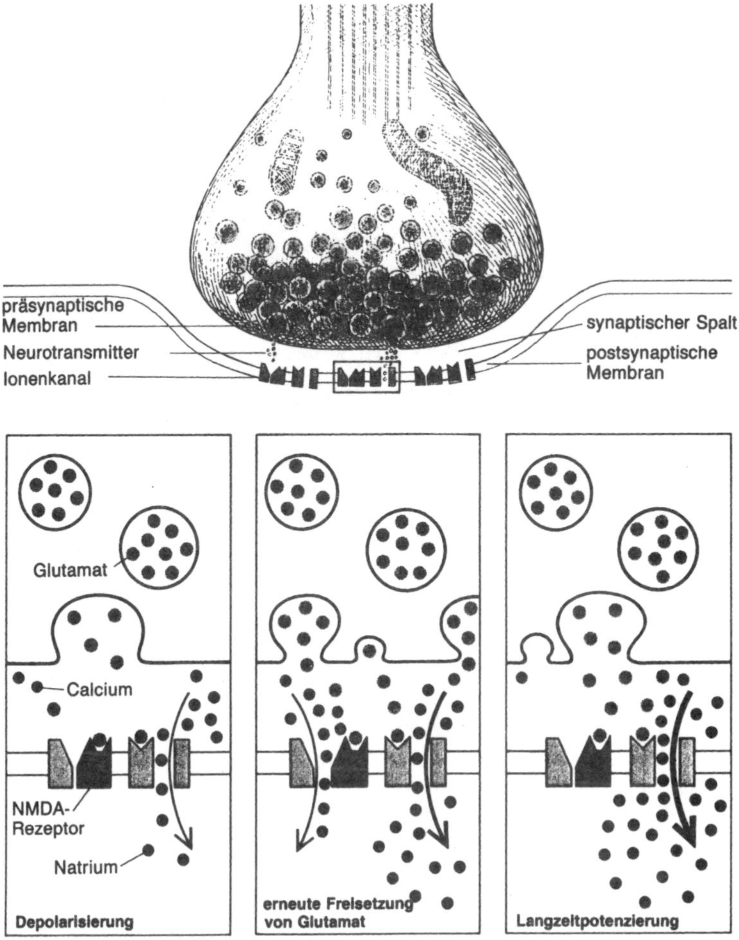

Abb. 66 Das molekulare Modell für das Gedächtnisphänomen, das als Langtermpotenzierung (LTP) beschrieben wird. An einer Synapse wird der Transmitter Glutamat frei, der seinen Rezeptor findet – den NMDA-Rezeptor – und ihn aktiviert. Als Folge öffnet sich durch die Membran ein Kanal, durch den Kalium einströmt. Wenn in diesem Zustand weitere Signale eintreffen, öffnet der Rezeptor noch Kanäle für Kalzium, das jetzt ebenfalls einströmen kann. Das Kalzium sorgt für die LTP, denn dank seiner Anwesenheit kann bei späterer Freigabe des Transmitters Glutamat mehr Natrium einströmen als vorher, was bedeutet, dass die Zelle auf den gleichen Reiz stärker reagiert. Diese Potenzierung hält länger vor.

Was Semon sich am Anfang des 20. Jahrhunderts nur allgemein vorstellte, versuchte Donald Hebb kurz nach dem Zweiten Weltkrieg zu präzisieren. Er wusste, dass Nervenzellen über Synapsen verbunden waren, und 1949 schlug er vor, dass es die Kontaktstellen sind, an denen sich die Gedächtnisspur nachweisen lässt. Kon-

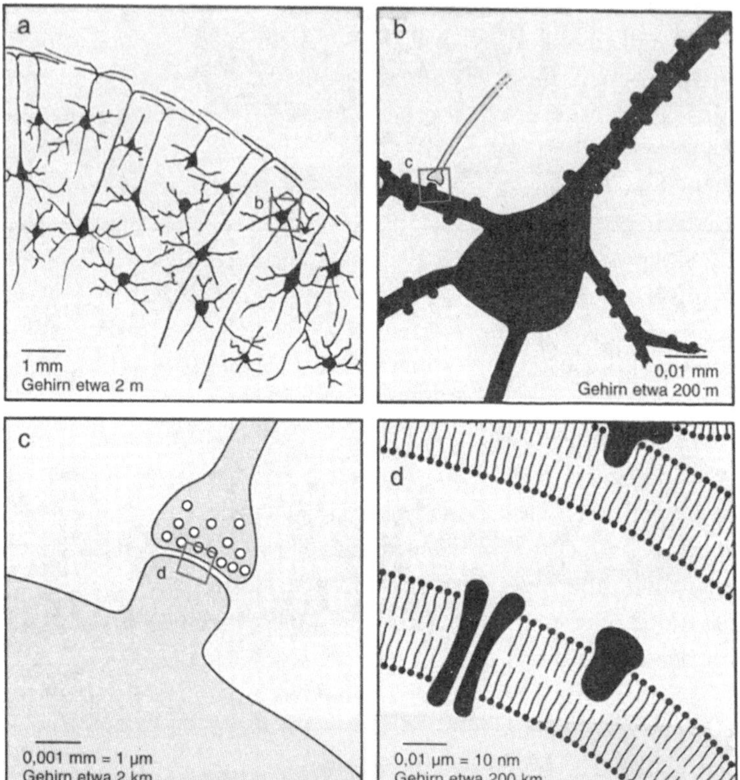

Abb. 67 Das Problem mit den oben gegebenen Erklärungen besteht darin, dass wir durch die Ebenen wandern, die sich der Wissenschaft zeigen. Wir wollen verstehen, was ein Organismus kann – etwas lernen und behalten –, wir lokalisieren diese Qualität im Gehirn (a), das heißt, wir reden über Zellverknüpfungen und Gewebe. Dabei finden wir, dass die Eigenschaft einer Zelle maßgeblich ist (b), und konzentrieren uns auf einen winzigen Teil von ihr, eine Synapse (c), deren Fähigkeit wir auf die Moleküle zurückführen, die sich dort nachweisen lassen (d).

kret stellte sich Hebb chemische Änderungen an den Synapsen vor, die bei einer gleichzeitigen Erregung zweier Neuronen erst entstehen und anschließend die Signalübertragung zwischen ihnen erleichtern. Der Information wird auf diese Weise eine Bahn bereitet, und diese »Bahnung« und die dazugehörigen »Hebb-Synapsen« konnten in den nachfolgenden Jahren im Experiment nicht nur nachgewiesen, sondern inzwischen auch im molekularen Detail analysiert werden. Zwar sind die meisten Forschungen nicht am menschlichen Gehirn, sondern am Nervensystem von glitschigen Meeresschnecken namens Aplysia gemacht worden, die auch als Seehasen bekannt sind. Aber das hat den im Jahre 2000 mit dem Nobelpreis für Medizin ausgezeichneten Meister der Gedächtnisforschung, den aus Wien stammenden Eric Kandel, nicht daran gehindert, der Welt in naher Zukunft eine Gedächtnispille zu versprechen, wie oben erläutert worden ist. Sie soll die molekularen Mechanismen an der Synapse auch dann noch gelingen lassen, wenn sie mühsamer werden – etwa mit zunehmendem Alter.

Was beim Seehasen funktioniert, kann auch beim Menschen klappen. So hat man auch in unserem Nervensystem Hebb-Synapsen gefunden, und zwar konkret in dem Gebiet, das als Hippocampus bezeichnet wird. Hier gibt es Kontaktstellen zwischen Neuronen, die mit einem einfachen Neurotransmitter namens Glutamat operieren, der erregend wirkt. Ein einlaufender Nervenimpuls sorgt zunächst dafür, dass Glutamat frei wird. Der chemische Signalstoff durchquert den synaptischen Spalt und trifft in der Nachbarzelle auf einen Rezeptor. Die Anbindung sorgt nun einerseits dafür, dass sich molekulare Kanäle in der Zellmembran öffnen (und so das Nervensignal weiterleiten), und andererseits dafür, dass weitere Botenstoffe – die *second messengers* – aktiv werden und in der Folge sich Kaskaden von Aktivität koordiniert ergießen.

Um aus diesen raschen biochemischen Reaktionen und zellulären Abläufen eine Gedächtnisspur zu machen, muss man noch zeigen, wie eine einmal aktivierte Synapse anschließend leichter erregbar wird, was dann heißt, dass sich ein Nervensignal schneller seinen Weg bahnen kann (dessen Ziel dabei nicht im Visier der Gedächtnisexperten ist). Dass es solche Reaktionsbereitschaft von Zellen im Hippocampus des menschlichen Gehirns gibt, ist seit den frühen 1970er Jahren bekannt, als sich auch der Ausdruck der Langzeitpotenzierung – *long term potential LTP* – dafür einbürgerte.

Am besten untersucht sind dazu Synapsen, die mit einem für Glutamat vorgesehenen Rezeptor operieren. Das Gehirn kennt nämlich nicht nur einen G-Rezeptor, sondern mehrere; sie lassen sich dadurch unterscheiden, dass sie noch andere Substanzen binden. Am besten untersucht sind Rezeptoren, die das Molekül N-Methyl-D-Aspartat festzurren, das NMDA abgekürzt wird. Mit dieser Bezeichnung können wir festhalten, dass es NMDA-Rezeptoren gibt, die im Gehirn bei geeigneter Reizung Glutamat binden und einen Kanal öffnen, durch den Natrium strömt. Die Besonderheit erschließt sich im nächsten Schritt, nämlich wenn in der gerade beschriebenen erregenden Phase ein neuer Nervenimpuls und damit weiteres Glutamat eintrifft. Dann zeigen die NMDA-Rezeptoren ihre eigentümliche Qualität. Sie öffnen einen anderen Kanal, der nicht für Natrium, sondern für Kalzium durchlässig ist, und das Fließen dieser Atomsorte wirkt sich aus. Mit seiner Hilfe ändern sich die Membraneigenschaften so, dass bei einem späteren Eintreffen von Glutamat das primäre Fließen von Natrium wesentlich erleichtert wird. Mit anderen Worten, die Synapsen sind leichter erregbar, was erklärt, wie die Suche nach einem Gedächtnisinhalt rascher und zielstrebiger gelingen kann. Und da diese Bedingung sich einige Zeit – Stunden, Tage, Wochen – hält, ist die Verwendung des Wortes »lang« gerechtfertigt, und die Langtermpotenzierung hat ihre molekulare Erklärung gefunden.

»Just say NO«

Wirklich? Hat die LTP tatsächlich *ihre* oder hat sie nur *eine* molekulare Erklärung gefunden? Wer immer schon der Meinung war, dass es kaum möglich sein wird, die Raffinessen des Gedächtnisses auf die Raffinessen von Molekülen zu reduzieren, sah sich in den

1990er Jahren bestätigt, als sich herausstellte, dass es auf dieser Ebene einige Komplikationen gab, die dem ganzen Geschiebe der Glutamatrezeptoren erst ihren Sinn gaben. Man entdeckte, dass die erstrebte leichtere Erregbarkeit der Zellen noch an die Bewegung eines anderen Moleküls gebunden war, das kaum kleiner sein konnte. Es besteht aus den beiden Elementen Stickstoff (N) und Sauerstoff (O), heißt Stickoxid und ist am besten unter seiner chemischen Formel NO bekannt, die eine unwiderstehliche Aufforderung enthält, mit dem englischen Wort für Nein – *no* – zu scherzen.

»Just say NO« – so titelte das amerikanische Fachblatt *Science,* als das NO zum Molekül des Jahres 1992 gewählt wurde, weil es vielen einfachen Erklärungen von synaptischen Mechanismen einen Riegel vorschob. Wie sich herausstellte, klappt die LTP eigentlich erst, nachdem das NO in die umgekehrte Richtung wie das erregende Glutamat gelaufen ist, nämlich zu der Stelle der Synapse, an welcher der Nervenimpuls ankommt, der übertragen werden soll. Das NO muss sich um die Befreiung des Transmitters kümmern, was dazu führt, dass durch das NO Erregungen beschleunigt werden. Dank dieser Fähigkeit ist das kleine Molekül inzwischen berühmt geworden, denn konkret greift es als biologischer Botenstoff in das körperliche Geschehen ein, wenn es um die Erektion des Penis geht.

An dieser Stelle möchte man kaum NO sagen, aber der Ausruf »Oh nein!« drückt ja auch eine Überraschung aus, und die ist bei NO schon deshalb angezeigt, weil das Stickoxid im täglichen Leben nicht als Segen, sondern als Industriegas und Schadstoff bekannt war – was Gelegenheit zum Staunen über die Tricks der Natur und die Balance ihrer Wirkungen bietet. Was uns im Großen töten kann, brauchen wir im Kleinen zum Leben bzw. zur Zeugung des Lebens.

Doch das NO hat für uns nur eine marginale Bedeutung, wobei alle, die mehr darüber erfahren wollen, Gelegenheit haben, dies durch die Lektüre eines Romans zu tun, der so heißt wie das Molekül – nämlich *NO* – und 1998 von Carl Djerassi geschrieben wurde. Uns geht es in erster Linie darum, ob wir die LTP umfassend verstanden haben und ob sie die gesuchte Gedächtnisspur darstellt. Was den ersten Punkt angeht, so gehört sicher noch mehr dazu – nicht nur der retrograde Bote NO, der die Ausschüttung des erregenden Transmitters erleichtert, sondern auch die Aktivierung von Proteinen, die zum Öffnen der Kanäle und zum Fließen der Ionen beitragen. Es gibt Mutanten bei Fliegen, die ihre Lektionen nicht so gut behalten können wie ihre normalen Artgenossen – sie heißen etwas despektierlich »Dummköpfe« – und bei denen die erwähnte Aktivierung der Proteine (ihre Phosphorylierung) ausfällt oder misslingt. Nebenbei bemerkt, damit wissen wir zwar, dass Proteine am Aufbau des Gedächtnisses beteiligt sind, was uns aber nicht zu dem Schluss verleiten darf, dass es spezifische Gene für das Gedächtnis gibt. Es gibt Gene für Proteine, die zu den Reaktionen beitragen, die am Zustandekommen der Langzeitpotenzierung beteiligt sind, von deren Relevanz wir noch überzeugt werden müssen.

Das heißt, die meisten Neurowissenschaftler haben keinen Zweifel an der Relevanz des eben geschilderten Mechanismus, der als das Modell schlechthin für die Bildung des Gedächtnisses galt, wobei es nicht störte, dass die Erinnerung damit biochemisch den Ort (im Hippocampus) bekam, den sie neurologisch nicht zu haben scheint. Die Sicherheit, mit dem LTP die Gedächtnisspur gefunden zu haben, stammte aus vielen Versuchen mit Ratten, die darauf trainiert worden waren, ihren Weg durch ein Labyrinth zu finden. Die LTP konnte in ihnen nachgemessen werden, und sie vergaßen, was sie gelernt hatten, oder zeigten sich unfähig, etwas zu behalten, wenn entweder die Zellen im Hippocampus zerstört oder die biochemischen Mechanismen der LTP gehemmt waren. Niemand bezweifelt heute, dass in diesem Teil des Gehirns so etwas wie ein Ortsgedächtnis sitzt (das damit noch kein Ort des Gedächtnisses ist), weil sich zum Beispiel nachweisen lässt, dass Menschen, die aus beruflichen Gründen darüber verfügen müssen – Londoner Taxifahrer zum Beispiel –, über einen etwas größeren Hippocampus verfügen als die meisten von uns.

Und doch sind Zweifel angebracht, unter anderem deshalb, weil die biochemischen Abläufe, die ein LTP ausmachen, auch dort im Gehirn nachgewiesen werden konnten, die kaum als relevant für das Gedächtnis angesehen werden. Der Hauptgrund liegt aber in dem Hinweis, dass die Experimente entweder mit Seehasen oder Ratten durchgeführt worden sind, die in der reizarmen Umwelt eines Labors aufgewachsen sind und die gewöhnliche Umgebung gar nicht kennen gelernt haben, an die sie angepasst sind. Als man Ratten ein spannenderes Leben erlaubte, zeigte sich, dass die Langzeitpotenzierung immer weniger relevant wurde, je länger sich die Tiere außerhalb des Käfigs austoben durften. Die Möglichkeit ist nicht ohne weiteres von der Hand zu weisen, dass die als LTP registrierte Veränderung an den Nervenzellen und ihren Synapsen als ein Artefakt des Laborlebens zustande kommt, wobei ihre biochemische Analyse trotzdem auf Mechanismen verwiesen hat, mit denen im Gehirn zu rechnen ist und mit denen unser Kopforgan sich in der Welt zurechtfindet.

Die Chemie der Erinnerung

In jeder Diskussion über das Gedächtnis schleicht sich der Begriff des Lernens ein, womit im einfachsten Sinn gemeint ist, dass die Art und Weise, wie jemand – ob Tier oder Mensch – auf eine neue Situation reagiert, durch das vorhergehende Verhalten mitbestimmt wird, das in einer ähnlichen Lage erfolgt ist. Wenn wir jetzt Erinnern als das Ausdrücken eines modifizierten Verhaltens nach einem Lernvorgang bestimmen, dann stellt das Gedächtnis die Verbindung zwischen den beiden beschriebenen Qualitäten dar.

Zwei Aspekte spielen eine Rolle, wenn Lebewesen Erfahrungen machen und sich bilden, nämlich der Aspekt der Veränderlichkeit der neuronalen Prozesse und Hirnstrukturen, der auch Plastizität heißt, und der ergänzende Aspekt der Festigkeit, den man auch Stabilität nennt und der die Eigenschaft der Spezifität haben muss. Viele Jahrzehnte hindurch konzentrierte sich die Erforschung der Erfahrung auf die zweite Komponente; erst seit kurzem ist die molekulare Erkundung des Gedächtnisses mit ihren Methoden in der Lage, Änderungen ins Visier zu nehmen.

Bis es so weit war, gab es allerlei Unsinn zu lesen, etwa von Würmern, die erst etwas lernen durften und die dann zermahlen und an ihre Artgenossen verfüttert wurden. Als sich dabei (angeblich) zeigte, dass das Gelernte dabei mit aufgenommen wurde, galt zum einen die chemische Natur des Lernens als bewiesen und konnte man sich zum andern den Scherz erlauben, Studenten zu empfehlen, ihren Professor vor der Prüfung zu verspeisen.

Inzwischen sind die Biochemiker der *memoria* bescheidener und präziser geworden, und wie immer zeigen sich bei Experimenten in solchen Fällen viele Ergebnisse und noch mehr Rätsel. Die einfache Frage, »Was bleibt im Kopf haften, wenn jemand etwas gelernt hat?«, ist wohl am längsten und sorgfältigsten von Steven Rose an Küken untersucht worden. Was sie lernen können, nennt man »passives Vermeiden«, und damit ist Folgendes gemeint: Sobald die Küken geschlüpft sind, fangen sie wie wild an, nach kleinen Kugeln zu picken. Das tun sie, um etwas Essbares zu finden, und das Verhalten macht Sinn. Im Versuch bekommen die Küken die Gelegenheit, nach nassen Kügelchen zu picken, die einmal mit Wasser und einmal mit einem harmlosen Bitterstoff (Methylantranilat) getränkt sind. Wenn ein Küken eine bittere Kugel erwischt, schüttelt es sich, lässt von ihr ab und merkt sich das. Eine Stunde später erinnert es sich an den schlechten Geschmack, was dem Molekularbiologen die Frage erlaubt, welche biochemische Änderung im Gehirn dazu gehört. Gesucht wird dabei nach einer spezifischen Änderung, die nichts mit den Prozessen zu tun hat, die zum Lernen beitragen – also die Motorik oder die Aufregung. Und fündig wurde man in zwei Regionen im Kükenhirn: In ihnen funktionierte die ganze Palette mit NMDA-Rezeptoren und den aktivierten Proteinen, wie wir sie oben beschrieben haben, und so hoffte man, hier die Moleküle des Memorierens zu finden.

Doch bald nahm weniger die Bewunderung des eigenen Wissens als die Verwunderung über das Gedächtnis der Küken zu. Zunächst staunten die Wissenschaftler nur über die extrem hohe Zunahme der Aktivität in den genannten Hirnregionen. Warum erhöht die Natur dort die elektrische Aktivität um sechzig Prozent, wenn sie dem Tierchen nur beim Picken helfen will?

Merkwürdig war auch die Tatsache, dass die beiden Hirnregionen zwar symmetrisch rechts und links verteilt waren, dass aber in dem einen Fall nur Störungen in der linken Hemisphäre und in dem anderen nur Störungen in der rechten Hirnhälfte das Lernen verhinderten. Und das auch nur, wenn die Störungen in einem Fall *vor* und im zweiten Fall *nach* dem Training eingetreten waren. Als im Experiment dann die Kombination erprobt wurde, die in beiden Fällen das Lernen verhindert hätte und also völlig hilflose Küken zur Folge haben sollte – da erlebten die Forscher endgültig eine riesengroße Überraschung. Die Küken lernten doch. Das Gedächtnis war nicht hin, wie angenommen, sondern nur an eine ganz andere Stelle gelangt. Diese hat man bis heute nicht gefunden, was das Rätsel richtig spannend macht.

Gedächtnistäuschungen

Das Gedächtnis täuscht uns nicht nur in der Forschung – als gesuchtes Objekt –, es führt uns auch im Leben in die Irre – als suchende Subjekte –, und zwar schon in Situationen, in denen sich niemand trauen würde, von ernsthaften Störungen oder gar pathologischen Fällen zu sprechen. Wir täuschen uns in unserer Erinnerung mit ganz normalen Gehirnen in ganz normalen Alltagssituationen, wie sie der Psychologe Wolfgang Hell zu erzählen weiß – wobei wir davon ausgehen, dass auf sein Gedächtnis vollkommen Verlass war, als er Folgendes zu Papier brachte: »Zwei Professoren stritten sich in meiner Gegenwart, in welchem Jahr ein bekannter Kollege gestorben war – es geht um die 1940er Jahre. Beide hatten guten Grund zu der Annahme, dass sie Recht hätten. Der eine hatte über den Psychologen gearbeitet und alle seine Schriften gelesen. Der andere hatte eine unauslöschliche persönliche Erfahrung – seine Doktorprüfung musste wegen des überraschenden Todesfalls verschoben werden. Er sagte, er wisse es noch wie heute, dass er in das Sekretariat kam und jemand sagte, ›Haben Sie schon gehört, B. ist tot.‹ Die beiden haben dann gewettet, wer Recht habe. Es war einfach zu entscheiden: Ich bin in die Bibliothek gegangen und habe einen Nachruf auf B. gesucht und gefunden. Der Professor mit dem persönlichen Bezug, der sich völlig sicher war, hatte Unrecht. Er hat aber seine Wettschulden nicht sofort bezahlt, da er die eindeutige Information nicht glauben mochte. Er wusste doch genau, wann er promoviert worden war und was damals passiert war! Mit der Korrektur durch den Nachruf nahm ich auch einen Teil seiner Lebenserinnerungen (...).«

Zahlreiche andere Beispiele, die sich zum Leidwesen der Justiz oft vor Gerichten abspielen und die Verlässlichkeit von Augenzeugen fraglich werden lassen, machen deutlich klar, »dass eine absolut lebhafte, von visuellen Details unterstützte Erinnerung keine Basis im faktischen Geschehen hat«, wie Hell schreibt. Sie kann schlicht und einfach falsch sein, und die subjektive Sicherheit, mit der jemand seine Erinnerung als korrekt vorträgt, erlaubt keinerlei Hinweis auf die Zuverlässigkeit der Erzählten.

Gedächtnistäuschungen können von innen durch zahlreiche auf identifizierbaren chemischen Stoffen – Alkohol und andere Drogen – basierende Ursachen bedingt sein und von außen auf zwei Hauptquellen zurückgeführt werden, auf die wir uns hier beschränken wollen. Eine hat damit zu tun, dass der zu erinnernden und nachgefragten Gedächtnisspur eine weitere überlagert worden ist, die sich auf Abläufe bezieht, die nach dem fraglichen Ereignis stattgefunden haben. Wer etwa erst Augenzeuge eines harmlosen Verkehrsunfalls wird und anschließend den geliebten Freund beobachtet, wie er mit einer anderen flirtet, wird nicht unbedingt zuverlässig über die an der zuvor beobachteten Karambolage beteiligten Autos Auskunft geben, vor allem, wenn die Polizei dabei um Auskünfte bittet, für die sich der Gefragte kaum interessiert – etwa die Automarke oder die Anordnung der Verkehrsschilder. Die Experten sprechen von einer *misleading postevent information*, die sicher dann besonders wirksam ist, wenn sie mit einem emotionalen Gehalt versehen ist und für den Informierten eine hohe persönliche Bedeutung enthält.

Eine zweite Verzerrung der Erinnerung kommt dadurch leicht zustande, dass man in der Wiedergabe eine feste Perspektive einnimmt und von dieser aus möglicherweise Dinge unangemessen als wichtig und unwichtig einstuft. Dieses Phänomen ist als kulturelle Täuschung schon lange ein Thema der Wissenschaft. Man kann es auch leicht an sich selbst erkunden, etwa dadurch, dass man Märchen von anderen Völkern erst liest und dann nacherzählt. Bereits 1932 hat der englische Psychologe F. C. Bartlett in einem Buch über das Erinnern *(Remembering)* Geschichten der Eskimos von Europäern wiedergeben lassen und festgestellt, wie kulturspezifische Details verwässert wurden – etwa indem die Kanus der Eskimos, mit denen sie auf Seehundjagd gingen, durch einfache Boote ersetzt wurden.

Bartlett entwickelte damals als Wissenschaftler das, was wir schon als Erkenntnis eines Dichters zitiert haben, nämlich die Vorstellung, dass unser Gedächtnis konstruktiv zustande kommt und sein Erscheinen kein passives Auftauchen, sondern ein aktives Hervorholen benötigt. Die zahlreichen Gedächtnisspuren – oder Gedächtnisinhalte –, über die wir verfügen, setzen wir je nach dem Kontext, in dem wir uns befinden und in dem wir etwas erzählen sollen, zusammen, wobei das letzte Wort auch so gemeint ist, dass wir durch die geschlossene Erzählung unseres Erinnerns so tun, als ob es einen Zusammenhang, einen Kontext, gebe – mit uns als Produzenten und Rezipienten. Die Geschichte, die wir erzählen, kommt zwar mithilfe des Rohstoffs aus dem Gedächtnis zustande, aber sie entsteht auf einer anderen Ebene im Kopf, nämlich da, wo es mich – mein Ich – gibt, das die Welt als einheitlichen Ablauf erkennen will – zumindest aus der Perspektive, die mir zur Verfügung steht.

Es hat übrigens lange gedauert, bis sich in unserer Kultur die Idee durchgesetzt hat, dass es neben den vielen einzelnen Geschichten, die jemand erzählt, auch die Geschichte gibt, zu der wir alle gehören und beitragen. Die antiken Historiker haben einzelne Geschichten (Historien) erzählt – etwa die von Alexander dem Großen oder die der Peloponnesischen Kriege –, aber dass es *eine* Geschichte gibt, denken die Menschen erst seit dem 19. Jahrhundert. Die Geschichte ist somit die Erzählung, die Historiker aus der Vergangenheit machen, wobei sie den Rohstoff der Fakten benutzen, die in dem materiellen Gedächtnis der Archive und Bibliotheken und in anderen Quellen zu finden sind. Die Geschichte bleibt dabei – wie meine eigene Story – eine Erfindung des Erzählers, der natürlich nicht vollkommen frei vorgehen kann und sich an Fakten halten muss. Diese Tatbestände aus dem Gedächtnis bestimmen die Geschichte aber nicht. Sie verfügen ausschließlich über ein Vetorecht, mit dem unsinnige Varianten erkannt und ausgeschlossen werden können.

Das Vetorecht werden wir übrigens in Kürze noch einmal aufrufen, um etwas mehr von einer anderen menschlichen Qualität zu verstehen.

Die Entdeckung des Unbewussten

Wer sich an etwas aus der Vergangenheit erinnert, holt nichts Neues in sein Bewusstsein, sondern nur etwas, was bereits im Kopf verfügbar vorlag, was einmal präsent war und jetzt darauf wartet, wieder die Aufmerksamkeit auf sich zu ziehen. Wir erinnern uns an Wissen, das wir nicht im Bewusstsein haben aber zu jedem Zeitpunkt dorthin bringen können.[2] Mit anderen Worten: Unser Kopf ist voller unbewusster Möglichkeiten, die darauf warten, bewusst registriert und aktuell wirksam zu werden. In jedem Augenblick, den wir wach erleben, tritt uns nur ein winziger Bruchteil des gesamten Hirninhalts vor Augen, den wir im Laufe des Lebens als unser Potential erworben haben, woraus leicht zu schließen ist, dass es sehr viel mehr außerhalb des Bewusstseins und um es herum gibt als in ihm. Das Unbewusste dominiert quantitativ die Domäne des Gehirns, was zwei Fragen mit sich bringt: Warum hat es so lange gedauert, bis die Natur- und Geisteswissenschaftler auf diesen Riesenschatz aufmerksam wurden? Und was mussten diejenigen leisten, die endlich bis zum Unbewussten gelangt sind?

Es war nicht erst Sigmund Freud (1856–1939), der vor allen anderen die unbewusst wirkenden Abteilungen des Gehirns entdeckt hat, als er am Ende des 19. Jahrhunderts von Wien aus der Welt die

Psychoanalyse schenkte. Die Idee, dass es neben der Tagseite des Denkens auch eine Nachtseite gibt, die sich dem Licht der Lampe entzieht, die wir Bewusstsein nennen – dieser Gedanke geht in der westlichen Kultur mindestens bis in die Zeit vor 1800 zurück, in der die geistige Strömung der Romantik stärker wurde, die mehr umfasst als Musik, Malerei und Literatur. Es sind die Jahre zwischen 1790 und 1840, die der offiziellen Geschichtsschreibung zufolge voller Romantik waren, wobei die Bewegung ihren Namen mehr den Romanzen und Romanen und weniger systematischen Denkordnungen verdankt. Man kann vom Wort her erkennen, dass in der Romantik anders mit der Wirklichkeit umgegangen wird als in der Aufklärung, die ihr vorausging und sich selbst als rational einstufte. Die oft dunkel wirkende Romantik kann als eine Gegenbewegung zum hellen und klaren Denken der Aufklärung verstanden werden.

Romantische Wissenschaftler haben – so paradox es klingen mag – nach den Grenzen der Vernunft gefragt, was auf keinen Fall unvernünftig ist. Und wenn man erst einmal auf den allgemeinen Gedanken gekommen ist, dass es zwischen Himmel und Erde mehr gibt, als die Buchweisheit einen Menschen zu lehren vermag, dann kann man konkret fündig werden.

Den Vertretern der Romantik fiel zum Beispiel auf, dass individuelle Schicksale wenig mit den umfassenden Naturgesetzen zu tun haben, die der menschlichen Vernunft entstammen. Das Leben des Einzelnen bleibt unberechenbar und entzieht sich folglich dem rationalen Zugriff. Man kann auch sagen, das Individuelle ist irrational, und dabei gilt zu bedenken, dass dieser Gedanke mit rationalen Mitteln gefunden worden ist. Mit anderen Worten: Rationales Vorgehen bringt uns in letzter Konsequenz dazu, das Irrationale zu entdecken, und diese Bewegung des Denkens kann man fortsetzen.

Bewusstes Erkunden lässt uns auf das Unbewusste stoßen, und die sichtbare Natur bringt uns auf den Gedanken, dass sich hinter ihr unsichtbare Bezirke verbergen. Das ist einer der Grundgedanken der Romantik, deren Vertreter von einem zweiten Augenpaar sprachen, mit dem wir ausgestattet sind – dem äußeren Paar für den Tag und dem inneren Paar für die Nacht. Dabei ist der Gedanke plausibel, dass die äußeren Augen zu einem Individuum gehören und nur sehen, wohin es seinen Kopf richtet, während die inneren Augen allen Menschen gehören und erkennen, was alle einsehen können.

Die eben geschilderte Zweiteilung von innen und außen bzw. individuell und generell kann als Prinzip der Polarität bezeichnet werden, wobei es wichtig ist, dass wir uns damit nicht in philosophischen Höhen verlieren, sondern erfolgreich in den Niederungen empirischer Forschung bestehen können. Das Konzept rief zum Beispiel in dem Physiker Johann Wilhelm Ritter (1776–1810) die Idee hervor, dass es neben dem sichtbaren auch unsichtbares Licht geben müsse – was dann auch in doppelter Ausfertigung gefunden wurde. Es heißt infrarot oder ultraviolett, je nachdem, ob die Wellenlängen dieses Lichtes größer oder kleiner sind als die der sichtbaren Strahlen, die alle von der Sonne ausgehen.

Die Idee der Polarität findet sich sehr deutlich bei Goethe, der es aber keineswegs als Kompliment aufgefasst haben würde, wenn man ihm ein romantisches Vorgehen attestiert hätte. Und doch drückt sein berühmter Vorschlag, »das Erforschliche zu erforschen« und das Unerforschliche zu verehren, genau die romantische Kombination aus Naturverehrung (mit Gefühl) und Naturforschung (mit Verstand) aus.

Dieser Gedanke wurde dann ausdrücklich von großen Physikern wie Max Planck und Niels Bohr aufgenommen, als sie sich zu Beginn des 20. Jahrhunderts daran machten, die Wirklichkeit der Atome zu erfassen, die sich als völlig anders erwies als die Realität des Alltags. Der Schritt in die winzigen Dimensionen der Atome brauchte nicht nur Sachverstand, sondern auch die Bereitschaft, Irrtümer zu begehen, sich lächerlich zu machen und auf die Grenzen des eigenen Verstandes zu stoßen. Planck und Bohr sagten damals, dass ihr Mut wachse, »das Erforschliche zu erforschen«, während sie zugleich bereit waren, das Unerforschliche ruhig zu verehren.

Polaritäten

Gefühl, Verehrung, Irrationalität – alles Attribute der Romantik, die an dieser Stelle aber nicht das Denken in Polaritäten überstrahlen dürfen, auf die es ankommt und die in dieser Epoche die Vorstellung von unbewussten Gedankeninhalten ganz selbstverständlich werden lassen. Dieses Unbewusste der Goethezeit darf man sich nicht so schlicht vorstellen, wie es sich Freud hundert Jahre später ausmalte, als er einen Mülleimer für solche Erinnerungen an vergangene Ereignisse suchte, derer man sich entledigen wollte. Das Unbewusste, das seine frühen Erkunder aus romantischen Tagen auch die Nachtseite der Natur nannten, enthielt gerade nicht das Verfallene vergangener, sondern den Keim künftiger Dinge. Es stellte ein Reservoir an Ausdrucksformen und Symbolen dar, das sich auf unterschiedliche Weise im Bewusstsein zeigt und zu erkennen gibt. Als Möglichkeiten kamen Träume, Einfälle genialer Menschen und die Volksmärchen in Betracht, in denen sich doch ausdrückte, was zu allen gehörte. Das Unbewusste der Romantik war nicht eine individuell angelegte Müllkippe von Erinnerungen, die man beseitigen (eben verdrängen) wollte. Es enthielt vielmehr die strukturierten Komponenten der menschlichen Vorstellungskraft, die uns in Form von Symbolen und Begriffen bewusst werden können – wenn wir sie durch gezielte Anstrengungen (Nachdenken) zu fassen bekommen.

Sigmund Freud

In Freuds Werk geht es um die menschliche Seele und ihr Vermögen. Der Wiener Arzt wollte erklären, wie sie agiert, und wie alle Zeitgenossen orientierte er sich am Erfolg der Physik. Als größte Leistung und einheitliches Prinzip der Physik galt der Satz von der Erhaltung der Energie, und Freud wollte einen solchen Energiesatz für die Seele aufstellen. In der Physik konnte Energie weder vernichtet noch erzeugt und nur verwandelt werden. In der Psychoanalyse konnten entsprechend psychische Energien nicht verschwinden und nur verschoben (verdrängt) werden. Ihre Auswirkungen galt es dann zu konstatieren.

In diesem Rahmen ist zum Beispiel auch *Die Traumdeutung* aus dem Jahre 1900 zu verstehen. Im Traum geht es nach Freud um die Erfüllung eines verdrängten, unannehmbaren sexuellen Wunsches. Der Traum stellt so gesehen einen Glücksfall für uns dar, denn die verdrängte Energie könnte sich auch anders einen Weg nach außen bahnen. Zudem sieht Freud den Traum als Hüter unseres Schlafes an: Gefühle, die den Träumer wecken könnten, werden offenbar so verkleidet, dass sie nicht stören. Zuständig dafür ist – laut Freud – ein »Zensor«, der geeignet eingreift. All dies zusammen ergibt eine gefällige Erklärung, die nicht ohne öffentliche Akzeptanz geblieben ist.

In seinem späteren Werk *Das Ich und das Es* (1923) unterscheidet Freud drei Schichten der Seele: die bewusste, die vorbewusste und die unbewusste. In Neurosen manifestieren sich Konflikte zwischen Bewusstem und Unbewusstem, wobei das Erste implizit mit dem Ich gleichgesetzt wird. Dann erweitert Freud unser Begriffssystem und postuliert, seelisch-geistiges Leben gehe aus der Interaktion von drei psychischen Instanzen hervor: Ich, Es und Über-Ich. Das Ich wird definiert als »die zusammenhängende Organisation der seelischen Vorgänge in einer Person«. In ihm gibt es einen bewussten und einen unbewussten Teil. Zum bewussten Ich gehören Wahrnehmung und Beherrschung der Motorik, zum unbewussten Ich der Traumzensor und der Prozess der Verdrängung.

Das Es unterscheidet sich nicht sehr von dem, was Freud ursprünglich als das Unbewusste bezeichnet hat. Es ist der Sitz sowohl des verdrängten Materials als auch der Triebe, zu denen sich unbewusste Gefühle – vor allem Schuldgefühle – hinzugesellen. Der Ausdruck »das Es« findet sich bereits im 19. Jahrhundert bei dem Philosophen Friedrich Nietzsche, bei dem auch das Über-Ich konzipiert ist (in der *Genealogie der Moral*). Unter dem Über-Ich versteht Freud die wachsame, urteilende, strafende Instanz im Individuum; er sieht hier den Ursprung sozialer und religiöser Gefühle der Menschheit.

So sehr die Romantiker am individuellen Leben interessiert waren – im Unbewussten zeigten sich kollektive Qualitäten, die der Gemeinschaft der Menschen zuzurechnen waren, wobei sich in dieser Vorstellung vermutlich der Wunsch äußert, uns einen Ort im Kosmos zuzuweisen. »Das Unbewusste war das Fundament des im unsichtbaren Leben des Universums verwurzelten Menschen«, wie es in der Geschichte der Psychiatrie heißt, in der Henry F. Ellenberger *the discovery of the unconscious* in dem gleichnamigen Buch *(Die Entdeckung des Unbewussten)* beschrieben hat. Ellenberger weist auf die Nähe der romantischen Gedanken zu der Psychologie von C. G. Jung (1875–1961) hin, der das, was vom Unbewussten her unser Erkenntnisvermögen beeinflusst, mit dem alten Ausdruck des Archetypischen belegt hat. So spricht zum Beispiel Johannes Kepler von den archetypischen Bildern, die seiner Seele entstammen und die er benötigt, um Einsichten in die Naturabläufe zu bekommen. Die archetypischen Bilder aus dem Inneren des Forschers müssen zur Deckung kommen mit den wahrgenommenen Bildern aus der äußeren Welt, wobei der spannende und zu erkundende Vorgang in dem Zusammenbringen besteht, das bis heute viel zu wenig erkundet worden ist.

C. G. Jung und die Archetypen

Während Freud danach strebte, den Teil der menschlichen Seele zu erforschen, den die Schriftsteller intuitiv erfasst haben, behauptete sein abtrünniger Schüler Jung, er habe sich einem Bereich der menschlichen Seele zwischen Religion und Psychologie objektiv genähert und ihn in die Wissenschaft einbezogen. Jung hat früh Erfahrungen mit schwer psychotischen Kranken gemacht, und dabei war ihm aufgefallen, dass in ihren Wahnvorstellungen und Halluzinationen häufig universelle Symbole vorkamen. Diese Beobachtung ließ ihn annehmen, dass es neben den verdrängten Vorstellungen im Sinne von Freud noch einen zweiten Bereich des Unbewussten gibt, den er 1936 auf den *Begriff des kollektiven Unbewussten* brachte. In dem Buch heißt es:

»Das kollektive Unbewusste ist ein Teil der Psyche, der von einem persönlichen Unbewussten dadurch negativ unterschieden werden kann, dass er seine Existenz nicht persönlicher Erfahrung verdankt und daher keine persönliche Erwerbung ist. Während das persönliche Unbewusste wesentlich aus Inhalten besteht, die zu einer Zeit bewusst waren, aus dem Bewusstsein jedoch entschwunden sind, indem sie entweder vergessen oder verdrängt wurden, waren die Inhalte des kollektiven Unbewussten nie im Bewusstsein und wurden somit nie individuell erworben, sondern verdanken ihr Dasein ausschließlich der Vererbung. (…) Das kollektive Unbewusste besteht aus präexistenten Formen, Archetypen, die erst sekundär bewusst werden können und den Inhalten des Bewusstseins fest umrissene Formen verleihen.« Das kollektive Unbewusste findet sich danach in allen Individuen und ist »in allen Menschen sich selbst identisch«.

Die Archetypen stellen die Inhalte des kollektiven Unbewussten dar. Sie werden durch Bewusstwerdung und durch Wahrgenommensein verändert. Sie erscheinen im individuellen Bewusstsein als archetypische Vorstellungen bzw. als archetypische Urbilder, die als Bindeglied zwischen den Sinneswahrnehmungen und den Ideen operieren. Das kollektive Unbewusste und seine Archetypen sind also eine notwendige Voraussetzung für die Entstehung von (bewusst formulierten) naturwissenschaftlichen Theorien, wie der Physiker Wolfgang Pauli (1900–1958) betont hat. Pauli spricht in diesem Zusammenhang von »Hintergrundsvorgängen«, welche die Entwicklung der Naturwissenschaften zwar begleitet und beeinflusst haben, aber trotzdem im Unbewussten verblieben sind. Als Beispiel nennt Pauli den Zahl-Archetypus, der die Anwendung der Mathematik in der Physik – also auf die Natur – überhaupt erst ermöglicht.

Wie sind die Archetypen entstanden? Die einfachste Antwort darauf lautet vermutlich, dass sie von außen gekommen sind. »Leben ist ein Erkenntnis gewinnender Prozess«, wie Konrad Lorenz es formuliert hat. Das kollektive Unbewusste (und mit ihm die Archetypen) haben sich im Rahmen der Evolution gebildet, und aus diesem Grund können sie auch vererbt werden. Das allgemeine Problem der Beziehung zwischen Innen (Psyche) und Außen (Physis) ist damit aber nur angesprochen. Es bleibt uns aufgegeben.

Bei Kepler lässt sich erkennen, dass die Erkenntnisfähigkeit durch archetypische Vorstellungen von innen her bedingt wird. An sich selbst bemerkt hat dies James Clerk Maxwell, der große schottische Physiker des 19. Jahrhunderts, der diesen Tatbestand um 1870 einmal folgendermaßen ausgedrückt hat: »What is done by what is called myself is, I feel, done by something greater than myself in me.«

(»Was durch das geschieht, was man Selbst nennt, geschieht meinem Gefühl nach durch etwas in mir, das größer ist als ich selbst.«)

Mit diesen Ansichten verschiebt sich das traditionelle Bild, das wir uns vom Menschen machen. Aus einem autonomen und sich rational beherrschenden Wesen wird ein irrationaler Organismus, der von inneren Kräften gelenkt wird, von denen er kaum etwas weiß. Dieser Gedanke hat dem Philosophen Arthur Schopenhauer (1788–1860) gefallen, der sich flugs daran machte, die irrationalen Kräfte zu benennen und als Triebe zu identifizieren – als Selbsterhaltungs- und als Fortpflanzungstrieb. So kann man es in seinem Hauptwerk *Die Welt als Wille und Vorstellung* von 1819 nachlesen, das lange Zeit unbeachtet blieb und uns nur dazu dienen soll, auf das 1846 erschienene Werk *Psyche* des Arztes und Malers Carl Gustav Carus (1789–1869) zuzusteuern, in dem die Entwicklungsgeschichte der Seele erzählt und dabei eine neue Wissenschaft definiert wird. Gemeint ist die Psychologie, die sich in diesen von der Romantik geprägten Jahren zu regen beginnt. Carus weist ihr die Aufgabe zu, die Schritte zu erfassen, die eine Seele gehen muss, um von der Nacht- auf die Tagseite, vom Bereich des Unbewussten in die Sphäre des Bewussten zu gelangen.

Er teilt das Leben eines Menschen in drei Abschnitte ein, die alle ihre spezifische Entwicklung zeigen. Erst existieren wir als »Urzelle« im Eierstock unserer Mutter, dann entsteht durch die Befruchtung das »sich heranbildende Unbewusste«, das für das Wachstum der Organe und ihr Funktionieren sorgt und allmählich das Bewusstsein werden lässt, das im Schlaf und bei anderer Gelegenheit ins Unbewusste zurückkehren kann und seinen bleibenden Einfluss behält.

Die genetische Methode

Unentwegt werden Thesen aufgestellt, ohne dass man den kleinsten Hinweis darauf bekommt, wie sie einer Prüfung unterzogen werden können. In diesem Mangel steckt vermutlich auch der Grund, warum sich nie so etwas wie eine romantische Biologie entwickeln konnte, die das Seelenleben so zielstrebig wie die Zellteilung erkundete. Daraus folgt allerdings nicht, dass es nicht in Zukunft eine solche Variante der Wissenschaften vom Leben geben wird – was sowohl wünschenswert als auch notwendig wäre. Der Grund für diese Ansicht liegt in der Tatsache, dass das Ziel der Biologie in jeder Ausprägung darin besteht, »das Werden des Lebens« zu verstehen, wie auch das soeben erschienene Buch der Nobelpreisträgerin Christiane Nüsslein-Volhard heißt, das sein Thema leider verfehlt.

Der Gedanke, das Werden des Lebens zu verstehen, kommt aus der Romantik, in der von der »genetischen Methode« erstmals die Rede ist. Darunter darf man auf keinen Fall eine systematische Vorgehensweise verstehen, die bei den Genen anfängt. Von Einheiten mit diesem Namen wussten Carus oder Goethe nichts, die beide trotzdem das Genetische im Blick hatten und damit das Werden meinten. Nichts ist, alles wird, wie heute vielleicht besser einleuchtet. Die romantische Kombination, die Welt in Polaritäten zu sehen und zugleich nach Urformen, Urphänomenen und Urbildern zu forschen, erlaubt es dem forschenden Individuum, immer wieder danach zu fragen, wie die Erscheinungen aus den Ursprüngen geworden sind.

Die Idee einer Einheit von Mensch und Natur ergibt zusammen mit Polaritäten wie Tag und Nacht und bewusst und unbewusst die Möglichkeit, nach dem Wandel – den Metamorphosen – zu fragen, durch die das eine mit dem anderen und letztlich alles zusammen verbunden wird. Worauf es ankommt, ist es, die Frage der Entstehung, des Werdens, der Bildung des Menschen zu klären, und zwar mithilfe der genetischen Methode, die jede Disziplin im Detail ausarbeiten muss. Die Literatur erfindet den Bildungsroman, die Psychologen fragen nach der Individuation (gemeint ist die Entdeckung der inneren Persönlichkeit, der Schritt vom Unbewussten zum Bewusstsein und vom Ich zum Selbst), die Biologie erkundet die Embryogenese – und ihre Vertreter weisen auf die Notwendigkeit einer naturwissenschaftlichen Bildung hin. Gesucht werden die Gesetze des Zusammenhängens und des Übergangs. Damit sind wir bis heute gut beschäftigt.

Lorenz Oken zur Bildung

Zu den romantischen Wissenschaftlern gehört der aus dem Badischen stammende Lorenz Oken (1779–1851), der durch die 1822 erfolgte Gründung der bis heute tätigen Gesellschaft Deutscher Naturforscher und Ärzte (GDNÄ) bekannt geworden ist. Oken sprach den Naturwissenschaften einen hohen Bildungswert zu. 1809 hielt er (zu Beginn seiner Vorlesung über Zoologie) in Jena eine programmatische Rede »Über den Werth der Naturgeschichte, besonders für die Bildung der Deutschen«. 1829 setzte sich Oken bei der Tagung der GDNÄ in Heidelberg »für die Aufnahme der Naturwissenschaften in den allgemeinen Unterricht« ein. Besonders empört war er über die Vernachlässigung der Naturwissenschaften im bayerischen Schulunterricht: »Nicht einmal erwähnt sind die Naturwissenschaften, als wenn sie nicht ins Leben und Weben des gegenwärtigen Zeitalters wesentlich gehörten, nicht selbst Leben und Weben hätten und daher Anspruch auf rechtliche Anerkennung, so gut als Lateinisch und Griechisch, ja noch mehr; denn sie leben wirklich, während man jene nur mit dem Blasebalg mühsam bey Odem hält.«

Das Problem des Bewusstseins

Im Gegensatz zum Unbewussten brauchte das Bewusstsein nicht eigens entdeckt zu werden, wobei wir vielleicht mit diesem Wort etwas bezeichnen, das es in dieser Form nicht gibt. Niemandem braucht erklärt zu werden, was gemeint ist, wenn jemand sagt, er mache etwas ganz bewusst oder er handle so im Bewusstsein seiner Verantwortung. Aber was ist ein paar Sekunden später? Dann ist das Gesagte und Gedachte längst an anderer Stelle, von wo es aber abrufbar bleibt. Das Bewusstsein muss dauernd neu produziert oder gebildet werden, was es eigentlich zu einem permanenten »Bewusstwerden« macht, das man auch Bewusstseinsbildung nennen könnte. Das Sein im Kopf ist ein dauerndes Werden, was sich aber noch nicht im allgemeinen Sprachgebrauch niedergeschlagen hat. Hier geht es seit ewigen Zeiten um das Bewusstsein, und mit seiner Existenz – wenn sie dann real ist – verbinden sich mehrere Probleme, von denen an dieser Stelle die angesprochen werden sollen, die zur Biologie gehören.

Wie können neurologische Vorgänge im Gehirn den inneren Zustand der Empfindsamkeit hervorbringen, den wir als Bewusstsein erleben? Welche Verbindung entsteht zwischen dem Eintreffen von Reizen und ihrer Erfahrung im Bewusstsein? Wie unterscheiden sich Prozesse im Nervensystem, die mit Bewusstsein verbunden sind, von denen, die ohne auskommen müssen?

Warum jede Diskussion des Themas sofort sämtliche Grenzen sprengen kann, zeigt sich zum einen bei dem Hinweis auf die verschiedenen Formen, die das Bewusstsein annehmen kann. Wir verfügen unterschiedlich darüber beim Wachen, beim Erwachen, beim Einschlafen, beim Träumen oder in Todesnähe, und da gibt es sicher noch mehr Differenzierungen. Es zeigt sich zum andern in der Tatsache, dass jede Erörterung über die Herkunft des Bewusstseins philosophisch befrachtet ist und vorsichtig etwa zwischen kausalen und relationalen Bezügen unterscheiden muss.

Wichtig an den nicht-empirischen Beiträgen der reinen Denker ist auf jeden Fall der Hinweis, dass mit dem, was durch das Wort Bewusstsein ausgedrückt wird, auch etwas bezeichnet wird, das sich zwar in jedem Gehirn abspielen kann, das aber in dieser Form oder Qualität nur einem Subjekt zugänglich ist – zum Beispiel mir. Nur ich weiß wirklich, wie ich meine Freude spüre oder wie mich ein Schmerz quält, und diese Qualia kann sicher nicht Gegenstand einer Wissenschaft sein, die sich dadurch definiert, dass sie nur erkundet, was wiederholbar (reproduzierbar) ist, wenn sie dies auch noch so genau unternimmt. Meine Freude oder mein Leiden sind einmalig, und so entzieht sich das Bewusstsein den Biowissenschaften wenigstens teilweise.

Trotz der angeführten Subjektivität hat es wenig Sinn, die als Qualia bezeichnete innere Qualität meiner aufmerksamen Empfindungsfähigkeit als unlösbares Geheimnis auszugeben, es sei denn, man meint damit, dass die Bewusstseinsleistung des Gehirns so geheimnisvoll wie ein Kunstwerk ist, das sowohl etwas zu erkennen gibt als auch erkennen lässt, dass es etwas verbirgt. Etwas bleibt immer unsichtbar, wie die Romantik betont hat, und damit entsteht das Geheimnisvolle, das die Menschen anlockt.

Bewusstsein als philosophisches Problem

Eine tabellarische Zusammenstellung von einigen Positionen, die im Laufe der Philosophiegeschichte vertreten worden sind

Benutzte Begriffe: Leib und Seele, Körper und Geist
Alternative Positionen: Einheit oder Zweiheit, Monismus versus Dualismus

Idee des Monismus

Geist und Materie gehören zu einer »Substanz«
Spielarten:
Neutraler Monismus: Körper und Geist als unterschiedliche Aspekte einer Wirklichkeit.
Panpsychismus: Auch was materiell erscheint, ist in Wirklichkeit Geist.
Identitätstheorie: Auch was geistig erscheint, ist in Wirklichkeit Materie.
Funktionalismus: Geist verhält sich zu Körper wie Software zu Hardware.
Emergenter Materialismus: Geist entsteht aus Materie als etwas Neues aufgrund von Komplexität.

Idee des Dualismus

Körper und Geist sind unterschiedliche »Substanzen«.
Spielarten:
Interaktionismus: Körper und Geist wirken aktiv aufeinander ein.
Parallelismus: Körper und Geist agieren synchron.
Epiphänomenalismus: Nur der Körper kann auf den (ihm nachgeordneten) Geist wirken.

Was ist Denken?

Vermutlich findet jede Epoche das ihr eigentümliche Objekt, das ungeheuer mysteriös zu sein scheint und die höchste Aufmerksamkeit der Wissenschaft verlangt. Es ist noch nicht so lange her, da wurde die Tatsache, dass (tote) Materie zu Leben werden und in dieser Form sich immer wieder verdoppeln kann, als unlösbares Rätsel gehandelt, was aber einige Forscher nicht daran hinderte, Vorschläge für seine Lösung zu machen. Ausdrücke wie Lebenskraft oder *élan vital* wurden aufgeboten, um leblosen chemischen Substanzen Lebensgeist einzuhauchen, was heute niemand mehr für nötig hält – aber nicht, weil man wüsste, was das Leben ist oder wie es wird. Das Leben enthält heute weniger Rätselhaftes als früher, weil wir eine sehr viel reichhaltigere Konzeption von den Mechanismen und Abläufen haben, die zum Leben führen – wobei im Sinne der romantischen Polarität nicht zu übersehen ist, dass mit dem Verschwinden des alten Rätselhaften das Auftauchen von Geheimnissen verbunden und vielleicht sogar gekoppelt ist. Das alte Wunder der Zellteilung wurde in das neue Wunder der Verdopplung einer Doppelhelix verwandelt, bei der wir uns auch noch fragen können, wie es der Natur gelingt, aus vier in jeder Hinsicht platten (schlichten und ebenen) Bausteinen ein molekular-architektonisches Meisterwerk anzufertigen. Wer nur die Teile der DNA kennt, erkennt noch nichts von ihren Möglichkeiten. Das Staunen bleibt, nur der Mut wächst, sich an das Unerkannte zu wagen.

Natürlich gibt es hoch angesehene Hirnforscher, die der Ansicht sind, mit dem Auffinden der Doppelhelix hätte sich »das Geheimnis der Vererbung mit einem Schlag enthüllt«[3], und die darum die Meinung vertreten, es sei durchaus denkbar, dass es »ganz ähnlich mit dem Bewusstsein geschehen« könnte.

Dass die Forschung mit dem sich entwickelnden Geist eher langsamer und mühevoller als mit dem sich vermehrenden Gen vorankommt, zeigt sich möglicherweise besonders deutlich in einem jüngst erschienenen Buch, das mit seinem Titel *Was ist Denken?* in die Fußstapfen des berühmten Buches *Was ist Leben?* treten möchte, das am Ende des Zweiten Weltkriegs erschien. *Was ist Leben?* stammt von dem Physiker Erwin Schrödinger, der als Außenseiter den Biologen zeigen wollte, welche Fragen sie beantworten sollten, um ihren Hauptgegenstand besser zu verstehen, und damit eine ungeheuer erfolgreiche Entwicklung einleitete, deren erster Höhepunkt die Entdeckung der Doppelhelix war.

Was ist Denken? (What is Thought?) stammt aus der Feder des Computerwissenschaftlers Eric Baum. Auch er möchte als Außenseiter den Biologen zeigen, was sie eigentlich erklären müssen. Für Baum ist zum einen klar, dass der Geist des Gehirns aus Modulen besteht, was heißt, dass er in Untereinheiten organisiert ist, die spezielle Aufgaben wie das Sehen, Hören oder Riechen übernehmen. Es ist weiter klar, dass diese modularen Strukturen ihre Existenz den Genen (der DNA) verdanken, die ihrerseits über eine evolutionäre Geschichte verfügen. Und schließlich nimmt Baum an, dass die Aufgabe des Gehirns darin bestehe, eine Repräsentation der Welt zu liefern, wobei er der Ansicht ist, dass unser Denkorgan nicht anders vorgeht als seine Träger, die Wissenschaftler (die es vielleicht sogar von ihrem Organ gelernt und übernommen haben könnten – wenn das Imitieren, in dem wir so gut sind, auch in dieser Richtung klappt). Das heißt, bei seiner Beschreibung der Welt geht unser Denkapparat so sparsam und knauserig wie möglich vor, und er versucht, die bunte Vielfalt der Dinge durch knappe Rekonstruktionen zu erfassen.

Es wird auffallen, dass Computer und ihre Programmierer ähnlich vorgehen – wenn von der DNA abgesehen wird –, wobei spannend an dem Ansatz ein historischer Vergleich ist. Baum schlägt nämlich vor, den Schritt von Tycho Brahe (1546–1601) zu Johannes Kepler als Musterbeispiel für einen Fortschritt im Geist zu sehen. Aus den Daten, die Brahe mühsam bis Ende des 16. Jahrhunderts über den Ort des Planeten Mars gesammelt hatte, zauberte Kepler elegante Planetengesetze hervor. Er gab damit den Zahlen Bedeutung und schuf ein Bewusstsein für die Ordnung am Himmel. Wer das Aufkommen von Bewusstsein und Bedeutung in einem informationsverarbeitenden Gewebe wie dem Zentralen Nervensystem verstehen will, sollte überlegen, wie er oder ein Gehirn zu höchst kompakten Darstellungen gelangen kann, aus denen etwas abgeleitet werden kann. (Wenn man das Ableiten als mathematische Leistung wörtlich nimmt, wissen wir ja, wie dies beim Sehen gelingt und helfen kann.)

Das Konzept könnte künftig seine Meriten haben, übersieht aber aktuell viele Aspekte, die unserem Kopf zur Verfügung stehen – etwa seine intuitiven Fähigkeiten und sein Umgang mit ungenauen Auskünften. Aber auch Schrödingers eigene Antworten auf seine Frage *Was ist Leben?* haben sich längst als unzulänglich erwiesen, ohne dass es die anderen Wissenschaftler daran gehindert hätte, von seinem Buch ausgehend andere Hinweise zu finden, die mit Genen und Proteinen, Information und Stoffwechsel, Signalumwandlung und Regelkreisen, Erkennen und Anpassen und noch viel mehr operieren. Wer diese Fülle mit dem vergleicht, was gegenwärtig gesagt wird, wenn jemand wissen will, was Bewusstsein oder Denken ist, wird einsehen, dass es noch viel Zeit und eine Menge Details braucht, um die gleiche Qualität bei den Antworten zu bekommen.

Die wissenschaftliche Debatte über die Frage nach dem Bewusstsein ist noch sehr jung, und manch ein Wissenschaftler hat mit der Erkundigung dieses Sektors erst begonnen, als er an einer Universität fest angestellt war. Diese Lage der Dinge hat einige Beobachter der Forschung zu dem Scherz veranlasst, dass jetzt endlich für das Bewusstsein vorbei ist, was das Viktorianische Zeitalter für den Sex war. Bekanntlich hatte jeder Sex, aber niemand wagte, darüber zu sprechen. Bekanntlich hat auch jeder Bewusstsein, und jetzt redet auch jeder davon. Wie immer führt in solchen Fällen ein wenig eingeübter Chor von Pionieren dazu, dass ihre vielen Stimmen durcheinander klingen und statt der erhofften Polyphonie nur eine Kakophonie zu hören ist.

Es gibt Neurobiologen oder Neurophilosophen, die reklamieren, dass Bewusstsein durch ein Gehirn generiert wird (und somit durch Emergenz zustande kommt). Die anderen meinen, es sei eine Qualität, die Gehirne so wahrnehmen wie Augen das Licht (Verwandlung von Transzendenz in Immanenz). Viele hoffen, Bewusstsein lasse sich nicht im Rahmen der gegebenen (west-

Francis Crick

Der radikalste Vorschlag zur Erklärung des Bewusstseins stammt von dem berühmten Biologen Francis Crick (1916–2004), der vor mehr als einem halben Jahrhundert mit für den Vorschlag einer Doppelhelix verantwortlich war. Für Crick löste die Struktur der DNA das Rätsel des Lebens, und so erschien es ihm wahrscheinlich, dass sich auch für das Rätsel des Bewusstseins eine Lösung dieser klaren Art finden lasse. In seinem 1994 erschienenen Buch *The Astonishing Hypothesis* (*Was die Seele wirklich ist*) schreibt Crick: »Die Erstaunliche Hypothese besagt Folgendes: ›Sie‹, Ihre Freuden und Leiden, Ihre Erinnerungen, Ihre Ziele, Ihr Sinn für Ihre eigene Identität und Willensfreiheit – bei alledem handelt es sich in Wirklichkeit nur um das Verhalten einer riesigen Ansammlung von Nervenzellen und dazugehörigen Molekülen.« Und weiter: »Lewis Carrolls Alice aus dem Wunderland hätte es vielleicht so gesagt: ›Sie sind nichts weiter als ein Haufen Neurone.‹ Diese Hypothese ist so weit von den Vorstellungen der meisten Menschen entfernt, dass man sie wahrlich als erstaunlich bezeichnen kann.«

Crick meint, dass unsere bewussten Erfahrungen durch das Verhalten von Nervenzellen erklärt werden, weil sie emergente Eigenschaften von neuronalen Systemen sind. Unser geistiges Leben wird von Neuronen verursacht, die mehr oder weniger oft feuern (Aktionspotentiale aufnehmen) können. Stimmt das so? Oder stimmt etwas bei Crick nicht?

Crick wischt zum einen das Problem der erwähnten Qualia als Problem der Kommunikation beiseite (»Das Problem rührt daher, dass sich die von mir so lebhaft wahrgenommene Röte von Rot keinem anderen Menschen präzis mitteilen lässt«), und er sagt nicht, wie messbare Aktionspotentiale private Erfahrungen bewirken. Crick verwechselt dann eine kausale Reduktion mit einer ontologischen Rückführung. Schmerz tritt natürlich nur auf, wenn Neuronen aktiv sind; aber der Schmerz bleibt dadurch als Empfindung bestehen, und dieser Ausdruck hat bekanntlich auf der Ebene von Zellen nichts zu suchen.

Das Hauptproblem von Crick ist das Bindungsproblem (*binding problem*). Bekanntlich zerlegt das Gehirn die visuelle Information in Einzelheiten wie Farbe, Form und Bewegung, und ein übergeordnetes Konvergenzzentrum ist nicht auszumachen. Wie es trotzdem zu kohärenten Repräsentationen der Welt im Kopf kommen kann, zählt zu den zentralen Fragen, die auch Philosophen spannend finden. (Kant hat dabei zweihundert Jahre zuvor etwas vertrackt von der transzendentalen Einheit der Apperzeption gesprochen.)

Für Crick kann das Bindungsproblem gelöst werden, wenn man weiß, »wie Neuronen als Einheit zeitweilig aktiv werden«, und er freut sich über den Nachweis von Neuronen, die an der Wahrnehmung von Form, Farbe und Bewegung beteiligt und synchron aktiv sind. Die merkmalspezifische Synchronisation geht dabei mit einer oszillatorischen Aktivität im Bereich von 40 Hz einher. Diese nachweisbaren Oszillationen (an der Zellen sowohl im Thalamus als auch im Kortex beteiligt sind) scheinen Crick das »Hirnkorrelat« des Bewusstseins zu sein.

Ist das Bewusstsein damit erklärt? Ich glaube nicht, denn auch wenn wir zum Beispiel wissen, dass Autofahren mit der rhythmischen Verbrennung von Kohlenwasserstoffen korreliert ist, müssen wir erst noch herausfinden, wie dieser chemische Vorgang in die mechanische Bewegung der Räder umgesetzt wird. Für das Auto können wir dabei auf Physik zurückgreifen, aber im Gehirn kennen wir die Form der Erklärung (noch) nicht.

lichen) Hirnwissenschaft erklären, um völlig andere Aspekte ins Spiel bringen zu können. Schließlich handelt die Wissenschaft vom Leben und das Bewusstsein vom Erleben. Manche denken, hier handle es sich nur um eine Illusion, die allerdings den Vorteil hat, auf neurobiologische Fakten zurückgeführt werden zu können. Und so gibt es immer wieder neue Varianten von Vorschlägen, die vielfach plausibel klingen und demjenigen eine Festlegung schwer machen, der hofft, das Rätsel des Bewusstseins könne sich so auflösen wie das der Nervenaktivität. In diesem Fall ist ja glänzend erreicht worden, was – wie eingangs skizziert – Wissenschaft zuletzt anstrebt, nämlich die Rückführung einer auf höherer Ebene angesiedelten Qualität auf Eigenschaften von Bestandteilen, die weiter unten zu finden sind. Wenn wir zu irgendeinem Bewusstsein kommen, müssen einige unserer Neuronen aktiv sein, und um deren Treiben zu verstehen, reicht es, die Bewegungen von Ionen durch Membranen zu beschreiben, die zuletzt einen

Neurotransmitter auf Wanderschaft zur Folge haben, der einen Rezeptor findet und so weiter.

Sehr einfach läuft der gesamte Vorgang nicht ab, aber auch nicht sehr vertrackt. Es gibt zweifellos eine Physiologie des Gehirns, die von unten nach oben – von den Atomen über die Moleküle zu den Zellen und Geweben – das Funktionieren des Klumpens im Kopf erklären kann. Gibt es deshalb auch eine »Physiologie der Wahrheit«, wie der französische Neurobiologe Jean-Pierre Changeux in seinem jüngsten Buch behauptet? Es heißt auf jeden Fall *The Physiology of Truth,* und Changeux bricht in ihm zu dem Marsch durch die Ebenen des Lebens auf, die sein Landsmann Descartes vor bald vierhundert Jahren erkannt hat. Er beginnt auf der Ebene der Neuronen (mit ihren Rezeptoren und anderen Molekülen) und arbeitet sich hoch bis zum Erkennen und zum Forschen selbst, wie er es betreibt. Er glaubt am Ende, einen physiologischen Mechanismus für das wissenschaftliche Argumentieren zu finden – aber es ist nur die zelluläre Dynamik, die wir kennen, und so schön ihre Kenntnis ist, an dieser Stelle hilft sie nicht weiter. Denn auch wer versteht, dass alle Computer letztlich auf der Beweglichkeit von Elektronen in leitfähigen Bahnen auf Chips basieren, kennt noch nicht die Tricks, die Informatiker anwenden, um damit etwas so Funktionierendes wie das Wortverarbeitungsprogramm hervorzubringen. Verschiedene Programmierer bieten verschiedene Möglichkeiten an, die alle auf den gleichen Mechanismen (untere Ebene) basieren und alle zu vergleichbaren Resultaten (obere Ebene) führen. Eine einzige funktionelle Erklärung des Computers wird niemand erwarten. Vielleicht sollte man aufhören, die eine physiologische Erklärung des Gehirns zu suchen.

Das Bereitschaftspotential

Changeux legt – völlig zu Recht – großen Wert auf Mechanismen, die nach den Genen wirken und die er epigenetisch nennt. Das Genom stellt nur den Rahmen dar, der Neuronen so ausstattet, dass ihnen spontane synaptische Verbindungen erlaubt sind, die anschließend einer Selektion unterliegen. Biologen haben sich angewöhnt, diese Sichtweise als neuralen Darwinismus zu bezeichnen, ohne jemals auf die Hinweise zu antworten, die Philosophen schon länger zu diesem Konzept geben. Sie argumentieren nämlich, dass die Übertragung der evolutionären Idee von der Bildung des Lebens im Großen auf die Bildung eines Organs im Kleinen nicht dazu führt, eines der beiden Probleme besser zu verstehen. Eher im Gegenteil! Durch die Übernahme von Darwins durchdringendem Gedanken deutet man nämlich an, dass jeder Versuch, höhere Fähigkeiten des Erkennens auf niedere physiologische Abläufe zu reduzieren, unvollständig bleibt.

Unabhängig davon ist es in der Biologie unvermeidlich, die Frage nach dem evolutionären Vorteil einer erkennbaren Eigenschaft zu stellen. Der amerikanische Philosoph John R. Searle hat in diesem Zusammenhang darauf hingewiesen, dass die Frage »Was ist die evolutionäre Funktion von Bewusstsein?«, wenn sie innerhalb der Biologie ernst genommen wird, auf eine andere Frage hinaus läuft, nämlich die, »Welche evolutionäre Funktion hat es, dass wir gehen, rennen, sitzen, essen, denken, sehen, hören, sprechen, uns vermehren, Kinder aufziehen, soziale Gruppen bilden, Nahrung finden, Gefahren meiden, Getreide anbauen und Unterkünfte bauen können?«. Denn im Falle des Menschen sind all diese Tätigkeiten – und noch zahllose andere mehr, die für das Überleben wichtig sind – bewusst ausgeführte Handlungen, was sich auch so ausdrücken lässt: »Bewusstsein« bezeichnet kein separates Phänomen, das sich von allen anderen Aspekten des Lebens isolieren lässt; vielmehr meinen wir damit die Art und Weise, in der Menschen und die höheren Lebewesen die wesentlichen Tätigkeiten ihres Lebens verrichten.

Der Vorteil solch einer Festlegung liegt darin, dass man sich nun Fragen von praktischem Interesse zuwenden kann, etwa der, wie man den Zeitpunkt bestimmt, zu dem man einen bewussten Entschluss fast. Und dabei ist etwas Merkwürdiges beobachtet worden, das unter dem Stichwort »Bereitschaftspotential« zirkuliert. Man redet davon seit den 1960er Jahren, als Messungen mit dem

EEG (Elektroenzephalogramm) gezeigt haben, dass die Bereitschaft zu einer Handlung durch eine Veränderung des elektrischen Spannungsfeldes im Gehirn angezeigt wird. Dieses »Bereitschaftspotential« ist oft schon fast eine Sekunde (!) vor der Handlung nachweisbar. Daraus resultiert zum einen die Frage, wann die bewusste Entscheidung zur Ausführung der Handlung getroffen wird. Und wenn wir annehmen, dass dieser Zeitpunkt deutlich weniger als eine Sekunde vor der Aktion liegt, dann resultiert daraus zum zweiten die Frage, wem wir diesen Entschluss verdanken? Dabei taucht automatisch die dritte – sehr umstrittene – Frage auf, ob wir überhaupt noch über einen freien Willen verfügen, wenn das Gehirn bereits vor dem bewussten Entschluss aktiv wird und die Handlung einleitet?

Aufgenommen hat diese Fragen vor allem der Amerikaner Benjamin Libet, der den Probanden in seinen ersten Versuchen einen rotierenden Punkt vorgesetzt hat, der in weniger als drei Sekunden eine Runde drehte, die wie ein Zifferblatt konstruiert und mit Ziffern von 1 bis12 versehen war. Als Zeitpunkt des eintretenden Bewusstseins für die Handlung sollten sie die Position des Punk-

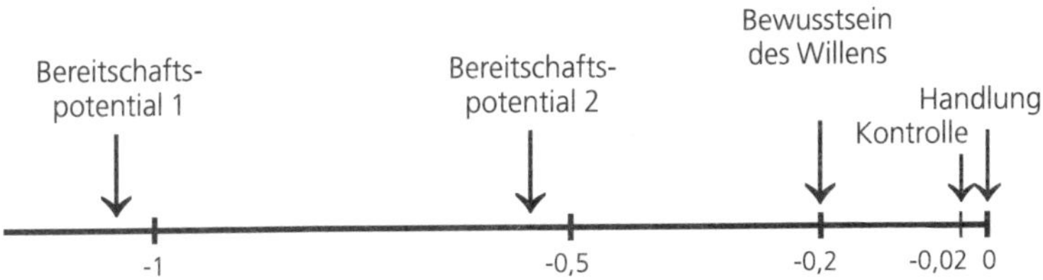

Abb. 68 Die Messung des »Bereitschaftspotentials«nach Benjamin Libet. Genauer gesagt wird die Verspätung des Bewusstseins gemessen. Die Handlung findet zum Zeitpunkt statt, der mit 0 bezeichnet wird. Um die Zeitbestimmung korrekt gelingen zu lassen, wird die Haut des Probanden stimuliert, was zu dem Zeitpunkt erlebt wird, der als -0.02 auf der Skala erscheint. Die Probanden registrieren in sich den bewussten Entschluss, die Handlung, um die sie gebeten werden, auszuführen, zum Zeitpunkt -0.2, also zwei Zehntelsekunden bevor sie zur Tat schreiten. Die Bereitschaft dazu zeigt sich aber bereits bei einfachen Handlungen eine halbe Sekunde vorher und bei komplizierten Abläufen sogar noch früher, nämlich eine Sekunde vor der Aktion. Unsere Entscheidung liegt also lange fest, bevor wir meinen, sie bewusst zu treffen.

tes in diesem Augenblick angeben (etwa: »zwischen 3 und 4« oder »kurz nach 7«). Die Genauigkeit der Angabe lag damit bei 0.2 Sekunden, wobei anzumerken ist, dass der rotierende Punkt eine Erfindung des Psychologen Wilhelm Wundt aus dem 19. Jahrhundert ist und aus diesem Grund in Fachkreisen manchmal noch *Wundtsche Komplikationsuhr* heißt.

Die Ergebnisse der Messungen von Libet aus den achtziger Jahren sind eindeutig: Das Bereitschaftspotential setzt zwar mehr als eine halbe Sekunde, das Bewusstsein aber nur rund 0.2 Sekunden vor der Handlung ein. Mit anderen Worten: Das Bewusstsein, dass wir eine Handlung durchführen wollen, zu der wir uns aus eigenem Antrieb entschließen, tritt fast eine halbe Sekunde nach dem Moment ein, in dem das Gehirn mit der Vorbereitung des Entschlusses begonnen hat.

Zuerst setzt die Bereitschaft ein, danach wird uns diese Tatsache bewusst, und zuletzt handeln wird, das heißt, unsere Handlungen setzen unbewusst ein. Selbst wenn wir glauben, uns bewusst zu etwas zu entscheiden, ist das Gehirn bereits eine halbe Sekunde aktiv. Am Anfang unseres als frei empfundenen Willens stehen unbewusste Vorgänge, was sofort die Frage aufkommen lässt, ob wir in dem Fall überhaupt noch über Freiheiten verfügen.

Das Vetorecht des freien Willens

Libets Ergebnisse sind 1990 und danach immer wieder bestätigt worden, was aber nicht heißt, dass es keinen Streit um ihre Deutung gibt. Er selbst will die Freiheit des Individuums und seines Willens durch die Idee eines Vetorechts retten, was uns zu der Erfindung der Geschichte zurückbringt, die wir unser Leben nennen. Damit ist Folgendes gemeint:

Das Bewusstsein setzt zwar erst ein, nachdem das Gehirn aktiv geworden ist, aber dies passiert immer noch, bevor die Handlung ausgeführt wird. Libet meint, die verfügbaren 0.2 Sekunden lassen dem Bewusstsein Zeit genug, sich gegen die Handlung zu ent-

Backward masking – Zeitlicher Rückbezug

Wann wird eine innere Bereitschaft bewusst? Wann wird ein äußerer Reiz bewusst erlebt? Experimentelle Messungen zeigen, dass nach Reizungen der Haut zunächst so genannte evozierte Potentiale in der Hirnrinde entstehen. Wenn man diese Potentiale nicht durch Reiz auf der Haut, sondern durch elektrische Impulse in den Gehirnzellen selbst auslöst, spüren die betroffenen Personen erst dann etwas, wenn diese Stimulierung länger als eine halbe Sekunde dauert. (Die Haut braucht nicht so lange gereizt zu werden, bis wir etwas fühlen.) Offenbar haben wir ein bewusstes Erlebnis erst dann, wenn die Hirnrinde eine halbe Sekunde lang stimuliert worden ist. Das Verrückte ist nun, dass das bewusste Erleben so in die Vergangenheit zurückprojiziert wird, wie die Stimulation der Hirnrinde selbst in den Körper projiziert wird.

Der Versuch: Bei Probanden wurde eine Hand direkt und die andere indirekt (über die Hirnrinde) gereizt. Gefragt wurde, wo die Personen zuerst etwas spürten. Rechts? Links? Oder in beiden Händen gleichzeitig?

Das Ergebnis: Selbst wenn die Stimulation der Haut an der linken Hand zum Beispiel erst 0.4 Sekunden nach einer Stimulation der Hirnrinde einsetzte, die einer Reizung der rechten Hand äquivalent war, sagte der Proband: »Links zuerst.« Es dauert 0.5 Sekunden, bis die Hirnrindenreizung bewusst erlebt wird. Der Empfindung des Hautreizes gelingt es, sich innerhalb von nur einer Zehntelsekunde vor die der Hirnstimulation zu setzen.

Das subjektive (bewusste) Erleben wird zeitlich so zurückdatiert, als sei das Bewusstsein zu dem Zeitpunkt eingetreten, zu dem das evozierte Potential angezeigt wird. Dies tritt ungefähr 0.02 Sekunden nach der Reizung der Haut ein, während es 0.5 Sekunden dauert, bis sich das Bewusstsein für den Reiz einstellt. Bewusstsein braucht eine halbe Sekunde elektrische Aktivität.

scheiden und den ganzen Vorgang abzubrechen. Er spricht vom Vetorecht des freien Willens. Das Bewusstsein – Ich – kann eine Handlung nicht beginnen, etwas in mir – Es – kann aber beschließen, dass sie nicht durchgeführt wird. Der freie Wille entwirft sich nicht selbst aus einem zu füllenden Nichts, er wählt vielmehr aus einer angebotenen Fülle aus und operiert insofern näher am evolutionären Prinzip der natürlichen Selektion, die auch noch in eine andere Richtung benutzt werden kann.

Wenn man einmal das individuelle Vorgehen und seine evolutionäre Einstellung vom Standpunkt des Überlebenskampfes aus betrachtet, fällt sofort auf, wie vorteilhaft es ist, zwischen vielen Handlungsangeboten in voller Einsatzbereitschaft auswählen zu können, statt umgekehrt erst einmal eine Aktionsvariante zu entwerfen. Wenn es brenzlig wird, möchte man nicht überlegen und grundlegende Pläne aufstellen, nach denen man vorgehen könnte. Man will rasch zwischen sich aufdrängenden Handlungsoptionen auswählen, um ihnen anschließend freien Lauf bei der Durchführung zu lassen.

Diese Situation kennen wir natürlich nicht nur aus existentiellen Zwangslagen, sondern auch in banalen Alltagsfällen. Wer etwa einigermaßen gut Tennis spielt oder als Fußballtorwart tätig ist, wird wissen, dass er den Schläger auf den anrauschenden Ball schneller einstellen und die Arme früher hochreißen muss, als ihm möglich wäre, wenn es dazu bewusster und rational vollzogener Entscheidungen bedürfte. Wer bei dem Versuch, einen Aufschlag zu retournieren oder einen Torschuss abzuwehren, zu viel denkt, wird nur wenig Punkte machen oder den Ball durchlassen. Tennisspieler und andere Sportler hätten Libet vorher sagen können, was bei seinen Versuchen herauskommt, dass sie nämlich längst schon agieren, bevor sie wissen, was sie da tun.

Wer das jetzt weiß, weiß damit aber immer noch nicht, wer denn nun entscheidet, wie und wann sich die Arme oder Beine zu bewegen haben. Möglicherweise sitzt die maßgebliche Instanz gar nicht da, wo Libet und seine Kollegen sie vermuten und suchen, nämlich nur hoch im Kopf. Vielleicht verteilt sie sich im ganzen Körper, der schließlich dazu gehört und sich in Einklang mit dem Arm bewegen muss, um im Tennis den Punkt zu machen oder beim Fußball den Punkt zu retten. Es klingt natürlich rasch unwissenschaftlich, wenn von der Weisheit des Körpers die Rede ist, aber er versetzt uns auf jeden Fall in Bereitschaft, wie die Experimente und das Leben zeigen.

Unabhängig davon kann es nichts schaden, sich mit der Idee

eines Vetorechts des freien Willens anzufreunden. Sie hilft und schützt uns zugleich und liefert auch eine Möglichkeit, das Dilemma des freien Willens zu erläutern, das sich aus der Tatsache ergibt, dass die Welt nicht das strikt geregelte und wie ein Uhrwerk funktionierende Universum ist, wie dies im Gefolge von Newtons Mechanik bis in das 20. Jahrhundert hinein gesehen wurde. Natürlich geht es in der Welt geordnet (und manchmal sogar ordentlich) zu, sonst könnten wir sie ja gar nicht erkennen – der Historiker Reinhardt Koselleck spricht dabei von der »Wiederholungserfahrung«, der er die »Einmaligkeitsverarbeitung« an die Seite bzw. komplementär gegenüber stellt. Aber trotzdem dominieren Zufälle und Wahrscheinlichkeiten sowohl das tägliche als auch das historische Geschehen, und die Aufgabe eines handelnden Individuums besteht darin, dieses Gewusel auszuschalten, wenn er etwas tun will – zum Beispiel die Hand heben oder ein Wort sprechen. Diese Aufgabe ist dann am besten zu lösen, wenn die einzige Aktion eine Auswahl ist, was uns zum wissenschaftlich begründeten Vetorecht des freien Willens zurückbringt, da Libets Konstruktion uns genau dazu befähigt.

Die Idee eines solchen Vetorechts macht nicht nur individuellen Sinn. Sie drückt sich zudem in vielen Vorschriften unserer Kultur aus. Anweisungen wie die Zehn Gebote zum Beispiel sagen meist wenig über das, was wir tun sollen, und weisen mehr auf das hin, was wir zu unterlassen haben – du sollst keine anderen Götter haben, du sollst nicht ehebrechen, du sollst nicht töten, und so sollst du immer weiter dich beherrschen. Selbst unser Grundgesetz beginnt mit einem Hinweis darauf, was wir nicht tun sollen, nämlich die Würde des Menschen antasten.

Zeit und Sprache

Nachdem seine Untersuchungen bislang nur in Fachzeitschriften nachzulesen waren, hat Libet jüngst seine Einsichten in die verzögerte Bewusstwerdung von längst beschlossenem Handeln in einem Buch vorgestellt. Es fällt sofort auf, dass der Titel nicht vom freien Willen spricht, sondern ausdrückt, worum es dem Neurobiologen tatsächlich geht – um den zeitlichen Faktor im Bewusstsein. *Mind Time* nennt Libet sein Buch, womit er ausdrückt, wo seiner Ansicht nach das tiefe Rätsel steckt, nämlich im Verständnis von Zeit. Damit ist nicht das gemeint, was mit Stoppuhren festgestellt werden kann und am Ende eines Fußballspiels abläuft. Zeit meint mehr als das und erfasst eher die Dimension, die dem menschlichen Geist die Hervorbringung seiner vermutlich größten Fähigkeit erlaubt, die Sprache.

Sie hat sicher wesentlich zur Bildung des Menschen beigetragen, und wenn man Wissenschaftler fragt, was uns von anderen Lebensformen unterscheidet, werden sie bevorzugt auf das Phänomen der Sprache verweisen, das sich in der Dimension der Zeit entfaltet. Selbst wenn wir gern Bücher mit Titeln wie *Die Sprache der Bienen* lesen, bleibt das Gefühl, dass dabei etwas anderes gemeint ist als die Wörter und Sätze, die wir benutzen, um mit anderen Menschen zu sprechen, etwas zu erklären oder einem von ihnen unsere Liebe zu gestehen. Der britische Philosoph Bertrand Russell hat in seinen Erinnerungen einmal davon erzählt, wie es ihm ergangen ist, und wir haben dabei die Möglichkeit, die beiden Aspekte, die Libet im Sinn hat, wirksam werden zu sehen. Es war spät in der Nacht, und Russell stand plötzlich der Dame Ottoline Morrell gegenüber, als etwas Wunderbares passierte. Aus Russells Mund kamen die später sehr wohl überlegten Worte: »I did not know I loved you till I heard myself telling you so – for one instant I thought, ›Good God, what have I said?‹, and then I knew it was the truth.« Das könnte auf Deutsch etwa so klingen »Ich wusste nicht, dass ich dich liebte, bis ich hörte, wie ich dir dies sagte – für einen Moment dachte ich, ›Großer Gott, was red' ich da?‹, und dann wusste ich, es war die Wahrheit.«

Russells Erlebnis kann jeder nachvollziehen, der sich schon über Worte gewundert hat, die aus seinem Mund kamen. »Mein Gott, was rede ich das für einen Unsinn«, wird mancher sich des öfteren gedacht haben. Damit bestätigt sich wieder das, was Libet über das zeitliche Aufkommen von Bewusstsein gemessen hat. Die Wirklichkeit geht den nicht unbedeutenden Bruchteil einer Sekunde unserer bewussten und aufmerksamen Wahrnehmung von ihr voraus. Und wir haben keine Chance, mit ihr gleichzuziehen. Es spricht aus uns heraus, und wir haben alle Mühe, um nur das herauszulassen, was passend ist.

Heinrich von Kleist hat seine entsprechenden Erfahrungen in Literatur umgewandelt, als er einem Freund seine Beobachtungen »Über die allmähliche Verfertigung der Gedanken beim Reden« beschrieb. »Wenn du etwas wissen willst und es durch Meditation nicht finden kannst«, so beginnt sein Essay, »so rate ich dir, (...) mit dem nächsten Bekannten, der dir aufstößt, darüber zu sprechen.« Kleist wehrt sich gegen eine damals verbreitete Einstellung, die in der Sprache einen »Hemmschuh am Rade des Geistes« sieht. Sie scheint ihm eher »wie ein zweites, mit ihm parallel fortlaufendes, Rad an seiner Achse« zu sein, mit dessen Hilfe wir uns ausdrücken können. Dabei fangen wir schon mit dem Reden an, wenn wir noch gar nicht wissen, was wir zu sagen haben. Wir spüren aber, dass wir nicht sprachlos bleiben, »denn nicht *wir* wissen, es ist allererst ein gewisser *Zustand* unsrer, welcher weiß«.

In die Sprache der Neurophysiologie übersetzt: Wir verfügen umfassend über sprachliche und andere Bereitschaftspotentiale, um in Aktion treten zu können, und offenbar hat die Evolution unseren Körper und unseren Kopf so eingerichtet, dass wir immer agieren und reagieren können und wollen. Das Rätsel steckt dabei weniger in den nach außen drängenden inneren Angeboten des Sprechens und Bewegens, die wohl nötig sind, um längere Sätze bilden und geeignete Tennisschläge bewerkstelligen zu können, als vielmehr in dem zeitlichen Faktor und damit in der erlebten und erfassten Zeit selbst. Es ist in der *mind time* begründet, wie Libets Titel in Erinnerung bringt und schon eingangs dieser Erörterungen festgestellt wurde, als es um erste Versuche ging, Gedächtnis und Bewusstsein festzulegen bzw. ins Visier zu nehmen. Wir tun immer noch so, als ob es um Dinge und Erscheinungen geht, die da sind, und sonst nichts. Es geht aber um Dinge und Erscheinungen, die nicht da sind oder noch nicht da sind und die erst noch werden. Es geht nicht um »Sein und Zeit«, es geht um »Zeit und Werden«, was auf jeden Fall die Frage nach der Zeit stellt. Wir wissen, wie eine Uhr sie messen kann. Wissen wir auch, wie unser Gehirn von ihr weiß?

Wir hatten gesagt, dass alle Wirklichkeit außen zu Nervenimpulsen innen wird. Neuronen feuern Aktionspotentiale, was die Frage erlaubt, wo genau eine Information steckt – etwa die, die mir jemand gerade gesagt hat – und zu welchem Zeitpunkt sie vorhanden und mir gegeben ist. Wenn Neurophysiologen früher in einzelnen Nervenzellen nachschauten, fanden sie vielfach zufällige Entladungen, deren Aktivitätsmuster nie ähnlich aussahen. Doch neuere Messungen und raffiniertere statistische Analysen haben in jüngster Zeit erkennen lassen, dass die Entladungen von Neuronen sehr wohl raumzeitliche Muster enthalten. Damit kann eine alte Theorie wieder belebt werden, die schon vor Jahrzehnten vorgeschlagen hat, dass Neuronen ihre Aktivität anderen (folgenden) Zellen aufdrängen und in einer Vorwärtsbewegung einen Zusammenhalt generieren können (*feed-forward network*), der zwar keine Musik der Sphären, aber immerhin eine Musik der Neuronen ergibt, die uns bereit macht (und letztlich erlaubt), unser Vetorecht auszuüben.

Die synchronen Muster werden nicht *von* uns, sondern *für* uns gebildet, und während dies geschieht, während sich also die beteiligten Zellen wandeln, können sie sogar zu anderen Signalmolekülen greifen und ihre Qualitäten nutzen, wie in allerjüngster Zeit beobachtet worden ist. Schon die Zellen sind wandelbar und lernfähig. Alles ist Bewegung, wie es die Romantik gesagt hat. Alles ist im Werden, und die Frage ist, ob es gelingen kann, nicht nur diese dauernde Dynamik zu erfassen, sondern auch ihr Entstehen zu verstehen.

Kennen wir schon die Wissenschaft, die dazu in der Lage ist? Oder benötigen wir Forschung in einer neuen Form, die nicht weiter auf Gesetze setzt – bei diesen Worten bewegt sich nichts –, sondern die »eine wahre Theorie des Werdens« hervorbringen kann, wie es ihr scharfsinnigster Vertreter im 20. Jahrhundert, der Physiker Wolfgang Pauli (1900–1958), einmal formuliert hat. Seine Disziplin hat in seiner Jugend immerhin eine erste Möglichkeit dazu entdeckt. Dank der damals neuen Physik mit ihren Quantensprüngen[4] wissen wir, dass die Objekte selbst auf der untersten Ebene der Wissenschaft – auf der Ebene der kleinsten Einheiten – nicht fest bestimmt, sondern »der Möglichkeit nach seiend« und von sich aus unbestimmt sind. Ein Experiment wählt dann von außen eingreifend und bestimmend aus, wie sich Atome und ihre Elektronen »der Aktualität nach seiend« zeigen.

Was im Kleinen einfach gelingen kann, wird im Großen raffiniert durchführbar sein. Es lässt sich denken, dass auf der höchsten Ebene der lebendigen Organisation eine ungeheure Vielfalt von Möglichkeiten erscheint, die bereit ist, nach vorn, nach Aktualität zu drängen, um sich zu äußern – durch die Sprache oder mittels einer Handlung. Die Zeit bringt unseren Ausdruck hervor. Sie wartet nicht auf uns. Unser Gegenüber tut das.

Die Menschen auf dem Weg zur Wissenschaft

Die Menschen und die Wissenschaft – beide werden in diesem Buch durch die Brille der Komplementarität gesehen. Damit ist gemeint, dass es zu jeder Beschreibung von Phänomenen oder Gegenständen eine zweite gibt, die mit der ersten gleichberechtigt ist, obwohl sie ihre Objekte aus einer völlig anderen Richtung anvisiert. Menschen bestehen zwar aus Molekülen, Zellen und komplexer werdenden Gebilden, aber die Formen und Fähigkeiten, die sie zuletzt zeigen, können nicht allein aus den Gesetzen erklärt werden. Dies geht ja nicht einmal bei einem Bild, das an der Wand hängt. Selbst wer mit höchster Präzision die Papiersorte, das Rahmenmaterial, die ausgewählten Pigmente und weitere Details kennt und zudem noch angeben kann, mit welcher Kraft der Künstler seinen Zeichenstift über das Blatt geführt hat, sagt mit all diesen Kenntnissen nahezu nichts über das Werk aus, das erst das Interesse des Publikums weckt. Die Entstehung (Anfertigung) eines Bildes ist ein ebenso dualer – dialogischer – Vorgang wie die Bildung eines Menschen, die auf zwei Weisen ins Visier genommen werden kann – als biologische Entwicklung und als Aneignung von Wissen, was man die Bildung von Menschen nennen könnte.

Lebewesen und ihre Fähigkeiten lassen sich nur im Hin und Her der Ebenen – konsequent komplementär und dadurch dialogisch – verstehen, aus denen sich die reale Welt aufbaut bzw. aufbauen lässt, und je höher man steigt, desto wichtiger wird – neben der Kausalität – das historische Element. Wer die Elementarteilchen und Atome hinter sich lässt, trifft auf immer mehr Spuren einer Geschichte, zu der er zuletzt selbst ebenso gehört wie die Wissenschaft, von der jetzt erzählt werden soll, um auf einen Wandel hinzuweisen, den sie früher bewirkt hat und der uns heute möglicherweise daran hindert, ihr so nahe zu kommen, wie sie es verdient.

Es geht um den Wandel zwischen Subjekt und Objekt, eine Unterscheidung, die mit dem Aufkommen der exakten Wissenschaften zusammenhängt. Als ihre frühen Vertreter im frühen 17. Jahrhundert ihr Ziel formulierten, mit Wissen Macht über die Natur zu gewinnen, bedeutete dies zugleich, dass sich die Menschen den Naturgesetzen unterwerfen *(subiacere)* mussten, um sie nutzen zu können. Nur als sich unterwerfendes Subjekt kann der Mensch die ihm gegenüberstehende Natur beherrschen, und in dieser dialektischen Gedankenführung wird die Natur wortwörtlich zu dem Gegenstand, der aus dem Lateinischen abgeleitet Objekt heißt. Von hier aus ist es ein leichter Schritt zur Idee der Objektivierung, die zwar lange Zeit hindurch der Stolz der Wissenschaft war, die wir inzwischen aber zu weit getrieben haben. Wir haben zum Beispiel begonnen, die Natur (eher abstrakt) und die Erde (sehr konkret) ausschließlich als Objekte zu behandeln, ohne zu merken, dass wir dazugehören. Das Unbehagen an der Wissenschaft ist ein Ausdruck für den Wunsch, hieran etwas zu ändern.

Es gilt natürlich nach wie vor, dass ein maßgeblicher historischer Schritt in der kulturellen Bildung des Menschen darin besteht, zum Subjekt geworden zu sein, das anderen helfen wollte. Aber auch hier hat die Dialektik weiter gewirkt und sich ins Gegenteil verkehrt. Die Entwicklung der Wissenschaft und ihrer technischen Angebote hat dazu geführt, dass die meisten Menschen zu Objekten des Tuns von anderen geworden sind, wie im Folgenden dargelegt werden soll, um anschließend zu überlegen, wie sich hieran etwas ändern lässt.

Die Objekte der Wissenschaft

Die Wissenschaft funktioniert seit rund vierhundert Jahren, und es wäre töricht, ihre Erfolge zu leugnen. Sie hat ihr ursprüngliches Versprechen, die damals elenden Lebensbedingungen der menschlichen Existenz zu erleichtern, in vielen Fällen eingelöst und sogar übertroffen, wie sich jeder leicht klarmachen kann, wenn man sich vergegenwärtigt, welche Apparate oder andere Hilfsmittel man tagtäglich benutzt, die es ohne die Wissenschaft nicht gäbe. Das fängt morgens mit dem digitalen Wecker an, in dem ein Transistor bestücktes Radio mit einem Lautsprecher enthalten ist, der die Musik aus einem Studio überträgt, die dort von einem CD-Spieler generiert wird. Dabei haben wir noch gar nicht auf den Übertragungsmechanismus hingewiesen, der vom Sender zum Empfänger reicht und von dem wir erwarten, dass er störungsfrei funktioniert. Wehe, es knackt in der Leitung und wir hören nicht genau, was der live über Satellit zugeschaltete Südostasienkorrespondent gerade über die Entwicklung der Computerbranche in Indien sagt! Während wir aus der dampfenden Dusche steigen und zum Haarfön greifen, schimpfen wir über die Unzulänglichkeiten der Technik, die uns zudem ärgert, weil es so lange dauert, bis das vor kurzem noch vakuumverpackte Kaffeepulver in einer Maschine zu der Droge wird, die wir zum Frühstück brauchen. Zuvor haben wir noch eine Vitaminbrausetablette in dem Wasserglas aufgelöst, das wir anschließend in die Spülmaschine stellen. Wenn die frisch gebackenen Brötchen vertilgt sind, fahren wir mit dem Auto ins Büro. Dort erkundigen wir uns nach den Faxen, schalten unseren PC ein und rufen die E-Mails ab, bevor wir telefonieren, im Internet etwas erkunden und desgleichen mehr – mithilfe all der technischen Entwicklungen, von deren wissenschaftlichem Hintergrund wir selbst dann nichts wissen wollen, wenn wir plötzlich Magenbeschwerden bekommen und nach einem Medikament verlangen.

Wir lassen uns komplett bedienen und als Objekte behandeln und erwarten den Service rund um die Uhr. Uns interessiert nicht, wie eine Tablette wirkt. Uns interessiert nur, dass sie es tut. Wir wollen nicht wissen, warum das neue Präparat, das wir seit einigen Tagen bekommen, weniger Nebenwirkungen hat. Noch weniger wollen wir wissen, was es mit dem neuen Prinzip auf sich hat, bei dem ein Protein gehemmt wird, das Ladungen über Zellmembranen verschiebt. Spätestens dann, wenn einer darüber zu reden anfängt, sind wir der Wissenschaft überdrüssig, ohne zu merken, dass unser Leben ohne sie nicht auskommt und durch sie sinnvoller werden kann.

Warum tun wir uns so schwer mit der Wissenschaft, obwohl wir uns ausgiebig ihrer bedienen und sie sich so sehr bemüht, unser Leben so leicht wie möglich zu machen? Warum wenden wir uns von der Wissenschaft ab, während sie versucht, zu uns zu kommen und sich Einlass in unsere Kultur zu verschaffen? Wie kann es uns gelingen, die Menschen wieder auf den Weg der Wissenschaft zu führen und ihnen die entsprechende Bildung zu vermitteln?

Die öffentliche Abwesenheit von Wissenschaft

Zwar bemüht sich die offizielle Wissenschaft – in Gestalt ihrer Forschungsorganisationen und unter Federführung des zuständigen Bundesministeriums – seit einigen Jahren um das, was selbst deutsche Beamten *public understanding of science*[1] nennen, aber selbst wenn es einen solchen Aktionismus gibt, lässt dies den logischen Schluss zu, dass es die angestrebte Sache selbst – das *public understanding of science* – nicht gibt. Die Öffentlichkeit steht der Naturwissenschaft nach wie vor ratlos und fremd gegenüber, und leider gibt es populäre – sprich: im Fernsehen permanent präsente – Figuren, die diese Abneigung nutzen, um auf sich aufmerksam zu machen. Der Literaturpapst Marcel Reich-Ranicki etwa stellt – sicher nicht zur Dämpfung seiner Popularität – fest, dass ihm selbst bei Goethe gar nicht in den Sinn komme, naturwissenschaftliche Schriften zu lesen. Das heißt, von Einstein, Heisenberg, Planck und anderen naturwissenschaftlichen Größen will er vermutlich überhaupt nichts wissen. In seiner Autobiografie *Mein Leben* äußert er sich explizit zu dem, was seine Augen erblicken, wenn er sie von den Zeilen des Romans löst, der ihn gerade fesselt. Er sieht nichts. Reich-Ranicki wörtlich: »Ich kann mich nicht erinnern, von diesem Balkon aus, obwohl wir hier schon über vierundzwanzig Jahre wohnen, einen Sonnenuntergang gesehen zu haben. Ist mir Natur etwa gleichgültig? Nein, gewiss nicht. Aber mir geht es wie manch einem deutschen Schriftsteller - sie langweilt mich rasch.«

Man meint an dieser Stelle geradezu das Gelächter des sich gebildet wähnenden Publikums zu hören, dass sich selbstverständlich auch dann noch langweilt, wenn man ihm erklärt, dass die Wahrnehmung der sich bewegenden Sonne – »im Süden ist ihr Mittagslauf« – dem Begriff widerspricht, den sie sich von der heliozentrischen Welt mit der (ruhend gedachten) Sonne in der Mitte machen.

Könnte es sein, dass Reich-Ranicki seinen geliebten Thomas Mann nicht gründlich genug gelesen hat, bei dem sich mehrfach und wiederholt nachlesen lässt, dass ihn weder die Natur noch die dazugehörige Wissenschaft langweilt? Es ist nämlich genau das Gegenteil der Fall, wie sich etwa in dem Gespräch nachlesen lässt, das Professor Kuckuck mit Felix Krull führt, als die beiden sich im Speisewagen auf dem Weg nach Lissabon treffen und über die Evolution, insbesondere die des Menschen, sprechen. Wie intensiv sich Thomas Mann auf diese Szene vorbereitet hat, kann man in seinen Tagebüchern gar nicht überlesen, so ausführlich sind die entsprechenden Passagen. Am 4. Oktober 1951 macht er zum Beispiel nach dem Besuch des Museums für Naturgeschichte in Chicago folgenden Eintrag:

»Höchst lebhafter und fruchtbarer Eindruck. Das Ur-Leben. Schwämme, die 50 Millionen Jahre überlebt haben. Querschnitte von ebenfalls sehr frühen Muscheln in feinster Ausarbeitung des Gehäuses. Frühestes organisches (Pflanzen)-Leben in der Meerestiefe. Dort fing alles an. Die Erde noch leer, mit baumähnlichen Farrenschaften, weich. Wunderschöne zoologische Modelle aller Art. Skelette der Reptil-Monster und gigantische Tiermassen, die, allzu plump, die Erde beherrschten. Eier gebärende Säugetiere mit Tragtaschen. Menschenaffen. Höhle mit Neanderthal-Menschen. Der Mann, plumpnackig, mit blutenden Knien, haarig nicht sehr. Das Baby im Arm des Weibes am heutigsten.«

Während wir uns mehr als ein halbes Jahrhundert nach diesem Besuch und im Angesicht all der computeranimierten Dinosaurier aus Hollywoodfilmen bestenfalls vorstellen können, dass uns diese in unseren Museen nur selten kunstvollen Figuren und vermutlich eher nüchternen Darstellungen höchstens mäßig interessieren und wahrscheinlich nur langweilen, ist der Schriftsteller »bewegt« und ihn erfasst sogar ein »biologischer Rausch«. Thomas Mann entwickelt das zugleich wunderbare und erstaunliche »Gefühl, dass dies alles meinem Schreiben und Lieben und Leiden, meiner Humanität zum Grunde liegt«. »Dies alles«, das meint die Menschwerdung, die »Wandlung der Organischen« zum Menschen hin, wie der Titel einer Schrift lautet, die er gerade liest, seinen Weg vom Tier zum Halbgott beschreibt, wie spätere Evolutionsbiologen etwas keck formulieren werden.

Am Tag nach dem ersten Besuch des Museums, am 5. Oktober 1951, kehrt Thomas Mann in das »Museum of Natural History« zurück, um im Erdgeschoss weitere Bilder »frühmenschlichen, z. T. noch kaum menschlichen Lebens« anzusehen, die er erneut »eindrucksvoll« findet und die ausführlich zu beschreiben er sich nicht nehmen lässt:

»Die ›ersten‹ Europäer (Süd-Frankreich, glaube ich), noch klein, flaumig behaart, bei einander hockend, von vor X Millionen Jahren. Die Künstler der Höhlenmalereien und Steinritzereien einsam bei ihrer merkwürdigen triebhaften Arbeit, sehr rührend.« Und wieder ist Thomas Mann »bewegt von alledem«, er vertieft sich in die »nach einem Grundprinzip so vielfach abgewandelten Geschöpfe«, die das Museum seinen Besuchern vorstellt, und ist bis zuletzt »unermüdet von diesem Schauen. Keine Kunstgalerie könnte mich so interessieren.«

Naturwissenschaft – das Stiefkind der Medien

»Keine Kunstgalerie könnte mich so interessieren« – was sich auch so ausdrücken lässt, dass die Kunst jemanden mehr als die Natur langweiligen kann. Man muss nur richtig hinschauen – also mit Sympathie und Verständnis, statt mit Abneigung und Ekel. Dieser Hinweis lässt wieder die Frage aufkommen, was diesen Blick hierzulande so schwierig macht. Irgendwie gelten in Deutschland die Naturwissenschaften auf jeder Ebene als unzugänglich und mühsam, während Philosophie oder Theologie offenbar gar nicht kompliziert genug daherkommen können, um immer noch beklatscht oder wenigstens bewundert zu werden. Während sich beispielsweise niemand trauen würde, öffentlich einzugestehen, dass ihm manche Sätze von Karl Marx oder Martin Luther dunkel bis unverständlich erscheinen – von einigen modernen Philosophen ganz zu schweigen –, macht es offenbar Spaß und bringt positive Aufmerksamkeit, dasselbe mit Albert Einstein zu tun. Als das ZDF sich nach dem Vorbild der BBC anschickte, seine Zuschauer abstimmen zu lassen, welche Landsleute »Unsere Besten« sind, hat es der berühmte Schwabe, den die Welt zum wichtigsten Mann des 20. Jahrhunderts erkoren hat, zwar geschafft, unter die letzten Zehn zu kommen. Als dann aber jemand wagte, Einsteins Leistung und Kulturbeitrag durch den Hinweis zu würdigen, er habe ein neues Verständnis von Raum und Zeit ermöglicht, blökte ein sich witzig gebender Mann dazwischen, das verstehe er nicht – und das Publikum applaudierte erleichtert.

Zwar muten die Medien dem Zuschauer eine Talkrunde nach der anderen zu, aber von Wissenschaft ist dabei äußerst selten die Rede. Da können Genomprojekte für Maus und Mensch abgeschlossen oder Marssonden gelandet werden, da können neue Schädelfunde das Verständnis der menschlichen Evolution verfeinern oder Messungen unternommen werden, die überprüfen, ob die Naturkonstanten, mit denen die Physik operiert, tatsächlich konstant sind, ob sie also unveränderliche Werte aufweisen oder sich doch im Laufe der Zeit ändern können, da kann sich ein Zusammenhang zwischen Genen, Diät und Langlebigkeit auftun – all das interessiert in den Fernsehanstalten außerhalb der winzigen Wissenschaftsredaktionen so gut wie nicht. Man könnte meinen, Wissenschaft fände auf dem Mond oder außerhalb des Planetensystems statt.

In Talkrunden treten jede Menge Schauspieler and andere Leute auf, die nichts getan haben, außer ihren Beruf mit Routine zu erledigen, während man Forscher dort auch dann vergeblich sucht, wenn sie eine Entdeckung gemacht haben. Wenn in solchen Shows einmal das Thema Wissenschaft verhandelt würde, fiele wahrscheinlich vor allem auf, wie wenig Redaktion und Moderation von den inneren Abläufen dieser Macht ohne Mandat wissen. Sie bieten stattdessen lieber bis zum Überdruss Themen der Art an, wie es um die Geschlossenheit der CDU/CSU steht, wie die Steuerpläne der SPD aussehen, was mit den Bildungsvorhaben der FDP los ist, wie sich die Friedenspolitik der Grünen zeigt und wie es in Zukunft um die PDS steht.

Seltsamerweise fehlt den vielfach mit staatstragenden Mienen besetzten Talkrunden selbst dann der geringste Hauch von wissenschaftlichem Leben, wenn es um Themen geht, bei denen selbst der gesunde Menschenverstand nicht ohne Hinweis darauf auskommt. Gemeint sind etwa die Gelegenheiten, bei denen es um Möglichkeit von Elite-Universitäten oder um die Erhaltung der Gesundheit bzw. die Reform des Gesundheitswesens geht. Natürlich ist das Säbelrasseln der Funktionäre und anderer Prominenter unvermeidlich, bei dem neben finanziellen und parteipolitischen Aspekten die Interessen von zahlreichen Verbänden und Organisationen zur Sprache kommen. Aber irgendwann müsste auch eine Stimme zu vernehmen sein, die zum einen fragt, ob wir überhaupt verstehen, was wir meinen, wenn wir von »Gesundheit« sprechen, und die zum andern wissen will, ob in der ganzen Debatte, die sich schon so lange im Kreis dreht, nicht etwas bzw. jemand fehlt.

Auf beide Fragen gibt es Antworten, aber sie kommen nicht aus der Politik, sondern aus der Wissenschaft, die schon lange auf ein Paradox hinweist. Es ist in dem Tatbestand zu finden, dass Menschen in der Neuzeit zwar objektiv so gesund sind, wie niemals zuvor in der Geschichte, dass sie sich aber zugleich subjektiv kränker fühlen als zu irgendeiner anderen Zeit. Wer eine funktionierende Reform des Gesundheitssystems anstrebt, sollte von dieser Erkenntnis ausgehen, und er wird dabei feststellen, was der Debatte fehlt: der Patient.

Eine kleine Geschichte der Gesundheit

Wissenschaft wird ja nicht nur von Menschen, sondern auch für Menschen gemacht. Das gilt erst recht für die medizinischen Disziplinen. Aber sie erforschen nicht die Gesundheit, so viel sie auch über Krankheiten herausgefunden haben. Biologen, Chemiker, Genetiker und andere medizinisch orientierte Wissenschaftler können sich nur dem zuwenden, was ihnen als ein Objekt gegenübersteht.

Die Gesundheit ist aber kein solcher Gegenstand, wie der Philosoph Hans Georg Gadamer ausgedrückt hat: »Gesundheit ist nicht etwas, das sich bei der Untersuchung zeigt, sondern etwas, das gerade dadurch ist, dass es sich entzieht.«

Gesundheit ist also etwas, das der Wissenschaft verborgen bleibt, was man auch folgendermaßen ausdrücken kann: Gesundheit ist nicht messbar. Sie beruht auf einer inneren Angemessenheit und damit auf einer Übereinstimmung des Individuums mit sich selbst. Sie ist kein Zustand, der von außen geliefert werden kann, sondern eine Lebensform, die von innen kommt und selbst gewählt ist – auch wenn wir dies im Zeitalter der Krankenkassen und Krankenscheine gern vergessen und in Talkrunden verschweigen. Wegen der genannten Wahlmöglichkeit präsentiert sich Gesundheit von Kulturkreis zu Kulturkreis anders, und was man darunter versteht, kann sich zudem im Laufe der Jahrhunderte wandeln.

Unser Augenmerk richtet sich hier nur auf die Entwicklung, die mit der Frühen Neuzeit im 17. Jahrhundert begonnen hat, als die Wissenschaften der Anatomie und Physiologie aufkamen. Mit ihnen verloren viele Quacksalber ihre Geschäftsgrundlage, was in der Folge dazu führte, der Idee der Eigenbehandlung viele Anhänger einzubringen. Sie wurde sogar von dem Philosophen René Descartes empfohlen, der die Erhaltung der Gesundheit als »Hauptziel seiner Studien« bezeichnete (1645). Für ihn kam es darauf an, »gesund wie die Tiere zu leben, da Gott die Sinne kaum täuschungsanfällig gemacht habe«.

Descartes ist bekannt für die strikte Teilung des Organismus in einen dem Regelwerk eines Automaten verwandten Körper und die von diesem unabhängige autonome Seele. Dieser Schnitt stellt ein für die europäischen Gesundheitstheorien folgenreiches Ereignis dar, da von nun an die Eigenschaften des Körpers durch technische Begriffe wie Bewegung, Röhren und Temperatur erfasst und entsprechend »repariert« wurden. Damit war der erste Schritt auf dem Weg in eine moderne (und wörtlich seelenlose) Medizin gelungen.

Die kartesianische Zweiteilung fand nicht uneingeschränkt Zustimmung – der Naturwissenschaftler und Philosoph Blaise Pascal (1623–1662) verstand zum Beispiel unter Gesundheit nicht die automatengleiche Funktion des Körpers, sondern die religiöse Geborgenheit der Seele –, aber die Trennung von Leib und Seele setzte sich nach und nach durch, da im 18. Jahrhundert mechanische und hydraulische Modelle es erlaubten, plausible Begründungen für Krankheiten zu geben. Zirkulation etwa bedeutete Leben, während das Stocken des Blut- und Luftstroms den Tod nach sich zog.

Zwar wechselten in den folgenden Jahrhunderten die Details der Erklärung, aber die naturwissenschaftliche Grundlage wurde beibehalten, vor allem seit man auf ihrer Basis auch in der Lage war, Medikamente zu entwickeln.

Dies gelang den Wissenschaften der Chemie und Pharmazie systematisch mit dem Beginn des 19. Jahrhunderts, dessen Verlauf durch die Industrielle Revolution gekennzeichnet war. Apotheken wurden zu Pharmafirmen, und sie begannen, Heilmittel sozusagen auf Bestellung zu liefern. Doch so angenehm dieser Fortschritt war, er hatte seinen Preis, und ihn zahlen wir bis heute. Im Schatten der aufkommenden Naturwissenschaften und ihrer Erfolge verlor die alte Kunst der gesunden Lebensführung von der Mitte des 19. Jahrhunderts an ihre Bedeutung. Beinahe über Nacht wurde die Gesundheit zu einer technischen Größe degradiert, die andere für das Subjekt regulieren.

Subjekte der Wissenschaft

Dagegen gab es nichts einzuwenden, solange ihre Lieferung bezahlbar war. Doch angesichts der ökonomischen Zwänge wird die Vorstellung einer gesundheitlichen Selbstverantwortung im 21. Jahrhundert sicher wieder an Bedeutung gewinnen. Die Zeiten, in denen wir als bediente Objekte glücklich wurden, sind vorbei, und es gilt, nun die Rolle des gebildeten Subjekts zu übernehmen – eine alte Rolle, wie eingangs erwähnt wurde, denn Menschen haben sich vor allem als Subjekte entwickelt. Diese stolze Bezeichnung mit der ursprünglichen Bedeutung des Unterwerfens weist auf die wesentliche Tatsache hin, dass wir nicht tun können, was uns beliebt und vielmehr von den Dingen um uns herum in dem Sinne abhängen, dass sie mit zu unserer Bildung (Evolution) beigetragen haben. Nur wer sie und ihre Gesetze kennt, kann das Subjekt werden, das er sein möchte.

Das fängt bei der Gesundheit an. Schon lange heißt es, dass die Bildung ein wesentliches Arzneimittel der Zukunft werden kann. Dem ist hinzuzufügen, dass die Bildung auch ein wichtiges Lebensmittel für die Zukunft werden kann, wenn wir unter Lebensmitteln nicht die Angebote im Supermarkt verstehen, sondern das Wort wörtlich als Mittel zum Leben begreifen. Zwar erregt in einer Gesellschaft, die einem massiven demografischen Wandel unterliegt und ausrechnet, wie viel Prozent der Bevölkerung bald über achtzig Jahre alt sein werden, das Schlagwort vom »lebenslangen Lernen« längst kein Aufsehen mehr, aber einfaches Lernen reicht nicht aus, um zu einem gebildeten Subjekt zu werden. Lebenslang lernen vermögen auch Tiere, wenn darunter mechanische Verrichtungen verstanden werden. Während uns das Handhaben von Automaten in der Tiefgarage oder das Bedienen von mobilen Telefonen beigebracht wird, lernen sie, sich in den Städten mit ihren Nischen einzurichten und Handytöne nachzuahmen, um ein ganz einfaches Beispiel zu nennen.

Unter einem gebildeten Subjekt soll jemand verstanden werden, der merkt, dass sich in dem berühmten Diktum von Friedrich

Dürrenmatt: »Was alle angeht, müssen alle entscheiden«, ein Loch auftut – was alle angeht, müssen alle verstehen, um es entscheiden zu können –, und der sich darüber hinaus fragt, was man denn meint, wenn man sagt: »Ich verstehe etwas von der Wissenschaft«, und zwar so viel, dass ich sinnvoll über sie sprechen und verantwortlich über sie entscheiden kann.

Das wissenschaftliche Gespräch

»Wissenschaft entsteht im Gespräch«, wie der Physiker Werner Heisenberg in seiner Autobiografie *Der Teil und das Ganze* deutlich gemacht hat. Dasselbe gilt für die Verantwortung in der Wissenschaft. Wir brauchen das Gespräch über die Erkenntnisse, die uns aus der Forschung zuwachsen, »und es ist die Aufgabe des Wissenschaftlers, damit zu beginnen, um den Weg zu der Welt zu bereiten, die zu finden er in der Lage und die zu kennen sein Privileg ist«, wie Heisenberg betont hat, der das philosophische Diktum nicht gelten lässt, dass man über das zu schweigen hat, worüber man nicht reden kann. Für den Physiker gilt: »Worüber man nicht reden kann, darüber muss man sich verständigen, darüber muss man einen Dialog führen«, und wer in ein Gespräch über Wissenschaft eintritt, trägt zur Bildung des Menschen bei.

Das Gespräch kann leichter geführt werden, wenn viele Menschen in der Lage sind, sich an der Diskussion wissenschaftlicher Inhalte so zu beteiligen, dass sie die Unterhaltung genießen können. Dann werden sie entdecken, was Thomas Mann im Museum bemerkt hat, dass nämlich Wissenschaft in ihnen steckt und zu ihnen gehört. Und mit dieser Vorgabe ist eine Gesellschaft in der Lage, die Anteilnahme (Dialogbereitschaft) zu entwickeln, die nötig ist, damit alle zusammen die heute von der Wissenschaft benötigte Verantwortung übernehmen können.

Es ist zu wenig, wenn man wie Carl Friedrich von Weizsäcker sagt: »Die Wissenschaft ist für ihre Folgen verantwortlich.« Es gilt vielmehr: »Wir alle zusammen sind für die Folgen der Wissenschaft verantwortlich.« Der Grund dafür liegt darin, dass Geschichte nicht etwas ist, das uns widerfährt. Geschichte wird vielmehr von uns Menschen gemacht, und wir tun dies vor allem mithilfe der Wissenschaft.

Aus dieser Situation versuchen wir seit vielen Jahrzehnten die richtigen Schlussfolgerungen zu ziehen, wobei der Historiker Jacques Barzun sie bereits 1961 im Vorwort des Büchleins *Voraussicht und Verstehen* von Stephen Toulmin genannt hat (deutsche Ausgabe 1963). Dort heißt es:

»Man kann sagen, dass die westliche Gesellschaft gegenwärtig die Wissenschaft beherbergt wie einen fremden Gott. Unser Leben wird von seinen Werken verändert, aber die Bevölkerung des Westens ist von einem Verständnis dieser seltsamen Macht wohl ebenso weit entfernt, wie ein Bauer in einem abgelegenen mittelalterlichen Dorf es von einem Verständnis der Theologie des Thomas von Aquin gewesen ist. Und was schlimmer ist: Die Lücke ist heute sichtlich größer, als sie vor hundert Jahren war.« Nach diesem Anlauf springt Barzun ab: »Die Schwierigkeit besteht darin, dass die Wissenschaft – selbst für die Wissenschaftler – aufgehört hat, eine prinzipielle Einheit und ein Gegenstand der Kontemplation zu sein.«

Genau deshalb wird sie nicht mehr verstanden, was uns die Aufgabe stellt, der Wissenschaft eine Form zu geben, die sie als Einheit erkennbar und für Menschen erlebbar macht. Man kann auch sagen, die Wissenschaft braucht eine ästhetische Komponente *(aisthesis)*, um für die Öffentlichkeit verständlich zu werden. Auch dieser Gedanke ist nicht neu; er wurde zum Beispiel 1949 von Adolf Portmann geäußert, als er in einem Vortrag auf »die Einsicht in die Notwendigkeit einer Stärkung der ästhetischen Position« einging und notierte, dass sie »nicht gerade weit verbreitet« sei: »Allzu viele machen noch immer die bloße Entwicklung der logischen Seite des Denkens zur wichtigsten Aufgabe unserer Menschenerziehung. Wer so denkt, vergisst, dass das wirklich produktive Denken selbst in den exaktesten Forschungsgebieten der intuitiven, spontanen Schöpferarbeit und damit der ästhetischen Funktion überall bedarf; dass das Träumen und Wachträumen, wie jedes Erleben der Sinne, unschätzbare Möglichkeiten öffnet.«

Die Wissenschaft kann nur dumm dastehen, wenn sie so denkt wie ihr Vertreter Walter Faber in Max Frischs Roman *Homo faber*, der 1957 erschienen ist. In einer Szene kommt es zu einer Notlandung in der mexikanischen Wüste, und während das Flugzeug am Boden liegt, geht der Mond auf – ein mächtiger Eindruck, dem die sich in Todesgefahr befindenden Passagiere nicht verschließen können – außer Faber: »Ich bin Techniker und gewohnt, die Dinge zu sehen, wie sie sind. Ich sehe den Mond über der Wüste von Tamaulipas – klarer als je, mag sein, aber eine errechenbare Masse, die um unseren Planeten kreist, ist eine Sache der Gravitation, interessant, aber wieso ein Erlebnis?«

Wenn die Wissenschaft sich so präsentiert, verliert sie zu Recht den öffentlichen Zuspruch. Die Gefahr lauert in einer Unterscheidung, auf die Egon Friedell in seiner *Kulturgeschichte der Neuzeit* hingewiesen hat: »Mit einer ganzen Milchstraße, die der Rationalismus in Atome aufgelöst hat, können wir nichts anfangen; aber mit einem pausbäckigen Engel und einem bockfüßigen Teufel, an den wir von Herzen glauben, können wir sehr viel anfangen.«

Wir können weder auf Engel noch auf Atome verzichten, denn es ist – in den Worten von Wolfgang Pauli – »nur ein schmaler Weg der Wahrheit (sei es eine wissenschaftliche oder eine sonstige Wahrheit), der zwischen der Scylla eines blauen Dunstes von Mystik und der Charybdis eines sterilen Rationalismus hindurchführt. Dieser Weg kann voller Fallen sein, und man kann nach beiden Seiten abstürzen.« Es gilt ständig, das Gleichgewicht zu halten – auch und gerade in der Bildung des Menschen, der wir uns abschließend noch einmal zuwenden wollen.

Die Bildung des Menschen

Es braucht nicht betont zu werden, dass die Thematik viel zu umfassend ist, als dass man von einem Abschluss oder einem passenden wissenschaftlichen Rahmen sprechen könnte. Mit der Bildung kann man immer nur beginnen, und das Schöne ist, dass

Menschen offenbar ihrer Natur nach so angelegt sind, dass sie das wollen. Darum wurde auch vorgeschlagen, das kühle kartesische *Cogito ergo sum* (Ich denke, also bin ich) durch die freundliche, humaner wirkende Version *Volo ergo sum* (Ich will, also bin ich) zu ersetzen. Das menschliche Wollen setzt auf jeden Fall vor dem Denken ein. Ich muss ja denken wollen, bevor ich denke, und wer weiß, dass er nichts weiß, weiß immerhin, dass er dies sagen und wissen will.

Menschen wollen also Bildung, und damit haben sie eine lebenslange Aufgabe gefunden. Bildung bleibt, weil sie ein dauernd neues Wechselspiel zwischen dem Erreichen und dem Erreichten ist. Erkenntnis beginnt – ganz im Sinne der Komplementarität –, wenn die sinnliche Erfahrung wiederholbare Ergebnisse liefert, über die sich eine Verständigung lohnt. Was die Wahrnehmung als konstant meldet, erfassen wir mit Begriffen, mit denen wir anschließend mehr zu sagen versuchen. Bildung heißt, dass man einen festen Standpunkt entwickelt und anschließend erweitert und ausbaut, um das neu Geschaffene danach noch einmal umzumodeln. Wir fangen zu verstehen an, wenn wir irgendwo einen Anfang gefunden haben, von dem aus wir weitergehen können – etwa das Molekül mit dem seltsamen Namen cAMP (zyklisches Adenosinmonophosphat), das sich in veränderter Form sowohl im genetischen Sein (in der DNA) als auch im lebendigen Werden (als Steuerelement des Wahrnehmens und Lernens) befindet. Und wir wissen, dass wir immer weitergehen wollen. Wir werden dazu angetrieben, wie Robert Musil schon feststellte, als er in seinem Roman über den *Mann ohne Eigenschaften* feststellte, dass man in der modernen Zeit nicht nicht wissen kann, und daraus den Schluss zog, dass nicht wir Menschen hinter der Wahrheit her sind, sondern es umgekehrt die Wahrheit ist, die uns vor sich hertreibt.

Wir sind also im Kopf nicht vollkommen frei – wie sollten wir auch? – und vertrauen darauf, dass unser Körper ebenfalls sein Scherflein Weisheit beiträgt, um uns gut dastehen zu lassen. Trotzdem verfügen wir über Freiheit. Wir können die Bildungschancen, die sich uns von innen heraus bieten, ausschlagen oder nutzen. Wenn wir sie annehmen, führen wir das Leben, das aus uns und nicht über uns kommt. Es wird uns nicht von außen aufgezwungen, was nicht heißt, dass es nicht ein soziales Umfeld gibt, in dem es stattfindet und an dem wir teilhaben. Wir sind, was wir geworden sind, was wir aus unseren Anlagen – aus unserer Natur – gemacht haben. Und wenn wir dies ganz und gar wollen, kommen wir damit wieder im Inneren an, das nicht fest ist, sondern jetzt ebenso gebildet wird.

Wer frei sein will, muss zur Freiheit organisiert sein, wie man im 18. Jahrhundert noch besser wusste, als auch der Gedanke aufkam, den Menschen als das erste Lebewesen anzusehen, das die Schöpfung freigelassen hat. Diese Formulierung kann man übernehmen und moderner zuspitzen. Der Mensch ist das erste Lebewesen, das die Evolution freigelassen hat. Wir sind in der Lage, uns selbst zu bilden, und können jederzeit damit beginnen.

Anhang

Anmerkungen

Die Wissenschaft auf dem Weg zum Menschen

1 Der Tierstamm, dessen Angehörige zumindest als Embryonen einen Nervenstrang mit der Fachbezeichnung *Chorda dorsalis* besitzen.

2 Im Sommer 2004 ist das Chromosom 21 einer menschlichen Zelle mit dem dazu passenden Chromosom 22 aus der Zelle eines Schimpansen verglichen worden. Dabei erlebte man eine kleine Überraschung. Bislang galt die Feststellung, dass sich menschliches und äffisches Erbmaterial nur um wenige Prozent unterscheiden. Dies stimmt auf die Gesamtmenge bezogen nach wie vor. Jetzt aber muss man lernen, dass sich trotzdem die überwiegende Zahl der Gene und damit der Genprodukte voneinander unterscheiden. Rund 80 Prozent sind keineswegs identisch. Es können also kaum die Gene sein, die den Menschen zum Menschen machen. Es müssen raffinierte Wechselspiele von leicht variierten Genprodukten sein, die unsere Besonderheit ausmachen. Unsere Bildung gelingt nicht durch das, was uns gegeben ist, sondern durch das, was wir damit in Gang bringen. Unsere Bildung kommt aus der Bewegung der Gene, und das ist gut so.

Zwei Zerlegungen eines Ganzen

1 An dem Tag, an dem dieser Satz geschrieben wurde, bekam ich per Post die amerikanische Ausgabe der Fachzeitschrift *Science* vom 9. Januar 2004. Auf S. 186 beginnt da ein umfangreicher Aufsatz von Wissenschaftlern der Harvard University, die mithilfe von Computersimulationen erkunden wollen, »How Enzymes Work«, »Wie Enzyme funktionieren« (M. Garcia-Viloca et al., *Science* 303, 2004,: 186–195).

2 F. A. Z. vom 15. 01. 2004, S. 34

3 Die folgende (modifizierte) Passage findet sich in vergleichbarer Form in meinem Buch *Die andere Bildung*. München 2001.

Die Welt auf dem Weg in den Kopf

1 Der genetische Faden einer einzelnen Zelle ist rund 2 Meter (!) lang; in dem Kubikmillimeter Gehirn mit seinen 20 000 (oder 100 000) Zellen findet man also 40 (bzw. 200) Kilometer (!) DNA. Ein langes und ein starkes Stück.

2 Die Nase kann nicht nur durch eine Erkältung, sondern auch aus schöneren Gründen verstopft sein. Sex steigt nämlich in die Nase – die Temperatur der dortigen Schleimhaut steigt um mehr als ein Grad an –, und Weinkoster und Parfümeure kennen einen Zustand, den sie *honeymoon rhinitis* nennen. Damit ist eine sexbedingte Verstopfung der Nase gemeint, die Riechen und Schmecken nahezu unmöglich macht.

»Es wird ein Mensch gemacht«

1 Der hier nur grob skizzierte Vorgang des Eindringens einer Samen- in eine Eizelle erweist sich im bekannten biochemischen Detail als äußerst vertrackt und in genetischer Hinsicht noch voller Überraschungen. Im Mai 2004 wurde bekannt, dass der väterliche Same mehr als nur seine Hälfte zum gesamten Genoms in Form von DNA-Molekülen liefert. Er stellt zudem einzelne Stränge aus RNA für den Nachwuchs bereit (*Nature* 429, S. 154). Die Forscher glauben 3000 verschiedene RNA-Moleküle finden zu können, denen man zutraut, zur Entwicklung beizutragen – etwa dadurch, dass sie Gene anschalten.

2 Nach jüngsten Zeitungsberichten könnte es sein, dass die Wissenschaft in der Bauchspeicheldrüse adulte Stammzellen gefunden hat, die über ähnliche Qualitäten wie ihre embryonalen Vorgänger verfügen. Wenn dies zutrifft, würde die Erforschung von Stammzellen in ein ruhigeres Fahrwasser gelangen.

3 Über Metaphern für die Rolle der Gene in der Entwicklung ist viel geschrieben worden, das ausführlich referiert zu werden verdient – etwa der Essay von H. F. Nijhout, der in den *BioEssays* vom 12. September 1990 auf den Seiten 441–446 erschienen ist und genauso heißt: »Metaphors and the role of genes in development«. In seinem Aufsatz lehnt Nijhout das Bild eines programmatischen Geschehens ab, um den Genen die Gelegenheit zu geben, die materiellen Nöte der Entwicklung zu lindern und katalytisch tätig zu werden, und zwar in Abhängigkeit vom zellulären Kontext, wie es in der philosophischen Spra-

che heißt. Auf diese Weise sind Gene essentiell, ohne die Kontrolle zu haben.

Der Kopf auf dem Weg in die Welt

1 Die folgenden Ausführungen zur kognitiven Psychologie orientieren sich an dem Text in meinem Buch *Kritik des gesunden Menschenverstandes.* München 2002.
2 Doris Bischof-Köhler ist die Gattin von Norbert Bischof; beide wohnen am Starnberger See.

Zu Bewusstsein kommen

1 Auf Englisch könnte man das *prozedurale* Gedächtnis als *Know-how* und das *deklarative* Gedächtnis als *Know-what* bezeichnen, wobei auffällt, dass der erste Ausdruck Eingang in die Umgangssprache gefunden hat.
2 In dem englischen Ausdruck für Bewusstsein – *conscience* – schwingt der lateinische Ursprung des *con-scientia* noch mit, was man mit Begleitwissen oder Gewissen übersetzen könnte. Bewusstsein hat also mit Wissen zu tun. Ich weiß, dass ich etwas weiß.
3 Vgl. dazu Christof Koch in seinem Essay *Wir sind keine Zombies* im Feuilleton der F. A. Z. vom 20. Februar 2004
4 Es wird auffallen, dass das heute so populäre Wort von den Quantensprüngen etwas Stabiles und zugleich etwas Dynamisches enthält – das Quantum und das Springen. In diesem komplementären Paar zeigt sich die Eigenschaft der Bildung, fest und flexibel in einem zu sein.

Die Menschen auf dem Weg zur Wissenschaft

1 Ein Grund dafür, dass *public understanding of science* nur in der Sprache des Landes ausgedrückt wird, in der die Idee zu einer solchen Initiative aufgekommen ist, liegt vielleicht in der Doppeldeutigkeit des Konzepts. Auf Deutsch könnte es sowohl »öffentliches Verständnis für Wissenschaft« als auch »allgemeines Verstehen von Wissenschaft« heißen, und es drängt sich der Verdacht auf, dass die Funktionäre vor allem an die erste Bedeutung denken. Sie wissen auch kaum, wie sie zur zweiten Bedeutung beitragen sollten.

Literaturhinweise

Die Wissenschaft auf dem Weg zum Menschen

Berlin, Isaiah: *Wirklichkeitssinn – Ideengeschichtliche Untersuchungen.* Berlin 1998; hierin der Beitrag »Die Revolution der Romantik – Eine Krise in der neuzeitlichen Geistesgeschichte«, S. 291–330

—: *Die Wurzeln der Romantik.* Berlin 2004

Buber, Martin: *Das Problem des Menschen.* Heidelberg 1948

Ellenberger, Henry F.: *Die Entdeckung des Unbewussten.* Zürich 1985

Fischer, Ernst Peter: *Die andere Bildung.* München 2001

Matt, Peter von, *Öffentliche Verehrung der Luftgeister.* München 2003; hierin vor allem »Hoffmanns Nacht und Newtons Licht«, S. 127–147

Schulz, Gerhard,: *Romantik.* München 1996

Zwei Zerlegungen eines Ganzen

Brookes, Martin: *Drosophila – Die Erfolgsgeschichte der Fruchtfliege.* Reinbek 2002

Descartes, René: *Discours de la méthode* (französisch-deutsch). Hamburg ²1997

Fischer, Ernst Peter: *Die andere Bildung.* München 2001

Goethe, Johann Wolfgang von: *Maximen und Reflexionen, Sprüche.* Zürich 2001

Hamblyn, Richard: *Die Erfindung der Wolken.* Frankfurt a. M. 2003

Harich, Wolfgang: *Nicolai Hartmann – Leben, Werk, Wirkung.* Würzburg 2000

Lorenz, Konrad: *Die Rückseite des Spiegels.* München 1973

Smolin, Lee: *Warum gibt es die Welt?* München 1999

Sund, Horst (Hg.): *Große Moleküle.* Frankfurt a. M. 1970; hierin vor allem der Beitrag von H. Sund, »Proteine«, S. 35–84

Watson, James D.: *Molecular Biology of the Gene.* Menlo Park ³1976

Wood, William B./Edgar, Robert S.: »Building a Bacterial Virus«, in: *Scien-*

tific American, July 1967; nachgedruckt in P. C. Hanawalt/R. H. Hayes, *The Chemical Basis of Life*. San Francisco 1973

Die Welt auf dem Weg in den Kopf

Barinaga, Marcia: »Smell's Course Is Predetermined«, in: *Science* 294 (2001), S. 1269–1270

Benkert, Otto: *Psychopharmaka – Medikamente, Wirkung, Risiken*. München 1997

Elepfandt, Andreas: »Sehen trotz Blindheit«, in: *Aus Forschung und Medizin* 2 (1988), hg. von Ernst Peter Fischer/Walter Schröder, S. 42–48

Gegenfurtner, Karl R.: *Gehirn und Wahrnehmung*. Frankfurt a. M. 2003

Gernhardt, Robert: *Reim und Zeit*. Stuttgart 2001

Goldstein, E. Bruce: *Wahrnehmungspsychologie*. Heidelberg 1997

Helmholtz, Hermann von: *Vorträge und Reden* (2 Bde.). Braunschweig 1884 (spätere Auflagen 1896, 1903)

Jourdain, Robert: *Das wohltemperierte Gehirn*. Heidelberg 1998

Kleiner, Kurt: »What we gave up for colour vision«,in: *New Scientist* vom 24. 1. 2004, S. 12

Ladewig, Dieter: *Sucht und Krankheiten – Ursachen, Symptome, Therapien*. München 1996

Nicholls, John G./Martin, A. Robert /Wallace, Bruce C.: *Vom Neuron zum Gehirn*. Stuttgart 1995

Nijhout, H. F.: »Metaphors and the role of genes in development«, in: *BioEssays* 12 (1990), S. 441–446

Morris, David B.: *Geschichte des Schmerzes*. Frankfurt a. M. 1996 (englischer Originaltitel: *The Culture of Pain*)

Olson, M./Varki, A.: »Sequencing the chimpanzee genome: insights into human evolution and disease«, in: *Nature Review Genetics* 4 (2003), S. 20–28

Palmer, Stephen E.: *Vision Science – Photons to Phenomenology*. Cambridge [3]2002

Watson, Lyall: *Der Duft der Verführung – Das unbewußte Riechen und die Macht der Lockstoffe*. Frankfurt a. M. 2001

»Es wird ein Mensch gemacht«

Coen, Enrico: *The Art of Genes.* Oxford 1999
Drews, Ulrich: *Taschenatlas der Embryologie – mit Farbtafeln von Astried Rothenburger und Rüdiger Gay.* Stuttgart 1993
Ford, Norman: *When did I begin? – Conception of the human individual in history, philosophy and science.* Cambridge/Mass. 1988
Gehring, Walter J.: *Wie Gene die Entwicklung steuern – Die Geschichte der Homeobox.* Basel 2001
Jacob, François: *Die Maus, die Fliege und der Mensch – Über die moderne Genforschung.* Berlin 1998
Jäckle, Herbert: »Entwicklungsbiologie: Vom Ei zum Organismus – die Partitur der Gene«, in: Peter Sitte (Hg.), *Jahrhundertwissenschaft Biologie – Die großen Themen.* München 1999
Klibanska, Raymond: *Erinnerung an ein Jahrhundert – Gespräche mit Georges Leroux.* Frankfurt a. M. 2001
Leroi, Armand M.: *Mutants – On the form, varieties & errors of the human body.* London 2003
Nelkin, Dorothy/Lindee, M. Susan: *The DNA Mystique – The Gene as a Cultural Icon.* New York 1995
Nüsslein-Volhard, Christiane: *Das Werden des Lebens.* München 2004
Richards, Robert J.: *The Romantic Conception of Life – Science and Poetry in the Age of Goethe.* Chicago 2002
Silver, Lee M.: *Das geklonte Paradies – Künstliche Zeugung und Lebensdesign im neuen Jahrtausend.* München 1997

Der Kopf auf dem Weg in die Welt

Bischof, Norbert: *Das Kraftfeld der Mythen – Signale aus der Zeit, in der wir die Welt erschaffen haben.* München 1998
Bischof-Köhler, Doris: *Spiegelbild und Empathie – Die Anfänge sozialer Kognition.* Bern 1989
—: *Von Natur aus anders – Die Psychologie der Geschlechtsunterschiede.* Stuttgart 2002
Bradley, Michael/Gidd, Jay N.: *Yes, Your Teen is crazy!* New York 2003
Dehaene, Stanislas: *Der Zahlensinn oder Warum wir rechnen können.* Basel 1999
Devlin, Keith: *Das Mathe-Gen – Wie sich das mathematische Denken*

entwickelt und warum Sie Zahlen ruhig vergessen können. Stuttgart 2001

Dittmann, Jürgen: *Der Spracherwerb des Kindes.* München 2002

Fischer, Ernst Peter: *Die Welt im Kopf.* Litzelstetten 1985

Gombrich, Ernst H.: *Die Geschichte der Kunst.* Frankfurt a. M. 1996

Harris, Judith R.: »Where is the child's environment?«, in: *Psychological Review* 102 (1995), S. 458 f.

—: *The Nurture Assumption.* London 1998

Hebb, D. O.: *The Organization of Behaviour: A Neuropsychological Theory.* New York 1949

Lykken, David zitiert in Zimmer, Dieter E.: *Experimente des Lebens.* Zürich 1989, S. 82 f.

Ohman, A./Mineka, S.: »Fears, phobias and preparedness: towards an evolved module of fear and fear learning«, in: *Psychological Review* 108 (2001), S. 483–522

Piaget, Jean: *Einführung in die genetische Erkenntnistheorie.* Frankfurt a. M. 1973

Portmann, Adolf: *Zoologie und das neue Bild des Menschen.* Reinbek 1956

Rentschler, Ingo et al. (Hg.): *Beauty and the Brain – Biological Aspects of Aesthetics.* Basel 1988

Ridley, Matt: *Nature via Nurture – Genes, Experience and What Makes Us Human.* London 2003

Spitzer, Manfred: *Lernen – Gehirnforschung und die Schule des Lebens.* Heidelberg 2002

Strauch, Barbara: *Warum sie so seltsam sind – Gehirnentwicklung bei Teenagern.* Berlin 2003

Streri, Arlette: »Wie wir lernen, die Welt zu begreifen«, in: *Spektrum der Wissenschaft,* Februar 2004, S. 52–57

Zimmer, Dieter E.: *Experimente des Lebens – Wilde Kinder, Zwillinge, Kibbuzniks und andere aufschlußreiche Wesen.* Zürich 1989

Zu Bewusstsein kommen

Abeles, Moshe: »Time is Precious«, in: *Science* 304 (2004), S. 523 f.

Baddeley, Alan: *Human Memory – Theory and Practice.* London 1990

Baum Eric B.: *What Is Thought?* Cambridge/Mass. 2004

Changeux, Jean-Pierre: *The Physiology of Truth – Neuroscience and Human Knowledge.* Cambridge/Mass. 2004

Cohen, Neal J./Eichenbaum, Howard: *Memory, Amnesia, and the Hippocampal System.* Cambridge 1993

Crick, Francis: *Was die Seele wirklich ist. Die naturwissenschaftliche Erforschung des Bewusstseins.* München 1994

Ellenberger, Henry F.: *Die Entdeckung des Unbewussten.* Zürich 1985

Florey, Ernst: »Die Zeit und das Denken«, in Fischer, Ernst Peter (Hg.): *Neue Horizonte 97/98 – Gedächtnis und Erinnerung.* München 1998, S. 39–166

Fischer, Ernst Peter (Hg.): *Neue Horizonte 97/98 – Gedächtnis und Erinnerung.* München 1998

Hell, Wolfgang et al. (Hg.), *Kognitive Täuschungen.* Heidelberg 1993

Koselleck, Reinhardt: *Zeitschichten.* Frankfurt a. M. 2000

Libet, Benjamin: *Mind Time – The Temporal Factor of Consciousness.* Cambridge/Mass. 2004

Pethes, Nicolaus/Ruchardt, Jens (Hg.): *Gedächtnis und Erinnerung – Ein interdisziplinäres Lexikon.* Reinbek 2001

Pöppel, Ernst: *Grenzen des Bewusstseins.* Stuttgart 1985

Rentschler, Ingo/Herzberger, Barbara/Epstein, David (Hg.): *Beauty and the Brain.* Basel 1988

Rose, Steven: *The Making of Memory.* Toronto 1992

Sacks, Oliver: *Der Mann, der seine Frau mit einem Hut verwechselte.* Reinbek 1987

Schrödinger, Erwin: *Was ist Leben?* München 1987

Weinert, Franz E.: »Wissen und Denken – Die unterschätzte Bedeutung des Gedächtnisses für das menschliche Denken«, in: *Naturwissenschaftliche Rundschau* 50 (5), 1997, S. 169–174

Weinrich, Harald: *Lethe – Kunst und Kritik des Vergessens.* München 1997

Die Menschen auf dem Weg zur Wissenschaft

Friedell, Egon: *Kulturgeschichte der Neuzeit.* München 1988

Frisch, Max: *Homo Faber.* Frankfurt a. M. 1957

Gadamer, Hans-Georg: *Über die Verborgenheit der Gesundheit.* Frankfurt a. M. 1994

Genz, Henning/Fischer, Ernst Peter: *Was Professor Kuckuck noch nicht wusste.* Reinbek 2004

Portmann, Adolf: *Vom Lebendigen.* Frankfurt a. M. 1973

Reich-Ranicki, Marcel: *Mein Leben.* Stuttgart 1999
Toulmin, Stephen: *Voraussicht und Verstehen.* Frankfurt a. M. 1963 (mit einem Vorwort von J. Barzun)

Danksagung

Ich danke Thomas Rathnow für seine hartnäckigen Ermutigungen, etwas über Bildung und Naturwissenschaften zu schreiben, und Annalisa Viviani für ihr wundervolles Lektorat.

Glossar

Allel – Die alternative Version einer DNA-Sequenz, meist eines Gens. In menschlichen Körperzellen finden sich zwei Exemplare jeder Gensequenz; die eine stammt von der Mutter, die andere vom Vater.
Aminosäure – Der Baustein für ein Protein; von der Natur werden zwanzig Aminosäuren eingesetzt, um Proteine zu bilden.
Amygdala – Der Mandelkern, ein Teil des Gehirns, der unter anderem zum Angstgedächtnis beiträgt.
Antikörper – Ein Protein, das vom Immunsystem angefertigt wird und in der Lage ist, Fremdstoffe zu binden (zu erkennen) und aus dem Verkehr zu ziehen.
Axon – Der lange Fortsatz einer Nervenzelle, die den Nervenimpuls weiterleitet.
Bakteriophagen – Viren, die in Bakterien eindringen, sich dort vermehren können und beim Austritt ihren Wirt zerstören (auflösen); molekular gesehen sind Bakteriophagen Gebilde aus DNA und Protein.
Basenpaar – Die Kombination der Basen Adenin (A) und Thymin (T) bzw. Guanin (G) und Cytosin (C), die das Zentrum der Erbsubstanz DNA bilden.
Blastozyste – Eine hohle Kugel aus Zellen, die sich in der Embryonalphase von Säugetieren findet.
cDNA – Die DNA, die mithilfe eines Enzyms namens Reverse Transkriptase aus einer RNA-Vorlage gefertigt wird.
Chordata – Der Tierstamm, dessen Angehörige zumindest als Embryonen einen Nervenstrang mit der Fachbezeichnung *Chorda dorsalis* besitzen.
Chromosom – Der allgemeine Name für die Struktur, in der sich das Erbmaterial einer Zelle befindet. Die Chromosomen eukaryontischer Zellen können im Lichtmikroskop sichtbar werden, was den Namen – »farbige Körper« – erklärt.
Cochlea – Das kompliziert gewundene Hörorgan der Säugetiere, in dem sich auch das Cortische Organ befindet.
Code – Der genetische Code legt fest, wie in der Natur eine DNA-Sequenz in die Reihenfolge der Bausteine übersetzt wird, aus denen ein Protein

besteht. Dabei kodiert eine Folge von drei Basen (Triplett) eine Aminosäure.
Cortex – siehe Kortex.
Diploid – Deutet das Vorhandensein von zwei Sätzen von Chromosomen bzw. Genen an. In diploiden Zellen sind die Chromsomen paarweise vorhanden (vgl. haploid).
DNA – Die Trägerin der genetischen Information.
Domäne – Teil einer Proteinstruktur, die eine eigenständige Funktion erkennen lässt. Eine Domäne wird von einem Exon kodiert.
Enhancer – Eine DNA-Sequenz, mit deren Hilfe die Transkriptionsrate eines Gens verstärkt wird.
Enzym – Der Name für die Proteine, die eine chemische Reaktion ermöglichen (katalysieren), die ohne ihre Mithilfe nicht stattfinden könnte.
Emergenz *(emergence)* – Das Auftauchen einer (neuen) Eigenschaft in einem meist komplexen Gebilde, die in Einzelteilen nicht zu erkennen ist. Als einfaches Beispiel kennt jeder die Eigenschaft »Haufen«, die erst entsteht (hervortritt), wenn viele Teile zusammenkommen. Als komplizierteres Beispiel kann das Leben genannt werden, das aus Molekülen besteht, die selbst nicht leben.
Epigenese – Die fortschreitende Formentwicklung eines Embryos.
Eukaryonten *(eukaryotes)* – Organismen, deren genetisches Material in den Zellen einen besonderen Platz hat, und zwar im Zellkern. Als Gegenbegriff gibt es die Prokaryonten (prokaryotes), die keinen Zellkern haben (wie etwa Bakterien). Tiere, Pflanzen und Pilze zählen zu den Eukaryonten, deren Zellen eine komplexe innere Struktur haben (vgl. Prokaryont).
Evo-Devo – Die modische Abkürzung für das Forschungsprogramm, das evolutionäre und entwicklungsbiologische Geschehen unter einen theoretischen Hut zu bringen.
Evolution *(evolution)* – In der Biologie wird darunter sehr konkret die Veränderung in der genetischen Zusammensetzung einer Population von Organismen verstanden; die Spannweite reicht von Verschiebungen in der Häufigkeit eher unbedeutender Gene (Mikroevolution) bis zu Varianten im Bereich von Arten (Makroevolution).
Evolutionär stabile Strategie *(evolutionary stable strategy) (ESS)* – Verhaltensweise von Mitgliedern einer Population, die durch keine andere Strategie verbessert werden kann und dafür sorgt, dass kein Eindringling eine Chance hat, sich auszubreiten.
Evolutionsfaktor *(factor of evolution)* – Jeder Faktor der Außenwelt oder

im Körper eines Organismus, der zu einem evolutionären Wandel (also zu veränderten Genfrequenzen) führt.

Extinktion *(extinction)* – Das Erlöschen (Aussterben) einer Linie von Organismen, das von Populationen über Arten bis zu Gattungen und Stämmen reichen kann.

Exon – Die informative, proteinkodierende Sequenz eines Gens (vgl. Intron).

Expression – Die Verwendung eines Gens, dessen Information gelesen und in ein Protein umgesetzt wird; das Verb für den Vorgang lautet »exprimieren«.

Fossil *(fossil)* – Überrest eines Organismus – wie etwa eines Knochens –, der sich über einen längeren geologischen Zeitraum (mindestens 10 000 Jahre) gehalten hat.

Fovea – Die Stelle der Netzhaut, von der aus die meisten Nervenbahnen ins Gehirn ziehen; die Stelle des schärfsten Sehens.

Gen *(gene)* – Die Einheit der Vererbung, die lange genug stabil sein muss, um auch als Basis der evolutionären Veränderung dienen zu können; Gene enthalten die Informationen für Proteine.

Gendrift *(genetic drift)* – Der zufällige Wandel in der genetischen Konstitution einer Population.

Genetische Information *(genetic information)* – Die Reihenfolge der Basen in der Erbsubstanz DNA; sie wird durch die Anfangsbuchstaben ihrer chemischen Namen angegeben, die als A, T, G, C fast wie ein ABC klingen.

Genfrequenz *(gene frequency)* – Der Prozentsatz, mit dem ein bestimmtes Gen (Allel) in einer Population vorliegt.

Genotyp *(genotype)* – Die genetische Konstitution eines Organismus.

Genpool *(gene pool)* – Die Gesamtheit aller Gene sämtlicher Individuen einer Population.

Genetischer Code – siehe Code.

Genexpression – siehe Expression.

Genom – Das gesamte genetische Material einer Zelle (oder eines Organismus).

Genort – Die Position, die man einem Gen auf einem Chromosom zuordnen kann.

Genotyp – Das genetische Material, das zum Erscheinungsbild (Phänotyp) seines Trägers beitragen kann.

Genpool – Die gesamte Menge an DNA, die einer Population zur Verfügung steht bzw. in ihr vorhanden ist.

Gentechnik – Die Möglichkeit, DNA aus Zellen zu isolieren, in Reagenzgläsern zu zerlegen und neu zusammenzusetzen, und anschließend die rekombinierte DNA so wieder in Zellen einzusetzen, dass es zur Genexpression kommt.

Gliazelle – Die anderen Zellen des Nervensystems, die neben den Neuronen das Gehirn und andere Gewebe aufbauen und funktionieren lassen.

Grammatik – siehe Syntax.

Homologie *(homology)* – In der Biologie eine (strukturelle oder physiologische) Ähnlichkeit zweier Arten, wie sie aufgrund eines gemeinsamen Vorfahren zustande gekommen ist (unabhängig von der Funktion). Als Beispiel dienen die Arme des Menschen und die Flügel der Fledermäuse.

Horizontaler Gentransfer *(horizontal gene transfer)* – Die Weitergabe von Genen erfolgt normalerweise von einer Generation zur nächsten (vertikal); sie kann auch innerhalb einer Generation von einer Art auf eine andere erfolgen (horizontal).

Haploid – Weist auf das Vorhandensein eines einfachen Satzes von Chromosomen hin; Ei- und Samenzelle des Menschen sind haploid (vgl. diploid).

Hippocampus – Eher eine ganze Formation von Gewebe, das mittig unten im Gehirn sitzt, von Hirnrinde umgeben ist und zum Gedächtnis beiträgt.

Homeosis – Ursprünglich die Veränderung etwa eines Körperteils, bis es einem anderen sehr ähnlich wird; heute mehr die Transformation eines Körpersegments (z. B. einer Antenne bei Fliegen) in die entsprechenden Strukturen eines anderen Segments (etwa eines Beins).

Homeobox – Ein in Verlauf der Evolution stark konserviertes DNA-Stück (Exon) von 180 Basenpaaren Länge, das sich in allen (homeotischen) Genen findet, die Identität und Reihenfolge von Körpersegmenten spezifizieren.

Homeo-Domäne – Die Domäne eines Proteins, die 60 Aminosäuren umfasst und mit deren Hilfe die Proteine an ihre Zielgene anbinden.

Hormone – Chemische Signalstoffe, die in spezialisierten Zellen gebildet werden, zu ihren Zielorganen gelangen und dort über Rezeptoren wirken.

Hybrid *(hybrid)* – Die Nachkommen genetisch unterschiedlicher Eltern.

Inzucht *(inbreeding)* – Paarung zwischen Individuen einer Population, die enger verwandt sind als der Durchschnitt.

Interdisziplinarität – Das Zusammenfügen von partikularem Wissen und fachlichen Einzelwegen, die gemeinsam im anfänglich sicher mühsamen Wechselspiel neue Erkenntnisstrukturen zustande bringen.

Intron – Eine DNA-Sequenz, deren Information nicht in eine Proteinstruktur eingeht und die zwischen den kodierenden Sequenzen (Exons) liegt; ein Intron wird transkribiert, dann aber ausgeschnitten.

Ion – Ein Atom, das geladen ist, weil ihm ein oder zwei Elektronen fehlen oder zugeflogen sind. In der Nervenleitung spielen Kalium- und Natriumionen ebenso eine große Rolle wie Kalziumionen.

Kampf ums Dasein (**fight** *for life, struggle for existence)* – »Ich gebrauche die Bezeichnung in einem weiten metaphorischen Sinne, der die Abhängigkeit der Wesen voneinander, und was noch wichtiger ist: nicht nur das Leben des Individuums, sondern auch seine Fähigkeit, Nachkommen zu hinterlassen, mit einschließt« (Charles Darwin).

Klon – Eine Gruppe genetisch identischer Zellen oder Individuen, die aus einem gemeinsamen Vorläufer abgeleitet worden sind.

Kniekörper – Die Relaisstation für die visuelle Information, die vom Auge ins Gehirn unterwegs ist und ihrem Ort in der Hirnrinde (Kortex) zustrebt.

Koevolution *(coevolution)* – Die Evolution von Arten aufgrund wechselseitiger Beeinflussung – Insekten und Blütenpflanzen zum Beispiel.

Konvergenz *(convergence)* – In der Biologie die im Verlauf der Evolution zunehmende Ähnlichkeit zwischen zwei oder mehr nicht verwandten Arten.

Kortex – Fachwort für die Hirnrinde, dem Sitz für die höheren Fähigkeiten des Organs unter der Schädeldecke.

Locus – siehe Genort.

Makroevolution *(macroevolution)* – Ein Ausdruck für größere phänotypische Änderungen, die ausreichen, um eine neue Abstammungslinie zu definieren.

Membran – Die Umhüllung einer Zelle, die sie zugleich schützt und öffnet. Eine Membran hält Stoffe fern und lässt andere hinein; gewöhnlich voller Proteine, die als Rezeptoren oder Kanäle operieren.

Mesoderm – Das mittlere Keimblatt des frühen Embryos; aus ihm entwickelt sich die Chorda (siehe Chordata).

Metamerie – Das Entstehen einer segmentierten Anatomie, wobei die Organrudimente schon im Embryo entstehen (und dadurch eines Alters sind).

Mikroevolution *(microevolution)* – Ein Ausdruck für geringfügige und kurzfristige Veränderungen innerhalb einer Art.

Mitochondrien *(mitochondria)* – Bestandteile (Kompartimente) von tierischen Zellen, die für deren Energiezufuhr zuständig sind. Mitochondrien verfügen über ihr eigenes genetisches Material und waren früher eigenständige Einzeller, die im Rahmen einer Symbiose vereinnahmt wurden; in pflanzlichen Zellen finden sich mit den Chloroplasten entsprechende Strukturen.

Morpheme – Die kleinsten bedeutungsunterscheidenden Einheiten, durch deren Kombination Wörter gebildet werden.

Mosaikgen – Ein schönes Wort für die Tatsache, dass Gene in Eukaroynten eine Exon-Intron-Struktur aufweisen.

mRNA – Das Molekül, dessen Sequenz nur noch die Information für die Reihenfolge der Aminosäuren in einem Protein enthält; dient als Schablone für dessen Synthese

Mutation *(mutation)* – Eine Änderung (Variation) im genetischen Material der Zellen eines Organismus, wobei es kleinere und größere Mutationen gibt; eine Veränderung im Genom, bezogen auf einen Normalzustand (Wildtyp); Mutationen bilden das Rohmaterial der Evolution.

Natürliche Auswahl *(natural selection)* – Der unterschiedliche Fortpflanzungserfolg verschiedener Organismen, der aus ihrer Wechselbeziehung mit der Umwelt und ihren Ressourcen resultiert. Dieser von Charles Darwin postulierte Evolutionsfaktor steht der künstlichen Selektion *(artificial selection)* gegenüber, die von menschlichen Züchtern vorgenommen wird.

Neurotransmitter – Ein chemischer Überträgerstoff, der den synaptischen Spalt durchquert, seinen Rezeptor bindet und auf diese Weise für die Weiterleitung eines Nervenimpulses sorgt.

Nische – Der Lebensraum, den eine Art in einem Ökosystem besetzen, oder die Rolle, die sie in diesem System spielen kann. Es gibt auch kognitive Nischen, an die sich die Kopfleistungen der Organismen angepasst haben und in denen sie sich auskennen und entsprechend zurechtfinden.

Nukleinsäure – Eine organische Säure, die aus Zellkernen isoliert werden kann.

Nukleotid *(nucleotide)* – Der Baustein eines genetisch relevanten Moleküls. Ein Nukleotid besteht aus drei Teilen, einem Zucker, einer Phosphatgruppe und einer Base; in der Natur kommen dabei zwei Zucker vor, die zu den beiden Molekülen namens RNA (Ribose) und DNA (Desoxyribose) führen. Die DNA ist der Stoff, aus dem die Gene sind.

Ökosystem *(ecosystem)* – Die in einem Lebensraum (etwa einem Wald) vorkommenden Organismen (Lebensgemeinschaft) und der auf sie einwirkende physikalische Teil der Umwelt.

Ontogenese *(ontogeny)* – Die Embryonalentwicklung eines Lebewesens.
Operator – Die DNA-Sequenz, von der aus ein Operon reguliert wird.
Operon – Eine Gruppe von aneinander grenzenden Genen in Bakterien, die gemeinsam reguliert werden.
Phänotyp – Die beobachtbaren Eigenschaften und physischen Charakteristiken eines Organismus (sein Erscheinungsbild); vgl. Genotyp.
Phage – siehe Bakteriophage.
Phonem – Die kleinste bedeutungsunterscheidende, aber nicht selbst bedeutungstragende Lauteinheit, aus der durch Aneinanderfügen in einer festen Reihenfolge Morpheme gebildet werden.
Phylogenese *(phylogeny)* – Die evolutionäre Geschichte einer Gruppe von Organismen; die Stammesgeschichte, die den Stammbaum der Arten einbezieht, aus denen sich die Gruppe zusammensetzt.
Protein *(protein)* – Die wichtigsten Genprodukte, die für die meisten chemischen Reaktionen einer Zelle verantwortlich sind; Proteine sind extrem vielfältig – sie dienen als Katalysatoren (Enzyme), sie empfangen Signale und leiten sie weiter (Rezeptoren), sie aktivieren andere Stoffe (Kinasen), sie bauen Muskeln auf, sie sorgen für den Stoffwechsel und vieles mehr.
Polymerasen – Name für Enzyme, die als DNA-Polymerasen DNA-Stränge und als RNA-Polymerasen RNA herstellen können.
Polypeptidkette – Proteine heißen auch Polypeptide, weil ihre Bausteine, die Aminosäuren, immer auf dieselbe Weise verbunden sind, die Chemiker als Peptidbindung bezeichnen.
Prokaryont – Zellen ohne eigenständigen und abgetrennten Kern, zum Beispiel Bakterien (vgl. Eukaryonten).
Promotor – Die DNA-Region, an der die Überschreibung von DNA in RNA beginnt.
Protein – Große Moleküle, die aus vielen kettenartig verbundenen Aminosäuren bestehen; die Reihenfolge der Aminosäuren wird von einer DNA-Sequenz im Genom festgelegt, wobei die Übertragung mithilfe des genetischen Codes stattfindet.
Pseudogen – Eine DNA-Sequenz, die wie die eines Gens aussieht, ohne zu funktionieren.
Rasse *(race)* – Ein politisch aufgeladenes und wissenschaftlich kaum fassbares Konzept für Populationen, die ein bestimmtes Gebiet bewohnen und sich durch einige charakteristische Eigenschaften von anderen Populationen unterscheiden; äquivalent zum Begriff einer Subpopulation.
Rekombination – Der Vorgang, durch den DNA zwischen zwei Chromo-

somenpaaren während der Entstehung von Ei- und Samenzellen ausgetauscht wird.
Rekombinierte DNA – DNA, die mithilfe der Gentechnik im Reagenzglas neu zusammengesetzt worden ist.
Repressor – Ein Protein, das sich auf ein DNA-Segment setzt und die Expression eines Gens unterbindet.
Restriktionsenzym – Proteine, die DNA zerschneiden können; Werkzeuge der Gentechnik.
Reverse Transkriptase – Ein Enzym, das aus RNA DNA machen kann und damit die traditionelle Transkription umkehrt, die von der DNA zur RNA geht.
Retinal – Der chemische Baustein (ein Vitamin), der zum Lichtempfänger Rhodopsin gehört und durch Lichteinfall verändert wird.
Rezeptives Feld – Die lichtempfindlichen Zellen, die einem Ganglion zuarbeiten und über seine Aktivität entscheiden.
Rezeptor – Ein Protein, das als Empfänger eines (chemischen oder physikalischen) Signals agiert und dessen Eintreffen überträgt und vermittelt.
Rhodopsin – Der Rezeptor für Licht im Auge (in den Zellen der Netzhaut).
Ribosom – Der Ort einer Zelle, an dem die Proteine gebildet werden.
Second messenger (zweiter Bote) – Moleküle, die sich in die Weiterleitung von Signalwegen schalten, die durch Hormone oder Licht eingeleitet worden sind. Die zweiten Boten sorgen meist für den Weg ins Zellinnere.
Semantik – Die Bedeutungen, die mit Sätzen oder Wörtern verbunden sind.
Syntax – Die zulässigen (akzeptierten) Kombinationen von Wörtern zu Sätzen (in der Umgangssprache als Grammatik bekannt).
RNA – Vielseitiges Molekül, das bei vielen Aktivitäten der Zelle eine Rolle spielt, unter anderem bei der Herstellung von Proteinen.
Sexchromosom *(sexchromosome)* – Chromosomen, die zur Geschlechtsbestimmung beitragen; beim Menschen wegen ihres Erscheinungsbildes im Mikroskop als X- und Y-Chromosom bekannt. Die Kombination XX definiert das weibliche und XY das männliche Geschlecht.
Sexuelle Selektion *(sexual selection)* – Die Selektion, die durch die Möglichkeiten der Partnerwahl zustande kommt, die ihrerseits von den unterschiedlich großen Aufwendungen der Eltern für die Erzeugung von Nachkommen abhängen *(parental investment)*; die differentielle Reproduktion, die durch Variationen bedingt ist, die Einfluss auf die Fähigkeit haben, einen Paarungspartner zu finden.

Springende Gene *(jumping genes)* – Bewegliche genetische Elemente, die keinen angestammten Ort im Chromosom haben und in einem Genom beweglich sind.
Stammzellen – Vorläufer anderer Zellen im Körper; man unterscheidet solche Stammzellen, die noch alles werden können (totipotent), von solchen, die (nur) noch viel werden können (pluripotent).
Symbiose *(symbiosis)* – Das Zusammenleben von Arten in einer dauerhaften und engen ökologischen Beziehung.
Überleben des Tüchtigsten *(survival of the fittest)* – »Jede Veränderung, wenn sie nur irgendwie dem Individuum vorteilhaft ist, wird auch zur Erhaltung dieses Individuums beitragen und sich gewöhnlich auf die Nachkommen vererben« (Charles Darwin).
Variation *(variation)* – Das Grundelement der Evolution, das ihre Dynamik ermöglicht. Gemeint sind die Änderungen, die Organismen von Generation zu Generation erfahren können; der erste Absatz des ersten Kapitel von Darwins *Entstehung der Arten* handelt von den »Ursachen der Veränderlichkeit«; die Bedeutung von Varianten bzw. Variationen kann nicht überschätzt werden.
Strukturgen – Ein Gen, das zu einem Protein (bzw. zu einer Polypeptidkette) führt.
Thalamus – Ein Integrationszentrum im Gehirn der Säugetiere. Zellen aus dem Thalamus regeln, welche Informationen zum Kortex gelangen.
Transgen – Ein Organismus, dem ein fremdes Gen eingesetzt worden ist, heißt transgen.
Transkription – Die Herstellung von RNA aus DNA (die Übertragung einer DNA-Sequenz in eine RNA-Sequenz).
Translation – Die Verwendung von mRNA zur Herstellung eines Proteins.
Triplett – Eine Folge von drei Basen in einer DNA-Sequenz, die eine Aminosäure kodiert und ihren Einbau in ein Protein veranlasst.
Triplett-Repeat – Das Auftreten von zahlreichen Wiederholungen eines Tripletts – zum Beispiel CAG – im Genom, die häufig in Verbindung mit neurogenerativen Krankheiten beobachtet werden.
Vektor – Ein Vehikel meist in Form eines Bakteriums oder eines Virus, mit dem (rekombinierte) DNA in eine Zelle – genauer: in deren Genom – gebracht werden kann.
Verwandtenselektion *(kin selection)* – Die Erklärung von altruistischem Verhalten zwischen verwandten Individuen. Als Angriffspunkt der natürlichen Selektion wird die Familie bzw. die Sippschaft angesehen (daher

auch der Ausdruck Sippenselektion). Es geht dann nicht um die individuelle Fitness eines Organismus, sondern um die Gesamtfitness der Sippe. Mitglieder einer Sippe (kin) tragen dieselben Allele aufgrund ihrer Abstammung.

Virus – Einheiten an der Grenze zwischen Leben und Nichtleben. Sie sind kleiner als Bakterien und können sich nur in einer Zelle vermehren; im Alltag fallen Viren als Krankheitserreger auf.

Wildtyp – Eigentlich die Form eines Organismus, die sich in der Natur (in der Wildnis) findet; im Laboratorium der Stamm, von dem aus Abweichungen (Mutationen) definiert werden.

Zufall *(chance)* – »Bloßer Zufall mag vielleicht die Ursache sein, dass Variationen in gewissen Eigenschaften von ihren Eltern abweichen« (Charles Darwin).

Zygote – Eine befruchtete Eizelle; nach dem Eindringen des Samens verschmelzen zwei haploide Zellkerne zu einem, der dann diploid ist und den doppelten Chromosomensatz enthält (zwei Allele zu jedem Gen).

Bildnachweis

Abb. 1 aus: T. Strachan/A. Read, *Human Molecular Genetics.* Oxford 1996, S. 235; Abb. 2 aus: Brian S. Baigre (Hg.), *Picturing Knowledge.* Toronto 1996, S. 48; Abb. 3 aus: David Klein, *Genetik in der medizinischen Praxis.* Stuttgart 1988, S. 125; Abb. 4 aus:: Jean-Pierre Changeux, *Der neuronale Mensch.* Reinbek 1984, S. 20; Abb. 5 aus: »Biopsychologie«, *Spektrum der Wissenschaft.* Heidelberg 1998, Titelbild; Abb. 6 aus: Brian S. Baigre (Hg.), *Picturing Knowledge.* Toronto 1996, S. 53; Abb. 8, 9 aus: Harry Robin, *Die wissenschaftliche Illustration.* Basel 1992, S. 41, S. 49; Abb. 10 aus: Martin Kemp, *Visualizations. The Nature Book of Art and Science.* Oxford, S. 118; Abb. 11 aus: James D. Watson et. al. *Molecular Biology of the Gene.* Menlo Park 1987, S. 158; Abb. 12 aus: Bruce Alberts et al., *Molekularbiologie der Zelle.* Weinheim 1986, S. 44; Abb. 14 aus: C. Bresch und R. Hausmann, *Klassische und molekulare Genetik.* Berlin 1970, S. 49; Abb. 15 aus: J. D. Watson, *Molecular Biology of the Gene.* Menlo Park, ^{3}1975, S. 420; Abb. 17 aus: *De Humani Corporis Fabrica.* Basel 1543, S. 1136; Abb. 18 (a), (b) aus: *De Humani Corporis Fabrica.* Basel 1543, S. 1137; Abb. 18 (c) aus: Jean-Pierre Changeux, *Der neuronale Mensch.* Reinbek 1984, S. 333; Abb. 18 (d) aus: *Nature,* Bd. 420, 19/26, Dezember 2002, S. 751; Abb. 19 (a), (b) aus: *De Humani Corporis Fabrica.* Basel 1543, S. 1138, 1170; Abb. 20 aus: F. Crick, *Was die Seele wirklich ist. Die naturwissenschaftliche Erforschung des Bewusstseins.* München 1994, S. 129; Abb. 21 aus: E. P. Fischer/K. Mainzer (Hg.), *Die Frage nach dem Leben.* München 1990, S. 210; Abb. 25 aus: Bruce Alberts et al. (Hg.), *Molekularbiologie der Zelle.* Weinheim 1986, S. 998; Abb. 26, 27 aus: N. Wade, *A Natural History of Vision.* Cambridge/Mass. 1998, S. 31, 30; Abb. 29 a) aus: John Nicholls et al., *Vom Neuron zum Gehirn.* Stuttgart 1995, S. 419; Abb. 29(b), Abb. 30 aus P. H. Lindsay/D. A. Norman, *Einführung in die Psychologie.* Berlin 1981, S. 186, 53; Abb. 31 aus: S. Zeki, »Das geistige Bild der Welt«, in: *Gehirn und Bewusstsein.* Heidelberg 1994, S. 36; Abb. 33 aus: *Gehirn und Bewusstsein,* Heidelberg 1994, S. 175; Abb. 34, 35, 36 aus: P. H. Lindsay/D. A. Norman, *Einführung in die Psychologie,* Berlin 1981, S. 130, S. 96, S. 190; Abb. 40 aus: *Nature* 414, 1. November 2001, S. 93; Abb. 42 aus: *New Scientist,* 4. März 1989; Abb. 43 aus: U. Drews, *Taschenatlas der Embryologie.* Mit 176 Farbtafeln von Astried Rothenburger und Rüdiger Gay. Stuttgart 1993, S. 48/49; Abb. 44 aus: W. J. Gehring, *Wie Gene die Entwicklung steuern.* Basel 2001, S. 66; Abb. 45 aus: N. Ford, *When did I begin.* Cambridge/Mass. 1988, S. 49; Abb. 46 aus: W. Gehring, *Wie Gene die Entwicklung steuern.* Basel 2001, S. 128; Abb. 47 aus: U. Drews, *Taschenatlas der Embryologie.* Mit 176 Farbtafeln von Astried Rothenburger und Rüdiger Gay. Stuttgart 1993, S. 136/137; Abb. 49, 50, 51 aus: W. Gehring, *Wie Gene die Entwicklung steuern.* Basel 2001, S. 29, 56; Abb. 52, 53 aus: *Biologie der Organismen.* Heidelberg 1998, S. 181, S. 179; Abb. 54 aus: E. Bruce Goldstein, *Wahrnehmungspsychologie.* Heidelberg 1996, S. 80; Abb. 55 aus: Jean-Pierre Changeux, *Der neuronale Mensch.* Reinbek 1984, S. 264; Abb. 56 aus: E. Bruce Goldstein, *Wahrnehmungspsychologie.* Heidelberg 1996, S. 81; Abb. 58 aus: R. Guski, *Wahrnehmung – ein Lehrbuch.* Stuttgart 1996, S. 51; Abb. 59, 60 nach D. Marr, *Vision.* San Francisco 1982; Abb. 62, 63 aus: E. P. Fischer, *Geschichte des Gens.* Frankfurt a. M. 2003, S. 79, 81; Abb. 65 aus: H. J. Markowitsch, »Neuropsychologie des menschlichen Gedächtnisses«, *Spektrum der Wissenschaft,* September 1996, S. 55.

Personenregister